高等学校**计算机专业**
新形态教材精品系列

数据库原理

郭玉彬 宋歌 边山◎编著

Database

Concepts

人民邮电出版社

北 京

图书在版编目（ＣＩＰ）数据

数据库原理：微课版 / 郭玉彬，宋歌，边山编著
. -- 北京：人民邮电出版社，2024.10
高等学校计算机专业新形态教材精品系列
ISBN 978-7-115-63107-7

Ⅰ. ①数… Ⅱ. ①郭… ②宋… ③边… Ⅲ. ①数据库
系统－高等学校－教材 Ⅳ. ①TP311.13

中国国家版本馆CIP数据核字(2023)第214557号

内 容 提 要

本书依据教育部《普通高等学校本科专业类教学质量国家标准》，以新工科背景下加快培养计算机类工程人才为目标，构建了由 4 篇共 13 章内容组成的数据库原理知识体系。第一篇"数据库基础"，包括绪论、关系数据库、结构化查询语言、数据库完整性、数据库安全与保护；第二篇"数据库设计与应用开发"，包括数据库设计、关系数据库规范化理论、数据库编程；第三篇"数据库管理技术"，包括数据库存储与索引、查询处理与优化、事务处理技术；第四篇"数据库新技术"，包括大数据管理技术、数据库前沿技术。

本书在阐述数据库基础理论的同时，以 MySQL 为例介绍数据库设计与应用开发的基本技术，并提供配套教材《数据库原理实验指导与习题解析——基于 MySQL 数据库（微课版）》（ISBN：978-7-115-63431-3)，以帮助学生系统地构建知识体系，巩固所学理论知识。

本书可作为高等院校计算机科学与技术、软件工程、数据管理等专业"数据库原理"相关课程的教材，也可供对数据库感兴趣的研究人员学习使用，还可作为相关领域技术人员的参考用书。

◆ 编　著　郭玉彬　宋　歌　边　山
　　责任编辑　王　宣
　　责任印制　王　郁　陈　犇

◆ 人民邮电出版社出版发行　　北京市丰台区成寿寺路 11 号
　　邮编　100164　电子邮件　315@ptpress.com.cn
　　网址　https://www.ptpress.com.cn
　　三河市君旺印务有限公司印刷

◆ 开本：787×1092　1/16
　　印张：19.25　　　　　　　　2024 年 10 月第 1 版
　　字数：450 千字　　　　　　2024 年 10 月河北第 1 次印刷

定价：69.80 元

读者服务热线：(010)81055256　印装质量热线：(010)81055316
反盗版热线：(010)81055315
广告经营许可证：京东市监广登字 20170147 号

■ 时代背景

数据是对现实世界客观事物与客观事件的记录和反映。数据自古以来就以间接、隐性的方式作用于人类的农业生产和经济发展等活动，比如二十四节气就是一种"数据"，几千年来，我国劳动人民运用这个"数据"指导农业生产活动，取得了极大的成就。

随着信息技术的出现及其持续发展，数据已经逐渐成为一种新型的生产资料，推动着人类经济社会实现一次又一次的飞跃。2020 年，国务院以新华社电的形式发布《中共中央 国务院关于构建更加完善的要素市场化配置体制机制的意见》，其中首次将数据与土地、劳动力、资本、技术等传统生产要素并列，并明确要求加快培育数据要素市场。对国家而言，数据作为新型生产要素已经成为新一轮国际竞争的重要战略资源。对企业和个人而言，数据是重要资产，可以为数据拥有者带来经济利益。

■ 写作初衷

数据库技术是一种高效的信息管理与数据处理技术，发展快、应用广，目前已成为工农业生产、社会管理及人们生活 / 娱乐所使用的各种软件中普遍采用的数据管理手段。在大数据、人工智能（Artificial Intelligence，AI）等技术迅猛发展的今天，更多的人需要理解数据库技术的基本原理，掌握数据库的基本操作技能，为管理新应用形势下涌现的海量、异构数据奠定基础。与之相适应的"数据库原理"课程不仅是计算机类、信息管理类专业本科层次的核心课程，而且是许多其他理工科专业（甚至是文科专业）本科层次的必修课程。

为了解决"数据库原理"课程教学过程中存在的教材内容陈旧、配套资源不足等问题，满足大数据、AI 背景下数据库技术人才培养的需求，编者团队凭借多年在数据库原理、数据库技术与应用等课程教学过程中积累的经验，精心打造了本书，旨在为教师提供一本满足教学需求的教材，为学生提供更自由、更高效的学习工具，为数据库技术人才的培养贡献一份力量。

■ 本书内容

本书共 13 章，分为 4 篇。

第一篇"数据库基础"，主要介绍数据库基础知识、关系数据库、结构化查询语言、数据库完整性、数据库安全与保护等内容，帮助学生理解数据库的基本概念与基本原理，建立清晰、合理的数据库知识架构，掌握数据库的基本操作方法。

第二篇"数据库设计与应用开发"，主要介绍数据库设计、关系数据库规范化理论和数据库编程等内容，帮助学生掌握数据库设计与优化方面的知识，学会利用数据库编程来满足用户需求，奠定数据库应用（系统）开发基础。

第三篇"数据库管理技术"，主要介绍数据库存储与索引、查询处理与优化、事务处理技术等内容，帮助学生理解数据库管理技术，为以后从事数据库管理技术研究与开发工作奠定基础。

第四篇"数据库新技术"，主要介绍大数据管理技术，以及云数据库、AI 与数据库和 NoSQL 数据库等数据库前沿技术，可以拓宽学生视野。

■ 教学建议

本书各章内容的教学学时建议如表 1 所示。

表 1　教学学时建议

篇	章	理论教学/学时	实验教学/学时
第一篇 数据库基础	第 1 章　绪论	2	0
	第 2 章　关系数据库	4	0
	第 3 章　结构化查询语言	10	8
	第 4 章　数据库完整性	4	2
	第 5 章　数据库安全与保护	4	2
第二篇 数据库设计与应用开发	第 6 章　数据库设计	6	4
	第 7 章　关系数据库规范化理论	10	0
	第 8 章　数据库编程	4	2
第三篇 数据库管理技术	第 9 章　数据库存储与索引	2	2
	第 10 章　查询处理与优化	2	0
	第 11 章　事务处理技术	2	0
第四篇 数据库新技术	第 12 章　大数据管理技术	2	0
	第 13 章　数据库前沿技术	2	0
	学时合计	54	20

1. 本科教学建议

针对本科教学，建议教师综合使用本书及其配套教材《数据库原理实验指导与习题解析——基于 MySQL 数据库（微课版）》，合理安排理论教学与实验教学学时，部分知识性学习内容、验证性实验内容可安排学生自学完成。根据学时的多少，进一步给出如下建议。

（1）如果学时较多，可按表 1 安排教学，其中部分内容使用本课程配套微课视频安排学生课外学习，无须占用课堂教学时间。

（2）如果学时较少，则可只安排前三篇为课堂教学内容，甚至还可以适当删减第三篇的内容，实验教学部分可以适当减少验证性实验内容。

2．研究生教学建议

针对研究生教学，可侧重第三篇和第四篇的内容，帮助学生理解数据库管理技术及数据库新技术等内容。

3．自学者学习建议

针对自学者，建议读者侧重学习数据库基础理论及数据库设计与应用开发，参考配套微课视频完成理论学习，参考实验操作视频完成验证性实验，参考习题解析自行练习，巩固所学理论知识。

■ 本书特色

本书主要特色如下。

1．合理构建知识体系，培养学生综合素质

本书围绕本科院校"数据库原理"课程的教学大纲组织教学内容，重点安排数据库基本原理、基本技术等知识，使课堂教学时间控制在 48～74 学时，同时也为学有余力的学生整理了难度较高的自学资料。书中穿插介绍我国数据库技术现状、发展趋势等内容，以增强学生的民族自豪感，并添加了以培养学生科学态度、工匠精神、理论联系实际能力等为目标的素质教育元素及素质教学案例，方便教师安排相关内容的教学工作。

2．精心打造新形态元素，用心辅助院校教学

编者将本书内容按知识点分解后，录制了相配套的 140 多个微课视频，方便教师安排学生预习、复习，使教师可以将宝贵的课堂时间更多地用于逻辑推理、操作演示、案例讲解等需要面对面讲授的内容，训练学生思维能力，提高教师教学效率。同时，鼓励学生自主安排对所有知识点的学习，构建完整的数据库知识体系。

3．提供实验管理系统，减轻教师教学压力

本书提供实验管理系统（高校教师可通过"人邮教育社区"下载该系统），该系统是一个浏览器-服务器架构的软件，已录入实验任务、主要实验的操作视频等内容。教师可以使用该系统以班级为单位管理学生、布置实验任务、查看与批改实验报告、生成实验成绩及相关学情数据。学生可在该系统上查看实验任务、观看实验视频、提交实验报告、查看实验成绩等。另外，该系统提供数据库服务器，学生可以通过该系统在线上完成实验及相关数据库操作。

4．配套立体化教学资源，支持开展混合式教学

本书提供 PPT、教案、教学大纲、素质教学案例、习题答案等教学资源。本书配套教

材还提供验证性实验的操作视频、设计性实验的样例材料等教学资源。教师可通过"人邮教育社区"（www.ryjiaoyu.com）下载上述资源，进而开展混合式教学，依据教学目标选择线上、线下学习任务，从而达到更好的教学效果。

■ 编者团队

本书由郭玉彬、宋歌、边山等多位老师共同编写完成。其中，郭玉彬负责第 1 章、第 8~13 章内容的编写及全书的统稿工作，宋歌负责第 4~6 章的编写工作，边山负责第 2、3、7 章的编写工作。编者团队的每位老师都参与了本书配套立体化教学资源的建设工作。

■ 致谢

在本书的目录、样章及全稿评审过程中，杜小勇、邹兆年、陈业斌等多位专家给出了宝贵的修改建议，使得本书能以如今的品质呈现到读者面前。在此，编者对各位专家的倾情评审与把关表示衷心的感谢。

由于编者水平有限，书中难免存在欠妥之处，编者由衷希望广大读者朋友和专家学者能够拨冗提出宝贵的修改建议。

编　者
2023 年夏于广州

目录

第一篇　数据库基础

第1章

绪论

第 2 章

**关系
数据库**

第 3 章

**结构化
查询语言**

第4章

**数据库
完整性**

<table>
<tr><td>第 7 章

**关系数据库
规范化理论**</td><td></td></tr>
</table>

第8章

数据库编程

第 13 章

**数据库
前沿技术**

第一篇 数据库基础

【本篇简介】

本篇主要介绍数据库的基本概念和基础知识，这些内容是后续数据库系统相关课程的基础。通过本篇的学习，学生可以理解数据库的基本理论，掌握数据库的基本操作方法。

【本篇内容】

本篇包括 5 章内容。

第 1 章 "绪论"，介绍数据库的基本概念、数据模型、数据库的模式结构、数据库应用系统及数据库技术的发展史。

第 2 章 "关系数据库"，系统讲解关系数据库的基本概念，包括关系模型和关系代数等。

第 3 章 "结构化查询语言"，系统讲解利用结构化查询语言（Structure Query Language，SQL）实现数据库维护的基本方法，包括数据定义、数据查询、数据更新和视图的定义与使用等。

第 4 章 "数据库完整性"，介绍实体完整性、参照完整性的定义、检查及其他完整性约束等。

第 5 章 "数据库安全与保护"，讲解权限管理、加密机制等，介绍数据库安全的实现原理和 SQL 操作方法等。

第1章 绪论

数据是对现实世界中事物和事件的记录与反映。随着信息化程度的不断提高与技术的突破，数据已成为一种新型生产资料，且正在推动社会和经济的飞跃式发展。在由数据构成的空间中，数据是构成、生成数据世界里事物和事件的基本元件，是"生命"基础。数据正在催生元宇宙等虚拟空间，并在新的空间中表现出更强的价值创造能力。当前，在数据及相关技术飞速发展的加持下，数据经济已形成并迅速发展，由此衍生出大量新兴产业和新兴业态，数据逐渐成为国家经济和社会发展不可或缺的基础性战略资源。

数据库技术可实现对大量数据可靠、高效的组织与管理，并为用户提供简单、方便的管理工具与方法。数据库技术作为一种成熟、高效的数据管理技术，已广泛应用在各行各业的信息管理工作中，成为其日常业务系统的核心和基础。同时，随着电子商务、电子政务的发展，数据库技术与互联网技术、软件开发技术等一起成为支撑人们日常订票、购物、转账、付款、社交和资讯浏览等行为的不可或缺的部分。从国家层面讲，数据库及其应用系统的建设规模、信息量的大小和使用频度已成为衡量国家信息化程度的重要标志。

本章综述与数据库有关的基础知识，包括数据库的基本概念、数据模型、数据库的模式结构、数据库应用系统和数据库技术的发展史等内容。

本章学习目标如下。

（1）理解数据库、数据模型、数据库的三级模式结构的基本概念。

（2）了解数据处理技术、数据库技术的发展史与趋势。

（3）了解我国数据库技术的发展现状与趋势。

1.1 数据库的基本概念

数据库本身可被看作数据集合，是一组相关联的数据。本节首先明确数据、数据管理等概念，再通过数据管理技术的发展引出数据库的概念及其组成等内容，帮助学生建立对数据库的初步印象。

1.1.1 信息与数据

人类社会的发展伴随着信息技术的发展。自古以来，人类社会重要的基础需求之一就是人与信息的连接。信息表示与传递在没有文字的远古时期依靠的是口耳相传。语言和文字的出现是人类进入文明时代的重要标志，也是信息可以确切表示、存储和传播的重要标志。文字发明以后，信息的表示采用文字、数字和图形等

信息与数据

方式。随着电子技术的发展，信息开始以录像、照片和音频等形式表示，并以电报、广播、电视等高效的形式进行传播。计算机的出现大大地提高了人类的信息处理能力，人们试图将越来越多的信息用计算机来处理，即以数字化的方式存储、处理信息。20世纪后期，数码相机、数码摄像机、数字电视和电子词典等一系列数码电子产品出现，并逐渐替代以模拟信号存储和处理信息的录音机、录像机等产品，背后的原因是计算机表达、存储、加工数据能力的增强。

什么是信息？信息是现实世界及其运行状态在人类头脑中的反映。信息以数据的形式表示。请看2022年《政府工作报告》中对2021年工作的回顾（部分）：

经济保持恢复发展。国内生产总值达到114万亿元，增长8.1%。全国财政收入突破20万亿元，增长10.7%。城镇新增就业1269万人，城镇调查失业率平均为5.1%。居民消费价格上涨0.9%。国际收支基本平衡。

这段文字的中心内容是"经济保持恢复发展"。那么经济如何保持恢复发展呢？后面一段文字从国内生产总值、全国财政收入、城镇新增就业和居民消费价格这4个方面用数字进行了详细说明。

由此可见，信息是人类想要表达或获取的目标，它以数据的形式表示出来。而数据被定义为对客观事物的一种抽象、符号化的表示，是信息的载体。对数据进行加工处理后，可以得到其他相关的具有一定意义的信息。数据是信息的载体，信息是数据的含义。信息当然也可以作为数据，再进行加工整理，得到更具深度的信息。因此，人们很少深究信息和数据的确切区别，常常不加区分地使用。

在现实中，人们可以用自然语言来描述事物。例如，张丹峰同学，男，2002年出生于广东省广州市，于2020年考入某大学计算机科学与技术专业。也可以用表格来存储学生的信息，例如定义一张表格，其表头包括姓名、出生年月、籍贯、入学时间、就读学校、就读专业，每列按统一格式填写，每行存储一个学生的信息，一张表则可存储多个学生的信息，如表1-1所示。

表1-1　学生信息表

姓名	出生年月	籍贯	入学时间	就读学校	就读专业
张丹峰	2002年6月	广东广州	2020年9月	华南农业大学	计算机科学与技术
林小小	2003年6月	广东东莞	2020年9月	华南农业大学	计算机科学与技术
……	……	……	……	……	……

在计算机中可以使用自然语言描述这段信息，形成一个.txt或类似格式的文件。此时信息可以存储、传播、修改，但无法对之做更多复杂的处理。有些信息也可使用Excel、WPS等电子表格软件进行存储。除了存储、传播、修改以外，电子表格软件可以对数据进行排序、计数、求平均值和方差等更多处理。若使用数据库来存储和管理数据，则可利用数据库完成对数据的更多操作，而且效率更高。例如，查找名字中含有"丹峰"两个字且2020年入学的学生，用户可以向数据库发出一个简单命令，数据库几乎能瞬间返回查找结果。

使用计算机对数据进行存储与加工，比利用纸、笔的效率高很多。人们也一直在追求更加高效地使用计算机表示与处理数据的技术。

1.1.2 数据管理技术的发展

数据管理技术的发展可以分 3 个阶段：人工管理阶段、文件管理阶段和数据库管理阶段。

数据管理技术
的发展

1．人工管理阶段

人工管理阶段为 20 世纪 50 年代中期及以前，那时计算机主要用于科学计算。当时，除了硬件设备外，计算机几乎没有软件可用，编程只能使用机器语言。用户手动在计算机辅助设备上输入二进制的程序和数据、打印纸带，再由管理员将这些纸带通过设备输入计算机来完成计算任务。对计算机来讲，此时程序与数据一一对应，一段程序处理一份数据，当数据有所变动时，程序随之改变。各程序所对应的数据无法共享，一份数据可能重复出现在多个程序中，形成大量冗余。这种数据管理方式效率很低，没有安全性保障，这个阶段属于数据管理的初级阶段。

2．文件管理阶段

文件管理阶段始于 20 世纪 50 年代后期，当时大容量存储设备已出现，计算机最基本、最重要的软件——操作系统也已诞生。操作系统重要的创新点之一是其专门的数据管理功能，即文件管理系统。它把数据、程序或其他用户认为合理的某段内容组织成文件进行存留，用户可以按文件名存取文件。文件的内容是用户使用特定软件存放到文件中的信息，用户可以使用相应软件打开文件，并编辑、修改文件的内容等。

操作系统中的文件系统产生后，人们才可以把程序存储为程序文件，把需要程序处理的数据组织成一个或多个独立的数据文件，程序可以通过文件名向操作系统查找某个数据文件，并打开、使用文件中的内容实现其功能。程序多次运行则可能处理多份不同的数据（每份数据包含一个或多个数据文件），以获得多份结果。例如，一个学生成绩报告程序可以针对输入的不同班级的学生成绩数据（可能需要各班级学生成绩数据的文件格式相同），生成不同班级的成绩报告。当然，在此情况下，一份数据也可能被多个程序处理，以获取不同的处理结果。上面提到的某班学生成绩数据，可以经学生成绩报告程序处理生成本班学生成绩报告，也可由学生综合测评程序处理得到每个学生的综合测评报告。此时，数据和程序不再一一对应，而是开始相互独立，具备了初步的独立性。

在 20 世纪 50 年代后期至 60 年代，使用文件系统存储数据属于非常先进的技术。相比人工管理阶段，此阶段具备将数据长期存储在计算机中，由程序按文件名存取数据、按某种结构（通过定义结构体或类似的结构来实现）高效地处理数据等优点，基本可以满足当时的应用需求。但随着应用需求的迅猛增长，文件系统无法满足数据管理的需求，逐渐暴露出很多问题，如下所述。

（1）数据冗余度高，存在不一致性

在文件管理阶段，数据的组织是依据应用程序的需求进行的，为提高程序运行效率，往往将一份数据以多种形式存储在多个文件中，形成冗余数据。冗余数据一方面占用存储空间，另一方面会带来数据不一致现象。例如，对一名新入职的教师，学校的人事部门需要保存其工号、姓名、性别、出生日期、学历、学位、毕业院校、参加工作时间、职称、职务、基本工资等信息，本科教务部门需要保存其工号、姓名、性别、学历、学位、毕业院校、职称、授课名称、授课班级等信息，学校科研管理部门需要管理其工号、姓名、性别、职称、承担项目、发表论文等信息。这些信息分别存储在人事、本科教务和科研管理等部门各自的文件中，其中工号、姓名、性别、职称等信息可能以不同格式存储多次。这些存储相同信息的多个文件归属不同部门，没有相互检查或约束机制，若某个文件中的信息录入错误，就会与其他文件中的不一致。另外，若数据发生变化，例如，某教师入职两年后职称升级，则对其职称的修改需要查找到所有存储了该教师职称的部门的对应文件，并逐一修改。此时可能有的文件修改了、有的文件没有修改，出现数据不一致现象。

数据冗余度高，不一致的现象导致数据维护困难，在无法保证所读取数据正确的前提下，应用程序的运行结果可信度不高，导致计算机无法完成更多数据处理任务。

（2）数据独立性差

在文件管理阶段，数据独立性非常差，若数据的结构、内容因某种原因发生变化，原来读写此数据的程序可能无法再正常处理并得到预期结果。同样，若程序增加某些功能，它也可能无法从原来可正常访问的数据中获取需要的全部信息。

例如，某学校人事部门的一个文件中存放着教师基本信息，包括工号、姓名、性别、出生日期、学历、学位、毕业院校、参加工作时间、职称、职务和基本工资等。若向其中添加教师的身高、体重信息，修改文件后，有可能导致原来所有读取这个文件的程序无法正常运行。若现在编写新程序统计教师收入情况，需要读取教师工号、姓名、职称、职务、基本工资、考勤工资、绩效工资等信息进行统计，所需要的数据无法仅从这个文件中获取，可能需要读写多个文件才能实现该功能。

数据独立性差带来的问题是当一份数据发生变化时，与之相关的应用程序不得不随之修改。同时，应用程序发生变化时，数据也可能要随之修改，进而造成连锁反应，增加了程序员的工作量和工作难度。

（3）文件的安全性、可靠性没有保障

文件系统对数据的安全性无法提供足够的保障。文件存取方式简单，只支持对单个文件的读、写操作，无法细粒度地规定某些用户只能对一份文件中某些数据项有读的权限，某些用户只能对文件中某些数据项有写的权限。文件系统可以对整个文件加密，但无法加密其中某一部分数据。当然，文件系统更不可能提供审计等高级的安全性支持。

文件系统对数据的可靠性也无法提供足够的保障。在操作系统的支持下，应用程序常常运行在并发环境，可能存在多个应用程序同时读写同一份文件中同一个数据项的情况，那么这些应用程序的执行结果互相影响，可能造成每个应用程序都正常执行，但执行结果不正确的现象。文件系统并没有提供非常强的并发控制策略来处理这一问题，无法保证每位用户可以不受干扰地读、写数据。另外，系统可能会发生一些故障，例如应用程序出错导致死机、操作系统出错导致系统崩溃等。在这些情况下，文件中的数据可能是完整的，也可能是某个程序写了一半的"脏"数据，造成数据不可靠。

3．数据库管理阶段

在 20 世纪 60 年代后期，计算机能够处理且需要处理的数据的类型、数据量都在急剧增加，仅使用文件管理方式无法高效地管理这些数据。因此数据库管理技术应运而生，数据管理进入数据库管理阶段。

使用数据库管理数据的核心理念可以简单理解为开发专用的数据管理软件——数据库管理系统（Database Management System，DBMS），对数据进行集中、统一管理，以减少冗余、降低不一致性，提高数据的安全性与可靠性。数据管理由在操作系统之上开发的专用软件执行，可以克服没有专用软件管理数据的各种弊端。这一点跟工厂在规模扩大时，需要成立专门的仓库管理部门来管理工厂的原材料、生产工具和产品等物资是同样的道理。

另外，使用数据库管理数据不再以程序为中心组织数据，而是将数据作为中心进行管理。首先，将现实世界中事物及事物之间的内在联系抽象成数据及数据之间的联系，然后建立可以充分利用计算机的存储、计算能力的结构来管理这些数据。数据之间不再是面向程序的、无关联的多个数据文件，而是反映现实世界的一个整体。

综上，数据库管理阶段的数据管理效率较高。与人工管理阶段、文件管理阶段相比，使用数据库管理数据具有如下特点。

（1）数据库结构严谨，冗余度低

在文件系统阶段，数据可以以记录、结构体的形式进行组织，一般一种结构的数据存储在一个文件中，数据（特别是不同结构的数据）之间的关联无法由文件系统直接管理。数据库系统以数据为中心，将现实世界映射到数据世界。它使用统一的数据模型来表示、管理数据，可以很好地表示数据及数据之间的关联，并对所有数据实行统一规划管理，构成数据仓库，即数据库。

因为数据库按数据模型来设计和存储，不再像文件系统那样因为应用程序的需要而添加多个副本，从而造成数据冗余，所以冗余度显著降低。实际上数据库并没有完全杜绝冗余数据，但冗余数据一般是为了表达数据之间的关联而添加的，是必不可少的。

（2）数据库独立性强

数据库设计的初衷是将数据作为独立的对象进行管理，按统一的数据模型组织数据库，并使用数据库管理系统专门管理数据库。因此，数据库具有较高的独立性。其独立性表现在以下两点。

① 逻辑独立性。逻辑独立性指数据库独立于应用程序，数据库系统独立运行和维护，对应用程序提供统一的应用程序接口（Application Program Interface，API），应用程序只在需要使用数据时通过 API 访问数据库。数据库和应用程序独立运行，互不干扰。另外，数据库系统可为每个应用程序定义其所需要的数据，应用程序只能读写定义中给定的数据，无须了解整个数据库的结构，数据库的整体结构及数据库的改变不会影响到应用程序。应用程序的改变若涉及数据库为其定义的数据，可能需要重新定义，但并不影响数据库的整体结构。应用程序的其他改变与数据库无关。

② 物理独立性。物理独立性指数据库独立于物理设备。数据库由数据库管理系统统一管理和维护，用户只需关心其逻辑结构，在逻辑结构上进行数据库的创建、删除、查询、更新数据等操作即可，而无须关心数据库的物理存储。数据库的物理存储实际是在操作系统之上将数据及相关信息组织成文件、通过读写操作系统的文件接口来实现的，这部分工作由数据库管理系统承担。由于数据库管理系统的存在，用户可以认为数据库独立于物理设备，设备改变甚至操作系统的改变都不影响数据库的逻辑结构，这就是数据库的物理独立性。

数据库的逻辑独立性和物理独立性是通过数据库的三级模式结构实现的，本书 1.3 节将对之进行详细讲解。

（3）数据库由数据库管理系统统一管理和控制

数据库管理系统是为数据库专门设计的管理软件，因此数据库由数据库管理系统统一管理和控制是一件自然的事情。数据库管理系统对数据库的管理和控制包括以下几个方面。

① 数据库完整性保障。数据库的完整性包括数据库的正确性、有效性和相容性。数据库管理系统提供数据库完整性的定义与检查机制来保障数据库的完整性，此部分内容将在本书第 4 章讲解。

② 数据库安全性保护。数据库管理系统为每个数据库设定严格的用户及权限策略，可以在数据项级定义用户的操作权限，从而降低数据库被非法使用的风险，提高其安全性。数据库的用户权限管理将在本书第 5 章介绍。

③ 数据库访问的并发控制。使用数据库管理数据的目的之一是提高数据共享程度，在数据库共享的前提下多用户并发访问数据库是必须面对的。数据库管理系统提供多用户并发控制功能，保障数据库用户在访问数据库（特别是访问同一数据项）时，不会因为相互干扰得到错误结果。

④ 数据库恢复。数据库系统在运行过程中可能面临软件故障、操作人员失误或恶意破坏等情况，为此数据库管理系统提供了数据库恢复机制，保障在上述情况下能够快速将数据库恢复到故障前的一致性状态，以降低损失。

数据库的并发控制和恢复技术称为事务处理技术（将在本书第 11 章讲述）。

数据库管理阶段，将数据库作为独立的对象进行设计与管理，并引入专用的数据库管理系统完成管理工作，可以说完美解决了文件系统无法管理大量数据的问题，极大地提高了软件开发、数据管理这两方面的工作效率。从 1968 年美国 IBM 公司推出首个数据库管理系统——信息管理系统（Information Management System，IMS）至今，数据库技术经历了长足的发展，数据库管理系统已应用到几乎各行各业需要数据管理的工作当中，是目前主流的数据管理手段。

近年来，随着网络、物联网、AI 等技术的发展，需要使用计算机管理的数据进一步膨胀，形成海量数据、大数据。海量数据、异构数据、大数据的出现对数据库技术提出了挑战。目前，关系数据库技术已成为传统技术，它在系统伸缩性、容错性和可扩展性方面难以满足当前数据柔性管理的需求。NoSQL、NewSQL 等技术出现并蓬勃发展起来。从数据管理阶段看，有人将这一阶段称为后关系数据库时代或大数据时代，但对此阶段的名称目前学术界还未达成共识。

1.1.3 数据库的概念

数据库（Database，DB）是具有一定结构、存放大量数据的仓库。例如，在学校教务管理中，除了学生以外，还需要存储课程、教师、学生选课及成绩等信息。这些信息都可以用表格（或其他结构）来表示。定义好数据结构，将所有学生、所有课程等信息存储在一起，形成的数据集合就是一个数据库。

例如，华南农业大学有约 4 万名在校本科生，课程约 2000 门，每学期面向本科开设 1000 门课程，每位学生每学期平均选修 5 门课程。该校的教学数据库中包含约 4 万条学生数据、2000 条课程信息、1000 条开课信息和约 20 万条选课信息。

严格地讲，数据库是长期存储在计算机内，有组织的、可共享的数据的集合。其特点是长期存储、有组织、可共享。

长期存储是由企事业单位业务的长期性决定的。对企业来讲，数据是一笔财富，存储时间越长，其蕴含的价值可能越大。

有组织是指数据以一定的逻辑结构组织存储。一般称数据库的逻辑结构为数据库的数据模型，常见的数据模型包括关系模型、层次模型、网状模型、面向对象的数据模型等。本书后续章节会对常用的数据模型——关系模型进行详细讲解，介绍其数据结构、约束和数据操作等内容。

可共享是指允许多个用户使用数据库中的数据而且互不影响。可共享有多层含义：首先，用户使用数据库不受时间、空间限制，可以随时随地连接数据库获取需要的数据；其次，用户可以是不同的人，也可以是程序或其他具有获取数据功能的主体；再次，一个用户的数据库访问不应该受到其他数据库用户的干扰，特别是在并发的情况下；最后，现实中每个用户仅可在权限允许的范围内使用数据，不能越级、越权访问数据。

为了实现对数据库的管理，人们编写了操纵和管理数据库的专用软件，称为数据库管理系统，它是位于用户与操作系统之间的一层系统软件，对数据库进行统一的管理和控制，以保证数据库的安全性和完整性。数据库管理系统的主要功能包括数据定义、数据存储与管理、数据操纵，数据库运行管理、安全管理、事务管理等。数据库由数据库管理系统创建并管理，其长期存储、有组织和可共享的特点也都是通过数据库管理系统实现的。

1.1.4 数据库系统的组成

一般地，我们将数据库系统（Database System，DBS）看作由数据库管理系统和数据库组成的系统，其中数据库是核心，数据库管理系统是管理数据库的软件。在不引起混淆的情况下，人们把数据库管理系统甚至整个数据库系统称为数据库。

仅有数据库管理系统和数据库是无法支撑数据库的建立、运行和维护的。数据库管理系统运行在硬件和操作系统之上，还需要人员来参与甚至主导数据库的管理工作，因此，广义上我们称数据库系统是使用数据库技术来管理数据的计算机系统，它包括计算机硬件、软件、数据库和用户4个要素。狭义上我们称数据库系统由数据库管理系统和数据库组成，其中数据库是核心，数据库管理系统是管理数据库的系统软件。

计算机硬件指包括 CPU（中央处理器）、内存、硬盘等在内的通用计算机。软件包括操作系统、数据库管理系统、数据库应用系统等。其中操作系统是计算机硬件上的第一层软件，其他软件几乎都通过操作系统来使用计算机，如图 1-1 所示。

数据库管理系统是管理数据库的系统软件，所有用户都在数据库管理系统之上或更高层次上使用数据库。其主要功能如下。

（1）数据定义

对数据库中数据对象的结构、数据对象之间的关联进行定义。

（2）数据的存储与管理

对用户使用数据库管理的数据进行管理，实现数据的存储与增加、删除、修改、查询（简称增删改查）等各种操作。一般数据库管理系统使用元数据管理用户的数据库，元数据是关于数据的数据，存储在数据字典中，用于描述用户定义的各种数据对象。另外，数据库管理系统还需要建立视图、索引等结构来提高数据处理效率。数据库管理系统的数据存储与管理功能不仅支持用户数据的存储与管理，还支持管理数据的基本架构，用于提高数据处理效率。

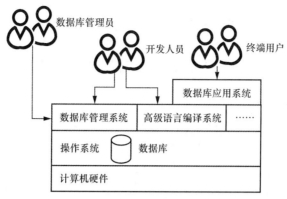

图 1-1　数据库系统

（3）数据完整性和安全性控制

数据库管理系统提供数据库完整性的定义与检查机制，以保障数据库的完整性、正确性、有效性和相容性。另外，数据库管理系统提供基础的用户权限管理功能，确保合法用户在符合权限规定的范围内使用数据，规避非法用户及合法用户越权使用数据的风险。一般数据库管理系统还提供数据加密、审计等功能，以提高数据的安全性。

（4）数据库的并发控制与恢复

并发控制和恢复也是数据库管理系统的重要功能。数据库的并发控制技术用于保障数据库在正常运行情况下，多用户并发访问数据库时所有数据操作的正确性。恢复技术用于在数据库系统发生故障时恢复系统，以减少损失。

（5）数据库访问方法

数据库管理系统向用户和应用程序提供统一、简单、快捷的访问方法，以方便用户及应用程序使用数据库管理其数据。例如，关系数据库管理系统为用户提供 SQL 来完成数据定义、数据增删改查等操作，以及用户权限管理等工作，并为应用程序提供 API，以方便应用程序实现各类数据库操作。本书第 3、4、5 和 8 章都有 SQL 内容的介绍，第 8 章将主要介绍应用程序对数据库的多种访问方法。

（6）其他功能

数据库管理系统还提供系统性能监控、数据库系统与其他系统的通信、数据库系统与其他数据库系统的数据库转换等数据库管理功能，用于提高数据库与数据库服务器的管理效率。

常见的数据库管理系统包括 Oracle、MySQL，国产的 DM、KingbuseES 等。

数据库应用系统是使用数据库满足某方面应用需求的软件，例如图书管理系统、超市收银系统等。这些软件的数据都按数据模型组织成数据库存储，并通过数据库管理系统被用户使用。除了这些软件外，还需要高级语言及其编译系统等软件，以支持数据库应用系统的开发、测试、运行等工作。数据库用户是指以不同形式使用数据库的人员。

数据库用户可细分为数据库管理员、开发人员、终端用户等。

数据库管理员（Database Administrator，DBA）可以是一个人，也可以是一个小组。他们通过数据库管理系统及相关工具软件管理、监控整个数据库系统。一个数据库系统可能管理多个数据库，数据库管理员的主要工作如下。

① 定义整个数据库系统的安全性、完整性约束，管理用户及其权限、数据加密等级等内容，以保证整个系统的安全性、可靠性。

② 实时监控整个数据库系统的运行、改善系统的时空效率。

③ 参与一些具体数据库的设计与实现，与终端用户一起建立不同用户的数据视图，协助其完成数据访问。

开发人员包括系统分析与设计人员、程序员等。系统分析与设计人员依据应用系统的需求设计应用系统的数据库，并与数据库管理员一起完成数据库创建、数据加载、用户及访问权限设置等工作。程序员负责应用系统编程实现、测试等工作，应用程序通过数据库系统接口访问数据库中的数据，实现其业务逻辑。

终端用户是通过应用系统使用数据库的人员。他们不需要了解数据库、编程等方面的知识，甚至不需要知道数据库的存在，但需要熟悉本职工作的流程、步骤，借助应用系统完成自己的工作。例如，超市收银员只需学会对商品逐一扫码、扫描顾客会员卡、收银、包装商品即可完成收银工作，不需要知道在完成收银工作过程中读写了多少次数据库中的哪些数据。

1.2 数据模型

数据模型是现实世界中数据特征的抽象，是反映事物与事物之间联系的数据组织结构和形式。数据模型是数据库系统的基础，任何一个数据库系统所管理的数据都是基于某种数据模型进行组织的。

1.2.1 数据模型的概念

数据模型从抽象层次上描述系统的静态特征、动态行为和约束条件，为数据库系统的信息表示与操作提供抽象的框架。

数据模型所描述的内容包括数据结构、数据操作和数据约束。

① 数据结构。数据结构主要描述系统的静态特征，包括数据的类型、内容、性质以及数据间的联系等。数据结构是数据模型的基础，数据操作和数据约束都建立在数据结构上。不同的数据结构具有不同的数据操作和数据约束。

② 数据操作。数据操作主要描述系统的动态行为，是在相应的数据结构上的操作的集合。例如，关系数据库可以对数据进行插入、删除、修改和查询等操作。

③ 数据约束。数据约束主要描述数据结构内数据间的语法、词义联系，它们之间的制约和依存关系，以及数据动态变化的规则，以保证数据正确、有效和相容。

1.2.2 数据模型的分类

将现实中的数据存储在数据库中需要进行抽象。首先是认知抽象，将现实世界中客观存在的事物和联系映射到人们头脑中，形成概念模型；其次依据数据库结构对概念模型进行模型抽象，获得针对数据库的逻辑模型，对数据库的逻辑模型还需要再进行转换，形成数据库逻辑模型所对应的文件存取路径、存取方式、索引等，即数据库的物理模型。数据的抽象过程及所对应的数据模型如图1-2所示。

模型按使用的目的和层次分为概念模型、逻辑模型和物理模型，下面分别解释各种模型的含义及应用。

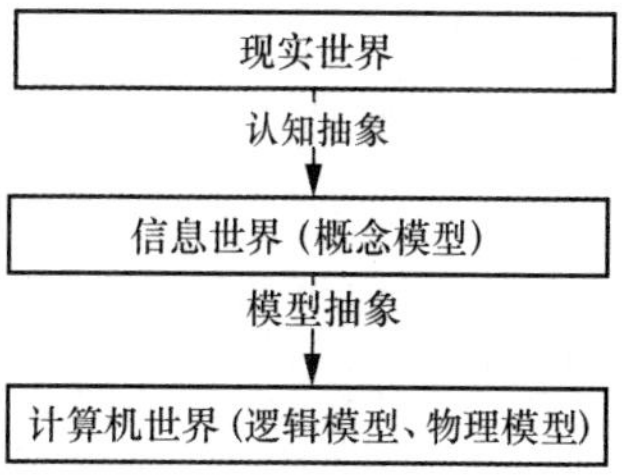

图 1-2　数据的抽象过程及所对应的数据模型

1．概念模型

辩证唯物主义认为，现实世界是不以人的意志为转移的客观存在的世界。研究和分析现实世界事物的特征和规律是建立概念模型的基础。概念模型是将现实世界投射到计算机世界的重要工具。

概念模型是对现实世界的第一层抽象，又称为信息模型。数据库设计人员使用概念模型对现实系统进行建模，并与用户讨论，进而简洁、清晰且精准地描述现实系统。

概念模型有很多，最常用的是陈品山在 20 世纪 70 年代提出的实体-联系模型（Entity-Relationship Model，E-R 模型）。在 E-R 模型中，用实体表示系统中客观存在且可以相互区分的事物，例如一名学生、一位教师、一门课程、一次考试等。联系是实体之间的相互关联关系，例如一个学生和一门课之间可能有选修关系（该学生选修了该课）。实体和联系都可以用属性进行描述，例如对学生的描述包括学号、姓名、所属学院、入学时间和专业等，对选修课程的描述则包括选课学生的学号、所选课程的名称、上课地点、上课时间和课程成绩等。

2．逻辑模型

逻辑模型是数据存储在计算机中的逻辑结构。每个数据库系统都有自己的数据模型，它可以是层次模型（Hierarchical Model）、网状模型（Network Model）、关系模型（Relational Model）、面向对象模型（Object-Oriented Model）或其他模型。

一个数据库的逻辑模型就是将其概念模型依据所使用的数据库系统的数据模型转换成的数据模型，是实体、联系、属性等概念模型要素的数据化表示。这一步骤是概念模型的进一步抽象，也是现实世界的第二层抽象。

3．物理模型

物理模型是逻辑模型所对应的数据在计算机内部的表示，是面向计算机系统的、底层的抽象，描述数据存储的文件路径、存取方式和索引等内容。这部分工作主要由数据库管理系统承担，不像前面两次抽象是由数据库设计人员来承担的。

1.2.3　数据库的数据模型

数据库的数据模型是指数据库中数据的逻辑存储结构、操作和约束，主要包括层次模型、网状模型、关系模型、面向对象的数据模型等。

1．层次模型

层次模型用树形结构来表示实体集之间的联系，其中实体集为节点，而树中各节点之间的连线表示它们之间的关联。层次模型像一棵倒置的树，根节点在上，层次最高，每棵树都有且仅有一个根节点。树中包括根节点在内的每个节点都可以有 0 到多个子节点，子

11

节点排列在其父节点之下，并通过父节点到子节点之间的连线表示其父子关系，节点逐层排列。层次模型的主要特征是：有且只有一个无双亲的根节点；根节点以外的子节点，向上仅有一个父节点，向下可以有若干个子节点。

层次模型适合表示现实中具有层次结构的数据，例如，图 1-3 所示为高校行政结构，某学校下包含信息学院、外语学院、医学院和药学院 4 个学院。每个学院的教师按教研室组织，例如信息学院包括基础课教研室和专业课教研室 2 个教研室，药学院包括药理教研室和制剂教研室 2 个教研室。层次模型的特点是结构简单直观、处理方便、算法规范。但它对较复杂结构的数据无法直观地表示，例如，若信息学院和外语学院联合成立一个外语信息教研室，在此模型中就无法直观表示。

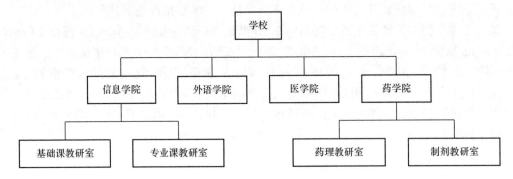

图 1-3 层次模型的示例

2．网状模型

网状模型用网状结构表示实体集之间的联系，其中实体集为节点，各节点之间的连线表示它们之间的关联。网状模型是层次模型的扩展，表示多个从属关系的层次结构，呈现一种交叉的网络结构。其主要特征是：允许有一个以上的节点无父节点，至少有一个节点有多于一个的父节点。

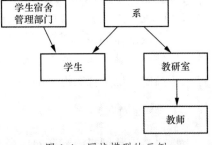

图 1-4 网状模型的示例

网状模型可以表示较复杂的数据结构，图 1-4 所示为部分学生管理的信息表示。学生属于系，同时也由学生宿舍管理部门统一管理住宿。学生这一实体有两个父节点，这种结构在层次模型中是不允许的。网状模型的缺点是结构复杂、实现复杂，且难以规范化。

3．关系模型

关系模型是数据库的主流数据模型，是关系数据库的数据模型。简单而言，关系模型用表格来表示实体集以及实体集之间的关联，其中每个实体集表示为一张表，表之间的公共属性表示实体集之间的关联。例如，表 1-2 所示为学生的关系模型表示，整个表格是学生的集合，其中每一行代表一个学生。表格包含的学号、姓名、性别、出生日期、籍贯、入学年份等列都来自学生实体，是对学生信息的表示。表格最后一列则表示学生与学院的联系。表 1-2 第二行最后一列的内容"计算机学院"表示张三秋这个学生是计算机学院的。

同样，计算机学院的信息可以存储在另外一张叫作学院的、存储所有学院信息的表格中。沿此思路继续考虑，教师、课程信息可以分别存储在教师表、课程表中，这些多张互相关联的表格就构成了一个教学数据库。

表 1-2　学生的关系模型表示

学号	姓名	性别	出生日期	籍贯	入学年份	所在学院
20190510101	张三秋	男	2001-6-9	广东	2019	计算机学院
20190510102	王五	男	2001-8-8	江苏	2019	计算机学院
20200510117	李玉	女	2002-9-12	湖南	2020	计算机学院
202007280104	黄国度	男	2001-8-13	广东	2020	外语学院

关系模型的特点在于它具有严格的数学基础，是建立在集合论上的一种数据模型。关系模型结构简单，实体和实体之间的联系都使用关系，也就是"表"来表示。

1970 年，埃德加·弗兰克·科德（Edgar Frank Codd）提出关系数据模型，之后一些单位迅速开始了关系数据库产品的研发工作。从 20 世纪 70 年代后期至今，关系数据库一直是主流的数据库产品，应用范围非常广泛。经过多年发展，关系数据库产品也形成了一套完整的技术体系，包括 SQL、事务管理技术、用户和权限管理技术。这些技术保障了用户可以简单、高效地以 SQL 形式组织、存取数据，且在多用户并发访问、故障等情况下保障了数据库的完整性、可靠性和安全性，这是关系数据库系统长盛不衰的原因。

4．面向对象的数据模型

（1）面向对象模型

20 世纪 80 年代以来，面向对象的方法和技术在计算机各个领域（包括程序设计语言、软件工程、信息系统设计和计算机软硬件设计等方面）都产生了深远的影响，也促进了面向对象的数据库技术的研究和发展。

面向对象模型构造方法接近人类通常的思维方式，将客观世界的一切实体模型化为对象，每个对象有自己的内部状态和运动规律，不同对象之间的相互联系和相互作用就构成了各种不同的系统。面向对象模型中一个常用概念是类，它是对同一种对象的抽象，是对象的模板。同一个类通过实例化得到的对象具有相同的属性和行为，并通过属性取值的不同来区别不同的对象。

在数据库中使用的面向对象模型与面向对象编程、面向对象设计都有所不同，这里更强调其静态特征，即属性。一方面，通过属性及取值区分不同对象；另一方面，也通过类之间的逻辑包含来表达实体之间的关联。

通过属性区分同一类的不同对象的一个表现是：每个对象有唯一不变的标识符（称为对象标识符）。对象在创建时系统就分配给它一个对象标识符，在对象的整个生命周期，对象标识符的值不变。形式上，一个对象是一个形如(oid, val)的二元组，其中 oid 为对象标识符，val 是值（val 可以是一个简单值，也可以非常复杂）。例如，描述老板 Joe 的对象如下：

```
(#00032, [ SSN: 111-22-3333,
          Name: Joe,
          PhoneN: { "13654327320","02085283546"},
          Employee: {#00045, #00007} ] )
```

#00032 表示描述 Joe 这个老板的对象标识符，其余的部分是该对象的值。这个对象的 Name 属性的取值"Joe"是老板的名字，而 PhoneN 的值{"13654327320","02085283546"}

是一个集合。属性 Employee 的取值是一个集合{#00045，#00007}，表示#00032 对象与 ID 为#00045、#00007 的对象具有雇佣关系。

（2）对象关系模型

为了更安全地实现从传统关系数据库向对象数据库的转化，20 世纪 90 年代出现了多个以对象关系模型为基础的数据库系统。对象关系模型与对象模型的主要区别在于：对于前者，每个对象实例的顶层结构是元组；对于后者，每个对象的顶层结构可以是一个对象，也可以是具有复杂结构的值。对象关系模型与传统关系模型的区别在于：在传统关系模型中元组只能取简单值，而在对象关系模型中元组可以为较复杂的值。

还有一个数据模型与对象关系模型类似，即关系对象模型，它也是为了更安全地实现从传统关系数据库向对象数据库的转化而创造出来的。一般关系对象模型也可以理解为关系模型和面向对象模型的混合，对象关系模型中对象的成分多一点，而关系对象模型中关系的成分多一点。

1.2.4　非关系数据模型

以关系数据模型为代表的结构性强的数据模型被称为结构化模型，它们虽然可以很好地表达现实世界的实体及实体之间的联系，但对诸如格式化文本文件、超链接、超文本标记语言（HyperText Markup Language，HTML）文档等半结构化数据缺乏有效的支持。

不同于结构化模型，半结构化模型是依据格式化文本、超链接、HTML 文档等类型数据的结构定义的数据模型，其特点是具有隐含的模式信息、结构不规则、缺乏严格的数据类型约束等。与网状模型、层次模型、关系模型、面向对象的数据模型相比，半结构化数据模型算不上严格的数据模型。但随着互联网、移动互联网等技术的蓬勃发展，对此类数据的管理需求非常迫切，且数据量巨大，因此也将此类数据处理所使用的模型叫作半结构化模型。常用的半结构化模型包括可扩展标记语言（eXtensible Markup Language，XML）模型、资源描述框架（Resource Description Framework，RDF）和图模型等。

1. XML 模型

XML 模型是一种标记语言，是互联网上信息交换的标准。XML 模型是一种树形模型，其每个节点可以是一个标签，也可以描述标签的一个属性，节点之间的关系、标签和属性之间的关系都用有向边表达。也可以说，XML 模型是一种分层自描述模型，具有良好的语义和可扩展性，可以灵活地表示和组织数据，并提供高效的查询方法。

基于 XML 模型的数据库有 BaseX、eXist、MarkLogic Server 等。

2. RDF

RDF 是描述 Web 资源的模型。RDF 使用统一资源标识符（Uniform Resource Identifier，URI）、属性及属性值来描述资源，再用有向弧来表示资源、属性、属性值之间以及资源与资源之间的关系。这种关系是一个三元组<s, p, o>，其中 s（subject）是主语，p（predicate）是谓词，o（object）是宾语。因此，一个 RDF 描述的资源是一个有向图，节点是资源、属性或属性值，弧是这些节点中任意一个节点（s）与另一个节点（o）的关系（p）。

RDF 模型使用 XML 描述，可用来描述 Web 上任何被标识的信息，具有很好的可扩展性。RDF 在元数据描述、本体、语义网络等项目中应用较多，例如 Wikipedia、DBLP 等。

3．图模型

图模型是基于图论中的图模型来表示和存储实体及其联系的一种数据模型。它比传统的层次模型、网状模型、关系模型复杂，因此具有更强的表达能力，目前已广泛应用于社交网络、知识图谱、时序数据管理等。

基于图模型的数据库有 AllegroGraph、DEX、HyperGraphDB 和 Neo4j 等。

1.3　数据库的模式结构

逻辑独立性和
物理独立性

数据库的三级
模式结构

1.3.1　数据库的三级模式结构

为了提高数据管理效率，数据库中的数据按三级模式结构
来组织。数据库分为用户模式、逻辑模式和物理模式 3 层，分别是从 3 个不同角度看到的数据库，三级模式之间通过两级映像对应起来，实现各层数据的管理。数据库的三级模式结构如图 1-5 所示。

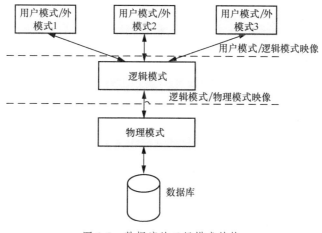

图 1-5　数据库的三级模式结构

1．用户模式

用户模式（User Schema）也称子模式（Subschema）或外模式（External Schema），它是数据库用户能够看见和使用的局部数据的逻辑结构和特征的描述，是数据库用户的数据视图，通常是逻辑模式的子集。不同用户在应用需求、看待数据的方式、对数据保密的要求等方面不尽相同，因此数据库为每个或每类用户定义专用的用户视图，即一个或一组用户通过一个用户视图使用数据库，一个数据库可以有多个用户视图。在此，数据库用户可以是数据库管理员或其他人，也可以是应用程序。若一个应用程序需要使用数据库中的数据，同样也要为其定义用户视图。

用户模式不仅是满足不同用户访问数据库的一种工具，也是保证数据库安全性的一个

有力措施。每个用户只能看见和访问所对应的用户模式中的数据，数据库中的其他数据对其来讲是不可见的。这种数据管理方式可以使用户专注于自己的数据，不受其他不相干数据的影响。另外，对数据库本身而言，用户不可能看到、破坏不在其用户视图中的数据，因此提高了数据库的安全性。在前文的教学数据库中，教师用户可以查看并修改他所讲授的课程的所有学生的成绩，而负责排课的教务员可以看到所有学生选修每一门课的成绩，但不可修改。在视图约束下，教师用户不可能修改某学生选修的、不是该教师教授的课程的成绩。

2．逻辑模式

逻辑模式（Logical Schema）也称模式（Schema），是对一个数据库中所有数据的逻辑结构和特征的描述，是数据库的整体视图。一个数据库只有一种逻辑模式。数据库模式基于所选择的数据模型，综合考虑了所有用户的需求，并将这些需求有机地结合成一个逻辑整体。定义模式时不仅要定义数据的逻辑结构，例如数据记录由哪些数据项构成，数据项的名称、类型、取值范围等，而且要定义数据之间的联系，并定义数据的安全性、完整性要求。例如，若一个教务管理系统中需要存储教师、学生、课程及选课等信息，则整个数据库的逻辑模式简单描述如下：

教师（工号、姓名、出生日期、专业、所在学院、学历、学位、开始工作时间、职称）

学生（学号、姓名、出生日期、专业、所在学院、入学时间）

课程（课程号、课程名、学分、学时、上课时间、上课地点）

选课（学号、选课课程号、成绩）

教师（工号、授课课程号）

若要详细描述此数据库的逻辑模式，还需要列出每张表中每个字段的数据类型、长度、取值范围，每张表中数据的唯一标识、不同表之间数据的引用关系等。

数据库的逻辑模式在数据库系统的三级模式结构中处于中间层，它是数据库的逻辑结构，也是数据库的代表。但仅有数据库的逻辑模式还无法在计算机中实现数据库，还需要定义它的物理模式来实现真正的数据存储。

3．物理模式

物理模式（Physical Schema）也称内模式（Internal Schema）、存储模式（Storage Schema），是数据库物理存储和存储方式的描述，是数据在数据库内部的组织方式。一个数据库只有一个内模式。例如，在数据库逻辑模式中一张数据表可以存储无限多条数据，但实际上数据表最终是要存储在计算机的文件系统之上的。而每个文件系统所管理的文件的大小是有限的，例如 FAT32 格式文件系统的单个文件最大是 4GB，NTFS 格式文件系统的单个文件可以比此大得多。那么一张逻辑上无限大的数据表怎么存储在实际的文件中？数据库的内模式专用于解决这类问题。再如，索引是提高数据存取速度的有效手段，那么一张数据表是否需要创建索引？按什么关键字来创建什么类型的索引？这些都在设计关系数据库的内模式时决定。

关系数据库的内模式定义与管理主要由数据库管理系统承担，数据库管理员可以通过数据库监测工具观察、调整数据库的内模式。

1.3.2　数据库中的二级映像

锁的粒度

数据库系统的三级模式是数据的 3 个抽象级别,使得数据库不同用户可以在不同抽象级别上专注于自己的数据,而不必关心其他不相关的部分。数据的具体组织由数据库管理系统承担,并提供外模式中数据到模式中数据的转换及模式中数据到内模式中数据的转换,一般称这两次转换为用户模式/逻辑模式映像和逻辑模式/物理模式映像。

1．用户模式/逻辑模式映像

数据库系统为每一个或每一类用户定义一个用户模式。这些用户模式是按用户的需要定义的,而用户所需要的数据并不一定直接存储在数据库的表中,因此需要定义用户模式中数据与逻辑模式中数据的对应关系,也就是用户模式/逻辑模式映像。例如,表 1-2 中存储了学生的学号、姓名、性别、出生日期、籍贯、入学年份和所在学院等信息。若某用户需要读取学生的学号、姓名、年龄这 3 个部分的信息,则需要为该用户定义一个外模式,其中学号、姓名字段取自学生表的学号、姓名字段,而年龄的值等于当时系统日期中的年份减去学生出生日期中的年份。

用户模式是根据用户需求定义的,同样也会随着用户需求的改变而改变,随着用户需求的消失而删除。数据库只需要按用户模式/逻辑模式映像为用户提供所需要的数据即可,不会因为用户模式的修改而改变数据库的总体结构,也就是逻辑模式。同样,当数据库的逻辑模式改变时(例如增加新的关系、新的属性、改变属性的数据类型等),数据库管理员修改各个用户模式/逻辑模式映像,可以使用户模式保持不变。若用户模式不变,通过用户模式使用数据库的用户和应用程序就不需要修改。

综合来讲,当用户的数据需求发生变化时,通过修改用户模式、用户模式/逻辑模式映像,可保证数据库的逻辑模式不受影响。当数据库的逻辑模式发生变化时,通过修改用户模式/逻辑模式映像可以保证应用程序不被数据库的变化影响。我们把这种数据库相对于应用程序的独立性称为数据库的逻辑独立性。

2．逻辑模式/物理模式映像

数据库只有一个逻辑模式,也只有一个物理模式,所以逻辑模式/物理模式映像是唯一的,它定义了数据全局逻辑结构与存储结构之间的对应关系。例如,说明记录和字段在数据库中是如何表示的、是否需要对某张数据表使用某关键字创建索引等。当数据库的存储结构改变时(例如对某表中常被查询的字段增加索引),由数据库管理员调整逻辑模式/物理模式映像,可以使数据库的总体结构(即逻辑模式)保持不变。我们称这种数据库的物理结构发生变化时,数据库的逻辑模式结构可以保持不变的特性为数据库的物理独立性。

若数据库具有物理独立性,则数据库逻辑结构独立于物理结构,不受物理模式的影响。若同时数据库又具有逻辑独立性,则数据库的逻辑结构也不会受到应用程序的影响。这两种独立性使得数据库可以独立于应用程序和计算机软硬件环境而存在,这是数据库系统的理想模式,也是数据库技术的目标。

1.4 数据库应用系统

数据库应用系统是指使用数据库存储和管理数据的应用系统。自从 20 世纪 70 年代关系数据库系统商品化以来，几乎所有需要管理大量信息的应用都使用数据库来管理其数据，都属于数据库应用系统。较早期的各种银行业务管理系统，证券管理系统，计算机集成制造系统，飞机、火车订票系统等都属此类。近年数据库应用系统已渗透到人们工作、学习的各个方面。例如，一名高校学生在校期间可能需要使用多个数据库应用系统来辅助完成其学习、生活任务，如下所示。

➤ 教务管理系统：选课、查看成绩。
➤ 校园卡系统：食堂、超市支付。
➤ 综合测评系统：录入综合测评信息、查看测评结果。
➤ 学生评教系统：评价每一门课程的授课情况。
➤ 校医院健康管理系统：就医、体检。
➤ 大学生创新项目管理系统：申报学生创新项目。
➤ 某门课程专用的教务管理系统：打卡、完成作业和实验、小测试、教学互动等教学活动。
➤ 阳光体育教学系统：打卡、体检、查看成绩。

另外可能还需要使用一些直播购物平台、微信、QQ、支付宝、短视频平台等应用来满足生活娱乐需求，这些系统一般也使用数据库来存储部分信息，也算是数据库应用系统。

早期数据库应用系统采用二层架构，使用数据库服务器管理数据，使用应用系统访问数据库服务器为用户提供服务，如图 1-6（a）所示。随着应用逻辑越来越复杂，软件开发开始使用三层架构，如图 1-6（b）所示，即把应用分为客户端、服务器两部分，整个软件分为应用客户端、应用服务器和数据库服务器 3 层。应用客户端面向用户，处理操作请求，调用应用服务器完成用户请求，处理业务逻辑。应用服务器在需要进行数据操作时可以调用数据库服务器完成。

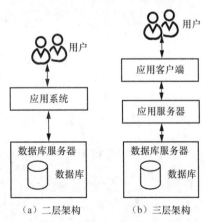

（a）二层架构　　　（b）三层架构

图 1-6　数据库应用系统架构

数据库服务器向应用客户端或应用服务器提供数据服务时都采用统一接口，即用 SQL 命令。数据库接收 SQL 命令，并向调用者返回命令执行结果。

事实上依据提供服务的方式，数据库应用系统还可以细分为客户-服务器（Client/Server，C/S）和浏览器-服务器（Browser/Server，B/S）架构。C/S 架构的软件使用客户端来处理用户的操作请求，服务器端包括应用服务器和数据库服务器。B/S 架构的软件使用浏览器处理用户的操作请求，服务器端同样包括应用服务器和数据库服务器。手机端 App 属于 C/S 架构，近年兴起的小程序则属于 B/S 架构。近年来软件架构不断更新，例如 SOA（Service-Oriented Architecture，面向服务的体系结构）、微服务等，数据库应用系统的软件架构也随之不停地发生变化。也可以说数据库应用系统一直在使用最新的软件架构，并推动软件架构的发展与演化。

数据库应用系统的共同特点是使用数据库来管理数据，这就使得应用程序可以把数据从应用中分离出来，交由数据库管理系统来管理。而程序员可以更专注于软件业务逻辑的开发，提高了程序开发效率，同时也提高了软件的效率和可维护性。

1.5 数据库技术的发展史

数据库技术从 20 世纪 60 年代产生至今一直处于高速发展中，其发展速度之快、应用之广泛是其他技术无法比拟的。本节按数据库、国产数据库两条线介绍数据库技术的发展。

1.5.1 数据库技术的发展

1. 第一代数据库技术

20 世纪 60 年代中期，数据库产生的标志性事件是 IBM 推出的商用层次数据库系统，它是最早商用的数据库产品之一。它在当时使用磁带等顺序存储设备的条件下，对层次型数据的管理效率是非常高的。几乎与此同时，美国通用电气公司查尔斯·威廉·巴赫曼（Charles William Bachman）提出了网状数据模型、网状数据库的概念。网状数据库的提出一方面是为了解决复杂数据无法被层次数据库存储和管理的问题，同时也意图推进数据库产品的标准化工作。这项工作的主要成果是于 1971 年发布的数据库任务组（Data Base Task Group，DBTG）报告。报告对数据库网状模式、子模式、数据管理语言等内容进行了定义，给出数据库管理系统的组成、结构、功能等内容。DBTG 报告未被美国国家标准学会（American National Standards Institute，ANSI）认定为数据库产品标准，但还是有一些数据库管理系统是按此方案进行开发的。因此，称按层次模型、网状模型开发的数据库管理系统是第一代数据库管理系统产品。

2. 第二代数据库技术

1970 年，IBM 研究室的科德发表了论文《大型共享数据库的数据的关系模型》（*A relational model of data for large shared data banks*），提出了关系数据模型的概念。这篇论文是关系数据模型的奠基之作，具有划时代的意义。从此开始，很多实验性关系数据库管理系统被开发出来，并在 20 世纪 70 年代末、80 年代初出现了商用关系数据库管理系统产品。从 20 世纪 80 年代至今，关系数据库管理系统产品蓬勃发展。其中较早的有 IBM 的 System R、UBC 开发的并行数据库 Ingres，近年较流行的商用数据库有 Oracle、DB2、Microsoft SQL Server 等。随着开源浪潮的兴起，以 PostgreSQL、MySQL、PolarDB 等为代表的开源数据库也成为重要的发展分支。

面向对象的概念较早提出，20 世纪 90 年代，面向对象程序设计、面向对象的软件分析与设计技术逐渐成熟。这些技术与数据库技术相结合，产生了面向对象数据库、对象关系数据库和关系对象数据库。

下面对几个常用数据库管理系统进行简单介绍。

（1）Oracle Database

Oracle Database 是甲骨文公司开发的一款商用关系数据库管理系统。它自 1979 年被推出以来，在数据库领域一直处于领先地位，至今已形成包含数据库服务器、企业商务应用套件、应用开发和决策支持工具等的完整产品线。2019 年发布的 Database 19c 是长期支持版本，也是较稳定的版本。另外，2020—2021 年发布的 Database 20c 和 Database 21c 是新版本。Oracle Database 支持面向对象、关系模型，支持国际标准化组织（International Organization for Standardization，ISO）SQL 标准，具有可移植性好、使用方便、功能强等特点。

Oracle Database 每个版本的产品一般又可细分为企业版（Enterprise Edition）、标准版（Standard Edition）、个人版（Personal Edition）和简易版（Express Edition）等版本，可运行在从巨型机、集群到单机的硬件环境和主流操作系统上。一般产品都有一个月左右的试用版本，试用期间可使用产品大多数功能。另外，Oracle 公司允许学习者免费使用其产品，学校或学生个人可使用其免费版本完成数据库系统实验。

（2）SQL Server 数据库管理系统

SQL Server 是由 Microsoft（微软）开发的关系型数据库管理系统。其第一个版本在 1988 年推出，目前最新版本是 2022 年推出的 SQL Server 2022。与其他数据库管理系统相比，SQL Server 增加了对数据仓库的支持，功能完备，适用于中小型应用系统。SQL Server 可运行于集群或单机环境，但主要用于 Windows 系列操作系统上，对其他操作系统的支持较少。

SQL Server 2019 Developer 是一个全功能免费版本，SQL Server 2019 Express 也是免费版本，适用于桌面、Web 和小型服务器应用程序的开发和生产。学校或学生个人可使用其免费版本来完成数据库系统的所有实验。

（3）MySQL

MySQL 是全世界流行的开源数据库之一，也是较流行的开源关系数据库管理系统。它诞生于 1995 年前后，于 2005 年被 SUN 公司收购，2009 年随 SUN 公司被 Oracle 收购。它是一个快速、多线程、多用户和健壮的关系数据库管理系统。与 DB2、Oracle 等数据库产品相比，它使用多线程架构，属于轻量级的数据库产品。它支持关键任务、重负载生产系统的使用，也可以嵌入大型软件完成相关数据管理工作。MySQL 可以管理有上千万条记录的大型数据库，可运行在几乎所有操作系统之上。而且因为它开源，用户通过可修改源代码定制各类功能。另外，为降低成本，许多中小型信息管理系统、网站等都使用它作为数据库管理软件。

目前 MySQL 最新版本是 8.0，主要有社区（Community Server）版和企业（Enterprise）版两个版本。其中社区版是开源免费版本，企业版是付费版本。很多学校和学生个人都安装了 MySQL 社区版来完成数据库实验和课程设计工作。

3．第三代数据库技术

2000 年以后，数据管理技术面临更大的挑战，其中最主要的是海量数据问题。随着物联网、视频监测等技术的发展，每天产生的数据量大到惊人，无法利用已有的数据库技术、半结构化数据处理技术进行处理。于是，人们提出 NoSQL 的概念，即抛弃 SQL 这种简单直接的数据访问方式，同时抛弃关系数据库中 SQL 解析与处理等运行效率较低的部分，直接使用底层的数据存取接口来访问数据。进而此概念继续发展，抛弃了关系数据模型，以更加简单的方式组织、管理数据，以提高数据管理效率。

随着计算机相关技术的发展，特别是互联网、物联网、大数据、云计算等技术的发展，数据库面临严峻挑战，同时也取得了较大的发展。数据库技术的发展呈现多元化趋势，例如面向对象数据库技术、XML 数据库技术、NoSQL 数据库技术等。

本书所有实验在关系数据库中实现，但课程设计及今后的软件开发课程中可能需要一些 NoSQL 数据库的支持，本科生也应该在在校期间接触这类数据管理系统，以方便后续课程的学习，以及工作后对不同类型数据管理工具进行选择和使用。下面从特点、应用场景、版本等方面对比较流行的非关系数据库系统进行简单介绍。

（1）MongoDB

MongoDB 是一个文档数据库系统，其数据库称为文档，没有传统的数据库模式的概念，文档结构呈树形，可用 JSON（JavaScript Object Notation，JavaScript 对象简谱）或 BSON（Binary JSON，二进制 JSON）描述。它没有类似于 SQL 的查询语言，使用函数完成数据操作。

MongoDB 适用于管理树形结构的数据，特别是数据中又包含一些复杂格式数据的情况。其优点是数据库结构简单，无须设计统一的数据库模式，数据操作速度快；缺点是没有关系数据库中一致性维护、事务等机制，对数据的一致性、并发控制的正确性保障不强。MongoDB 可用于用户对数据操作效率要求高、可靠性要求不高的场景。

MongoDB 可配置单机版和集群版本，下载、安装都很容易，且网上有较多资料。对学生来讲，学完数据库系统课程后非常容易上手。若学生选择的课程设计是社交网站、物品展示等方面的题目，可选择 MongoDB 管理系统数据。2022 年发布的 MongoDB 6.0 和无服务器（Serverless）版，是目前可用的较新版本。MongoDB 的版本又细分为企业版和社区版，社区版为开源版本。

与 MongoDB 相似的文档数据库系统还有 Amazon DynamoDB、Microsoft Azure Cosmos DB、Apache CouchDB、Firebase Realtime Database 等，其中 Apache CouchDB 是开源的，其他不开源。

（2）Redis

Key-Value 数据库系统（简称 KV 数据库系统）的 Key-Value 结构（KV 结构）中，Key 是数据的标识，类似于关系数据库中表的主码，是数据的唯一标识；Value 是数据，它没有特定结构，可以是任意数据。KV 结构简单，存储效率高，适用于嵌入式系统或高性能进程内数据库。例如，Berkeley DB（BDB）是较早开发的一款 KV 数据库，已用作 PostgreSQL、MySQL 等开源关系数据库管理系统的存储引擎，也可用于其他 KV 结构数据的存储。

Redis（REmote DIctionary Server，远程字典服务）是一个内存数据平台，用作缓存、消息队列和数据库，可以部署在本地、跨云和混合环境中。它使用 KV 结构，其 Value 部分可以是字符串（String）、哈希（Hash）、列表（List）、集合（Set）和有序集合（Sorted Set）等类型。它支持分布式集群结构，主要用于内存的海量数据管理，支持高并发读写，数据存取效率高。

目前 Redis 的最新稳定版本是 Redis 7.0，在应用系统开发时可使用它实现缓存、限时抢购、访问计数等功能模块。

Berkeley DB 是由美国 Sleepycat Software 公司开发的一套开源的 KV 结构的数据库管理系统，该系统于 2006 年被 Oracle 公司收购，目前由 Oracle 公司维护。它最初是为嵌入式系统设计的，提供可伸缩的、高性能的、有事务保护功能的 KV 数据管理服务。Berkeley DB 可在主流操作系统上运行，提供主流编程语言接口，可以 .jar、.dll 等形式嵌入应用系统中使用。Berkeley DB 完全支持 ACID［原子性（Atomicity）、一致性（Consistency）、隔离性（Isolation）、持久性（Durability）］事务与恢复，可靠性高。Berkeley DB 目前新版本包括 Berkeley DB 18.1（18.1.40）、Berkeley DB Java Edition 7.5.11 和 Berkeley DB XML 12.1.6.1.4，可从 Oracle 网站下载。

（3）Neo4j

Neo4j 是一个用 Java 实现的、符合 ACID 特性要求的图形数据库。Neo4j 内核是图形引擎，具有数据库产品期望的所有特性，如恢复、两阶段提交、符合 XA（由 X/Open 组织提出的分布式事务处理规范）等。

Neo4j 的数据以图形结构存储，主要应用于语义网、资源描述框架（RDF）、链接数据、地理信息系统（GIS）、基因分析、社交网络数据建模和深度推荐算法等系统。

Neo4j 采用高性能分布式集群体系结构设计，可以服务器、嵌入式等方式使用，也可在自托管和云服务中使用。Neo4j 的较新版本是 2023 年发布的 Neo4j 5.11.0。Neo4j 可运行在主流操作系统之上，支持主流编程语言。

在大数据、云计算及 AI 等技术迅猛发展的情况下，数据处理需求的变化非常大，因此近年数据库技术取得了较大的进步。对数据库产品进行评价的权威机构较多，例如由 Solid 公司创建并维护的 DB-Engines 流行程度排行榜，会给出数据库产品的综合排名和多个类别的分类排名。排名类别包括关系、KV、文档、时间、图、搜索引擎、面向对象、RDF 存储、宽表存储、多值数据库和 XML 数据库等；同时会发布每个上榜数据库的相关信息，包括数据模型、最新版本、网址、技术文档网址、开发者、运行环境参数等。图 1-7 所示为 DB-Engines 网站 2022 年 5 月发布的数据库综合排行榜，其中，Oracle、MySQL、Microsoft SQL Server、PostgreSQL、MongoDB 等处于前列。近年我国生产的数据库产品逐渐出现在排行榜中，例如 Alibaba Cloud MaxCompute、Kingbase 和腾讯的 TDSQL for MySQL 等。

Rank			DBMS	Database Model	Score		
Jun 2022	May 2022	Jun 2021			Jun 2022	May 2022	Jun 2021
1.	1.	1.	Oracle 🔧	Relational, Multi-model 🔧	1287.74	+24.92	+16.80
2.	2.	2.	MySQL 🔧	Relational, Multi-model 🔧	1189.21	-12.89	-38.65
3.	3.	3.	Microsoft SQL Server 🔧	Relational, Multi-model 🔧	933.83	-7.37	-57.25
4.	4.	4.	PostgreSQL 🔧	Relational, Multi-model 🔧	620.84	+5.55	+52.32
5.	5.	5.	MongoDB 🔧	Document, Multi-model 🔧	480.73	+2.49	-7.49
6.	↑7.	Redis 🔧		Key-value, Multi-model 🔧	175.31	-3.71	+10.06
7.	7.	↓6.	IBM Db2	Relational, Multi-model 🔧	159.19	-1.14	-7.85
8.	8.	8.	Elasticsearch	Search engine, Multi-model 🔧	156.00	-1.70	+1.29
9.	9.	↑10.	Microsoft Access	Relational	141.82	-1.62	+26.88
10.	10.	↓9.	SQLite 🔧	Relational	135.44	+0.70	+4.90
11.	11.	11.	Cassandra 🔧	Wide column	115.45	-2.56	+1.34
12.	12.	12.	MariaDB 🔧	Relational, Multi-model 🔧	111.58	+0.45	+14.79
13.	↑14.	↑26.	Snowflake 🔧	Relational	96.42	+2.91	+61.67
14.	↓13.	↓13.	Splunk	Search engine	95.56	-0.79	+5.30
15.	15.	15.	Microsoft Azure SQL Database	Relational, Multi-model 🔧	86.01	+0.68	+11.22
16.	16.	16.	Amazon DynamoDB 🔧	Multi-model 🔧	83.88	-0.58	+10.12

398 systems in ranking, June 2022

图 1-7　2022 年 5 月数据库综合排行榜

高德纳（Gartner）公司每年发布的数据库魔力象限评估，是对全球最具影响力的数据库厂商的综合能力评估报告。魔力象限是描述特定领域全球最具影响力的厂商综合能力评估报告，是头部厂商产品能力的对标。一般情况下，企业 IT 决策者可通过这一分析报告甄别厂商的实力，为采购、招标等提供一定的依据和佐证。魔力象限划分为 4 个象限，分别是领导者（Leaders）、挑战者（Challengers）、有远见者（Visionaries）和利基者（Niche Players）。

领导者是指产品基于对广泛的数据类型和部署模型（如多云、云间和混合）的支持，可为客户提供成熟的云产品及完善的服务支持能力，获得客户一致性满意。挑战者是指拥有强大、成熟产品的稳定供应商，但对云数据库市场有点缺乏远见。此类厂商可能会缺乏市场上的创新概念，但在执行能力等方面是有优势的。有远见者对云数据库市场有很深入的了解且有明确的路线图。其对功能有创新的想法，并具备基础能力。通常，这些有远见者厂商的客户较少，规模也比较小，但具备很好的增长潜力。利基者提供高度专业化的产品，但市场吸引力相对有限。它们通常不支持所有的云数据库实例，只能提供部分产品支持。利基者在产品覆盖度、单品功能、客户基础、风险性及可验证性方面还需进一步发展。2021 年阿里云开始进入领导者象限，华为云进入利基者象限，腾讯云属于有远见者象限，这几家企业代表了我国数据库发展的最高水平。期待国产数据库今后会有更好的表现。

1.5.2　国内数据库技术的发展

国内数据库产品起步较晚，最早一批数据库管理系统产品在 20 世纪 90 年代面市，主要是达梦的 DM 系列、人大金仓的 Kingbase 系列等。近年，得益于国内电子商务、大数据等技术的跨越式发展，国内数据库技术和产品飞速发展，并在某些技术点中出现领先世界的趋势。墨天轮网站每两个月公布一次国产数据库流行度排行榜。2023 年 2 月的排行榜，可见 OceanBase、TiDB、DM、openGauss 等数据库管理系统位于数据库流行度排行榜前列。本书选择典型的国产数据库产品 Kingbase、达梦、openGauss、OceanBase 等进行简单介绍。

1．Kingbase

Kingbase 是北京人大金仓信息技术股份有限公司研发的数据库管理系统。Kingbase 产品于 1999 年推出，目前已形成覆盖数据管理全生命周期、全技术栈的产品、服务和解决方案体系。其中 KingbaseES 是面向事务处理类、兼顾分析类应用领域的关系型数据库产品。产品支持大数据分析，具有灵活的水平扩展能力，支持中标麒麟、银河麒麟、中科方德、统信（UOS）等国产操作系统。当前较新的版本 KingbaseES V8 没有免费版，但试用期有 90 天。

2．达梦

达梦是武汉达梦数据库股份有限公司研发的数据库管理系统产品。武汉达梦数据库股份有限公司从事数据库管理系统与大数据平台的研发、销售和服务，目前已推出达梦数据库管理系统（DM8）、达梦数据共享集群（DMDSC）、达梦启云数据库（DMCDB）、达梦图数据库（GDM）、达梦新一代分布式数据库等多款产品，形成了完整产品线，在国内数据库市场占有率较高。

DM8 融合了分布式、弹性计算与云计算的优势，在产品的灵活性、易用性、可靠性、高安全性等方面表现突出，可满足不同场景需求，支持超大规模并发事务处理和事务-分析混合型业务处理。DM8 支持主流操作系统，包括麒麟操作系统、统信、中科方德、凝思、红旗、普华、思普等多种国产操作系统。DM8 包括标准版（Standard Edition）、企业版

（Enterprise Edition）和安全版（Security Edition）等多个版本，都可免费试用，试用期达一年。学校或学生个人可使用它们来完成数据库系统的所有实验。

3．openGauss

openGauss 是 2019 年华为（华为技术有限公司）推出的一款开源关系型数据库管理系统，于 2020 年公开源代码并建立社区来提供数据库相关技术交流途径。openGauss 内核早期源自 PostgreSQL，在架构、事务、存储引擎、优化器及 ARM 架构上进行了适配与优化。openGauss 可运行在 Centos 和 openEuler 操作系统下，目前开源的有单机版和集群版。

至 2023 年 3 月，openGauss 最新版本是 3.1.1 版，分企业版、轻量版等。因开源较晚，目前还未有学校宣称使用 openGauss 支持其数据库课程的实验。学生可下载试用单机版 openGauss 数据库系统，支持国产开源数据库的发展。

事实上华为除了开源的 openGauss 数据库以外，还有 GaussDB 及一系列云数据库产品，华为在国产数据库系统领域做出了一定的贡献。

4．OceanBase

OceanBase 是由蚂蚁集团（蚂蚁金服（杭州）网络技术有限公司）自主研发的企业级分布式关系数据库管理系统，该系统始创于 2010 年，并于 2021 年 6 月开源。目前由北京奥星贝斯科技有限公司运维。OceanBase 高度兼容 SQL 标准和 Oracle、MySQL 等主流关系数据库系统，具有云原生性、数据强一致性等特点。作为分布式数据库系统，OceanBase 具备非常强的水平扩展能力，单集群规模超过 1500 个节点，且已通过 TPC-C、TCP-H 标准测试。

OceanBase 构建在阿里云平台之上，至 2023 年 3 月提供的最新版本是 3.2.4 版。用户可直接在阿里云平台申请 OceanBase 数据库服务，借助云平台可灵活配置数据库集群，使用方便。作为开源数据库系统，OceanBase 开源社区十分活跃，学生可关注其开源社区，了解相关知识。目前学校可通过云服务申请利用 OceanBase 来支持数据库系统实验，学生也可申请 OceanBase 服务试用该数据库产品。

本章小结

本章概括讲述了数据库的基本概念、数据库技术的产生背景及技术特点。

数据模型是数据库系统的重要内容，本章介绍了数据模型的概念、分类，并较简单地介绍了数据库的层次模型、网状模型、关系模型、面向对象的数据模型、非关系数据模型等。

数据库的三级模式结构是数据库中数据的组织管理模式，也是数据库具有物理独立性、逻辑独立性的原因。

本章还介绍了数据库技术的发展史，特别介绍了我国数据库技术的发展情况。

本章介绍的是学习数据库技术的入门知识，读者在了解本章内容的基础上，可开始深入学习关系数据库技术。本章的概念、名词较多，需要在后续学习过程中反复回顾、加深理解，以建立良好的知识架构。

习题

1. 名词解释：数据、数据库、数据库管理系统、数据库系统、关系数据模型。
2. 相比于文件系统，使用数据库管理数据有什么优势？
3. 试述数据库系统的特点。
4. 数据库管理系统的功能是什么？
5. 数据库系统的主要组成部分是什么？
6. 什么是数据模型？其包括什么内容？
7. 将数据存储到数据库的过程中需要使用哪些数据模型？如何使用这些数据模型？
8. 有哪几种数据库的常用数据模型？它们主要的特征是什么？
9. 什么是数据库的三级模式结构？这种结构有什么优点？
10. 我国国产数据库有哪些典型代表？

第2章 关系数据库

目前主流的数据库系统，如 Oracle、DB2、SQL Server、Sybase、MySQL 等，仍然是纯关系数据库系统，或者是在关系数据库系统基础进行了某些扩展的数据库系统。关系数据库建立在关系模型之上，使用关系作为基本单位来管理数据。本章介绍关系模型的数据结构、关系的完整性以及关系代数等。为了方便描述，本章介绍一个关系数据库——teaching 数据库的结构，在后续章节中会介绍这个数据库的需求、设计及优化，以方便学生贯穿理解全书知识。

第 2 章简介

本章学习目标如下。

（1）理解关系模型的基本概念，包括关系、关系模式、码、关系的完整性约束等。

（2）掌握关系代数的基本运算，能够使用关系代数完成数据增删改查操作。

2.1 关系模型的基本概念

关系数据库指的是以关系数据模型组织起来的数据库。按照数据模型的三要素，关系模型由关系数据结构、关系数据操作和关系完整性约束 3 个部分构成。

关系模型的特点

关系模型基本概念（域+笛卡儿积）

2.1.1 关系

关系是"扁平"的二维表。"扁平"是指表头只有一行，不存在表中套表的情况，且每行的每列只有一个数据，不存在表中某一行的某一列有多个数据的情况。"扁平"的表格结构简单、一目了然。关系模型虽然简单，却能表达丰富的语义，可用来表达现实世界中的各类实体和实体间的各种联系。关系模型建立在关系代数的基础上，我们从集合论的角度给出关系数据结构的形式化定义。

【定义 2-1】域是一组具有相同数据类型的值的集合。

例如，实数、负整数、奇数、长度为 8 字节的字符串集合、{男,女}等，都可以是域。一个域允许的不同取值的个数称为域的基数（Cardinal Number）。例如，域{红,黄,绿}的基数为 3。

笛卡儿积，又称直积，是指在数学中两个集合 X 和 Y 的运算，表示为 $X \times Y$。

【定义 2-2】给定若干域 D_1、D_2、D_3、$\cdots$、D_n，则 D_1、D_2、D_3、$\cdots$、D_n 的笛卡儿积为

$$D_1 \times D_2 \times D_3 \times \cdots \times D_n = \{(d_1,d_2,d_3,\cdots,d_n)|d_i \in D_i, i=1,2,3,\cdots,n\}$$

其中，每个元素 $(d_1,d_2,d_3,\cdots,d_n)$ 叫作一个 n 元组（n-Tuple），简称元组，其元数 n 由参

加笛卡儿积运算的集合的数量决定。元组中的每一个值 d_i 叫作一个分量（Component）。

假设域 D_i 均为有限集，对应的基数为 k_i（$i=1,2,\cdots,n$），则 $D_1 \times D_2 \times D_3 \times \cdots \times D_n$ 的基数 K 为

$$K = \sum_{i=1}^{n} k_i$$

【例 2-1】已知 color={红,黄,绿}，fruit={香蕉,苹果}，producer={广东,河南}，写出 color× fruit×producer 的笛卡儿积。

> 根据笛卡儿积的定义，color×fruit×producer= {
> (红,香蕉,广东), (红,香蕉,河南), (红,苹果,广东), (红,苹果,河南),
> (黄,香蕉,广东), (黄,香蕉,河南), (黄,苹果,广东), (黄,苹果,河南),
> (绿,香蕉,广东), (绿,香蕉,河南), (绿,苹果,广东), (绿,苹果,河南)
> }

其中(红,香蕉,广东)、(绿,苹果,河南)等都是三元组，红、苹果、广东等都是元组中的分量。

笛卡儿积 color×fruit×producer 的基数为 $3 \times 2 \times 2 = 12$，即该集合中包含 12 个三元组。假设我们将此集合中的元组列成一张二维表，其中集合的名字作为同一位置分量的标题，笛卡儿积 color×fruit×producer 如表 2-1 所示。

表 2-1　笛卡儿积 color×fruit×producer

color	fruit	producer
红	香蕉	广东
红	香蕉	河南
红	苹果	广东
红	苹果	河南
黄	香蕉	广东
黄	香蕉	河南
黄	苹果	广东
黄	苹果	河南
绿	香蕉	广东
绿	香蕉	河南
绿	苹果	广东
绿	苹果	河南

【定义 2-3】假设 $r \subseteq D_1 \times D_2 \times D_3 \times \cdots \times D_n$，则 r 叫作在域 D_1、D_2、D_3、$\cdots$、D_n 上的关系。关系是集合笛卡儿积的子集，因此关系也是一张二维表。

例如，集合 product={(红,苹果,河南),(黄,香蕉,广东),(黄,苹果,河南),(绿,香蕉,广东),(绿,苹果,河南)}，为 color×fruit×producer 的子集，则 product 可以称为笛卡儿积 color×fruit× producer 上的关系。若把关系 product 表示为二维表，可得表 2-2。

表 2-2 中的每一行，例如(红,苹果,河南)是关系 product 中的一个三元组；表 2-2 中的每一列，如第一列的值取自同一个域，即名字为 color 的属性（attribute）。

由此可以看出，在关系模型中，关系就等同于二维表；表中的行就等同于关系中的元

组，而表中的列就是关系中的属性。

表 2-2　product 关系

color	fruit	producer
红	苹果	河南
黄	香蕉	广东
黄	苹果	河南
绿	香蕉	广东
绿	苹果	河南

2.1.2　关系的模式和实例

关系的模式和
实例

对于关系，要区别关系模式和关系实例两个不同的概念。以程序语言为例，关系实例对应于程序语言中的变量，而关系模式对应于程序语言中的类型。

【定义 2-4】　关系模式是对关系的逻辑结构的描述，可以表示为 $R(U)$ 或者 $R(A_1,A_2,\cdots,A_n)$，其中 R 为关系名，U 为组成该关系的属性的集合，$A_1,A_2,\cdots A_n$ 为该关系的属性名。

表 2-2 中的 product 关系的关系模式可以表示为 product(color,fruit,producer)。表 2-3 中的 student 关系的关系模式可以表示为 student(ID, name, college_name, major, gender, birthday)。关系模式是一种逻辑结构，是静态的、稳定的。然而，关系实例是关系所包含的元组的集合，是某一个时刻的内容或状态，是动态的、不断变化的。例如，对 student 关系增加、删除元组，会随时改变关系实例，表 2-3 和表 2-4 所示的关系是两个不同的关系实例，但二者是同一种关系模式 student 的实例。

表 2-3　student 关系实例 1

ID	name	college_name	major	gender	birthday
201935965727	郭紫涵	经济管理学院	企业管理	女	2001-07-11
201935965729	冯文博	经济管理学院	企业管理	男	2001-07-22
201946846930	陈致远	马克思主义学院	思想政治教育	男	2001-08-19
201953845310	梁浩	农学院	农学（丁颖创新班）	男	2001-08-28
201967171519	赵浩宇	兽医学院	动物药学	男	2001-06-28
201967483120	孙梓涵	信息学院	计算机科学与技术	女	2001-09-07
201967488208	谢俊熙	信息学院	信息与计算科学	男	2001-08-23
201974896121	高心怡	外国语学院	日语	女	2001-09-30
201974896420	董明轩	外国语学院	商务英语	男	2001-05-06
202013501326	刘浩轩	电子工程学院	电子信息工程	男	2002-02-27
202013506102	唐宇轩	电子工程学院	人工智能	男	2002-11-29

表 2-4　student 关系实例 2

ID	name	college_name	major	gender	birthday
201935965727	郭紫涵	经济管理学院	企业管理	女	2001-07-11
201935965729	冯文博	经济管理学院	企业管理	男	2001-07-22
202046844608	于浩然	马克思主义学院	马克思主义基本原理	男	2002-02-06
202046844627	周晨曦	马克思主义学院	马克思主义中国化研究	女	2002-11-02
201967171519	赵浩宇	兽医学院	动物药学	男	2001-06-28

2.1.3　关系数据库的模式和实例

关系模型将现实世界中的事物抽象为关系，同时也将现实世界中事物之间的联系抽象为关系。例如，教学的主体包括教师、学生、课程，学生与课程之间有选课联系，教师与课程之间有授课联系，因此，教学数据库可以使用以下互相关联的多张关系表来表示教学。

```
course (course_id, course_name,college_name, credits, hours)
teacher(ID, name, college_name, gender, birthday, title)
student(ID, name, college_name, major, gender, birthday)
takes (ID, course_id, sec_id, semester, year, grade)
teaches(ID, course_id, sec_id, semester, year)
```

其中课程、教师、学生是现实中的事务，课程（course）用课程编号、课程名称、所属学院、学分、学时来描述；教师（teacher）用工号、姓名、所属学院、性别、生日、职称来描述；学生（student）用学号、姓名、所属学院、专业、性别、生日来描述。

选课是学生和课程之间的联系，用选课表（takes）来描述，具体包括学生学号、课程号、开课号、学期、开课的学年及成绩等属性。授课是教师和课程之间的联系，用授课表（teaches）来描述，具体包括教师工号、课程号、开课号、学期、开课的学年等属性。

事物之间的联系体现在关系的属性设置和对数据的约束上。例如，选课表中的学号应该出现在学生表中，即对应现实中存在的、可由这个学号唯一标识的学生。同样，课程号也应该在课程表中出现，对应现实中存在的、可由这个课程号唯一标识的课程。

因此，关系数据库是使用关系模型建立的数据库，是互相关联的关系的集合。

与关系的模式和实例相同，关系数据库也有模式和实例的概念。关系数据库的模式是所包含关系的模式的集合，是静态的、稳定的逻辑结构。关系数据库的实例是数据库在某一个时刻的内容或状态，是动态的、不断变化的，它由所包含的所有表的内容或状态组成。

2.1.4　码

在现实世界中，我们会对事物给予唯一的名称或编号进行区分，例如每家都会为每个新生儿起名字，但因为重名等原因，国家又对每个新生儿编制唯一的身份证号码，以方便进行人口管理。

关系数据库是对现实世界的反映，对关系数据库中的元组，我们在关系上定义其唯一标识，称为码、键或关键字。

【定义 2-5】如果关系中的某一个或几个属性的集合能唯一地标识一个元组，则称该属性集为超码（Super Key）；如果不存在超码的真子集，使其能唯一识别一个元组，则称之为候选码（Candidate Key）。

例如，教学数据库中的 student 关系，如表 2-3 所示，其中的属性集{ID,name}、{ID,name, college_name}等都可以用来标识唯一的学生个体，因此它们都是超码。

但是不难发现，上述的属性集{ID,name}、{ID,name, college_name}存在着真子集{ID}，也同样能够识别出唯一的学生个体，所以上述两个属性集不是候选码。ID 能够识别唯一元组，因此 ID 是 student 关系的候选码。

如果一个关系有多个候选码，选定其中一个作为**主码**（Primary Key）使用。主码是实用层面的概念，数据库管理系统中查询或处理数据时往往依主码的顺序操作。例如，学号、身份证号码都可以唯一地标识一个学生，若学生关系模式形如：

```
student(ID, name, college_name, major, gender, birthday, IDCard)
```

其中，ID 是学号，IDCard 为身份证号码，则选择 ID 作为主码，因为在学校中，多数情况下学号更适合唯一地标识学生。本书以下部分在描述关系模式时，用下画线标记主码，如 student 关系记作：

```
student(ID, name, college_name, major, gender, birthday, IDCard)
```

2.2 关系模型的完整性

关系模型的完整性是指对关系数据库的某种约束条件，即数据库始终都应该满足的约束条件。这些约束条件反映了现实世界的要求，满足这些要求则意味着数据库中的数据是正确的、有效的、与现实相符的。例如，学生的年龄存储在数据库当中一定不会出现负数，学生的性别只会出现男和女两种等。数据的相容性是指数据之间不能相互矛盾，例如同一门课程的及格率和不及格率之和一定是 100%、公司的出货量一定小于或等于原库存量等。

根据约束条件定义对象的不同，完整性约束又可以分为实体完整性（Entity Integrity）、参照完整性（Referential Integrity）和用户自定义完整性（User-defined Integrity）。其中实体完整性和参照完整性是必须满足的完整性约束；用户自定义完整性是应用领域需要遵循的约束，体现的是具体领域中的语义约束。

2.2.1 实体完整性

2.1 节指出，关系数据库中每个关系都有一个主码，用于唯一标识其中的元组。也就是说，每个元组的主码取值都与其他元组的主码取值不同。例如在表 2-3 中，student 表的学号（属性 ID）是主码，每个 ID 对应现实中一个学生，同时，每个学生都有唯一的一个学号作为其标识。

主码可以是多个属性的组合，例如建立一张表存储教室信息：

```
classroom(building, room_number, capacity, classroom_type)
```

其中，building 表示教室所在教学楼、room_number 为教室号、capacity 是教室可容纳的上课人数、classroom_type 为教室类型（例如多媒体教室、绘画室、音乐室、听力室等）。building、room_number 的组合可以唯一地标识一间教室，或称可唯一地标识一个元组。

实体完整性是指每张表中每个元组的主码取值不能为空，不可与其他元组取值重复。当一个元组的主码有一个或多个的取值为空时，这个元组就没有标识或标识不全，也就没有唯一地进行标识。同样，当一个元组的主码取值与其他元组取值相同时，也无法唯一地标识这个元组。下面给出主码及实体完整性的形式化描述。

【定义 2-6】实体完整性 若属性集 A 是关系 R 的主码，则对每一个元组，其属性集 A 中的每个属性值不能出现空值，且这些属性取值的组合不能有重复值。

实体完整性的规则说明如下。

（1）实体完整性规则是针对关系而言的。关系通常对应现实世界的一个实体集。例如，student 关系对应于学生的集合，course 关系对应于课程的集合。

（2）现实世界中的实体是可区分的，即拥有唯一的标识。例如，每个学生都是独立的个体，是不一样的。

（3）关系模型中，以主码作为唯一性标识，两个不同的元组的主码一定是不同的。

（4）主码中的属性不能取空值。

2.2.2 参照完整性

参照完整性

在现实生活中，事物不仅具有唯一标识，不同事物之间还会存在一些联系。例如，现实中教师集可看作多个教师的集合、学院集可看作多个学院的集合，教师集和学院集之间具有一种就职联系，即教师集中的每位教师都就职于学院集中的某一个学院。

在关系数据库中，我们将教师、学院抽象为两个关系：

```
college(college_name, college_telephone, college_address, college_desc)
instructor(ID, name, college_name, gender, birthday, title)
```

其中，college 表的 college_name 是主码，instructor 表的主码是 ID 字段，即教师工号。现实中这种"教师集中的每位教师都就职于学院集中的某一个学院"可通过在 instructor 表中添加 college_name 字段来表示，且数据库负责保证每位教师元组的 college_name 字段的值都指向 college 关系中的一个元组，这就是参照完整性。表 2-5 和表 2-6 满足参照完整性约束，因为表 2-5 中每个元组的 college_name 字段的值都在表 2-6 中出现，并且依据实体完整性原则，它在表 2-6 中对应一个学院。

表 2-5 instructor 关系

ID	name	college_name	gender	birthday	title
30005303	李强	农学院	男	1962-08-26	副研究员
30005304	Askari Hassan	农学院	男	1982-10-06	副研究员
30007405	Jack Smith	外国语学院	男	1967-05-06	副教授

表 2-6 college 关系

college_name	college_telephone	college_address	college_desc
信息学院	020-8528011	五山路 483 号 14 号楼	NULL
兽医学院	020-8528008	五山路 483 号 20 号楼	NULL
农学院	020-8528009	五山路 483 号 8 号楼	双一流建设学科
外国语学院	020-8528005	五山路 483 号 25 号楼	
园艺学院	020-8528007	五山路 483 号 11 号楼	

college_name	college_telephone	college_address	college_desc
电子工程学院	020-8528010	五山路 483 号 16 号楼	NULL
经济管理学院	020-8528006	五山路 483 号 5 号楼	NULL
马克思主义学院	020-8528003	五山路 483 号 7 号楼	NULL
艺术学院	020-8528004	五山路 483 号 12 号楼	

两个关系间可以存在这种参照完整性约束，同一个关系内部同样也可能存在这种约束。这种关系之间的相互引用的约束，通常用外码进行表述。

【定义 2-7】外码　假设 F 是关系 R 中的一个属性集，K_S 是关系 S 的主码。如果属性集 F 中所有属性的取值都引用于 K_S 的值，则称 F 是 R 的**外码**，并称关系 R 为参照关系（Referencing Relation），关系 S 为被参照关系（Referenced Relation）。

上述的 instructor 关系的属性 college_name 就是一个外码。它参照了 college 关系中的主码属性 college_name。其中，instructor 关系是参照关系，而 college 关系为被参照关系。

需要指出的是，被参照关系的主码和参照关系的外码必须定义在同一个域上。但是外码并不一定要与相应的主码使用完全相同的属性名。

【定义 2-8】参照完整性规则　若属性集 F 是基本关系 R 的外码，它与基本关系 S 的主码 K_S 相对应，则 R 中每个元组在 F 上的值必须等于 S 中某个元组的候选码的值。

例如，表 2-3 所示的 student 关系中每个元组的 college_name 的属性只能取两类值：college 关系中某个元组的 college_name 的属性值，表示该学生属于学校中某一个存在的学院；空值，表示尚未给该学生分配学院。

2.2.3　用户自定义完整性

所有的数据库系统都应该支持实体完整性和参照完整性，这是关系模型所要求的。除此之外，不同的数据库系统根据其应用的环境不同，还需要一些特殊的约束条件。用户自定义完整性就是针对某一些具体应用的约束条件，它反映某一具体应用所涉及的数据必须满足的语义要求。例如，学校数据库中的课程成绩属性的取值范围必须在区间[0,100]内；再如，教师的性别属性的取值必须在 {"男","女"} 集合中；等等。关系模型应提供定义和检测此类用户自定义完整性的机制，以便用统一的系统方法处理它们。

用户自定义
完整性

2.3　teaching 数据库

本书使用 teaching 数据库作为例子，从数据库逻辑结构、数据操作到数据库设计都使用它进行讲解，目的是给学生一个整体印象，加强学生对基本概念的理解及对基本操作的掌握。teaching 数据库的模式如图 2-1 所示，包含 college、instructor、student、course、classroom、time_slot、section、teaches、takes、prereq 共 10 张表，分别描述学院、教师、学生、课程、教室、时间段划分、课程开设、授课、选修、先行课方面的信息。每张表的主码属性前标注了 符号。表之间的连接线是外码连接，一端

指向被参照关系，另一端指向参照关系。其中┼指被引用值唯一，┼○指被引用值可以有 0
或 1 个，✱指引用值可以有 0 或多个，┼<指引用值可能有 1 到多个。10 张表的详细结构
如下：

```
college(college_name, college_telephone, college_address, college_desc)
course (course_id, title, college_name, credits, hours)
instructor(ID, name, college_name, gender, birthday, title)
student(ID, name, college_name, major, gender, birthday)
section (course_id, sec_id, semester, year, building, room_number, time_slot_id)
classroom(building, room_number, capacity, classroom_type)
time_slot(time_slot_id, start_week, end_week, day, start_hr, start_min, end_hr,
end_min)
takes (ID, course_id, sec_id, semester, year, grade)--其中外码有两个，即 ID 和<course_id,
sec_id, semester, year>
teaches(ID, course_id, sec_id, semester, year)--其中外码有两个，即 ID 和<course_id,
sec_id, semester, year>
prereq(course_id, prereq_id)--其中外码有两个，即 course_id 和 prereq_id（引用 course 表中
course_id 字段）
```

　　所有主码、外码都可以从图 2-1 得到。此数据库的结构及如何设计将在第 6 章详细
讲述。

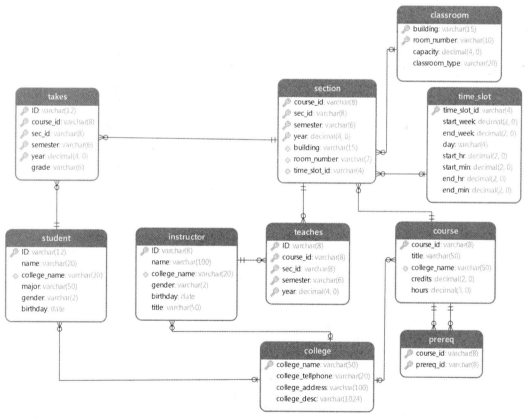

图 2-1　teaching 数据库的模式

关系数据库 | 第 2 章

2.4 关系代数

关系代数是一门抽象的查询语言，是一种过程化的查询语言。关系代数的运算对象和关系运算的结果也是关系。关系运算包括两类：传统的集合运算和专门的关系运算。传统的集合运算可以看作二元的关系运算，其运算对象一般是两个关系（两个元组的集合），运算结果是一个新的关系（一个新的元组的集合）。

2.4.1 集合运算

传统的集合运算包括并、差、交、笛卡儿积 4 种运算。进行集合运算的两个关系需满足以下两个条件：

（1）参与运算的两个关系具有相同的属性数量。

（2）参与运算的两个关系对应的属性来自同一个域。

假设 R 和 S 是两个关系，则集合运算可以如下定义。

1. 并运算（Union）

$$R \cup S = \{t \mid t \in R \vee t \in S\}$$

如果 R 和 S 都是 n 个属性的关系，则 $R \cup S$ 的结果仍为 n 个属性的关系，即 R 和 S 中所有元组的并集。

2. 差运算（Except）

$$R - S = \{t \mid t \in R \wedge t \notin S\}$$

如果 R 和 S 都是 n 个属性的关系，则 $R - S$ 的结果仍是具有相同模式的关系，即 R 和 S 中元组的差集。

3. 交运算（Intersection）

$$R \cap S = \{t \mid t \in R \wedge t \in S\}$$

如果 R 和 S 都是 n 个属性的关系，则 $R \cap S$ 的结果仍为 n 个属性的关系，即 R 和 S 中所有元组的交集。

4. 笛卡儿积运算（Cartesian Product）

$$R \times S = \{(t_r, t_s) \mid t_r \in R \wedge t_s \in S\}$$

假设 R 和 S 分别有 N 个和 M 个属性，则 R 和 S 的笛卡儿积是一个 $N+M$ 个属性的元组的集合。每个元组的前 N 个属性是关系 R 的一个元组，后 M 个属性是关系 S 的一个元组。若 R 有 x 个元组，S 有 y 个元组，那么 R 和 S 的笛卡儿积则包含 $x \times y$ 个元组。

【例 2-2】数据库中存在两个关系 R 和 S，两个关系进行并、差、交和笛卡儿积运算的结果如图 2-2 所示。

R

A	B	C
a_1	b_1	c_1
a_1	b_2	c_1
a_2	b_2	c_1

（a）关系R

S

A	B	C
a_1	b_1	c_1
a_1	b_2	c_1
a_2	b_2	c_2

（b）关系S

$R \cup S$

A	B	C
a_1	b_1	c_1
a_1	b_2	c_1
a_2	b_2	c_1
a_2	b_2	c_2

（c）并运算

$R-S$

A	B	C
a_2	b_2	c_1

（d）差运算

$R \cap S$

A	B	C
a_1	b_1	c_1
a_1	b_2	c_1

（e）交运算

$R \times S$

$R.A$	$R.B$	$R.C$	$S.A$	$S.B$	$S.C$
a_1	b_1	c_1	a_1	b_1	c_1
a_1	b_1	c_1	a_1	b_2	c_1
a_1	b_1	c_1	a_2	b_2	c_2
a_1	b_2	c_1	a_1	b_1	c_1
a_1	b_2	c_1	a_1	b_2	c_1
a_1	b_2	c_1	a_2	b_2	c_2
a_2	b_2	c_1	a_1	b_1	c_1
a_2	b_2	c_1	a_1	b_2	c_1
a_2	b_2	c_1	a_2	b_2	c_2

（f）笛卡儿积运算

图2-2　关系的集合运算举例

2.4.2　专门的关系运算

专门的关系运算包括选择、投影、连接等运算。

选择和投影运算　　连接运算

1．选择（Selection）

选择运算用于在关系 R 中选择满足给定条件的元组的集合，记作：

$$\sigma_p(R) = \{t \mid t \in R \wedge p(t) = \text{"真"}\}$$

其中，p 表示选择条件，它是一个逻辑表达式，运算结果为逻辑值真或者假。

逻辑表达式 p 的基本形式为 $X\Theta Y$，其中 Θ 表示运算符，它可以是>、≥、<、≤或≠。X、Y 是属性名，可以为常量或简单函数；属性名也可以用它的序号代替。在基本的选择条件上，可以进一步进行逻辑运算，即进行与、或、非运算。条件表达式可用的运算符如表2-7所示。

选择运算实际上是从关系 R 中选取逻辑表达式 p 为真的元组。这是从行的角度进行选择的运算。

【例2-3】学校数据库中有 student 关系，如表2-3所示。查询"经济管理学院"的所有学生的关系运算表达式如下：

$$\sigma_{\text{college\_name}=\text{"经济管理学院"}}(\text{student})$$

表 2-7　条件表达式可用的运算符

运算符类型	运算符	语义
比较运算符	>	大于
	≥	大于或等于
	<	小于
	≤	小于或等于
	=	等于
	≠	不等于
逻辑运算符	∧	与
	∨	或
	¬	非

假设 student 表的结构及数据如表 2-3 所示，则选择结果如表 2-8 所示。

表 2-8　例 2-3 的结果

ID	name	college_name	major	gender	birthday
201935965727	郭紫涵	经济管理学院	企业管理	女	2001-07-11
201935965729	冯文博	经济管理学院	企业管理	男	2001-07-22

2．投影（Projection）

关系 R 上的投影是从 R 中选择若干属性列组成新的关系，记作：

$$\Pi_A(R) = \{t[A] \mid t \in R\}$$

其中，A 为 R 中的属性集，$t[A]$ 表示元组 t 在属性集 A 上的分量。

投影操作是从属性列的角度进行的关系运算。注意，投影操作之后的结果会自动去掉重复的元组。

【例 2-4】查询 student 关系中所有学生的学号和姓名，关系运算表达式如下：

$$\Pi_{\text{ID,name}}(\text{student})$$

如果投影之后的关系中存在重复的(ID, name)元组，需要在结果中去除。对于表 2-3 的数据，$\Pi_{\text{ID,name}}(\text{student})$ 的运行结果如表 2-9 所示。

表 2-9　$\Pi_{\text{ID,name}}(\text{student})$ 的运行结果

ID	name	ID	name
201935965727	郭紫涵	201967488208	谢俊熙
201935965729	冯文博	201974896121	高心怡
201946846930	陈致远	201974896420	董明轩
201953845310	梁浩	202013501326	刘浩轩
201967171519	赵浩宇	202013506102	唐宇轩
201967483120	孙梓涵		

3．连接（Join）

$$R \underset{A\theta B}{\bowtie} S = \{(t_r t_s) \mid t_r \in R \land t_s \in S \land t_r[A]\theta t_s[B]\}$$

其中，A、B 分别是 R、S 上可比较的属性集，θ 是比较运算符。连接运算从 R 和 S 的笛卡儿积中选择出满足 $A\theta B$ 逻辑表达式的元组。

常用的连接运算有等值连接（Equi Join）和自然连接（Natural Join）。θ 为 "=" 的连接称为等值连接，它从 R 和 S 的笛卡儿积的结果中选取 A 属性和 B 属性相等的元组。

【例 2-5】学校数据库中有 student 和 college 关系，student 表的数据见表 2-10，college 表的数据见表 2-11。$\text{student} \underset{\text{student.college\_name}=\text{college.college\_name}}{\bowtie} \text{college}$ 的计算结果如表 2-12 所示。

表 2-10 student 表

ID	name	college_name	ID	name	college_name
201935965727	郭紫涵	经济管理学院	201953845310	梁浩	农学院
201935965729	冯文博	经济管理学院	201967171519	赵浩宇	兽医学院
201946846930	陈致远	马克思主义学院			

表 2-11 college 表

college_name	college_telephone	college_address	college_desc
信息学院	020-8528011	五山路 483 号 14 号楼	NULL
兽医学院	020-8528008	五山路 483 号 20 号楼	NULL
农学院	020-8528009	五山路 483 号 8 号楼	双一流建设学科
电子工程学院	020-8528010	五山路 483 号 16 号楼	NULL
经济管理学院	020-8528006	五山路 483 号 5 号楼	NULL
马克思主义学院	020-8528003	五山路 483 号 7 号楼	NULL

表 2-12 例 2-5 的计算结果

ID	name	student.college_name	college.college_name	college_telephone	college_address	college_desc
201935965727	郭紫涵	经济管理学院	经济管理学院	020-8528006	五山路 483 号 5 号楼	NULL
201935965729	冯文博	经济管理学院	经济管理学院	020-8528006	五山路 483 号 5 号楼	NULL
201946846930	陈致远	马克思主义学院	马克思主义学院	020-8528003	五山路 483 号 7 号楼	NULL
201953845310	梁浩	农学院	农学院	020-8528009	五山路 483 号 8 号楼	双一流建设学科
201967171519	赵浩宇	兽医学院	兽医学院	020-8528008	五山路 483 号 20 号楼	NULL

自然连接 $\bowtie$ 是一种特殊的等值连接运算，$R \bowtie S$ 的运算步骤如下：寻找 R 和 S 中所有的共同属性集 A；将 $R.A=S.A$ 作为连接条件，进行连接运算；将运算结果中的两个 A 属性集只保留一个，即去掉重复的列。因此自然连接可以记作：

$$R \bowtie S = \{(t_r t_s[U-A]) \mid t_r \in R \land t_s \in S \land t_r[A] = t_s[A]\}$$

【例 2-6】计算 student $\bowtie$ college 的结果，如表 2-13 所示。

在进行自然连接时，R 中某些元组有可能在 S 中不存在与属性集 A 值相等的元组，因此这些不匹配的元组会被舍弃。同理，S 中不匹配的元组也同样会被舍弃。这些被舍弃的元组成为悬浮元组（Dangling Tuple）。如果想把悬浮元组同样保留在连接的结果里，就要用到另外一种连接类型——**外连接**（Outer Join）。如果保留 R 中的悬浮元组，则为左外连接（Left Outer Join），记作 $R⋉S$；如果保留 S 中的悬浮元组，则为右外连接（Right Outer Join），记作 $R⋊S$；如果保留 R 和 S 中的全部元组，则为全外连接（Full Outer Join），记作 $R⋈S$。

表 2-13 例 2-6 的计算结果

ID	name	college_name	college_telephone	college_address	college_desc
201935965727	郭紫涵	经济管理学院	020-8528006	五山路 483 号 5 号楼	NULL
201935965729	冯文博	经济管理学院	020-8528006	五山路 483 号 5 号楼	NULL
201946846930	陈致远	马克思主义学院	020-8528003	五山路 483 号 7 号楼	NULL
201953845310	梁浩	农学院	020-8528009	五山路 483 号 8 号楼	双一流建设学科
201967171519	赵浩宇	兽医学院	020-8528008	五山路 483 号 20 号楼	NULL

【例 2-7】计算 student ⋊ college 的结果，如表 2-14 所示。右外连接的运算结果里，保留了全部来自 college 的元组，如悬浮元组"信息学院"和"电子工程学院"虽然没有和 student 中的某些元组匹配上，但是依旧保留在结果中。悬浮元组的某些分量值，像(ID, name, student.college_name)找不到匹配值，则设置为空值 NULL。

表 2-14 右外连接 student ⋊ college 的计算结果

ID	name	college_name	college_telephone	college_address	college_desc
NULL	NULL	NULL	020-8528011	五山路 483 号 14 号楼	NULL
201935965727	郭紫涵	经济管理学院	020-8528006	五山路 483 号 5 号楼	NULL
201935965729	冯文博	经济管理学院	020-8528006	五山路 483 号 5 号楼	NULL
201946846930	陈致远	马克思主义学院	020-8528003	五山路 483 号 7 号楼	NULL
201953845310	梁浩	农学院	020-8528009	五山路 483 号 8 号楼	双一流建设学科
201967171519	赵浩宇	兽医学院	020-8528008	五山路 483 号 20 号楼	NULL
NULL	NULL	NULL	020-8528010	五山路 483 号 16 号楼	NULL

2.4.3　更名运算

关系代数表达式的运算结果还是关系，但新产生的关系或其中的属性可能没有名字或者名字重复。关系代数提供更名（rename）运算，假设 E 是具有 m 个属性的关系表达式，则更名运算表达式如下：

更名和赋值
运算

$$\rho_x(E) \tag{2-1}$$

$$\rho_{x(A_1, A_2, \cdots, A_m)}(E) \tag{2-2}$$

式（2-1）计算表达式 E 的值，并将其命名为 x。式（2-2）计算表达式 E 的值，将其命名为 x，并将其每个属性依次命名为 $A_1, A_2, \cdots, A_m$。

【例 2-8】使用关系代数查询与郭紫涵选修了同样课程的学生的姓名。

此查询首先需要查询郭紫涵所选修课程的课程号，关系代数表达式如下：

$$\Pi_{course\_id}(\sigma_{name='郭紫涵'}(student ⋈ takes))$$

计算结果是郭紫涵所选修课程的课程号的集合，但结果关系没有名称，可使用更名运算为计算结果赋予一个新名称，如下：

$$\rho_{guo\_course}(\Pi_{course\_id}(\sigma_{name='郭紫涵'}(student ⋈ takes)))$$

此情况下可使用 guo_course 表与 takes 表进行连接操作，获取选修了郭紫涵所选修课程的学生的学号列表：

$$\Pi_{id}(guo\_course \bowtie takes)$$

此计算结果再与 student 表连接，获取题目所需要的学生的姓名：

$$\Pi_{name}((\Pi_{id}(guo\_course \bowtie takes) \bowtie student)$$

若不使用更名操作，表达式为：

$$\Pi_{name}(\Pi_{id}(\Pi_{course\_id}(\sigma_{name='郭紫涵'}(student \bowtie takes)) \bowtie takes) \bowtie student)$$

2.4.4　赋值运算

关系代数表达式有时非常复杂，若允许将计算结果赋给临时变量，再从临时变量出发继续考虑，分步骤实现查询目标，则查询表达式写起来就简单一些。赋值运算符记作←，假设 E 是一个关系表达式，则赋值表达式的格式如下：

$$〈关系名〉← E$$

使用赋值运算，可简化关系表达式的表达。如对例 2-8，可写为如下格式：

$$temp1 ← \Pi_{course\_id}(\sigma_{name='郭紫涵'}(student \bowtie takes))$$

$$temp2 ← \Pi_{id}(temp1 \bowtie takes)$$

$$result ← \Pi_{name}(temp2 \bowtie student)$$

2.5　其他关系数据操作

其他关系数据
操作

关系代数以关系作为操作对象，以集合运算、专门的关系运算为运算符来表达关系模型中的数据操作。如果将组成关系的基本成分（元组、属性）看作操作对象，以数理逻辑中的谓词演算来表达操作，就得到另一种关系模型的数据操作，即关系演算。依据操作对象，关系演算分为元组关系演算和域关系演算两类。元组关系演算中，谓词操作变元是元组。而域关系演算中，谓词操作变元是属性，或更准确地讲，变元是属性的值的集合，即域。

值得注意的是，关系代数、元组关系演算和域关系演算是等价的，可以使用它们中的任意一个来表达对关系数据的操作。另外，这 3 种数据库语言都是纯语言，即使用逻辑表达式表示的抽象语言，SQL 是一种在关系数据库系统中实现了的语言，使用它可以表达用户的数据操作需求。

2.5.1　元组关系演算

元组关系演算表达式中的操作符是一阶谓词，变量是元组，元组的取值范围是整个关系。元组关系演算中一个查询表示为如下格式：

$$\{t|P(t)\}$$

其中，t 是元组变量，其取值范围是它所在的关系 R；P 是一个谓词，$P(t)$ 表示谓词 P 应用到元组 t，其取值可能是 TRUE 或 FALSE。$\{t|P(t)\}$ 表示关系 R 中所有对谓词 P 取值为

TRUE 的元组的集合。

由此，可给出与例 2-3 查询要求等价的元组关系演算表达式：

$$\{t \mid t \in \text{student} \wedge t[\text{college\_name}] = "\text{经济管理学院}"\}$$

元组关系演算表达式的基本形式如下。

（1）$t \in r$，其中 t 是一个元组，r 是一个关系，此式表示元组 t 属于关系 r。

（2）$t[x]\theta c$，其中 t 是一个元组，x 是其一个分量的值，c 表示一个常量，θ 为比较运算符，x 与 c 必须是可比较的，此式表示一个元组的分量与一个常量比较。

（3）$t[x]\theta s[y]$，其中 t、s 是元组，x、y 分别是其分量，θ 为比较运算符，此式表示对两个元组的分量进行比较的运算。

一般我们称以上三个式子为原子公式，那么一个元组谓词演算表达式是按如下规则构造得到的公式。

（1）一个原子公式是公式。

（2）如果 P 是一个公式，则 (P)、$\neg P$ 都是公式。

（3）如果 P_1、P_2 是公式，则 $P_1 \wedge P_2$、$P_1 \vee P_2$、$P_1 \Rightarrow P_2$ 都是公式。

（4）如果 $P_1(s)$ 是公式，s 是元组变量，r 是一个关系，则 $\exists s \in r(P_1(s))$、$\forall s \in r(P_1(s))$ 也是公式，其中 $\exists$、$\forall$ 分别是存在量词和全称量词。$\exists s \in r(P_1(s))$ 表示"若 r 中至少有一个元组 s 使得 $P_1(s)$ 为真，则 $\exists s \in r(P_1(s))$ 为真，否则为假"。$\forall s \in r(P_1(s))$ 表示"若 r 中所有元组 s 都使得 $P_1(s)$ 为真，则 $\forall s \in r(P_1(s))$ 为真，否则为假"。

对任意查询，都可以使用元组关系演算的公式来表达。例 2-4 中查询 student 关系中所有学生的学号和姓名的元组关系演算的公式如下：

$$\{t \mid s \in \text{student} \wedge t[\text{id}] = s[\text{id}] \wedge s[\text{name}] = t[\text{name}]\}$$

例 2-5 中的关系代数表达式如下：

$$\text{student}_{\text{student.college\_name}=\text{college.college\_name}}^{\bowtie}\text{college}$$

与之等价的元组关系演算的公式如下：

$$\{t \mid \exists s \in \text{student}, \exists u \in \text{college}(s[\text{college\_name}] = u[\text{college\_name}] \wedge t[\text{id}] = s[\text{id}] \wedge t[\text{name}]$$
$$= s[\text{name}] \wedge t[\text{college\_name}] = s[\text{college\_name}] \wedge t[\text{major}]$$
$$= s[\text{major}] \wedge t[\text{gender}] = s[\text{gender}] \wedge t[\text{birthday}] = s[\text{birthday}] \wedge t[\text{title}]$$
$$= s[\text{title}] \wedge t[\text{college\_telephone}]$$
$$= u[\text{college\_telephone}] \wedge t[\text{college\_address}]$$
$$= u[\text{college\_address}] \wedge t[\text{college\_desc}] = u[\text{college\_desc}]\}$$

2.5.2 域关系演算

域关系演算表达式中的操作符是一阶谓词，变量是元组，元组的取值范围是整个关系。域关系演算中一个查询表示为：

$$\{\langle x_1, x_2, \cdots, x_n \rangle \mid P(x_1, x_2, \cdots, x_n)\}$$

其中 $x_1, x_2, \cdots, x_n$ 是域变量，它是某个元组的各个分量，也可写作 $t(x_1), t(x_2), \cdots, t(x_n)$。与元组关系演算相同，$P$ 是由其原子公式组成的公式。域关系演算的原子公式包括如下规则。

（1）$\langle x_1, x_2, \cdots, x_n \rangle \in r$，其中 r 是一个具有 n 个属性的关系。$x_1, x_2, \cdots, x_n$ 可以是域变量，其取值范围是对应域的值的集合。$x_1, x_2, \cdots, x_n$ 也可以是域常量，其取值范围也是对应域的值的集合。

（2）$x\theta y$，其中 x、y 是域变量，θ 是比较运算符，此式表示两个域变量进行比较运算，因此 x、y 的对应属性是可比较的。

（3）$x\theta c$，其中 x 是域变量、c 是常量、θ 为比较运算符，此式表示一个域变量与一个域常量进行比较运算，同样要求 x、c 对应的属性可比较。

域谓词演算表达式是按如下规则构造得到的公式。

（1）一个原子公式是公式。

（2）如果 P 是一个公式，则 (P)、$\neg P$ 都是公式。

（3）如果 P_1、P_2 是公式，则 $P_1 \wedge P_2$、$P_1 \vee P_2$、$P_1 \Rightarrow P_2$ 都是公式。

（4）如果 $P_1(x)$ 是公式，x 是域变量，r 是一个关系，则 $\exists x \in r(P_1(x))$、$\forall x \in r(P_1(x))$ 也是公式，其中 $\exists$、$\forall$ 分别是存在量词和全称量词。$\exists x \in r(P_1(x))$ 表示"若至少有一个 x 使得 $P_1(x)$ 为真，则 $\exists x \in r(P_1(x))$ 为真，否则为假"。$\forall x \in r(P_1(x))$ 表示"若所有 x 都使得 $P_1(x)$ 为真，则 $\forall x \in r(P_1(x))$ 为真，否则为假"。

为书写简单，公式

$$\exists a(\exists b(\exists c(P(a,b,c))))$$

记作：

$$\exists a,b,c(P(a,b,c))$$

对任意查询，都可以使用域关系演算的公式来表达。例 2-4 中查询 student 关系中的所有学生的学号和姓名的域关系演算的公式如下：

$$\{\langle a,b \rangle \mid \langle a,b,c,d,e,f \rangle \in \text{student}\}$$

例 2-5 中的关系代数表达式如下：

$$\text{student} \underset{\text{student.college\_name=college.college\_name}}{\bowtie} \text{college}$$

与之等价的域关系演算的公式如下：

$$\{\langle a,b,c,d,e,f,g,h,i \rangle \mid \exists a,b,c,d,e,f,g,h,i(\langle a,b,c,d,e,f \rangle \in \text{student} \wedge \langle c,g,h,i \rangle \in \text{college})\}$$

2.5.3　数据库操作的实现

关系代数、元组关系演算和域关系演算都是抽象语言，它们的表达能力是等价的，其表达式可相互等价转换。但有的关系数据库系统无法直接使用这样带很多公式的逻辑语言来支持用户输入其数据操作需求。为此，需要再开发一种可实现的语言来支持用户输入其数据操作需求。

最常见的关系数据库的实现是 SQL。目前 SQL 是关系数据库语言的标准，一般关系数据库系统都支持 SQL。本书第 3 章将详细介绍 SQL，并要求学生能使用 SQL 进行各种数据库操作。SQL 是基于关系代数的实用数据库语言。

除了 SQL 以外，关系数据库之父科德曾提出一种典型的元组关系演算语言——ALPHA语言，它通过字符串而不是公式来表达各种谓词操作，以方便用户在计算机上实现。这一语言并未真正实现，但在 INGRES 数据库系统中实现的 QUEL 是参照 ALPHA 语言研制的。

QBE（Query By Example）语言是通过例子进行查询语言，是基于域关系演算实现的一种表格式数据库语言。它将数据库结构以表格方式呈现，允许用户以填表的方式输入其数据操作要求，简单直观，易学易用。目前主流数据库管理系统的图形化查询生成界面都借鉴了 QBE 思想。图 2-3 所示为 Microsoft Access 中的查询界面，其查询可看作本书中的视图，即满足特定条件的数据虚表。图 2-3 中上半部分为数据来源，可选择添加表或视图作为数据来源；下半部分为查询条件。图 2-3 在学生、选课、课程 3 张表中查询姓刘的学生、成绩大于 60 分的选课记录，输出学号、姓名、课程编号、课程名、成绩 5 个字段。输入条件"姓刘的学生"，只需要在姓名字段下条件行中输入"刘*"，系统自动添加"Like"。输入条件"成绩大于 60 分"，只需在成绩字段下条件行中输入">60"即可。

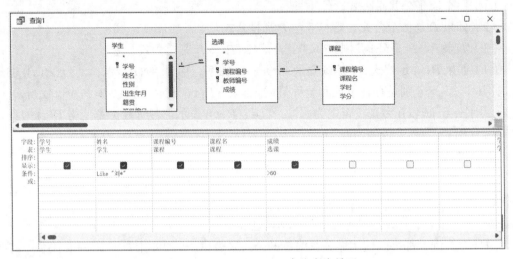

图 2-3　Microsoft Access 中的查询界面

Navicat for MySQL 的查询创建工具界面如图 2-4 所示。在这个界面中，可通过单击左

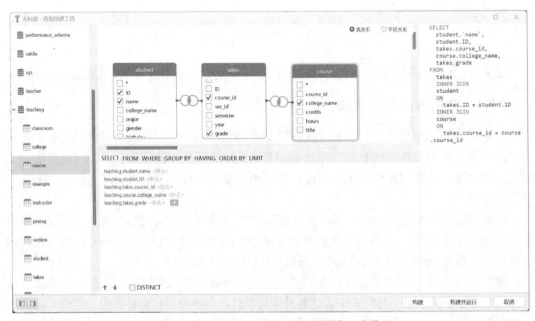

图 2-4　Navicat for MySQL 的查询创建工具界面

侧数据库中的表和查询添加数据源，也可以通过单击表中的字段选择输出字段，并且会在用户操作过程中生成 SQL 语句，显示在界面右侧，同时在界面下部给出语法提示。这一工具侧重 SQL 语句的生成，可看作辅导初学者学习 SQL 的工具。它与 QBE 语言的实现思路不同。

本章小结

关系数据库技术从诞生至今已有 50 多年的历史，是数据库技术产生以来应用时间最长、应用最广泛的一种数据库技术。关系数据库的成功归功于关系模型的成功。关系模型以关系为基本单位来存储和管理数据，将数据库定义为具有关联的一组关系的集合。本章首先对关系模型的数据结构、关系模型的完整性规则进行了详细阐述。

关系模型中对关系的操作有关系代数和关系演算两种方式。本章对关系代数和关系演算都进行了介绍，重点讲解关系代数的各种运算，以方便读者掌握如何以代数方式操作数据库中的数据，为后续数据库语言的学习打下基础。读者在第 3 章的学习过程中会发现，SQL 对数据库的操作是关系代数操作的一种等价表达。深入理解关系代数操作的含义，对 SQL 的学习可起到事半功倍的作用。

习题

1. 名词解释：域、关系、关系模式、关系实例、关系数据库、超码、候选码、外码。
2. 试述关系数据库模式和关系数据库实例的区别与联系。
3. 什么是关系模型的完整性约束？具体包括哪些类型？
4. 什么是实体完整性？什么是参照完整性？
5. 关系数据操作有哪些？它们之间是什么关系？
6. 假设公司雇员的数据库模式如下，写出完成以下要求的关系代数表达式。

```
Company(cname, city, asset)
Employee(ename, city, address, phoneNum)
Works(ename,cname, salary) foreign key(ename) references Employee; foreign key
(cname) references Company
```

（1）查询所有广州市的公司的名称和资产。
（2）查询工资大于 5000 元的雇员的姓名和电话。
（3）查询资产大于 1000000 元的公司的雇员姓名和地址。
7. 对 teaching 数据库，使用关系代数完成如下查询。
（1）查询所有学生的学号、姓名、所在学院。
（2）查询所有信息学院学生的学号、姓名、性别、所在学院、年龄。
（3）查询所有选修 2022 年秋季学期"马克思主义原理"课程的学生的学号、姓名。
（4）查询所有教授 2022 年秋季学期"马克思主义原理"课程的教师的工号、姓名、性别、所在学院。
（5）若 A 同学选修了 2022 年秋季学期"马克思主义原理"课程第一个 section，且教师 B 讲授 2022 年秋季学期"马克思主义原理"课程第一个 section，那么 A 同学的授课教

师列表中有 B 教师。请查询 A 同学的授课教师名单，包括课程名称、学年、学期、secion 号及授课教师工号、授课教师姓名等信息。

8. 可以使用并运算、差运算来表示关系表的添加元组、删除元组的操作，修改元组可以用删除旧元组并添加新元组来表示。试用集合运算完成下列插入、删除、修改数据的操作。

（1）插入一个新的学生，其学号、姓名、所在学院、专业、性别、生日取值分别如下。

202267488301　　　陈冬雨　　　信息学院　　　信息与计算科学　　　男　　　2004-10-17

（2）删除 student 表中学号为 201935965727 的学生。

（3）删除所有 2022 级农学院种子科学与工程专业学生的"M600005"号课程的选修记录。

（4）若要修改农学院的名称为"农学学院"，需要同步修改哪些表中的数据才能保障数据的参照完整性？

第3章 结构化查询语言

数据库系统中，用户对数据库的操作通过关系数据库的标准语言——结构化查询语言（SQL）来实现。SQL 语法简单，属于声明式语言，即不需要指明数据存储位置和存取方式，只需要说明对哪个数据对象进行什么操作即可。另外，SQL 完整实现了所有数据库操作，包括数据定义、数据操纵、数据安全性和完整性定义与控制等，可以表示非常复杂的综合数据定义和数据操纵语义。

第 3 章简介

本章介绍 SQL 的数据定义和数据操纵部分，其中数据定义包括数据库、表、索引、视图等数据库要素的定义与管理，数据操作包括数据增删改查操作。

本章学习目标如下。

（1）了解 SQL 的特点及发展。

（2）熟练掌握利用 SQL 进行数据定义操作的方法。

（3）熟练掌握利用 SQL 进行数据增删改查操作的方法。

3.1 SQL 简介

SQL 的发展

3.1.1 SQL 的发展

SQL 最早是 IBM 实验室为其关系数据库原型系统 SYSTEM R 开发的一种查询语言，前身是 Squeal 语言。SQL 结构简单、功能强大、简单易学，因此它从推出以来就得到了广泛的应用和快速的发展。1986 年，美国国家标准局（ANSI）批准 SQL 作为关系数据库语言的标准，并制定了 SQL86 标准。此后每隔若干年，SQL 标准就会进行一次修改和补充，作为美国的国家标准，主要是 SQL89、SQL92 两个版本。

之后，ISO 认可了以上标准，并于 1999 年发布了新的 SQL:1999 标准。SQL:1999（也称为 SQL3）是 SQL 标准的第 4 版。从这个版本开始，标准名称使用冒号而不是连字符，以与其他 ISO 标准的名称一致。该标准在 1999 年至 2002 年期间分多次发布。之后，SQL 标准持续发布，包括 SQL:2003、SQL:2008、SQL:2011、SQL:2016、SQL:2019 等。较新的 SQL 标准包含大量的功能，分多个部分，内容有几千页。最新的 SQL:2023 新增加了第 16 部分属性图查询（SQL/PGQ），用于支持图形查询功能。

关系代数、关系的基本操作早在 SQL:1999 就已定义完成。所以在很多数据库提供商网站的产品介绍中，可以看到某产品"完全支持 SQL92 标准""部分支持 SQL:1999 标准"

的字样。后续这些标准增加的功能是对关系数据库的扩展，然而，没有一个数据库系统能够实现近年出现的 SQL 标准中的所有概念和特性。同时，很多数据库系统还对 SQL 的基本命令集进行了不同程度的扩充、修改或增加标准以外的一些功能特性。常见的数据库管理系统（如 Oracle、DB2、SQL Server、Sybase、MySQL 等）都支持 SQL。

3.1.2 SQL 的特点

1．综合统一

SQL 包括数据描述语言（Data Description Language，DDL）、数据操纵语言（Data Manipulation Language，DML）等。其语言风格统一，可以独立完成数据库生命周期中的全部活动，例如定义关系模式、录入数据、查询、更新、维护、数据库重构、数据库安全性控制等一系列操作要求。这为数据库应用系统的开发提供了良好的环境，例如用户在数据库投入运行后，还可根据需要随时、逐步地修改模式，并不影响数据库的运行，从而使系统具有良好的可扩充性。

SQL 标准中规定 SQL 包括以下两个部分。

（1）DDL：实现定义、删除和修改关系数据库三级模式（包括数据库本身、表、视图、索引等要素）的命令，定义、删除和修改数据库完整性约束的命令，以及用户及权限管理命令。有的教材把用户及权限管理命令单独列出，称为数据控制语言（Data Control Language，DCL），也有教材将其归到 DDL 中。本书将用户及权限管理命令看作 DDL 的一部分。

（2）DML：实现对数据库中的数据进行查询、插入、删除和修改操作的功能。

2．高度非过程化

基于非关系数据模型的数据操纵语言是过程式语言，即必须指定存取路径和方法才能完成数据操作。而 SQL 是声明式语言，用 SQL 进行数据操作，用户只需提出"做什么"，而不必指明"怎么做"。存取路径的选择以及 SQL 语句的解析、优化、执行过程由数据库管理系统自动完成，这不但大大减轻了用户负担，而且有利于提高数据独立性。

3．面向集合的操作方式

基于关系模型的 SQL 采用集合操作方式，不仅查找结果是元组的集合，而且插入、删除、更新操作的对象也是元组的集合。

4．以同一种语法结构提供两种使用方式

SQL 既是自含式语言，又是嵌入式语言。作为自含式语言，它能够独立地用于联机交互方式，用户可以在终端键盘上直接输入 SQL 命令对数据库进行操作。作为嵌入式语言，SQL 语句能够嵌入高级语言程序中，供程序员设计程序时使用。在两种不同的使用方式下，SQL 的语法结构基本上是一致的。这种以统一的语法结构提供两种不同操作的方式，为用户提供了极大的灵活性与便利性。

5．语言简洁，易学易用

SQL 的语法十分简洁，完成数据定义、数据操纵、数据控制的核心功能只用了 9 个关

键字：CREATE、ALTER、DROP、SELECT、INSERT、UPDATE、DELETE、GRANT、REVOKE。此外，SQL 语法简单，接近英语口语，因此容易学习，也容易使用。

3.2 数据定义

数据定义是定义和修改关系数据库结构的操作。按关系数据库的三级模式结构对数据定义进行分类，逻辑模式的数据定义包括数据库的定义、基本表的定义及修改和删除、用户及权限管理，外模式的数据定义包括视图的定义和删除操作，内模式的数据定义包括索引的建立和删除操作。

本书将用户及权限管理操作放到第 5 章"数据库安全与保护"中介绍，其他部分在本节介绍。

数据库定义和
MySQL 使用环境

3.2.1 数据库的定义

创建数据库的操作在各数据库管理系统中的定义并不统一，因为它没有出现在 SQL 标准中。有的系统称数据库为 SCHEMA，有的系统称数据库为 DATABASE。在 MySQL 创建数据库的 SQL 语句中，SCHEMA 与 DATABASE 是等价的。CREATE 语句的语法格式为：

```
CREATE {DATABASE | SCHEMA} [IF NOT EXISTS]  <数据库名称>
[DEFAULT] CHARACTER SET  [=] <字符集名>
[DEFAULT] COLLATE  [=] <校对规则名>;
```

【参数说明】

① <数据库名称>：MySQL 数据库以目录的方式存储，因此数据库的名称要符合操作系统文件夹的命名规则。

② IF NOT EXISTS：检查新创建的数据库名称是否已经存在。若系统中不存在要创建的数据库，则相应名称的数据库能被成功创建，否则无操作。

③ [DEFAULT] CHARACTER SET：指定数据库的字符集。如果创建数据时不指定字符集，则使用系统的默认字符集。

④ [DEFAULT] COLLATE：指定字符集的默认校对规则。

【例 3-1】创建 MySQL 数据库。

在 MySQL 数据库中创建名称为 teaching 的数据库，命令如下：

```
CREATE DATABASE IF NOT EXISTS teaching;
```

命令执行完成后，数据库若成功创建，在 MySQL 中可使用 SHOW DATABASES 命令①查看当前数据库服务器上所有数据库的名称，语法格式如下：

```
SHOW {DATABASES | SCHEMAS} [LIKE <模式串>| WHERE <条件>]
```

命令中的 LIKE <模式串>和 WHERE <条件>可依据所提供的<模式串>和<条件>查找数据库，显示名称满足条件的数据库。

另外，MySQL 还提供了 SHOW CREATE DATABASE 命令，用来查看数据库的 CREATE

---

① 注意，此命令不属于 SQL 标准，不同的 DBMS 可能提供相同功能但不同格式的命令，可查看 DBMS 的 SQL 手册查找具体命令及格式。

语句，语法格式如下：

```
SHOW CREATE {DATABASE | SCHEMA} [IF NOT EXISTS] <数据库名称>;
```

例如，在 MySQL 命令行界面中输入如下命令：

```
SHOW CREATE DATABASE teaching;
```

系统将列出 teaching 数据库的 CREATE 语句，如图 3-1 所示，在此界面中用户可查看数据库的字符集名和校对规则名。

```
mysql> show create database teaching;
+----------+------------------------------------------------------------------------------------------------------------------------+
| Database | Create Database                                                                                                        |
+----------+------------------------------------------------------------------------------------------------------------------------+
| teaching | CREATE DATABASE `teaching` /*!40100 DEFAULT CHARACTER SET utf8mb4 COLLATE utf8mb4_0900_ai_ci */ /*!80016 DEFAULT ENCRYPTION='N' */ |
+----------+------------------------------------------------------------------------------------------------------------------------+
1 row in set (0.02 sec)

mysql>
```

图 3-1　teaching 数据库的 CREATE 语句

【例 3-2】创建 MySQL 数据库时指定字符集和校对规则。

在 MySQL 数据库中创建名称为 teacher 的数据库，指定默认字符集为 utf8，默认校对规则为 utf8_chinese_ci，命令如下：

```
CREATE DATABASE IF NOT EXISTS teacher
DEFAULT CHARACTER SET utf8
DEFAULT COLLATE utf8_chinese_ci;
```

对数据库，SQL 没有提供修改操作，只提供了删除数据库的命令。若一个数据库不再需要，可以将其删除。命令格式为：

```
DROP {DATABASE | SCHEMA} [IF EXISTS] db_name;
```

例如，删除 teacher 数据库：

```
DROP DATABASE teacher;
```

若删除成功，执行 SHOW DATABASES 命令，可以看到此数据库已消失。

3.2.2　基本表的定义

SQL 使用 CREATE TABLE 语句创建表，其语法格式为：

创建表

```
CREATE TABLE <表名称>
(
<列名称 1> <数据类型> [<列级约束 1>],
<列名称 2> <数据类型> [<列级约束 2>],
<列名称 3> <数据类型> [<列级约束 3>],
…
[<表级约束 1>], [<表级约束 2>], …
);
```

【参数说明】

① <表名称>：一张表的名称，它通常代表表中的数据内容，同一个数据库中的表名称是唯一的，如 student 表中保存学生的相关记录，course 表中保存课程的相关信息。

② <列名称 1> <数据类型> [<列级约束 1>]：对一个属性列的定义，不同列的定义之间用

逗号分隔开。数据类型规定了列可容纳何种数据类型。表 3-1 所示为 SQL 中常用的数据类型。

表 3-1　SQL 中常用的数据类型

类别	数据类型	描述
布尔型	BOOLEAN	布尔型，TRUE 或者 FALSE
整型	INT SMALLINT	整数，其表示范围与机器位数相关。一般 INT 为 4 字节二进制整数，SMALLINT 为 2 字节二进制整数
小数型	NUMERIC(n,d)	带有小数的数字，n 规定数字的最大位数，d 规定小数点右侧的最大位数
	REAL	浮点数，其精度和范围与机器位数相关
	FLOAT(n)	指定精度的浮点数，n 规定精度至少为 n 位数字
字符串型	CHAR(n)	固定长度的字符串（可容纳字母、数字以及特殊字符）。在括号中规定字符串的长度（单位为字节）
	VARCHAR(n)	可变长度的字符串（可容纳字母、数字以及特殊的字符）。在括号中规定字符串的最大长度
日期时间型	DATE TIME TIMESTAMP	日期 时间 日期和时间，例如 2023-6-1 11:27:21
对象类型	CLOB BLOB	字符型大数据对象 二进制大数据对象

SQL 中支持的大部分数据类型与程序语言中常用的类型基本一致，例如 INT、FLOAT、REAL、CHAR 等，而可变长度的字符串 VARCHAR 提供了一种新的文本类型的存储方式。例如，属性 A 为 CHAR(10)类型，能够容纳长度为 10 的文本，假设 A 为"database"，属性 A 实际占用的长度依然为 10；属性 B 为 VARCHAR(10)类型，能够容纳可变长度为 10 的文本，假设 B 为"database"，属性 B 则实际占用的长度为 8。

此外，日期时间型也是 SQL 中常用的类型之一。DATE 类型包含用年、月、日表示的日期，例如"2022-10-1"；TIME 类型包含时、分、秒，例如"17:30:00"；而 TIMESTAMP 类型则是 DATE 和 TIME 两种类型的组合，例如"2022-10-1 17:30:00"。

除了以上的基本数据类型，SQL 还支持大数据对象，如文本文件、图像、音频、视频等。对应的属性类型为对象类型，分为 CLOB（Character Large Object，字符大对象）和 BLOB（Binary Large Object，二进制大对象）两类。对象类型将字符或者二进制大对象存储为数据库表某一行中某一列的值。默认情况下，CLOB/BLOB 对象包含指向大对象数据的逻辑指针，而不是数据本身。

注意，上述的数据类型中都包括一个共同的成员 NULL。NULL 代表某个属性值未知、不存在的状态。

【例 3-3】创建 teaching 数据库中的 classroom 表，其中包含 4 个属性，building、room_number 和 classroom_type 属性均为可变长度的字符串类型 VARCHAR，并根据实际需求设置了最大长度；capacity 属性为数值型 NUMERIC(4,0)，即整数位数为 4、小数位数为 0 的数值。

创建表的 SQL 语句如下：

```
CREATE TABLE classroom
    (building          VARCHAR(15),
     room_number       VARCHAR(10),
     capacity          NUMERIC(4,0),
```

```
    classroom_type    VARCHAR(20)
        );
```

在表的定义中，<列级约束>和<表级约束>可以分别增加对属性列和整个表的约束条件，也就是列级完整性约束和表级完整性约束。关系数据库中的主码、外码以及用户自定义完整性的概念，在 SQL 中通过 PRIMARY KEY、FOREIGN KEY 以及 NOT NULL、UNIQUE、CHECK 等语句实现。本书将在第 4 章详细介绍关系完整性约束，在此只用一个例子说明。

【例 3-4】创建教学数据库中的 section 表，SQL 语句如下：

```
CREATE TABLE section
(    course_id        VARCHAR(8),
     sec_id           VARCHAR(8),
     semester         VARCHAR(6),
     year             NUMERIC(4,0)    CHECK (year > 1701 AND year < 2100),
     building         VARCHAR(15),
     room_number      VARCHAR(7),
     time_slot_id     VARCHAR(4),
     PRIMARY KEY (course_id, sec_id, semester, year),
     FOREIGN KEY (course_id) REFERENCES course (course_id)
     );
```

在此例中，section 表有 7 个属性，数据类型有可变长度的字符串类型 VARCHAR 和数值类型 NUMERIC。主码由 4 个属性（course_id、sec_id、semester、year）构成，主码约束 PRIMARY KEY 隐性规定了包含在主码中的属性 course_id、sec_id、semester 和 year 不能为空，且它们的组合也不能出现重复值。外码可以有多个，每一个外码用一个 FOREIGN KEY 子句声明，并且需要同时定义出该外码所参照的表以及参照的属性。例如，外码 course_id 参考了 course 表中的 course_id 字段，该字段是 course 表的主码字段。主码和外码的定义都出现在表级约束的位置，即作为表级约束。如果构成主码和外码的属性是单个属性，也可以将其当作列级约束进行声明。

在 section 表的定义中还有若干用户自定义完整性的声明，如 CHECK 子句的声明。例如，列级约束 CHECK(year > 1701 AND year < 2100)约束的作用是，保证表中所有元组中的年号大于 1701 且小于 2100。CHECK 子句同样可以作为表级约束，放置在所有的属性声明之后。例如，CHECK (semester IN ('Fall', 'Spring'))的表级约束，用于检查 semester 的取值是否只有 "Fall" 和 "Spring" 两个。

对数据库结构，MySQL 提供了一组命令用于查看其信息，具体包括：

```
SHOW TABLES      --查看数据库中包含的所有表的名称
DESC <表名称>     --显示一张表所包含的字段信息
SHOW CREATE TABLE <表名称>     --显示一张表的 CREATE 语句
```

在 MySQL 中，创建一张表或修改表结构后可通过以上命令查看表结构。一般数据库系统都会提供这些命令，但命令关键字、格式可能有所不同。

3.2.3　基本表的修改和删除

基本表建立以后，还可以根据应用需求的变化进行修改。SQL 用 ALTER TABLE 语

基本表的修改
和删除 1

基本表的修改
和删除 2

teaching 数据库
的 SQL 实现

句修改基本表，语法结构为：

```
ALTER TABLE <表名称>
[ADD [COLUMN] <新列名> <数据类型> [列级完整性约束]]
[ADD <表级完整性约束>]
[DROP [COLUMN] <列名称> [CASCADE|RESTRICT]]
[DROP CONSTRAINT <完整性约束> [RESTRICT|CASCADE]]
[ALTER COLUMN <列名称> <数据类型>]
[RENAME COLUMN <旧的列名> TO <新的列名> ]
[RENAME {INDEX|KEY} <旧的索引名> TO <新的索引名>]
[RENAME [TO|AS] <新的表名>];
```

【参数说明】

① <表名称>：指明需要修改的基本表的名称，ADD、DROP 和 ALTER 分别用于增加、删除和修改表的结构。

② ADD [COLUMN]：增加一个新的属性列，关键字 COLUMN 可省略。但需要给出新增加列的名称、数据类型和约束，所以<新列名> <数据类型> [列级完整性约束]部分不可省略。

③ ADD <表级完整性约束>：为数据表增加表级完整性约束，例如 PRIMARY KEY、FOREIGN KEY 和 CHECK 等。

④ ALTER COLUMN <列名称> <数据类型>：修改列信息，可用于修改列名或列的数据类型。若表中已保存了数据，新的数据类型需要与旧的数据类型相容。一般地，修改后的数据长度要比原数据长度大，整数类型可修改为长整型，实型可修改为双精度型，但反过来可能无法修改成功。

⑤ RENAME：可用于修改表名、列名和索引名。

【例 3-5】向学生表中加入是不是党员字段（in_party），其数据类型为布尔型。

```
ALTER TABLE student ADD in_party BOOLEAN;
```

【例 3-6】把学生表中的是不是党员字段（in_party）修改为字符型 CHAR(2)，且取值范围是("是","否")。

```
ALTER TABLE student ALTER COLUMN in_party CHAR(2) CHECK (in_party in ());
```

【例 3-7】把学生表中的是不是党员字段（in_party）删除。

```
ALTER TABLE student DROP in_party;
```

对于已经存在的表，可以通过 DROP TABLE <表名称> 进行删除。注意，这个删除操作删除的是整个关系表，删除后该关系表不可恢复，所以该语句需要谨慎使用。

3.2.4 索引的建立与删除

索引是为了解决数据量很大时查询操作耗时较长的问题。索引的原理将在本书第 9 章介绍，类似图书馆中图书文献的索引，利用索引能快速定位到需要查询的内容。可以根据需要在基本表上建立一个或者多个索引，以提供多重存取路径、加快查找速度。

建立索引通过 CREATE INDEX 语句完成，其语法格式为：

```
CREATE [UNIQUE][CLUSTER] INDEX <索引名>
ON <表名称> (<列名称> [<次序>][,<列名称> [<次序>]]…);
```

【参数说明】

① UNIQUE 和 CLUSTER 指的是索引的类型，前者代表唯一索引，即每个索引值只对应唯一的数据记录；后者是聚簇索引。

② <表名称>：待创建索引的表的名称。

③ <列名称>：创建索引的列的名称，若需要指定升序排列或降序排列，可使用<次序>参数。次序指的是索引的排序方式，默认模式是升序（ASC），也可设置为降序（DESC）。若索引中包含多列，可依次给出<列名称> <次序>，并用逗号隔开。

【例 3-8】 为学生表建立唯一索引，按学号升序、按姓名降序排列。

```
CREATE UNIQUE INDEX stu_id_name ON student(ID,name DESC);
```

索引一旦建立，就由数据库系统使用和维护，用户查询时无须显式指定或调用索引。索引虽然能够加速数据查询，但是索引本身会占用一定的存储空间。当表更新时，也会对索引进行相应的维护，这些都会增加数据库的负担。在不需要时，可以删除一些索引以降低系统维护成本。删除索引使用如下 SQL 语句：

```
DROP INDEX <索引名>
```

MySQL 提供了 SHOW INDEX 命令来查看一张表中索引的信息，命令格式如下：

```
SHOW INDEX FROM <表名> [FROM <数据库名>]
```

3.3 数据查询

对于已有的数据表和已有的数据，数据查询是常用的操作。SQL 利用 SELECT 语句进行数据查询，其具有灵活和丰富多样的功能。SELECT 语句的格式为：

```
SELECT [ALL|DISTINCT] <目标列表表达式>[, <目标表达式>]…
FROM <表名或视图名>[, 表名或视图名…]| (SELECT 语句) [AS] <别名>
[WHERE <条件表达式1>]
[GROUP BY <列名1> [HAVING <条件表达式2>]]
[ORDER BY <列名2> [ ASC|DESC]];
```

其中，SELECT 语句列出查询结果的目标列或者目标列的表达式，FROM 子句给出查询数据的来源表、视图或派生表，WHERE 子句指定查询数据需满足的条件。如果有 GROUP BY 和 HAVING 子句，则以给定的列名 1 进行分组查询，只查询满足条件表达式 2 的分组。如果有 ORDER BY 子句，则根据列名 2 对查询结果进行排序。

简单查询-1　　简单查询-2-where+between　　简单查询-3-like　　简单查询-4-空值问题

3.3.1 简单查询

1. SELECT 语句

SELECT 语句的作用等同关系代数中的投影操作，可以根据需要列出表中的部分属性或者属性的运算结果。

【例3-9】查询所有学生的姓名和性别。

```
SELECT name,gender FROM student;
```

如果需将表中的所有列都显示出来，则用*指代所有列。

【例3-10】查询学生表。

```
SELECT * FROM student;
```

SELECT 语句后面可以查询属性经过计算的值，用法是 SELECT <目标表达式>。目标表达式可以包含各类算术表达式，还可以使用 SQL 支持的各类内置函数，或者是字符串常量等。

【例3-11】查询学生表中的姓名和年龄。

```
SELECT name, year(now())-year(birthday) FROM student;
```

其中，year( )函数返回日期时间型值的年份，now( )函数返回当前系统日期，均为系统内置函数。为了便于用户识别，可以利用 AS 子句指定别名来改变查询结果的列标题。例如，可将上述查询中的 year(now())-year(birthday)表达式替换为 year(now())-year(birthday) AS age，在显示查询结果时，属性的列标题为 age。

如果 SELECT 查询的结果中出现完全相同的元组，可以通过 DISTINCT 关键字将相同的结果消除。

【例3-12】查询学生表中的所有专业，去除重复结果。

```
SELECT DISTINCT major FROM student;
```

如果不加 DISTINCT 关键词，默认模式是 ALL，即无论重复与否都保留所有元组。

2. WHERE 子句

查询满足一定条件的元组，可以通过 WHERE <条件表达式>实现。数据库系统执行查询时，对 FROM 子句后的表格进行全表扫描，依次取出元组，计算<条件表达式>的结果。如果计算结果为 TRUE 则取出该元组作为查询输出，如果计算结果为 FALSE 则不显示该元组。

<条件表达式>由表中的属性、比较运算符或者系统内置函数构成，还可以用与、或、非的逻辑运算进行多条件连接。表 3-2 所示为 SQL 中常用的运算符。

表 3-2　SQL 中常用的运算符

类型	运算符
比较运算	=, >, <, >=, <=, !=, <>
范围比较	BETWEEN AND, NOT BETWEEN AND
字符匹配	LIKE, NOT LIKE
空值判断	IS NULL, IS NOT NULL
逻辑运算	AND, OR, NOT

【例3-13】查询学生表中所有"计算机科学与技术"专业的女生的姓名。

```
SELECT name FROM student WHERE gender='女' AND major="计算机科学与技术";
```

【例3-14】查询学生表中的出生日期在 2000 年到 2002 年之间的学生的学号和姓名。

```
SELECT ID,name FROM student WHERE birthday BETWEEN '2000-1-1' AND '2002-12-31';
```

字符串匹配运算符 LIKE 或 NOT LIKE 也是查询中常用的谓词之一。其一般用法为：

```
[NOT] LIKE '<匹配串>' [ESCAPE '<换码字符>']
```

它的作用是查找指定属性与<匹配串>（不）相匹配的元组，<匹配串>通常包括字符串通配符%（百分号）和_（下画线）。%代表任意长度的字符串，长度可以为 0。例如，"张%"表示开头为"张"的任意字符串，可以匹配"张""张三""张三丰"等。_表示任意单个字符。例如，"张_"表示以"张"开头的、长度仅为 2 的任意字符串，可以匹配"张三""张伟"，但不能匹配"张"和"张三丰"。如果%或者_作为字符串中的字符出现，则需要在其前面加上转义字符\，如"a\%%"表示以"a%"开头的任意字符串。

【例 3-15】查询学生表中所有姓王的学生的姓名。

```
SELECT name FROM student WHERE name like '王%';
```

【例 3-16】查询学生表中所有姓名结尾为"轩"，且名字是 3 个字的学生的姓名。

```
SELECT name FROM student WHERE name like '_ _轩';
```

NULL 是所有属性域共有的成员，它代表未知的或者不存在的值。判断某个属性是不是空值，不能使用=运算符，而要用 IS NULL 或者 IS NOT NULL。所有涉及 NULL 的算术运算结果都是 NULL；所有涉及 NULL 的逻辑运算结果既不是 TRUE 也不是 FALSE，而是特殊的逻辑值 UNKOWN，代表未知的值。表 3-3 所示为三值逻辑运算的真值表。

表 3-3　三值逻辑运算的真值表

逻辑运算	表达式	运算结果
AND	UNKOWN AND TRUE	UNKOWN
	UNKOWN AND FALSE	FALSE
	UNKOWN AND UNKOWN	UNKOWN
OR	UNKOWN OR TRUE	TRUE
	UNKOWN OR FALSE	UNKOWN
	UNKOWN OR UNKOWN	UNKOWN
NOT	NOT UNKOWN	UNKOWN

如果 WHERE 子句后的条件表达式的运算结果是 UNKOWN，则当作 FALSE 处理，即查询结果中不显示相应元组。

【例 3-17】假设选课表如表 3-4 所示，查询选课表中成绩大于 70 的元组，显示学号、课程号和成绩。

表 3-4　选课表

ID	course_id	sec_id	semester	year	grade
202292310518	C400234	1	Fall	2022	79
202292310518	F300300	2	Fall	2022	NULL
202292319224	C400234	1	Fall	2022	85
202292319224	F300300	2	Fall	2022	NULL
202292319228	C400234	1	Fall	2022	65

查询语句为：

```
SELECT * FROM takes WHERE grade>70;
```

表中有两个元组的 grade 值是 NULL，NULL>70 的计算结果是 UNKOWN，因此这两个元组不会显示出来，查询结果如表 3-5 所示。

表 3-5 例 3-17 查询语句的执行结果

ID	course_id	sec_id	semester	year	grade
202292310518	C400234	1	Fall	2022	79
202292319224	C400234	1	Fall	2022	85

3.3.2 连接查询

上述的简单查询都是针对一张表进行的。若查询的信息涉及多张表，则这种查询称为连接查询或多表查询。连接查询是关系数据库中常用的查询之一，包括等值连接查询、非等值连接查询、自然连接查询、外连接查询等。实现连接查询的方法是在 FROM 子句后指定多个表和它们之间的连接方式。

多表查询-1-
笛卡儿积

多表查询-2-
连接

1. 笛卡儿积

FROM 子句后面如果指明多个表并用逗号隔开，则表示对这些表做笛卡儿积之后再进行查询。例如，"FROM <表 1>,<表 2>"的含义是将表 1 和表 2 做笛卡儿积，从笛卡儿积的结果中进行查询。根据查询的需求，通常需要在 WHERE 子句中指明查询的连接条件。例如，"WHERE <表 1>.属性 A=<表 2>.属性 A"代表等值连接，如果把=换成其他运算符则为非等值连接。注意，如果不在 WHERE 子句中指明连接条件，则直接从笛卡儿积中进行查询，会产生大量不对应、不匹配的元组连接，通常无实际意义。

【例 3-18】查询学生选课情况，显示出学生学号、姓名和选课的课程号。

```
SELECT student.ID, name, course_id FROM student, takes WHERE student.ID=takes.ID;
```

查询中需要的学生姓名存在学生表 student 中，学生选课的课程号出现在 takes 表里，所以此查询是连接查询，需要将 student 和 takes 连接以后进行查询，即"FROM student, takes"。根据关系代数的笛卡儿积运算，student 表中所有的元组和 takes 中的所有元组逐一进行连接，这会产生大量学生和选课记录不匹配的连接。例如，笛卡儿积中会产生 ('201935965727', '郭紫涵', '经济管理学院', '企业管理', '女', '2001-07-11', '202292319228', 'C400234', 1, 'Fall', '2022', 65)这样的元组，也就是把学号为"201935965727"的学生信息和学号为"202292319228"的选课记录连接在了一起。因此，为了消除此类无意义的连接，需要在 WHERE 子句中补充连接条件"student.ID=takes.ID"。SELECT 语句中的 ID 属性同时出现在两张表中，因此需要加上前缀 student 表明来源，即 student.ID；对唯一的属性则无须加前缀。

连接操作不仅可以在不同的两张表之间进行，也可以在相同的两张表之间进行，也就是自身连接。

【例 3-19】查询选修"M600005"课程的成绩且该课程成绩至少比一位同学选修此课程的成绩高的学生学号和成绩。

```
SELECT DISTINCT t1.ID, t1.grade
FROM takes AS t1, takes AS t2
WHERE t1.course_id='M600005' AND t2.course_id='M600005' AND t1.grade>t2.grade;
```

这个查询对两个 takes 表进行连接，分别起了别名为 t1 和 t2。WHERE 条件中首先限定了两个 takes 表的选课课程号是 "M600005"，最后一个条件就是根据题意寻找 t1 中的成绩比至少一个 t2 中的成绩大的元组。注意，SELECT 语句中必须要指明 ID 和 grade 的前缀是 t1，否则会产生二义性。

2. 连接条件

自然连接是一种特殊的等值连接，连接谓词为 NATURAL JOIN。根据关系代数中的定义，自然连接自动寻找两个表中的所有共同属性，将所有共同属性相等作为两个表连接的条件，并且会自动消除相同的属性列。例 3-18 中的等值连接可以改为自然连接：

```
SELECT student.ID, name, course_id FROM student NATURAL JOIN takes ;
```

实际上，除了自然连接，SQL 还提供了其他的连接方法。在使用 JOIN 连接时需要指明元组连接时的条件，如 NATURAL JOIN 的前缀 NATURAL 就是连接条件中的一种。除此之外，还可以用 ON <条件表达式> 和 USING <共同属性> 的方式指定连接条件。表 3-6 总结了 JOIN 操作中连接条件的用法和特点。

表 3-6　连接条件的用法和特点

连接条件	用法	特点
NATURAL	<表 1> NATURAL JOIN <表 2>	所有的共同属性相等作为连接条件。自动消除连接结果中重复的属性列
ON	<表 1> JOIN <表 2> ON <条件表达式>	用给定的<条件表达式>作为连接条件。可用作非等值连接，不自动消除重复属性列，需要前缀予以区分
USING	<表 1> JOIN <表 2> USING <共同属性 1, 共同属性 2,…>	用给定的<共同属性 1, 共同属性 2,…>相等作为连接条件。自动消除连接结果中重复的属性列

上述的自然连接还可以改成以下两种连接：

```
SELECT student.ID, name, course_id FROM student JOIN takes USING (ID) ;
SELECT student.ID, name, course_id FROM student JOIN takes ON student.ID=takes.ID;
```

3. 连接类型

除了指定 JOIN 连接的连接条件之外，还可以指定连接类型。连接类型分为内连接（INNERJOIN）和外连接（OUTERJOIN），默认模式是内连接。内连接的意思是，只寻找匹配连接条件的元组进行连接。例如，student NATURAL JOIN takes 就是默认的内连接，只保留了有选课记录的学生，而没有选课记录的学生在连接中被舍弃。

外连接的作用是保留一些不匹配的元组（称为悬浮元组）。如果需要保留没有任何选课记录的学生，则可以利用外连接。根据悬浮元组的来源，外连接需要同时指明 LEFT、RIGHT 或 FULL，即来自左表、右表或两个表。

【例 3-20】查询所有学生及其选课记录，保留未选课的学生，显示姓名、课程号。

```
SELECT student.ID, name, course_id FROM student LEFT OUTER join takes USING (ID);
```

此查询使用左外连接（LEFT OUTER JOIN），保留了所有学生信息以及对应的选课课程号。由于未选课的学生的 course_id 的属性值是不存在的，因此此在连接结果中将其置为 NULL。同理，右外连接（RIGHT OUTER JOIN）保留右表中的所有悬浮元组，如果连接之后的某些属性值不存在，将其置为 NULL。全外连接（FULL OUTER JOIN）保留左右两个表的所有悬浮元组，将未知的属性值同样置为 NULL。

3.3.3 聚集计算

为方便数据统计，数据库系统提供了聚集计算的功能，即对表中数据进行求和、统计个数等简单的统计功能。聚集计算在 SQL 中通过聚集函数(Aggregate Function)和 GROUP BY 子句表示。

聚集计算-1-
聚集函数

聚集计算-2-
分组和 having

聚集函数的输入是一个属性列，输出为对这个属性列满足条件的元组的值计算的结果。表 3-7 所示为常用的聚集函数。

表 3-7　常用的聚集函数

聚集函数	用法	说明
COUNT	COUNT(*)	统计元组的个数
	COUNT([DISTINCT | ALL] <列名>)	统计一列中值的个数
SUM	SUM([DISTINCT | ALL] <列名>)	计算一个数值类型的属性列中的值的总和
AVG	AVG([DISTINCT | ALL] <列名>)	计算一个数值类型的属性列中的值的平均值
MAX	MAX([DISTINCT | ALL] <列名>)	求一个属性列中的最大值
MIN	MIN([DISTINCT | |ALL] <列名>)	求一个属性列中的最小值

【例 3-21】查询选修了"M600005"课程的学生人数。

```
SELECT COUNT(DISTINCT id) FROM takes where Course_id='M600005';
```

考虑到由于重修，同一个学号可能多次选修"M600005"课程，统计人数时需要消除重复学号，因此需要用 DISTINCT 关键字。

【例 3-22】统计"M600005"课程的最高分、平均分和最低分。

```
SELECT MAX(grade), AVG(grade), MIN(grade) from takes where Course_id ='M600005';
```

当聚集函数遇到空值 NULL 时，除了 COUNT()函数以外，都忽略 NULL 而只处理非空值。如果所有元组的 a 属性全都是 NULL，则 COUNT(a)函数返回 0，而其他聚集函数返回 NULL。

除了把聚集函数应用到整个表上，还可以把表分组之后按组进行统计，即利用 GROUP BY 子句。GROUP BY 子句后直接指明用于分组的属性列（可以是多个），属性列相同值的元组会被分类到同一组。SELECT 后聚集函数的计算就会以分组为单位，计算出每个组的结果。

【例 3-23】统计每个专业的人数。

```
SELECT major, count(id) FROM student GROUP BY major;
```

查询出的元组数与 major 的分组数量一致，即针对每个专业的分组分别进行了一次统计。

当 GROUP BY 子句与聚集函数一起使用时，要注意 SELECT 后没有聚集的属性必须是用于分组的属性，否则会出现错误。例 3-23 中的 major 属性是 SELECT 后没有聚集的属性，而 major 正好是用于分组的属性。

SQL 还提供了用于筛选分组的 HAVING 子句，可以利用<条件表达式>选择满足条件的分组。用法是在 GROUP BY 子句后加上 HAVING <条件表达式>子句。

【例 3-24】统计选课人数在 5 人以上的课程号和选课人数。

```sql
SELECT course_id, COUNT(DISTINCT id)
FROM takes
GROUP BY course_id
HAVING COUNT(DISTINCT id)>5;
```

这里先用 GROUP BY 子句，按选课表的 course_id 属性进行分组；再用 HAVING 子句对每一个分组进行检查，如果满足 COUNT(DISTINCT id)>5 条件，即选课人数超过 5 人，就保留，否则就舍弃相应分组；最后针对每一个保留的分组，显示 course_id 和选课人数 COUNT(DISTINCT id)。

可以注意到，HAVING 子句的作用和 WHERE 子句类似，都是检查条件表达式是否满足。但是 HAVING 子句检查的对象是分组，而 WHERE 子句检查的是每一个元组，即二者的作用对象不同。HAVING 子句的条件表达式通常会使用某个聚集函数，而 WHERE 子句的表达式则不能出现聚集函数。

3.3.4 查询结果排序

ORDERBY
查询结果排序

对表的查询结果，用户可以进一步通过 ORDER BY 子句进行关键字排序。默认排序是升序（ASC），也可以手动指定为降序（DESC）。

【例 3-25】查询每门课的平均成绩，结果降序显示。

```sql
SELECT course_id, AVG(grade) FROM takes GROUP BY course_id ORDER BY AVG(grade) DESC;
```

NULL 的排序，由各个系统来决定。例如在例 3-25 中，按照降序排列时 NULL 排在最后，而按照升序排列时 NULL 排在最前。

3.3.5 集合操作

集合操作

关系数据库中的表可以看作关系，也就是元组的集合。因此 SQL 查询的结果支持多种集合操作，如并（UNION）、交（INTERSECT）和差（EXCEPT）。进行集合操作的两个关系，需要有相同的属性列数量，并且对应的数据类型也必须相同。

【例 3-26】查询选修了"M600005"或者"M296006"课程的学生的学号。

```sql
(SELECT ID FROM takes WHERE course_id='M600005')
UNION
(SELECT ID FROM takes WHERE course_id='M296006');
```

首先分别查询选修"M600005"和"M296006"课程的学生的学号，然后使用 UNION 将两个查询的结果合并起来，系统会自动消除重复的元组。如果需要保留重复的元组，则需要使用 UNION ALL 操作符。

【例 3-27】查询既选修了"M600005"课程又选修了"M296006"课程的学生的学号。

```sql
(SELECT ID FROM takes WHERE course_id='M600005')
INTERSECT
```

```
(SELECT ID FROM takes WHERE course_id='M296006' );
```

【例3-28】 查询选修了"M600005"课程，但没有选修"M296006"课程的学生的学号。

```
(SELECT ID FROM takes WHERE course_id='M600005')
EXCEPT
(SELECT ID FROM takes WHERE course_id='M296006' );
```

值得注意的是，数据库管理系统在实现集合操作时并未完全按 SQL 标准进行。例如 Oracle 中的集合减法运算使用的关键词是 MINUS。而 MySQL 只支持 UNION 操作，不支持 EXCEPT、INTERSECT 操作。

嵌套查询-1-IN　　嵌套查询-2-SOMEALL　　嵌套查询-3-EXITSTS

嵌套查询-4-UNIQUE　　嵌套查询-5-FROM　　嵌套查询-6-标量子查询

3.3.6 嵌套查询

在 SQL 中，如果把一个完整的 SELECT-FROM-WHERE 语句看作一个查询块，那么将一个查询块嵌套在另一个查询块的某个子句中的查询称为嵌套查询。嵌套查询所嵌入的位置可以是 WHERE 或 HAVING 子句、FROM 子句和 SELECT 子句。例如：

```
SELECT name                /*父查询或外层查询*/
FROM student
WHERE ID IN
    (SELECT ID             /*子查询或内层查询*/
    FROM takes
    WHERE course_id='M600005');
```

此例中，子查询嵌套在父查询的 WHERE 子句中。父查询也称作外层查询，子查询也称作内层查询。WHERE 子句中的嵌套查询支持多种谓词，包括 IN、SOME/ALL、EXISTS、UNIQUE。下面详细介绍这几种嵌套查询的结构。

1．IN 和 NOT IN

嵌套的子查询的结果是一个集合，IN 和 NOT IN 用于判断某个属性值是否在一个查询结果的集合中。一般用法为"<列名称> IN <子查询>"或"<列名称> NOT IN <子查询>"。此谓词的运算结果同样是 TRUE 或者 FALSE。

【例3-29】 查询选修了"数据库系统"课程的学生的姓名。

```
SELECT name                    /*父查询*/
FROM student
WHERE id IN
    (SELECT ID                 /*子查询2*/
    FROM takes
    WHERE course_id IN
      (SELECT course_id        /*子查询1*/
      FROM course
      WHERE title='数据库系统'
```

```
    )
  );
```

这个查询中嵌套了两个子查询，子查询 1 的作用是查询 "数据库系统" 课程的所有课程号的集合，子查询 2 的作用是查询选修了该课程的所有学号的集合，父查询是从学生表中查询姓名。

有些 IN 结构的嵌套查询可以用连接运算替代，如例 3-29 可将 student、takes、course 这 3 个表连接之后进行查询。但有些查询是不能替代的，要根据实际需要选择合适查询结构。

2. SOME 和 ALL

如果一个子查询的结果是一个元组，那么可以直接用比较运算符进行比较。例如，查询条件是成绩大于平均分，则用 WHERE grade>=(SELECT AVG(grade) FROM takes)。该子查询使用了聚集函数，返回的结果是一个值，因此可以将 grade 和该值直接进行比较。

如果某个子查询的结果并非一个值，而是元组构成的集合，则不能直接使用比较运算符和属性的值进行比较。这时，需要共同使用 SOME 或 ALL 谓词和比较运算符进行属性值和集合的比较。SOME 的含义是 "某些"，ALL 的含义是 "全部"，表 3-8 所示为 SOME 或 ALL 谓词和比较运算符几种组合情况的语义。

表 3-8　SOME 或 ALL 谓词和比较运算符几种组合情况的语义

谓词	比较运算	语义
SOME	>SOME	大于某些
	<SOME	小于某些
	=SOME	等于某些
	<>SOME	不等于某些
ALL	>ALL	大于全部
	<ALL	小于全部
	=ALL	等于全部
	<>ALL	不等于全部

【例 3-30】查询成绩比 "M600005" 课程的成绩都高的学生的姓名。

```
SELECT name
FROM takes
WHERE grade >ALL
  (SELECT grade
   FROM takes
   WHERE course_id='M600005'
);
```

子查询的作用是查询 "M600005" 课程的全部成绩，查询结果是成绩的集合，称为 S。>ALL 的语义是判断 grade 属性值是否比 S 中全部的值都大，如果满足条件则返回 TRUE，否则返回 FALSE。

3. EXISTS 和 NOT EXISTS

EXISTS 代表存在量词∃，用于判断某个集合是不是空集，用法是 "EXISTS <子查询>"。

如果子查询结果是非空集则返回 TRUE，否则返回 FALSE。可以用 EXISTS 来判断更复杂的集合条件（如 $a \in S$、$S \subseteq R$、$S = R$、$S \cap R$ 非空等）是否成立。

【例 3-31】查询选过课的学生的姓名。

```
SELECT name
FROM student AS s
WHERE EXISTS
    (SELECT *
    FROM takes
    WHERE takes.ID=s.ID
    );
```

这个子查询的作用是针对每一个学生 s，查询 s 的选课记录集合，如果集合不空则返回 TRUE，否则返回 FALSE。注意，该子查询会随着不同的学生 s 而产生不同的结果，所以需要父查询的学生元组的传递（类似程序设计中子函数的参数传递），即 student 利用别名 s 将元组传递到子查询中。可以用伪代码表述这个查询过程：

```
/*父查询伪代码，假设 WHERE 子句是一个布尔型子函数 P(s) */
result = Ø;
FOR EACH tuple s in student
    IF P(s) IS TRUE
    THEN add s.ID to result;
 RETURN result;
/*嵌套子查询，即 WHERE 子句的 P(s)*/
BOOL P(s)
{
    sub_result = Ø;
    FOR EACH tuple t IN takes
        IF t.ID = s.ID
         THEN add t to sub_result;
    IF sub_result !=Ø         /*子查询用 EXISTS 结构，返回的真值取决于集合是不是空集*/
    THEN RETURN TRUE;
    ELSE RETURN FALSE;
}
```

我们把每一个 SELECT-FROM table s-WHERE P(s)查询的语句看作一个循环结构，即每次取表中的一个元组 s，送入 P(s)进行判断，如果结果为 TRUE 则保留此元组，反之舍弃。如此循环，直到将所有元组都扫描一遍为止。

类似地，NOT EXISTS <子查询>的真值与 EXISTS 结构的相反，如果<子查询>是非空集则返回 FALSE，否则返回 TRUE。

【例 3-32】查询没有被学生选过的课程的名称。

```
SELECT title
FROM course c
WHERE NOT EXISTS(
    SELECT *                          /*子查询返回课程 c 的选课记录*/
    FROM takes
    WHERE takes.course_id=c.course_id
    );
```

4．UNIQUE 和 NOT UNIQUE

UNIQUE 的用法与 EXISTS 类似，语法结构为"UNIQUE <子查询>"。该结构的作用是判断子查询的结果集合中是否有重复元组。如果子查询结果中没有重复元组，则返回 TURE，否则返回 FALSE。NOT UNIQUE 的真值和 UNIQUE 的相反。

【例 3-33】查询选过重复课程的学生的姓名。

```
SELECT name
FROM student s
WHERE NOT UNIQUE
    (SELECT course_id
    FROM takes
    WHERE takes.ID=s.ID
);
```

该子查询返回学生 s 的选课的课程号集合，如果集合中存在重复的课程号，NOT UNIQUE 的结果为 TRUE，则意味着学生 s 选过重复的课。值得注意的是，UNIQUE 谓词并没有被所有数据库系统支持，例如 MySQL 中就没有实现该谓词。当然，用分组查询或其他子查询的结构进行改写，同样可以实现类似的功能。例如，利用分组查询和聚集函数实现 UNIQUE 谓词的语句如下：

```
SELECT name
FROM student s
WHERE 1<SOME(              /*判断1是否小于集合中某个值*/
    SELECT COUNT(*)        /*学生 s 选修每门课程的次数集合*/
    FROM takes
    WHERE takes.ID=s.ID
    GROUP BY course_id
);
```

5．FROM 子句的派生表查询

前面介绍的子查询都出现在 WHERE 子句中。除此之外，在 FROM 子句中同样可以构造派生表（Derived Table）子查询。也就是说，将子查询的结果看作临时的派生表，作为外层主查询的对象。

【例 3-34】查询所有平均成绩大于 80 的课程的编号和名称。

```
SELECT course.course_id,title
FROM course, (SELECT course_id, AVG(grade) AS avg_grade FROM takes GROUP BY course_id)
AS R
WHERE course.course_id= R.course_id AND R.avg_grade>80;
```

FROM 子句中引入了一个子查询作为派生表，作用是通过分组和聚集函数查询每门课程的平均成绩。这个子查询的查询结果被命名为临时派生表 R，包含两个属性 course_id 和别名为 avg_grade 的平均成绩。外层查询用了 course 表和临时表 R 进行连接查询，其 WHERE 子句中有两个条件，第一个 course.course_id= R.course_id 用于连接，第二个 R.avg_grade>80 用于筛选平均成绩大于 80 的课程。注意，在 FROM 子句后使用派生表，必须为派生表起一个别名，AS 关键字可以省略。

6．SELECT 子句的标量子查询

除了 WHERE 子句和 FROM 子句，SELECT 子句中也可以包含子查询，称为标量子查询。值得注意的是，SELECT 标量子查询只能生成一个元组，如果出现多个元组则会出现错误。

【例 3-35】查询信息学院每门课程的选课人数。

```
SELECT title, (SELECT COUNT(*) FROM takes WHERE takes.course_id=c.course_id) AS
course_count
FROM course AS c
WHERE college_name="信息学院";
```

SELECT 语句中的第二个属性位置被一个子查询代替，它的作用是查询课程 c 的选课人数，别名叫作 course_count。这就是一个标量查询，因为对于课程 c，子查询的结果只有一个元组，即该课程人数的值。

3.4 数据更新

数据库更新指的是对数据库中元组的更改，包括插入、修改和删除。SQL 通过 INSERT、UPDATE 和 DELETE 分别实现对 3 种类型的元组的更新。

3.4.1 插入数据

插入数据的作用是向表中追加新的元组或记录，其语法结构为：

```
INSERT INTO <表名称>[(列名 1, 列名 2, 列名 3,…)] VALUES(<值 1, 值 2, 值 3,…>)
```

或者：

```
INSERT INTO <表名称>[(列名 1, 列名 2, 列名 3,…)] {SELECT 查询语句}
```

两种用法的前半部分是相同的，需要指定插入数据的表名称，若有需要，则可以列出表中的属性列(列名 1, 列名 2, 列名 3,…)。第一种结构通过直接赋值的方式给出插入元组的每个属性值，注意要与表的属性位置对应，并且类型要一致。第二种结构通过 SELECT 语句查询的结果进行插入，也就是把 SELECT 查询的结果当作新的元组插入目标表。

【例 3-36】向学生表中加入一个新生，学号是 202212340808，姓名为张三，性别为男，学院是信息学院，出生日期和专业未知。

```
INSERT INTO student VALUES('202212340808','张三','信息学院',NULL,'男',NULL);
```

或者：

```
INSERT INTO student(ID, name, college_name, gender)
VALUES('202212340808','张三','信息学院','男');
```

第一行语句，对插入的元组中未知的值要用 NULL 代替。第二行语句，新插入元组的属性值要与列出的属性位置对应，但列出的属性顺序可以与学生表的属性顺序不一致。

【例 3-37】通过 SQL 查询的方式将上述元组插入 instructor 表中，教师编号取学号的后 8 位。

```
INSERT INTO instructor(ID, name, college_name,gender)
SELECT RIGHT(ID,8) , name, college_name, gender
FROM student
WHERE ID='202212340808';
```

利用 SELECT 查询的结果作为元组插入时，注意 SELECT 子句后列出的属性位置要与目标表的属性顺序对应且类型一致。RIGHT()是 SQL 中截断字符串的函数，表示从右边截断字符串的 8 个字符。

假设数据库中存在一个表 R，其未定义唯一约束和主码。现在希望通过 INSERT 语句把表中现有的数据重新插入一次，语句为：

```
INSERT INTO R SELECT * FROM R;
```

此语句的运行方式是首先通过 SELECT * FROM R 查询语句找到所有待插入的元组集合，然后向表 R 中插入这些元组。并不是查询到一个元组就插入一个，因为这样的话查询结果会不断增加，且 R 表中将插入连续不断的元组，会导致错误结果。

3.4.2　修改数据

对于数据表中已经存在的数据，可以通过 UPDATE 语句进行修改，当其语法结构为：

```
UPDATE <表名> SET <属性=新的值> [WHERE<条件表达式>];
```

当 UPDATE 语句没有 WHERE 条件时，则代表全部数据都要修改；当有 WHERE 条件时，则只会对满足条件的元组进行修改。

【例 3-38】把学生表中"张三"的专业设置为"软件工程"。

```
UPDATE student SET major='软件工程' WHERE name='张三';
```

【例 3-39】把选课表中低于平均成绩的学生成绩加 2 分（所有课程一起计算）。

```
SELECT AVG(grade) FROM takes  --假设此步计算结果为 81.2.
UPDATE takes SET grade=grade+2 WHERE grade<81.2;
--注 MySQL 不支持此语句：UPDATE takes SET grade=grade+2 WHERE grade<(SELECT AVG(grade)
FROM takes)
```

这个例子里，首先通过 WHERE 子句筛选所有需要更新的元组，比较的平均成绩结果是不变的，然后把这些需要更新的元组按照 grade=grade+2 的方式进行修改。

3.4.3　删除数据

可通过 DELETE 语句将已有元组删除，其语法结构为：

```
DELETE FROM <表名> WHERE <条件表达式>;
```

当 DELETE 语句没有 WHERE 条件时，则代表要删除全部数据；当有 WHERE 条件时，则只会将满足条件的元组删除。

【例 3-40】删除学生表中姓名为"张三"的学生。

```
DELETE FROM student WHERE name='张三';
```

【例 3-41】删除选课表中低于平均成绩的选课记录（所有课程一起计算）。

```
SELECT AVG(grade) FROM takes  --假设此步计算结果为81.2.
DELETE FROM takes WHERE grade<81.2;
--注 MySQL 不支持此语句: DELETE FROM takes WHERE grade<(SELECT avg(grade) FROM takes);
```

这个例子里，首先通过 WHERE 子句筛选所有需要删除的元组，比较的平均成绩结果是不变的，然后把这些需要删除的元组删除。

3.5 视图的定义与使用

视图是从一个或多个基本表（或者其他视图）生成的虚拟表。数据库中只保存视图的定义，而不保存视图对应的数据表。每次用到视图时，系统会运行视图定义的语句生成数据。一旦基本表中的数据改变，与视图相关的数据也就随之改变。从这个角度看，视图就像窗口，透过它可以看到数据库中的数据及其变化。实际上，它就是实现外模式的一种机制。数据库管理员为每个数据库用户定义一个视图，用户通过这个视图使用数据库中的数据。对视图之外的数据库中的数据，用户看不到，也不必关心。这种机制一方面保护数据库，确保用户不能越权访问数据；另外，用户也可专注于视图提供的自己需要的数据，而不会被其他数据库中不相关的数据干扰。

视图被定义以后，可以像基本表一样被查询，或者在一定条件下被更新、被删除。

3.5.1 视图的定义与删除

与真实存在的基本表类似，视图包含一系列带有名称的列数据和行数据。视图的定义如下：

```
CREATE VIEW <视图名称> [<列名>[,<列名>…]]
    AS (<数据查询语句>)
    [WITH CHECK OPTION];
```

数据查询语句可以是任何 SELECT 语句，查询数据来源可以是基本表，也可以是其他视图。[WITH CHECK OPTION]表示对视图进行 UPDATE、INSERT 和 DELETE 操作时要保证修改的元组满足视图定义中的谓词条件，即查询语句中的 WHERE 条件表达式。视图的属性列名称如果被省略，则默认由 SELECT 子句的目标列构成。但下述几种情况必须明确指定视图的属性列名称：SELECT 子句后不是纯属性名，而是聚集函数或属性表达式；多表连接同时选出了几个同名列作为视图的属性；需要为视图的属性列起一个新的名称。

关系数据库执行 CREATE VIEW 语句的结果只是把视图的定义存入数据字典，并不立即执行其中的数据查询语句。只有对视图进行查询时，才会按照视图的定义从来源表或视图中进行数据查询。

【例 3-42】建立"信息学院"的学生的视图。

```
CREATE VIEW inf_student AS
    SELECT *
    FROM student
    WHERE college_name='信息学院';
```

inf_student 视图通过基本表 student 进行定义，没有显式指定属性列名称，即视图所有的属性列和 student 表的相同。

【例3-43】建立"信息学院学生年龄"的视图，显示学号、姓名和年龄3个属性。

```
CREATE VIEW inf_student_age(ID, name, age) AS
    SELECT ID, name, YEAR(NOW())-YEAR(birthday)
    FROM inf_student;
```

inf_student_age 视图的定义利用了例3-42中的inf_student视图。年龄并不是inf_student 视图的现有属性，需要通过表达式 YEAR(NOW())-YEAR(birthday)进行查询生成，因此 inf_student_age 视图的定义中需要给出对应的属性名(ID, name, age)。

视图建立之后，可以通过 DROP 语句将其删除，其语法结构为：

```
DROP VIEW <视图名称> [CASCADE];
```

DROP 语句的执行结果是将视图定义从数据词典中删除。如果从该视图上还导出了其他视图，则可以使用 CASCADE 语句将该视图及其导出的视图一并删除。

【例3-44】通过级联删除方式删除视图 inf_student。

```
DROP VIEW inf_student CASCADE;
```

该语句的执行结果是删除 inf_student 视图，以及通过它导出的视图 inf_student_age。

3.5.2　视图查询

视图被定义以后可以看作数据库中的一个虚拟表，因此可以像基本表一样进行视图查询。

【例3-45】在信息学院学生年龄视图中找出年龄大于20岁的学生。

```
SELECT * FROM inf_student_age WHERE age>20;
```

数据库系统在执行对视图的查询时，首先会检查涉及的视图是否存在。如果存在的话，则从数据字典中取出视图的定义，将定义中涉及的数据查询语句与视图查询结合起来，转换成等价的对基本表的查询，然后执行查询。这一转换过程称为视图消解。

对例3-45中的查询进行视图消解后为：

```
SELECT *
FROM (SELECT ID, name, YEAR(NOW())-YEAR(birthday) AS age
      FROM student
      WHERE college_name='信息学院')
WHERE college_name='信息学院' AND age>20;
```

可以发现视图消解后的等价查询与派生表查询类似，但二者还是有区别的。派生表只是在语句执行时临时生成，查询完成后派生表的定义即被删除。而视图被定义后，会永久保存在数据字典中，可以被其他查询直接引用。视图的定义有点类似程序设计中的子程序，保存下来的是查询的执行过程，需要用的时候可以直接引用视图。

3.5.3　视图的更新

由于视图是没有实际存储数据的虚拟表，因此对视图的更新最终要转换为对基本表的更新。与视图的查询类似，对视图的更新操作也要通过视图消解，最终转换为对基本表的更新操作。为了防止对视图进行增加、删除、修改时，对不属于视图范围的基本表数据进行误操作，可以在定义视图时加上 WITH CHECK OPTION 子句。这样在视图上进行更新时，数据库会检查视图定义中的条件，若不满足该条件则会拒绝相应的更新操作。

【例 3-46】向 inf_student 视图中插入一个新的学生记录，学号为 202212340808，姓名为张三，学院为外国语学院。

```
INSERT INTO inf_student VALUES('202212340808','张三','外国语学院',NULL,NULL,NULL);
```

此例对视图的插入可以转换为对基本表 student 的插入，即转换为：

```
INSERT INTO student VALUES('202212340808','张三','外国语学院',NULL,NULL,NULL);
```

插入语句在 MySQL 上可以正确运行[①]，查询学生表会发现被追加了一条新的记录。然而，查询 inf_student 视图发现，视图中没有增加这个学生的记录。原因在于，这个学生的插入并不满足视图的条件语句 WHERE college_name='信息学院'。为了防止出现这种情况，可以在 inf_student 视图的定义中增加 WITH CHECK OPTION 语句，也就是说，对视图的更新操作会检查是否满足其条件语句，不满足的会被拒绝更新。

在关系数据库中，并不是所有的视图都可更新，因为有些视图的更新不能唯一有意义地转化为对基本表的更新。

【例 3-47】将 inf_student_age 视图中学号为 202067486227 的学生的年龄改为 22 岁。

```
UPDATE inf_student_age SET age=22 WHERE ID='202067486227';
```

从语法结构上看，此更新语句是正确的，但该语句并不能转换为对基本表的更新，因为 student 表中不存在 age 属性，无法进行相应的更新操作。一般地，满足以下条件的视图才是可以被更新的，这种视图称为行列视图。

① 视图定义的 FROM 语句只能包含一个基本表，不能包含两个以上基本表的连接查询。

② SELECT 语句只包含原始属性，不能包括属性的各类运算表达式、聚集函数以及 DISTINCT 关键词。

③ 基本表中存在但 SELECT 语句后没有显示的属性，可以设置为 NULL。

④ 视图定义中不能含有 GROUP BY 或 ORDER BY 子句。

本章小结

一般认为，数据库语言包括数据描述语言（DDL）、数据操纵语言（DML）和数据控制语言（DCL）3 种子语言，SQL 实现了这 3 种子语言的全部功能。本章详细介绍了 SQL 实现的 DDL，包括数据库、基本表、索引、视图等数据库要素的定义、修改与删除，同时介绍了 DML 中数据查询、数据插入、数据修改及删除语句的详细用法，其中查询包括简单查询、连接查询、聚集函数与分组、集合操作和嵌套查询等内容。SQL 的查询灵活多变，也是其他数据操作的基础，学生需要加强练习、熟练掌握。

本章是第 2 章关系数据库理论的延伸，同时也是数据库基本操作的体现。通过实验，学生可以在一个具体的数据库系统环境中完成各种数据库操作，在提高基本操作能力的同时，加深对数据库基本概念的理解。

通过本章的学习，学生可以具备基本的数据库操作能力，为后续学习打下基础。

---

① 注意此语句虽然在 MySQL 上可以正确运行，但在其他数据库系统不一定正确运行。读者若需要使用这种方式插入数据，需要先在目标数据库上进行测试。

习题

1. SQL 有什么特点?

2. SQL 与关系代数是等价的,请给出与第 2 章习题 7 等价的 SQL 语句。

3. 利用本章各例中的 student 表和 takes 表进行查询,显示选课数量最多的学生的姓名和专业。思考有多少种查询结构可以完成这个查询。

4. 使用 teaching 数据库的结构和数据,完成下列查询。

(1)查询信息学院开设的学分超过 3 的所有课程的名称。

(2)查询学号为 202067486227 的学生所选的所有课程,显示课程编号、课程名称。

(3)查询没有任何选课记录的学生的学号和姓名。

(4)查询选课人数超过 5 人的课程的平均分,显示课程名称、选课人数和平均分。

(5)查询所有学生姓名和总学分。总学分是该学生所有考试通过的课程的学分数总和。

(6)查询所有没有被选过的课程,列出课程编号、课程名称、学分。

(7)查询所有上过刘泓老师的课的学生,显示学号、姓名、课程名称、学年、学期、成绩。

(8)查询 2022 年秋"数据库系统"课程第一个 section 的点名册,显示学号、姓名、点名时间 1、点名时间 2、点名时间 3 共 5 个字段,这些点名时间字段的值为空。

(9)查询信息学院学生的选课列表,显示学号、姓名、所选课程编号、所选课程名称,若学生未选课,所选课程编号、所选课程名称取空值。

5. 假设公司雇员的数据库设计如下,自行设计各个属性的数据类型,并完成以下要求。

```
Company(cname, city, asset)
Employee(ename, city, address, phonenum)
Works(ename, cname, salary)  foreign key(ename) references Employee; foreign
key(cname) references Company
```

(1)给出上述 3 个表的定义语句。

(2)将 Company 的 asset 属性类型改为 decimal(10,2)。

(3)向 Employee 中插入新记录,雇员姓名"张三",城市"广州",地址"广州市天河区五山路 483 号",电话号码未知。

(4)将工资低于 5000 元的雇员的工资提高 10%,高于或等于 5000 元的提高 5%。

(5)删除所有姓刘的员工及其工作关系。

(6)定义一个视图,显示公司在广州的所有雇员的姓名和电话。该视图是否可以被更新?简述原因。

6. 简述基本表和视图的区别与联系。

第4章 数据库完整性

正确的数据对个人、企事业单位乃至国家都是财富，但若数据中存在错误或不完整、不一致的情况，其价值就会大打折扣。关系数据库严格定义了数据库的实体完整性、参照完整性和用户自定义完整性 3 类完整性约束。由数据库管理系统实现完整性约束的功能，用于约束用户对数据的修改行为，防止"garbage in garbage out（垃圾进，垃圾出）"。其工作模式是用户通过 SQL 来定义数据库的各类完整性约束，数据库管理系统在数据更新时检查这些约束，并进行违约处理。

第4章简介

数据库设计人员、数据库管理员及数据库用户都应该熟练掌握完整性约束的用法，以科学的态度严谨、细致地管理和使用数据，保障数据的一致性。

本章学习目标如下。

（1）理解数据库完整性的相关概念及各类约束的作用。

（2）掌握建立、删除、查看各种数据库完整性的 SQL 命令。

4.1 数据库完整性概述

数据库完整性
概述

数据库完整性是指数据库的正确性和相容性，它由完整性约束来保证，完整性约束用于维护数据库正确的状态及状态的变化，防止出现错误数据。正确性是指数据库与现实世界是相符合的、无误的，例如年龄不能为负数、性别只有男和女两个值等。相容性是指表示同一实体的数据（可能多份）是一致的、不会相互矛盾，例如一门课程及格率和不及格率之和一定是 100%、公司的出货量一定小于或等于原库存量等。

各数据库管理系统提供完整性约束的具体定义机制，用户使用这些定义机制来描述完整性约束。这些完整性约束被表达为一些数据字义语句及其子句，作为数据库模式的一部分，写入数据字典中。

在数据库中数据发生变化时，例如发生插入、删除或修改操作时，数据库管理系统依据这些完整性约束进行检查，若发生变化后的数据不满足某一条完整性约束，数据库管理系统会依据完整性约束定义采取一些措施，保障数据满足这条完整性约束。

第 2 章已给出关系数据库完整性的基本概念，本章将介绍 SQL 定义、修改和显示这些完整性约束的方法。

根据约束条件不同的定义对象，完整性约束又可以分为实体完整性约束、参照完整性约束和用户自定义完整性约束。实体完整性约束和参照完整性约束是必须满足的完整性约束。用户自定义完整性约束是应用领域需要遵循的约束，体现具体领域中的语义约束。

根据定义范围不同，完整性约束可以分为列级约束、元组约束和表级约束。列级约束是针对属性的类型、格式、范围、空值等进行约束，元组约束是指元组中各属性取值需要满足的条件，表级约束是指表中若干元组之间、关系集合中关系之间的约束。

根据所涉及对象状态的不同，完整性约束又可以分为静态约束和动态约束。静态约束是确定状态时数据应满足的条件，是数据库状态的合理性约束。动态约束是指数据库从一种状态转变为另一种状态时，新旧数据之间应满足的约束。

4.2 实体完整性

实体完整性-P1　　实体完整性-P2　　实体完整性-P3

4.2.1 实体完整性的定义

实体完整性是通过为关系表定义主码来实现的。主码可以在创建表时使用 CREATE TABLE 语句中的 PRIMARY KEY 关键词定义，也可以在创建表后使用 ALTER TALBE 语句中的 PRIMARY KEY 关键词添加。在 CREATE TABLE 语句中，若主码只包含一个属性，可以定义为列级约束或表级约束；若主码包含多个属性，则需要定义为表级约束。第 3 章例 3-4 使用表级约束定义了 section 表的主码，它包含多个属性，因此只能采用表级约束创建。例 4-1 给出 college 表的创建语句，其主码只有一个属性，因此，可以采用表级约束或列级约束创建其主码。

【例 4-1】创建学院表，名称为 college，定义属性分别为 college_name（最大长度为 50 的可变长度的字符串）、college_telephone（最大长度为 20 的可变长度的字符串）、college_address（最大长度为 100 的可变长度的字符串）、college_desc（最大长度为 1024 的可变长度的字符串）。定义 college_name 属性为 college 表的主码，形成实体完整性约束。命令如下：

```
CREATE TABLE college (
    college_name VARCHAR(50),
    college_telephone VARCHAR(20),
    college_address VARCHAR(100),
    college_desc VARCHAR(1024),
    PRIMARY KEY (college_name)
);
```

或者：

```
CREATE TABLE college (
    college_name VARCHAR(50) PRIMARY KEY,
    college_telephone VARCHAR(20),
    college_address VARCHAR(100),
    college_desc VARCHAR(1024),
    );
```

数据库允许使用 ALTER TABLE 语句对没有主码的表添加主码，其语法为：

```
ALTER TABLE <表名称>
    ADD [CONSTRAINT [<约束名>]] PRIMARY KEY [<index_type >](<属性1>[…])
```

此语句可以为主码约束命名，若未给出<约束名>，则由系统自行定义。<index_type>指索引类型，在 MySQL 中可以使用 B 树索引或哈希索引。例 4-2 对已创建的 college 表添加主码。

【例 4-2】假设学院表在定义时没有主码，使用 SQL 将 college_name 字段设置为主码。设置 college 表的主码的命令如下：

```
ALTER TABLE college ADD PRIMARY KEY (college_name) ;
```

若需要删除一张表的主码，也可以使用 ALTER TABLE 语句来完成，其语法为：

```
ALTER TABLE <表名称> DROP PRIMARY KEY;
```

例如，删除 college 表的主码的命令如下：

```
ALTER TABLE college DROP PRIMARY KEY;
```

4.2.2 实体完整性的检查

若定义了主码，则数据库管理系统在向表中插入、修改数据时会自动进行实体完整性检查，即检查主码字段是否都不为空、主码字段的值或值的组合是否已在表中出现过。若不满足上述条件，数据库管理系统会拒绝插入或修改操作，以保障数据的实体完整性。

例如，在主码为 college_name 的 college 表中，已存在 college_name 为"信息学院"的元组的情况下，执行以下插入、更新语句时，系统给出的信息如下：

```
mysql> INSERT INTO college VAULES('信息学院','020-8528539','五山路483号14号楼','');
1062 - Duplicate entry '信息学院' for key 'college.PRIMARY'
mysql> UPDATE college SET college_name='信息学院' WHERE college_name='地理学院';
1062 - Duplicate entry '信息学院' for key 'college.PRIMARY'
```

其中，第 1 条插入语句向表中插入数据时，数据库管理系统检查发现 college_name 为"信息学院"的元组已在表中，主码重复，所以拒绝插入。第 2 条更新语句，将 college_name 为"地理学院"的元组的 college_name 修改为"信息学院"，数据库管理系统同样发现"信息学院"对应的元组已存在，主码重复，所以拒绝更新。

在使用 ALTER TABLE 语句向表中添加主码约束时，若表中存在数据，且数据不满足 ALTER TABLE 语句中规定的实体完整性约束，则此 ALTER TABLE 语句将被数据库管理系统拒绝，如例 4-3 所示。

【例 4-3】创建表 example，其包含字段及数据类型为 id INT、name VARCHAR(50)、birthday DATE。向表中添加一条正常数据、一条 id 为空值的数据、两条 id 重复的数据，再修改表结构，将 id 字段设置为主码。SQL 命令及 MySQL 命令反馈如下：

```
mysql> CREATE TABLE example(id INT, name VARCHAR(50), birthday DATE);
Query OK, 0 rows affected (0.01 sec)
mysql> INSERT INTO example
VALUES(1,'Tom','2023-2-1'),(null,"Jerry","2023-2-3"), (2,"Goffe",null),(2,
"Marry",null);
Query OK, 4 rows affected (0.00 sec)
Records: 4  Duplicates: 0  Warnings: 0

mysql> SELECT * FROM example;
+------+--------+----------+
```

```
| id   | name   | birthday   |
+------+--------+------------+
|    1 | Tom    | 2023-02-01 |
| NULL | Jerry  | 2023-02-03 |
|    2 | Goffe  | NULL       |
|    2 | Marry  | NULL       |
+------+--- ----+----------+
4 rows in set (0.03 sec)

mysql> ALTER TABLE example ADD PRIMARY KEY(id);
1138 - Invalid use of NULL value

mysql> DELETE FROM example WHERE id is null;
Query OK, 1 row affected (0.00 sec)

mysql> ALTER TABLE example ADD PRIMARY KEY(id);
1062 - Duplicate entry '2' for key 'example.PRIMARY'

mysql> UPDATE example SET id=3 WHERE name='Marry';
Query OK, 1 row affected (0.00 sec)
Rows matched: 1  Changed: 1  Warnings: 0

mysql> ALTER TABLE example ADD PRIMARY KEY(id);
Query OK, 0 rows affected (0.02 sec)
Records: 0  Duplicates: 0  Warnings: 0
```

本例使用 INSERT 语句向表中插入了 4 条数据，其中有一条 id 字段为空值，有两条 id 字段的值重复，因为没有主码约束，数据成功插入表中。但此时若添加 id 为主码，系统回复 "1138 - Invalid use of NULL value"，表示存在空值，无法创建主码。删掉 id 为空值的记录后，再创建主码，系统回复错误信息 "1062-Duplicate entry '2' for key 'example.PRIMARY'"，表示无法创建的原因是 id 字段的值 2 有重复。若修改一条 id 值为 2 的记录数据，设置新的 id 字段为 3，则 id 满足无空值、无重复值的实体完整性约束，创建主码的操作可成功执行。

数据库管理系统对实体完整性检查包括主码属性是否有空值、是否有重复值两项。空值检查较容易，重复值检查则需要查阅所有表中记录的主码值，这是一件十分耗时的工作。数据库管理系统可以使用索引加速此项操作。B 树索引和哈希索引是数据库中常用的两种索引。在创建主码时可以选择索引类型。例如，MySQL 提供了两种索引类型——B 树和哈希，其原理将在本书第 9 章介绍。

实体完整性的定义可使用 MySQL 的 SHOW CREATE TABLE 命令查看，也可使用 SHOW INDEX 命令查看，一般主码索引的 Key_name 属性值为 PRIMARY。

4.3 参照完整性

4.3.1 参照完整性的定义

参照完整性是通过为关系表定义外码来实现的。外码可以在创建表时使用 CREATE TABLE 语句中的 FOREIGN KEY 关键词定义，也可以在创建表后使用 ALTER TALBE 语句中的 FOREIGN KEY 关键词添加。在 CREATE TABLE 语句中，若外码只包含

参照完整性
约束

一个属性，可以定义为列级约束或表级约束；若外码包含多个属性，则需要定义为表级约束。第 3 章例 3-4 使用表级约束定义了 section 表的外码 course_id，它引用 course 表的 course_id 字段，因为此外码只有一个属性。例 3-4 创建表的语句可写为：

```
CREATE TABLE section(
    course_id       VARCHAR(8) REFERENCES course(course_id),
    sec_id          VARCHAR(8),
    semester        VARCHAR (6)
    year            NUNERIC(4,0) CHECK(year > 1701 AND year < 2100),
    building        VARCHAR(15),
    room_number     VARCHAR(7),
    PRIMARY KEY (course_id, sec_id, semester, year)
);
```

参照完整性定义了一张表对另一张表的数据的引用,若被引用的记录被修改或被删除，引用关系中的记录需要给出处理方法，一般可以在定义外码时给出选择。MySQL 中 CREATE TABLE 语句中 FOREIGN KEY 部分的语法如下：

```
FOREIGN KEY(<列名>[…])REFERENCES<表名>(<列名>[…])
    [ON DELETE RESTRICT | CASCADE | SET NULL | NO ACTION | SET DEFAULT]
    [ON UPDATE RESTRICT | CASCADE | SET NULL | NO ACTION | SET DEFAULT];
```

外码中包含的<列名>[…]可以是一列或多列，要求列名及顺序与被引用表中的列名及顺序完全一致。ON DELETE 和 ON UPDATE 分别是被引用数据被删除或更新时需要使用的处理方法，随后的处理方法的默认值是 RESTRICT。各处理方法的具体含义如下。

➤ RESTRICT：如果待删除或修改的记录在参照表中被引用，不做删除或修改操作，返回错误信息。此时若需要删除或修改数据，则先删除或修改参照表中引用这些记录的记录，再删除或修改被参照表中的对应记录。

➤ CASCADE：如果删除或修改被参照表的记录，则参照表中引用该记录的记录也被删除或修改。

➤ SET NULL：如果删除或修改被参照表的记录，则参照表中引用该记录的记录中的对应字段设置为空值（NULL）。

➤ NO ACTION：与 RESTRICT 相同。

➤ SET DEFAULT：如果删除或修改被参照表的记录，则参照表中引用该记录的记录中的对应字段设置为默认值。

【例 4-4】创建 teaching 数据库中学生选课表 takes，其中 ID 字段参照学生表的 ID 字段，(course_id, sec_id, semester, year)是复合外码，引用 section 表的同名字段。创建表的语句如下：

```
CREATE TABLE takes (
    ID VARCHAR(12),
    course_id VARCHAR(8),
    sec_id VARCHAR(8),
    semester VARCHAR(6),
    year DECIMAL(4,0),
    grade VARCHAR(6),
    PRIMARY KEY(ID, course_id, sec_id, semester, year),
    FOREIGN KEY(course_id, sec_id, semester, year)
        REFERENCES section (course_id, sec_id, semester, year)
```

```
          ON DELETE CASCADE ON UPDATE RESTRICT,
     FOREIGN KEY (ID) REFERENCES student (ID) ON DELETE CASCADE ON UPDATE RESTRICT
);
```

需要注意的是，在定义外码前，需要先在被参照关系上建立以外码为属性组的主码索引或唯一性索引。对例 4-4 中 takes 表定义的两个外码，需要在 section 表上建立以(course_id, sec_id, semester, year)为关键字的主码索引或唯一性索引，在 student 表上建立以 ID 为关键字的主码索引或唯一性索引，否则此命令无法执行。

外码也可以使用 ALTER TABLE 语句添加，添加外码的语法如下：

```
ALTER TABLE <表名>
     ADD [CONSTRAINT [<约束名>]]
     FOREIGN KEY [外码名] (<列名>[…]) REFERENCES<表名>(<列名>[…])
          [ON DELETE RESTRICT | CASCADE | SET NULL | NO ACTION | SET DEFAULT]
          [ON UPDATE RESTRICT | CASCADE | SET NULL | NO ACTION | SET DEFAULT];
```

此语句关于外码的部分与 CREATE TABLE 语句的对应部分相同，不举例说明。

删除外码的语法如下：

```
ALTER TABLE <表名>
     DROP FOREIGN KEY [<外码名>]
```

此处<外码名>是定义时给出的外码名，若添加外码时未给出外码名，则需要使用 SHOW CREATE TABLE 命令查看系统给出的外码名。

参照完整性的检查

4.3.2 参照完整性的检查

参照完整性要求参照表中每条记录中外码的值要么为空值，要么在被参照表中出现。数据库管理系统在参照表、被参照表记录发生增加、删除、修改操作时都要自动进行检查。下面以 teaching 数据库中 takes 表为例观察参照完整性的表现，图 4-1 所示为 Navicat for MySQL 生成的数据库结构图中 takes 表及外码关联的两张表。takes 表的外码(course_id,sec_id, semester,year)指向 section 表的主码(course_id,sec_id, semester,year)，另一个外码 ID 指向 student 表的主码 ID。

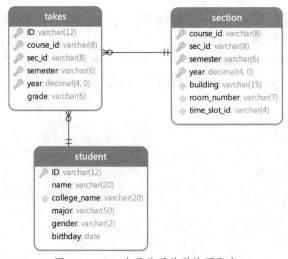

图 4-1　takes 表及外码关联的两张表

对 takes 表的外码 ID，在 Navicat for MySQL 中显示 takes 表的数据时，单击 takes 表中任意一条数据的外码字段上的图标 …，可显示 student 表中对应的数据，如图 4-2 所示。

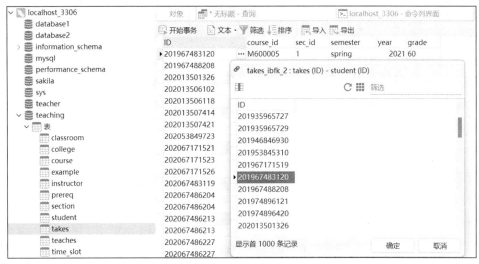

图 4-2　外码对数据的约束

因为 takes 表中 ID 字段是外码，向 takes 表中插入数据时需要检查要插入的数据是否在 student 表中存在。

检查参照完整性时若发现不满足约束，数据库系统将按参照完整性的定义处理。MySQL 定义参照完整性时给出 ON DELETE、ON UPDATE 选项（处理规则）。

【例 4-5】student、takes 表中的数据分别如表 4-1 和表 4-2 所示。

表 4-1　student 表中的数据

ID	name	college_name	major	gender	birthday
201935965727	郭紫涵	经济管理学院	企业管理	女	2001-07-11
201935965729	冯文博	经济管理学院	企业管理	男	2001-07-22
201974896420	董明轩	外国语学院	商务英语	男	2001-05-06
202013501326	刘浩轩	电子工程学院	电子信息工程	男	2002-02-27
202013506102	唐宇轩	电子工程学院	AI	男	2002-11-29

表 4-2　takes 表中的数据

ID	course_id	sec_id	semester	year	grade
201935965729	M600005	1	Spring	2021	86
201935965727	M296006	1	Fall	2021	80
201935965729	M296006	1	Fall	2021	88
201935965727	M500004	1	Spring	2022	97
201935965729	C400234	1	Fall	2022	98
201974896420	F300300	1	Fall	2022	86
201974896420	C400234	1	Fall	2022	98
202013501326	C400234	1	Fall	2022	65
202013501326	F300300	2	Fall	2022	

对 takes 表和 student 表进行以下插入、修改、删除操作，请分析每个语句是否可成功

执行，并分析原因。

```
INSERT INTO takes VALUES('201935965727', 'M600005',1,'Fall',2021,NULL);
INSERT INTO takes VALUES('202013501335', 'M500004',1,'Fall',2022,80);
UPDATE takes SET ID='202013501335'WHERE ID='201935965727' AND course_id='M296006';
DELETE FROM takes WHERE ID='201935965727' AND course_id='M296006';
DELETE FROM student WHERE ID='201974896420';
DELETE FROM student WHERE ID='202013506102';
UPDATE student SET ID='202013501335' WHERE ID='201935965727';
```

第 1 个语句，数据库管理系统检查参照完整性，发现 201935965727 包含在 student 表中，参照完整性条件满足，此语句可成功执行[①]。

第 2 个语句，数据库管理系统检查参照完整性，发现 202013501335 未包含在 student 表中，所以此语句执行失败，系统返回失败原因为不满足外码约束。

第 3 个语句，数据库管理系统首先在 takes 表中查找满足条件的数据，再检查参照完整性，发现 202013501335 未包含在 student 表中，所以此语句执行失败，系统返回失败原因为不满足外码约束。

第 4 个语句，数据库管理系统在 takes 表中查找满足条件的数据，不需要检查参照完整性，直接删除，删除成功。

第 5 个语句，数据库管理系统检查所有引用 student 表中数据的表，发现 ID='201974896420' 的数据在 takes 表中引用。依据例 4-4 给出的 CREATE TABLE 语句中此外码的参照完整性定义 "ON DELETE CASCADE"，删除 takes 表中对应的记录，同时删除 student 表中 ID='201974896420'的记录。系统执行此命令时，需要查询此命令涉及的所有约束，按 takes 表的定义检查另一个参照完整性约束<course_id,sec_id,semester，year>，还要检查若删除 student 表中 id='201974896420'的记录，是否有引用此表数据的其他表及其参照完整性的定义，以此类推，若所有约束都满足，此语句可成功执行，系统返回受影响记录的个数。若不满足其中任何一条约束，则系统不执行删除及随后的 CASCADE 或 RESTRICT 操作，返回失败原因是不满足相应参照完整性约束。

第 6 个语句，数据库管理系统检查所有引用 student 表中数据的表，发现 ID='202013506102' 的记录未在 takes 表中引用，满足此参照完整性的定义。系统继续检查删除此记录是否满足其他约束，若都满足，此命令可成功执行。

第 7 个语句，数据库管理系统先检查 student 表中 ID='201935965727'的记录在 section 表中引用，依据 takes 表中参照完整性的定义 "ON UPDATE RESTRICT" 不允许更新，所以此命令不能成功执行，系统返回失败原因是不满足 takes 表的此项约束。

4.4 其他完整性约束

4.4.1 属性的非空约束

SQL 在 CREATE TABLE、ALTER TABLE 语句中默认属性是可以取空值的，但也可以使用 NOT NULL 来约束指定列不能使用空值。

---

① 此语句执行时还需要检查其他约束，在所有约束都满足的情况下才能成功执行。此处假设此语句满足其他约束。

【例 4-6】创建 teaching 数据库中 course 表，各属性的数据类型、长度依据实际情况确定，要求属性 hours 不能取空值，定义 course_id 属性为 course 表中的主码，college_name 属性为外码（与 college 表中 college_name 属性值相连接，当删除 college 表中元组时采取置空值策略）。创建表的 CREATE TABLE 语句如下：

```
CREATE TABLE course(
    course_id VARCHAR(8),
    title VARCHAR(50),
    college_name VARCHAR(50),
    credits NUMERIC(2,0) ,
    hours NUMERIC(3,0) NOT NULL,
    PRIMARY KEY (course_id),
    FOREIGN KEY (college_name) REFERENCES college(college_name)
    ON DELETE SET NULL
);
```

若已创建 course 表，需要添加 credits 字段的非空约束，可使用 ALTER TABLE 命令，如下：

```
ALTER TABLE course MODIFY COLUMN credits DECIMAL NOT NULL;
```

若要删除 course 表上 credits 字段的非空约束，可使用 ALTER TABLE 命令，如下：

```
ALTER TABLE course MODIFY COLUMN credits DECIMAL;
```

4.4.2　唯一性约束

SQL 在 CREATE TABLE、ALTER TABLE 语句中使用 UNIQUE 约束指定一个（或一组）属性的取值不能出现重复的值（或值的组合）。UNIQUE 约束等价于关系模型中候选码的概念，其与主码约束的实现原理相似。数据库管理系统为 UNIQUE 约束、主码约束都建立唯一性索引，确保不会出现重复值。但主码约束规定主码不允许为空值，UNIQUE 约束允许出现空值。另外，数据库管理系统默认数据以主码升序排列和处理。一张表可以定义多个 UNIQUE 约束，但只能定义一个主码约束。

UNIQUE 约束若只有一个属性，可以以列级约束或表级约束的形式创建；若包含多个属性，则使用列级约束创建。创建表时建立 UNIQUE 约束，如例 4-7 所示。

【例 4-7】创建名称为 college 的表，定义属性分别为 college_name（最大长度为 50 的可变长度的字符串）、college_telephone（最大长度为 20 的可变长度的字符串）、college_address（最大长度为 100 的可变长度的字符串）、college_desc（最大长度为 1024 的可变长度的字符串）。要求学院的电话 college_telephone 列的取值唯一，定义 college_name 属性为 college 表的主码，命令如下：

```
CREATE TABLE college(
    college_name VARCHAR(50)  PRIMARY KEY,
    college_telephone VARCHAR(20) UNIQUE,
    college_address VARCHAR(100),
    college_desc VARCHAR(1024)
    );
```

也可写为：

```
CREATE TABLE college(
```

```
college_name VARCHAR(50) PRIMARY KEY,
college_telephone VARCHAR(20),
college_address VARCHAR(100),
college_desc VARCHAR(1024),
UNIQUE (college_telephone)
);
```

数据库管理系统允许使用 ALTER TABLE 语句或使用创建索引语句来创建唯一性索引。

例如，在 teaching 数据库的 course 表上为课程名称字段添加约束，不允许 title 字段出现重复值，SQL 语句如下：

```
ALTER TABLE course ADD UNIQUE(title);
```

或

```
CREATE UNIQUE INDEX unique_title ON course(title);
```

对应地，删除 UNIQUE 约束也有两种方法：

```
ALTER TABLE course DROP KEY unique_title;
```

或

```
DROP INDEX unique_title;
```

若需要查询索引名，同样可用 SHOW CREATE TBALE 命令或 SHOW INDEX 命令。

4.4.3　CHECK 约束

数据库管理系统使用 CHECK 约束来限定一列或多列数据需要满足的条件，当插入或修改关系表中的记录时，若不满足 CHECK 约束，则拒绝此插入或修改操作。之前提到的学生年龄不能出现负数、学生性别只有男和女两个值、一门课程及格率和不及格率之和等于100%、公司的出货量小于或等于原库存量等，都可以使用 CHECK 约束来表达。

CHECK 约束可以在创建表时添加，也可以使用 ALTER TABLE 语句添加或删除。

【例 4-8】创建 teaching 数据库中的 section 表，属性的数据类型与长度依据实际情况设定。要求 semester 的值只能为 "Fall" 或 "Spring"，且 year 的值只能大于 1701 且小于 2100。定义(course_id,sec_id,semester,year)属性为 college 表中的主码。定义 course_id 属性为 section 表中的外码，与 course 表中 course_id 属性相连接，当删除 course 表中元组时采取 CASCADE 策略。定义(building, room_number)属性为 section 表的外码，与 classroom 表中(building, room_number)属性值相连接，当删除 classroom 表中元组时采取 SET NULL 策略。SQL 命令如下：

```
CREATE TABLE section(
    course_id VARCHAR(8),
    sec_id VARCHAR(8),
    semester VARCHAR(6) CHECK (semester IN ('Fall', 'Spring')),
    year NUMERIC(4,0) CHECK (year > 1701 and year < 2100),
    building VARCHAR(15),
    room_number VARCHAR(7),
    PRIMARY KEY (course_id, sec_id, semester, year),
    FOREIGN KEY (building, room_number) REFERENCES classroom(building, room_number)
    ON DELETE SET NULL
    );
```

CHECK 约束也可定义为表级约束，上例也可写作：

```
CREATE TABLE section(
    course_id VARCHAR(8),
    sec_id VARCHAR(8),
    semester VARCHAR(6)
    year NUMERIC(4,0),
    building VARCHAR(15),
    room_number VARCHAR(7),
    PRIMARY KEY(course_id, sec_id, semester, year),
    FOREIGN KEY(building, room_number) REFERENCES classroom(building, room_number)
    ON DELETE SET NULL,
    CHECK (semester IN ('Fall', 'Spring')),
    CHECK (year > 1701 AND year < 2100)
    );
```

向已创建的关系表中添加 CHECK 约束，可以使用 ALTER TABLE 命令。

【例 4-9】在 teaching 数据库的 student 表中，学生学号前 4 位是学生入学年份，现需增加约束限定 2022 级开始每级新入学学生的年龄小于 45 岁。SQL 命令如下：

```
ALTER TABLE student
    ADD CONSTRAINT Age_Check CHECK((LEFT(id,4)-YEAR(birthday))<45);
```

若需要删除一个 CHECK 约束，同样使用 ALTER TABLE <表名>DROP。

4.5 域的定义与约束

域的定义与约束

第 2 章给出了域的概念，域是一组具有相同数据类型的值的集合。SQL 支持域的概念，并允许在域上创建完整性约束。域可当作带完整性约束的数据类型来定义表中的属性或变量。使用域的优点在于当需要修改完整性约束时，仅需修改域上的约束，而不需要逐个修改属性或变量的定义。

定义域的语法如下：

```
CREATE DOMAIN <域名> [AS]
data_type [ COLLATE collation]
[ DEFAULT <表达式>]
[Constraint <约束名> <约束> […] ];
```

其中 DEFAULT 用于创建默认值，具体值由其后的表达式给出。约束可以是非空约束、唯一性约束或 CHECK 约束，定义的语法见 4.4 节。

【例 4-10】创建一个域，用于描述学位，允许的学位包括学士、硕士、博士 3 类。

```
CREATE DOMAIN degreeLevel varchar(10)
    Constraint degreeCheck check (value in ('Bachelors','Masters','Doctorate'));
```

域在定义后可以直接使用，例如使用上例中定义的 degreeLevel 域来定义员工表，如下：

```
Create table employee(
    Id int primary key,
    Name varchar(100) not null,
    Degree degreeLevel
    );
```

在向 employee 表插入数据时，系统会检查 Degree 字段的值是否属于集合('Bachelors', 'Masters', 'Doctorate')，若不属于，会因为无法满足域完整性约束而拒绝插入操作。

可以通过 ALTER DOMAIN 语句增加或删除域上的完整性约束。

【例 4-11】在域 degreeLevel 上添加非空约束。

```
ALTER DOMAIN degreeLevel NOT NULL;
```

【例 4-12】删除域 degreeLevel 上的 degreeCheck 约束。

```
ALTER DOMAIN degreeLevel DROP CONSTRAINT degreeCheck;
```

本章小结

数据库完整性是保障数据库正确性的工具，是数据库的重要组成部分。数据库正确性由数据库所描述的现实世界的语义决定，表现为数据库的一组完整性约束。可以认为，若所有数据更新操作都满足数据库完整性约束，那么数据库就一直处于正确状态。

用户通过 SQL 定义完整性约束，数据库管理系统接收到用户的完整性约束定义时，会对表结构及数据进行检查，判定表及表中数据是否满足此定义。若满足定义，则数据库管理系统会将此完整性约束存储到数据字典；若不满足定义，则数据库管理系统会拒绝存储此完整性约束。在用户对数据进行更新操作时，数据库管理系统检查数据的变化是否满足所有相关的完整性约束。若满足，可操作数据；若不满足，则数据库管理系统拒绝相应的数据更新操作。对实体完整性和用户自定义完整性，直接拒绝执行操作。对参照完整性，可依据用户定义执行相应操作。

触发器是实现完整性约束的另一种机制。因为触发器不仅可以使用 SQL 实现，还可以包含条件、循环等程序结构，本书将在第 8 章中介绍。

完整性约束对维护数据库的正确性十分重要，数据库设计人员、数据库管理员等要熟练运用，以保障数据库独立、正确、长期地运行，使数据真正成为财富。但对程序设计人员来讲，数据库完整性约束并不让人喜欢，因为它们使数据操作变得烦琐，效率低且容易被数据库管理系统拒绝。对此，程序设计人员还是应当站在软件设计、数据中心设计的角度考虑问题，正确使用各类完整性约束工具来保障数据库的正确性，而不是盲目地降低数据库正确性的要求以提高数据操作效率。

习题

1. 什么是数据库完整性？数据库管理系统为什么要提供数据库完整性约束机制？
2. 数据库系统如何实现实体完整性约束？如何实现参照完整性约束？
3. 什么是列级约束、元组约束和表级约束？
4. 数据更新不满足实体完整性、参照完整性或用户自定义完整性时，数据库系统应如何处理？
5. 已知 employee 数据库包含的 4 张表的创建语句如下：

```
CREATE TABLE 'employee' (
    'employee_name' VARCHAR(20) NOT NULL,
    'street' VARCHAR (20) NOT NULL,
```

```
    'city' VARCHAR (20) NOT NULL,
    PRIMARY KEY ('employee_name'));
CREATE TABLE 'company'        (
    'company_name' VARCHAR (30) NOT NULL,
    'city'  VARCHAR (20) NOT NULL,
    PRIMARY KEY ('company_name'));
CREATE TABLE 'manages'(
    'employee_name' VARCHAR (20) NOT NULL,
    'manager_name' VARCHAR (20),
    PRIMARY KEY ('employee_name'),
    CONSTRAINT 'employee_manages_1'FOREIGN KEY ('employee_name') references
'employee' ('employee_name') ON DELETE CASCADE);
CREATE TABLE 'works'(
    'employee_name' VARCHAR (20) NOT NULL PRIMARY KEY,
    'company_name' VARCHAR (30) NOT NULL REFERENCES 'company' ('company_name')
ON DELETE CASCADE,
    'salary'    NUMERIC(8,2) CHECK ('salary'>3000),
    CONSTRAINT 'employee_works_1'FOREIGN KEY ('employee_name') REFERENCES 'employee'
('employee_name')    ON DELETE CASCADE);
```

使用 SQL 语句在此数据库上完成如下操作。

（1）向 employee 表中增加性别属性列，其属性名为 sex，数据类型为字符型，默认值为 male，并显示修改结果。

（2）添加约束，限制员工性别不能为空值。此约束是否能够创建？若能够创建，展示创建结果；若不能创建，说明原因。

（3）添加约束，要求限制员工出生于 1949-1-1 及以后。完成添加后再使用命令查询约束。

（4）删除 works 表对 company 表的参照完整性约束。

（5）假设使用以下语句向数据库中插入数据：

```
INSERT INTO company VALUES ('Alibaba', 'Hangzhou');
INSERT INTO company VALUES ('Tencent computer system Co.', 'Shenzhen');
INSERT INTO employee VALUES ('Johnson', 'XihuRoad', 'Hangzhou');
INSERT INTO employee VALUES ('Glenn', 'XihuRoad', 'Hangzhou');
INSERT INTO employee VALUES ('Brooks', 'FirstRoad','Shenzhen');
INSERT INTO works VALUES ('Johnson', 'Alibaba', 7633);
INSERT INTO works VALUES ('Glenn', 'Alibaba', 12500);
INSERT INTO works VALUES ('Brooks', 'Tensent computer system Co.', 15000);
INSERT INTO manages VALUES ('Johnson', 'Glenn');
```

① 能否删除 company 表的 Alibaba 公司？若能执行成功，说明执行结果；若不能执行成功，说明原因。

② 删除 manages 表的所有数据能否成功？若能执行成功，说明执行结果；若不能执行成功，说明原因。

③ 将 company 表中 company_name 字段的长度修改为 20，是否可修改？若不能修改，说明原因。

④ 将公司名称"Tensent computer system Co."修改为"Tensent"后，再执行③能否成功？说明原因。

第5章 数据库安全与保护

数据已成为构建现代信息、数字社会的重要元素，其价值日益凸显。与之相伴的是各类数据泄露、更改和破坏事件屡见不鲜，例如 2022 年发生的三星电子 150 GB 的机密数据和核心源代码泄露、空港服务公司 Swissport 的 TB 级用户数据泄露、学习通 1.7 亿条学生信息泄露和蔚来汽车上百万条用户信息泄露并遭受 225 万美元等额比特币的勒索等。

第 5 章简介

我国政府十分重视数据安全问题，习近平总书记在多个场合多次强调数据安全问题，指出："要切实保障国家数据安全。要加强关键信息基础设施安全保护，强化国家关键数据资源保护能力，增强数据安全预警和溯源能力。"国家和地方政府陆续出台了大量政策法规、技术标准与规范来提高数据安全保护力度。读者学习数据库技术，从事数据库设计、数据管理等方面的工作，需要牢固树立网络与数据安全意识，增强数据安全相关法制观念，提高数据安全保护技术水平，在实际工作中切实注意数据安全保护的问题。

本章主要包括数据库安全概述、数据库用户和权限管理、数据库加密、数据库审计和数据库保护等内容。其中，数据库保护主要介绍数据库的转储与恢复等技术。这些技术是数据库安全保护的基础技术，需要学生理解、掌握，以有效控制对数据库系统的访问，防止非法窃取、更改和破坏数据库等行为的发生。

本章学习目标如下。

（1）了解数据库安全的基本概念。

（2）掌握数据库用户管理、数据库权限管理方法。

（3）理解数据库加密、数据库审计等原理。

（4）理解数据库的转储与恢复方法。

5.1 数据库安全概述

数据库在共享数据的过程中可能存在被窃取、篡改和破坏等多种类型的风险。本节介绍数据库面临的安全问题、安全标准及基于角色的权限管理机制。

5.1.1 数据库面临的安全问题

1. 系统运行安全

不法分子攻击计算机系统，使其超负荷运行以致失去工作能力，严重地威胁数据库的运行安全。计算机系统的运行安全包括计算机硬件安全、操作系统安全和网络安全等多个方面，硬件漏洞、操作系统安全性不足或网络安全性脆弱都会给数据库的安全带来威胁。随着物联网、云计算等技术的推广和普及，系统比以往面临更多的安全挑战。

为提高系统整体安全性，需要采用包括防火墙、入侵检测、病毒防范等在内的一系列防御性措施，建立可信计算环境。还需要建立系统与产品的安全标准及安全性能指标，将提高系统安全性转换为可操作的规程和步骤，以辅助将安全性落到实处。

2．系统信息安全

（1）外部安全威胁

外部安全威胁主要包括黑客等不法分子对数据的窃取、篡改和破坏。黑客或不法分子可能利用系统漏洞、窃取合法用户登录信息、网络侦听、SQL 注入等手段窃取数据，甚至篡改数据或者进行敲诈勒索等犯罪活动。

目前已有多项应对外部安全威胁的技术，例如，引入用户标识技术来判断是不是合法用户，以避免非法用户入侵；采取数据加密技术对隐私信息进行加密，以防止非法用户窃取信息。

（2）内部信息泄露

内部人员也可能窃取信息，如公司工作人员泄露商业机密等。可以引入用户和角色的权限控制来防止内部人员窃取信息，即对不同用户和角色设置不同的访问权限，用户只能获得数据库中相应权限内的数据。

5.1.2　数据库的安全标准

数据库的安全运行需要严格的安全标准，一般将数据库的安全标准作为计算机及信息安全技术的一部分来制定安全相关的技术标准与规范。目前影响力较大的计算机与信息技术安全技术标准主要包括 1985 年美国的可信计算机系统评估准则（Trusted Computer System Evaluation Criteria，TCSEC）、1991 年欧洲的信息技术安全评估准则（Information Technology Security Evaluation Criteria，ITSEC）、1993 年加拿大的可信计算机产品评估准则（Canadian Trusted Computer Product Evaluation Criteria，CTCPEC）和美国的联邦标准（Federal Criteria，FC）等。

为满足全球信息安全需求，各国和地区联合于 1996 年推出通用准则（Common Criteria，CC）1.0。通用准则经多次修订，于 1999 年成为国际标准（ISO/IEC 15408），目前已基本取代 TCSEC 成为评估信息产品安全性的主要标准。

我国采取等同、等效的方式借鉴国外的标准，于 2001 年制定了第一个信息安全国家标准《信息安全 信息技术安全评估准则》（GB/T 18336），它等同于 ISO/IEC 15408。之后此标准经过几次修订，目前使用的是 GB/T 18336—2015，预计 2024 年将颁布新的修订版本。目前我国颁布的信息安全标准约 450 个，涵盖等级保护、风险评估、应用系统安全、数据安全、大数据安全和数据分类分级等，已形成基本完善的安全技术体系。关于数据库管理系统的安全标准主要包括《计算机信息系统 安全保护等级划分准则》（GB 17859—1999）、《信息安全技术 数据库管理系统安全评估准则》（GB/T 20009—2019）和《信息安全技术 数据库管理系统安全技术要求》（GB/T 20273—2019）等。

我国的国家标准《计算机信息系统 安全保护等级划分准则》（GB 17859—1999）规定了计算机信息系统安全保护能力的 5 个等级，计算机信息系统安全保护能力随着安全保护等级的增高逐渐增强。计算机信息系统的安全保护等级及设计原则如表 5-1 所示。

表 5-1　计算机信息系统的安全保护等级及设计原则

等级	名称	设计原则
1	用户自主保护级	本级的计算机信息系统可信计算基通过隔离用户与数据,使用户具备自主安全保护的能力。它具有多种形式的控制能力,对用户实施访问控制,即为用户提供可行的手段,保护用户和用户信息,避免其他用户对数据的非法读写与破坏
2	系统审计保护级	与用户自主保护级相比,本级的计算机信息系统可信计算基实施了粒度更细的自主访问控制,它通过登录规程、审计安全性相关事件和隔离资源,使用户对自己的行为负责
3	安全标记保护级	本级的计算机信息系统可信计算基具有系统审计保护级的所有功能。此外,还需提供有关安全策略模型、数据标记以及主体对客体强制访问控制的非形式化描述,具有准确地标记输出信息的能力;消除通过测试发现的任何错误
4	结构化保护级	本级的计算机信息系统可信计算基建立在一个明确定义的形式安全策略模型之上,要求将第三级系统中的自主和强制访问控制扩展到所有主体与客体。此外,还要考虑隐蔽通道。本级的计算机信息系统可信计算基必须结构化为关键保护元素和非关键保护元素。计算机信息系统可信计算基的接口也必须明确定义,使其设计与实现能经受更充分的测试和更完整的复审。加强了鉴别机制;支持系统管理员和操作员的职能;提供可信设施管理;增强了配置管理控制。系统具有一定的抗渗透能力
5	访问验证保护级	本级的计算机信息系统可信计算基满足访问控制器需求。访问监控器仲裁主体对客体的全部访问。访问监控器本身是抗篡改的;必须足够小,能够分析和测试。为了满足访问监控器需求,计算机信息系统可信计算基在构造时,排除那些对实施安全策略来说并非必要的代码;在设计和现实时,从系统工程角度将其复杂性降到最低。支持安全管理员职能;扩充审计机制,当发生与安全相关的事件时发出信号;提供系统恢复机制。系统具有很高的抗渗透能力

基于 GB 17859—1999 及相关标准,《信息安全技术　数据库管理系统安全技术要求》（GB/T 20273—2019）主要说明为实现 GB 17859—1999 中每一个安全保护等级的要求,数据库管理系统应采取的安全技术措施,以及各安全技术要求在不同安全保护等级中具体实现上的差异。该标准描述数据库管理系统的每一安全保护等级应达到的安全功能要求和安全保证要求。安全功能主要说明数据库管理系统所实现的安全策略和安全机制符合 GB 17859—1999 中哪一等级的要求,安全保证是通过一定的方法保证数据库管理系统所提供的安全功能确实达到了确定的功能要求。其规定的数据库管理系统的安全技术要求的组成与相互关系如图 5-1 所示。

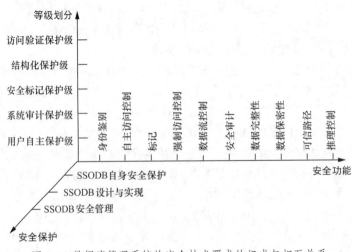

图 5-1　数据库管理系统的安全技术要求的组成与相互关系

数据库管理系统的安全功能要求包括身份鉴别、自主访问控制、标记、强制访问控制、数据流控制、安全审计、数据完整性、数据保密性、可信路径和推理控制共 10 项。图 5-1 中 SSODB（Security Subsystem Of DataBase management system）即数据库管理系统安全子系统，数据库管理系统的安全保护包括 SSODB 自身安全保护、SSODB 设计与实现、SSODB 安全管理 3 个方面。

为提高数据库的安全性，各数据库管理系统都提供了多种安全保护方法，例如 MySQL 提供认证、加密、防火墙、审计、屏蔽/脱敏、监控和转储等多种工具。但作为开源数据库系统，有些功能其社区版未提供，需要使用企业版或安装特定插件后才能使用这些功能。

5.1.3 基于角色的权限管理机制

RBAC

关系数据库系统一般采用基于角色的访问控制（Role-Based Access Control，RBAC）机制，其基本思想是定义每一种数据库对象的操作权限，将权限分配给用户或角色。角色可看作具有某种管理职能的用户组，或者为其分配的一组权限的集合。将角色赋予某个用户，使用户可以使用角色所拥有的权限。权限可以一项一项地赋予一个用户或从一个用户收回，也可以通过角色，将一批权限同时赋予一个用户或从一个用户那里收回。RBAC 比基于用户的权限管理更加灵活、方便且效率较高，因此被普遍使用。本小节给出 RBAC 的基本概念。

1．角色

角色是指拥有相同权限的数据库用户的集合，每一个角色拥有不同权限。当用户加入角色中时，用户就拥有这个角色的权限。这样可以避免为每个用户分别配置权限，简化权限分配操作。数据库中包含两种角色类型，分别为数据库角色和服务器角色。

（1）数据库角色

数据库角色的权限范围是数据库级别，该角色是数据库用户的集合。将数据库用户添加进数据库角色中，可获取数据库角色的权限。当角色权限发生改变时，角色成员权限也会相应变化。数据库角色分为固定数据库角色和自定义数据库角色。

① 固定数据库角色。固定数据库角色是数据库管理系统默认的用于组织数据库用户权限的角色，在数据库级别定义，并提供管理权限分组。数据库管理员可将任何有效的数据库用户定义为固定数据库角色成员，每个成员都获得应用于固定数据库角色的权限。但用户不能自行增加、修改和删除固定数据库角色。

在数据库级设置了固定数据库角色来提供最基本的数据库权限的综合管理，固定数据库角色的每个成员都可向同一个角色添加其他用户。但是不能将非固定数据库角色添加到固定数据库角色中，这会导致意外的权限升级。

每个数据库管理系统都定义了固定数据库角色，例如 SQL Server 2015 提供了 db_owner、public 等 10 个固定角色，PostgreSQL 提供了 pg_monitor、pg_read_all_settings 等固定数据库角色，并都预先设定了角色拥有的权限。MySQL 引入角色的概念较晚，8.0 版本还没有提供固定数据库角色。

② 自定义数据库角色。用户可能需要某些特定的权限，若用户需要的权限与固定数据库角色的权限都不匹配，自定义数据库角色可以满足数据库使用者的特定需求。自定义数

据库角色分为两种：标准数据库角色和应用程序数据库角色。

a. 标准数据库角色。标准数据库角色是通过对用户权限等级认定来将用户划分为不同的用户组，对不同用户组创建具有相应权限的角色。这些角色与固定数据库角色类似，只是具有不同的权限。

b. 应用程序数据库角色。应用程序数据库角色是一类特殊的数据库角色，它一旦被激活，就只能以应用程序的方式使用数据库，会话过程中不允许非应用程序的其他数据库访问。

若将某一用户对数据的访问封装在特定应用程序中，则在不使用该应用程序数据库角色时，他无法进行这些数据库访问。这种机制在一定程度上增加了数据库系统的安全性。

（2）服务器角色

服务器角色的权限范围为服务器内，控制服务器端对数据库访问的权限，其权限不能被修改。与数据库角色不同的是，系统只有固定服务器角色，不允许用户创建服务器角色。

2．权限概述

数据库中对不同角色或用户赋予不同的权限，从而最大限度地保证数据库信息的安全。数据库权限是指拥有某权限的授权标识就可以在数据库内执行相应的操作。简要来说，数据库权限是指数据库用户拥有指定数据库对象的使用权，以及能够对指定数据库对象执行相应的操作。数据库用户对数据库执行相应操作的权限来自两个方面：一方面是数据库用户自身的权限，另一方面是数据库角色的权限。

（1）权限分类

一般情况下用户在对数据进行插入、更新和删除时都需要有明确的权限，通常这些权限被分为 3 类：对象权限、语句权限和隐含权限。

① 对象权限。对象权限是指用户是否拥有对数据库及数据库中表和表中字段等对象的操作权限。例如创建、删除、修改模式（对表、数据库等具有模式的对象）、执行（对存储过程、存储函数等可执行的对象）、查询、添加、删除和修改等操作的权限，可以通过授予对象权限来完成。

a. 数据库权限是指用户是否能够操作某个数据库的权限，包括创建数据库、查看数据库信息等。例如，用户是否有权限查看学校数据库中的信息。

b. 表权限是指用户能否操作数据库中某个表的权限，包括修改模式、查看和更新表中数据等权限。例如，用户是否有权限删除 college 表中的数据。

c. 字段权限是指用户是否拥有操作某个表中字段的权限。例如，用户是否能够修改 college 表中 college_name 属性的值。

② 语句权限。语句权限相当于数据描述语言的语句权限。这种权限是指是否能执行某些特定的语句，例如，是否具有执行 CREATE TABLE 语句的权限。

③ 隐含权限。隐含权限是指预设的服务器角色、数据库所有者和数据库对象所有者拥有的权限。这些对象的权限已经被配置好了，不需要再进行权限配置。

（2）权限管理

隐含权限是由系统自身定义的，这类对象的权限已经被定义好且无法更改，因此管理权限通常是指对对象权限和语句权限的设置。权限管理通常由如下 3 部分组成。

① 授予权限是指允许某个用户对一个对象执行某种操作或者语句，例如，授予用户在 student 表中拥有 INSERT 权限，用户就可以在 student 表中插入学生的信息。当授予角色时，

该角色的所有成员都会继承这个权限。

② 取消权限是指不允许某个用户或角色对某个对象执行操作。例如，取消用户的 INSERT 权限，用户就无法在 student 表中进行插入操作。取消后还可以再次授予用户或角色权限，用户或角色也可以通过继承获得权限。

③ 拒绝访问是指拒绝某个用户或角色对某个对象执行操作。例如，拒绝用户查询 takes 表的信息。需要注意的是，此时即使该用户继承了可以查询该表权限的角色，仍然会被拒绝执行查询操作。

（3）权限规则

① 用户继承角色权限。当用户被分配一个角色时，除了用户自身的权限外，也会获得该角色的权限。例如，用户被授予了对 student 表的 DELETE 权限，角色 A 拥有对 student 表的 INSERT 权限，当为用户分配为角色 A 时，用户自动继承 INSERT 权限。这意味着用户既拥有 student 表的 DELETE 权限，也拥有 INSERT 权限；而角色 A 只拥有 INSERT 权限。当用户对 student 表有拒绝 INSERT 权限，即使用户继承了角色 A，该用户同样会被拒绝 INSERT 权限。

② 用户分属多个角色。一个角色会有很多个用户，一个用户也会分属不同的角色。当分属不同角色时，用户的权限是这些角色权限的并集。例如，角色 A 拥有对 student 表的 INSERT 权限和 UPDATE 权限，角色 B 拥有对 student 表的 SELECT 权限和 INSERT 权限，角色 C 拥有对 student 表的 DELETE 权限和 UPDATE 权限，用户被同时分配给角色 A、角色 B 和角色 C，此时用户同时继承了对 student 表的 INSERT 权限、UPDATE 权限、SELECT 权限和 DELETE 权限。当各个角色的权限中存在拒绝访问时，用户也会被拒绝访问。

5.2 SQL 中的安全管理

数据库管理系统通过用户账户对用户的身份进行识别，进而控制信息的操作，以此保证数据库系统的安全性。SQL 标准中仅给出了授权、收回权限的语句，即 GRANT、REVOKE 语句，没有给出用户及角色的定义与

数据库用户
管理

管理、各类数据库对象的操作权限的明确规定。因此，各个数据库管理系统的安全管理差别较大。本节以 MySQL 的安全管理为例进行讲解。

5.2.1 数据库用户管理

1．创建新用户

在 MySQL 数据库中，创建新用户必须有相应的权限。通常使用 SQL 或是图形工具来创建新用户，此处图形工具范例使用的是 Navicat。

（1）使用 SQL 语句

使用 CREATE USER 语句创建用户。要使用 CREATE USER 语句，就必须拥有 MySQL 数据库的全局 CREATE USER 权限或 INSERT 权限。CREATE USER 语句的基本语法格式为：

```
CREATE USER user[IDENTIFIED BY [PASSWORD] 'password'][,user[IDENTIFIED BY [PASSWORD]
'password']][…];
```

【参数说明】

① user：表示用户名称，格式为'user_name'（用户名）@'host_name'（主机名），若只指定用户名，则对所有主机开放权限，主机名部分默认为%。

② IDENTIFIED BY：用来设置用户的密码（非必选），用户登录时可不设置密码。

③ PASSWORD：表示使用哈希值设置密码（非必选），当不想以明文发送密码时可选择设置密码。

④ 'password'：表示用户登录时使用的普通明文密码。

用 CREATE USER 语句创建用户时，可同时创建多个用户，如例 5-1 所示。

【例 5-1】 使用 CREATE USER 语句添加两个新用户。用户 1 的用户名为罗秀英，密码为 19650525，主机名为 localhost；用户 2 的用户名为贾敏，密码为 19620523，主机名为 localhost。

```
CREATE USER '罗秀英'@'localhost' IDENTIFIED BY '19650525','贾敏'@'localhost'
IDENTIFIED BY '19620523';
```

使用 SELECT 命令从 MySQL 数据库中查看数据库用户，可以看到已成功创建用户罗秀英与贾敏，如图 5-2 所示。

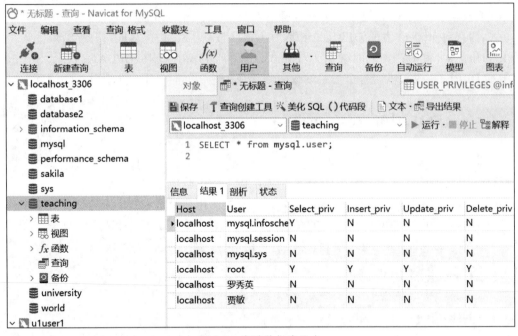

图 5-2　查看数据库用户

注意，CREATE USER 命令只有具有创建用户权限的用户才能够执行。这一权限在 MySQL 数据库服务器最初创建时只限超级用户 root 拥有，其可以创建用户，并把此权限分配给其他用户。图 5-2 是 root 用户执行此命令的结果，新创建的用户没有访问数据库 mysql 的权限。数据库 mysql 是 MySQL 服务器的元数据库，存储数据库的用户、权限设置、关键字等 MySQL 服务器本身需要使用的控制和管理信息。

（2）使用 Navicat 图形工具

【例 5-2】 使用 Navicat 图形工具创建一个新用户。用户的相关信息设置为：用户名为吴静，密码为 19720607，主机名为 localhost。具体步骤如下。

① 打开 Navicat，连接 MySQL 服务器。

② 单击 Navicat 窗口上方的"用户"按钮，打开用户界面，如图 5-3 所示。

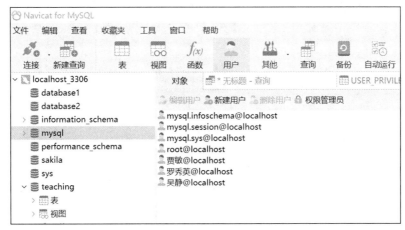

图 5-3　Navicat 的用户界面

③ 单击"新建用户"按钮，弹出新用户设置界面，如图 5-4 所示。在用户名栏输入"吴静"，主机栏输入"localhost"，密码栏与确认密码栏输入密码"19720607"，单击"保存"按钮。

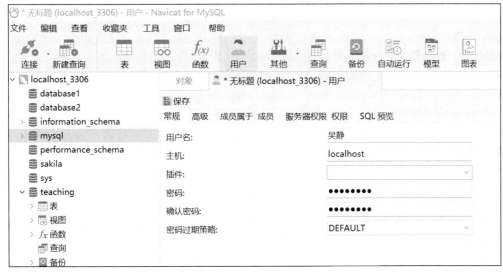

图 5-4　新用户设置界面

④ 回到用户界面，此时可以看到新用户"吴静@localhost"创建成功，如图 5-5 所示。下面对创建用户时的参数进行简单说明。

① 用户名：定义用户账号的名字。在图 5-5 所示的用户列表中，用户名为@符号前面的部分。

② 主机：输入用户用于连接的主机名或 IP 地址（%表示任何主机），是对用户登录主机的规定。图 5-4 中填写的主机名为 localhost，所以用户吴静只有在 MySQL 服务器所在计

算机上登录时才可连接数据库。

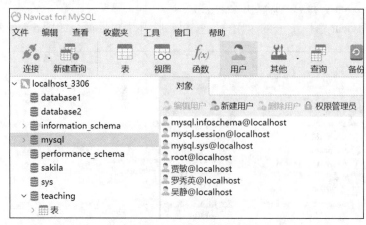

图 5-5　新建用户成功

③ 插件：选择用户的账号验证插件。MySQL 提供的插件包括 mysql_native_password、sha256_password、caching_sha2_password。

④ 密码：指定用户的登录密码，不输入则视为该用户不用密码即可登录，通常不建议这样做。

⑤ 确认密码：再次输入登录密码。

⑥ 密码过期策略：选择用户账号的密码过期策略，常用选项有 NEVER、INTERVAL N DAY 两种。NEVER 表示永不过期，是密码过期策略的默认值；INTERVAL N DAY 可设置密码的有效天数。

除以上介绍的几个参数以外，MySQL 定义用户时还可以为用户设置默认角色、资源选项、加密连接选项和锁定选项等，详见 MySQL 用户手册。

2. 修改密码

修改不同用户的密码可以分为修改 root 用户密码和修改普通用户密码。也可通过 Navicat 工具在用户设置界面直接修改密码。

（1）修改 root 用户密码

所有账户信息都保存在 user 表中，因此可以直接修改 user 表来改变 root 用户的密码。root 用户登录到 MySQL 服务器后，使用 UPDATE 语句修改 MySQL 数据库中 user 表的 authentication_string 字段值，即可修改用户密码。使用 UPDATE 语句修改 root 用户密码的语句如下：

```
UPDATE MySQL.user set authentication_string= PASSWORD ("123456")
    WHERE User="root" and Host="localhost";
FLUSH PRIVILEGES;
```

修改完 root 用户的密码后，需要执行 FLUSH PRIVILEGES 语句重新加载用户权限。

【例 5-3】将 root 用户密码修改为 123456。

```
UPDATE mysql.user SET authentication_string=MD5 ("123456") WHERE User="root" AND
    HOST="localhost" ;
FLUSH PRIVILEGES;
```

（2）修改普通用户密码

使用 SET 语句修改密码的基本语法格式为：

```
SET PASSWORD FOR 'user'@'localhost' = 'new_password';
```

【参数说明】

FOR 'user'是修改当前主机上特定用户的密码，user 为用户名。如果不加 FOR 'user'，则表示修改当前用户的密码。user 的值必须以'user_name'@'host_name'的格式给定。

【例 5-4】将用户吴静的密码改为 12345678。

```
SET PASSWORD FOR '吴静'@'localhost'='12345678';
```

使用 root 用户登录到 MySQL 服务器后，也可以使用 UPDATE 语句修改 MySQL 数据库 user 表的 password 字段，从而修改普通用户的密码。使用 UPDATA 语句修改用户密码的语法如下：

```
UPDATE MySQL.user SET authentication_string=MD5("password")
    WHERE User="username" AND Host="hostname";
FLUSH PRIVILEGES;
```

【参数说明】

① MD5()函数用来加密用户密码。

② 执行 UPDATE 语句后，需要执行 FLUSH PRIVILEGES 语句重新加载用户权限。

【例 5-5】将用户吴静的密码改为 123456。

```
UPDATE MySQL.user SET authentication_string=MD5("123456") WHERE User="吴静" AND
    HOST="123456";
FLUSH PRIVILEGES;
```

3．修改用户名

通常使用 RENAME USER 语句来重命名原有的 MySQL 账户。要使用 RENAME USER 语句，必须拥有全局 CREATE USER 权限或 MySQL 数据库的 UPDATE 权限。除了使用 RENAME USER 语句，也可以借助 Navicat 工具来修改用户名。若使用 Navicat 工具修改用户名，在用户设置界面直接修改即可。使用 RENAME USER 语句修改用户名的语法格式为：

```
RENAME USER old_user TO new_user, [, old_user TO new_user] […];
```

【参数说明】

① old_user：已经存在的用户名。

② new_user：新的用户名。

【例 5-6】使用 RENAME USER 语句将用户罗秀英的用户名修改为罗秀英 1。

```
RENAME USER '罗秀英'@'localhost' TO '罗秀英1'@'loacalhost';
```

可以看到用户名已成功修改为罗秀英 1，如图 5-6 所示。

4．删除用户

（1）使用 DROP USER 语句删除用户

DROP USER 语句用于删除一个或多个 MySQL 账户，并取消其权限。要使用 DROP

USER 语句，必须拥有 MySQL 数据库的全局 CREATE USER 权限或 DELETE 权限。

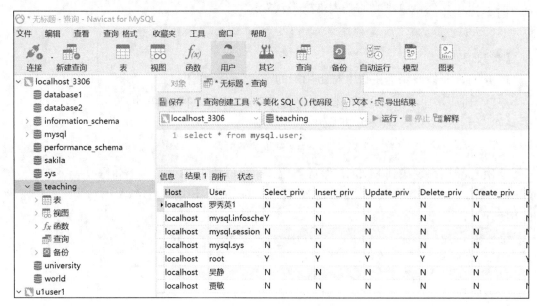

图 5-6　修改用户名

DROP USER 语句的语法格式如下：

```
DROP USER user[,user]…
```

【例 5-7】删除用户罗秀英 1。

```
DROP USER '罗秀英1'@'localhost';
```

可以看到用户罗秀英 1 已被删除，如图 5-7 所示。

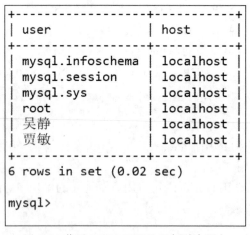

图 5-7　使用 DROP USER 语句删除用户

（2）使用 DELETE 语句删除用户

DELETE 语句的基本语法格式如下：

```
DELETE FROM user WHERE user = 'username' AND HOST = 'hostname';
```

【例 5-8】使用 DELETE 语句删除用户贾敏。

```
DELETE FROM user WHERE user='贾敏' AND HOST='localhost';
```

可以看到用户贾敏也已被成功删除，如图 5-8 所示。

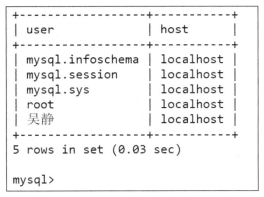

```
+--------------------+-----------+
| user               | host      |
+--------------------+-----------+
| mysql.infoschema   | localhost |
| mysql.session      | localhost |
| mysql.sys          | localhost |
| root               | localhost |
| 吴静               | localhost |
+--------------------+-----------+
5 rows in set (0.03 sec)

mysql>
```

图 5-8　使用 DELETE 语句删除用户

5.2.2　权限管理

MySQL 是一个多用户数据库管理系统，可以为不同用户指定权限。下面介绍如何利用 MySQL 权限表的结构和服务器进行权限管理。

MySQL 的权限　查看权限、　授予权限
管理　　　　回收权限

1．MySQL 的权限管理

权限管理主要是对登录到 MySQL 的用户进行权限验证，所有用户权限都存储在 MySQL 的权限表中。合理的权限管理能够保证数据库系统的安全性，不合理的权限管理会给 MySQL 服务器带来安全隐患。要确保数据库的安全性，首先要了解 MySQL 的访问控制系统，明确 MySQL 权限系统的工作原理，熟悉其权限操作，为数据库提供安全性保护打下基础。

通过网络连接服务器的客户对 MySQL 数据库的访问由与权限相关的数字字典表来控制。这些表位于 MySQL 数据库中，并在安装 MySQL 的过程中初始化。这些与权限相关的数字字典表包括 user、db、tables_priv、columns_priv 和 procs_priv，以下统称为权限管理表。当 MySQL 服务启动时，首先读取 MySQL 中的这些权限表，并将表中的数据装入内存。当用户进行存取操作时，MySQL 会根据这些表中的数据进行相应的权限控制。

（1）user 表

user 表是 MySQL 中最重要的一个权限管理表，记录允许连接到服务器的账号信息。user 表列出可以连接服务器的用户及其口令，并且指定他们拥有的全局操作权限。表中规定的权限包括服务器管理权限和数据管理权限两大类。服务器管理权限有：Shutdown_priv，关闭服务器的权限；Process_priv，查看服务器上所有进程的权限等。数据管理权限是对服务器上所有数据对象的管理权限，例如 Create_priv 权限为创建数据库、表、索引、视图等所有数据对象的管理权限。

（2）db 表

db 表也是 MySQL 数据库中非常重要的权限管理表，存储了用户对某个数据库的操作权限。db 表对给定主机上数据库级操作权限进行更细致的控制，主要权限包括 Select_priv、Insert_priv、Update_priv、Delete_priv、Create_priv、Drop_priv、Index_priv、Alter_priv、Create_view_priv、Execute_priv、Trigger_priv 等。可以很容易地从名字看出权限的含义，需要注意的是这些权限都是对数据库的操作权限，例如 Create_priv 权限在此指在对应数据库中创建表、索引、视图等数据库对象的权限，此 Create_priv 权限与 user 表中的 Create_priv 权限相比，范围局限在数据库内。

（3）tables_priv、columns_priv 和 procs_priv 表

tables_priv 表保存对表的操作权限，主要包括 ALTER、CREATE、DELETE、DROP、INDEX、INSERT、REFERENCES、SELECT、UPDATE 和 TRIGGER 等；columns_priv 表保存对表的列的操作权限，包括 SELECT、INSERT、UPDATE 和 REFERENCES 等；procs_priv 表保存对存储过程或存储函数的操作权限，包括 EXECUTE 和 ALTER ROUTINE。

为了确保数据库的安全性与完整性，系统并不希望每个用户都可以执行所有的数据库操作。当 MySQL 允许一个用户执行各种操作时，它将首先核实用户向 MySQL 服务器发送的连接请求，然后确认用户的操作请求是否被允许。下面简单介绍 MySQL 权限系统的工作过程。

（1）连接核实阶段

当用户试图连接 MySQL 服务器时，服务器基于用户提供的信息验证用户身份。如果用户不能通过身份验证，服务器就拒绝该用户的访问。如果用户能够通过身份验证，则服务器接受连接，进入第二个阶段等待用户请求。MySQL 使用 user 表中的 3 个字段（Host、User 和 authentication_string）验证身份，服务器只有在用户提供主机名、用户名和密码并与 user 表中对应的字段值完全匹配时才接受连接。

（2）请求核实阶段

一旦连接得到许可，服务器便进入请求核实阶段。在这一阶段，MySQL 服务器对当前用户的每个操作都进行权限检查，判断用户是否有足够的权限执行操作。用户的权限保存在 user、db、tables_priv 或 columns_priv 表中。在 MySQL 权限表的结构中，user 表在最顶层，是全局级的；下面是 db 表——这两个表是数据库层级的；最后才是 tables_priv 表和 columns_priv 表，它们分别是表级和列级的。

低等级的表只能从高等级的表得到必要的范围或权限。确认权限时，MySQL 首先检查 user 表；如果指定的权限没有在 user 表中被授权，则 MySQL 服务器检查 db 表，在该层级的 SELECT 权限允许用户查看指定数据库的所有表的数据；如果在该层级没有找到指定的权限，则 MySQL 继续检查 tables_priv 表及 columns_priv 表。

如果所有权限表都检查完毕，依旧没有找到允许的权限操作，则 MySQL 服务器将返回错误信息：用户操作不能执行，操作失败。

2．授予权限

授权即为某个用户授予权限，合理的授权可以保证数据库的安全性。通常使用 GRANT 语句为用户授予权限，也可直接用 GRANT 语句创建新用户。

授予的权限可以分为多层级别，如下所示。

（1）全局权限

全局权限作用于给定服务器上的所有数据库。这些权限存储在 MySQL.user 表中。可以使用 GRANT ALL ON＊.＊设置全局权限。

（2）数据库权限

数据库权限作用于给定数据库的所有表，这些权限存储在 mysql 数据库的某些表中。mysql 是元数据库，存储数据库服务器运行时的一些信息。可以使用 GRANT ON db_name.*设置数据库权限。

（3）表权限

表权限作用于给定表的所有列。这些权限存储在 mysql.tables_priv 表中。可以通过 GRANT ON table_name 为具体的表设置权限。

（4）列权限

列权限作用于给定表的单个列。这些权限存储在 mysql.columns_priv 表中。可以指定一个 columns 子句将权限授予特定的列，同时在 ON 子句中指定具体的表。

（5）子程序权限

CREATE ROUTINE、ALTER ROUTINE、EXECUTE 和 GRANT 权限适用于已存储的子程序（存储过程或函数）。这些权限可以被授予全局权限和数据库权限。而且，除了 CREATE ROUTINE 外，这些权限可以被授予子程序权限，并存储在 mysql.procs_priv 表中。

GRANT 语句的语法格式如下：

```
GRANT priv_type [(column_list)] [,priv_type [(column_list)]] [,…n]
    ON {table_name|*|*.*|database_name.*|database_name.table_name}
    TO user[IDENTIFIED BY [PASSWORD] 'password'][,user[IDENTIFIED BY [PASSWORD]
        'password']] [,…n]
    [WITH GRANT OPTION];
```

以上是旧版本中的 GRANT 语句创建账户并授权的格式，而 MySQL 8.0 已经将创建账户和授权的方式分开，导致直接执行 GRANT 语句创建用户并授权会报语法错误，需先行创建用户，再用 GRANT 语句进行授权。在 MySQL 8.0 之后的版本中使用 GRANT 语句对用户授权的语法格式如下：

```
GRANT priv_type [(column_list)] [,priv_type [(column_list)]] [,…n]
    ON {table_name|*|*.*|database_name.*|database_name.table_name} TO user;
    FLUSH PRIVILEGES;
```

【参数说明】

（1）priv_type：表示授予用户的权限类型。

（2）column_list：表示权限作用于哪些列上，列名与列名之间用逗号隔开。不指定该参数时，作用于整个表。

（3）ON 子句：所授的权限范围，它有多种情况。

① table_name：表权限，适用于指定表中的所有列。

② ＊：如果未选择而缺少数据库，则它的含义同＊.＊，否则为当前数据库的数据库权限。

③ ＊.＊：全局权限，适用于所有数据库和所有表。

④ database_name.＊：数据库权限，适用于指定数据库中的所有表。

⑤ database_name.table_name：表权限，适用于指定表中的所有列。

如果在 ON 子句使用 database_name.table_name 或 table_name 的形式指定了一个表，就可以在 column_list 子句中指定一个列或多个用逗号分隔的列，用于对它们定义权限。

（4）TO 子句：用于指定一个或多个 MySQL 用户。

① user：由用户名和主机名构成，形式是 "'username'@'hostname'"。

② INDENTIFIED BY：用来为用户设置密码。

③ PASSWORD：用户的新密码。

（5）WITH GRANT OPTION：表示对新用户授予 GRANT 权限，即该用户可以对其他用户授予权限。

【例 5-9】创建用户马秀敏，并使用 GRNAT 语句为其在全局范围内授予所有权限。

```
GRANT ALL ON *.* TO '马秀敏'@'localhost' WITH GRANT OPTION;
```

可以看到已成功创建用户马秀敏，如图 5-9 所示。

```
mysql> SELECT user, host from mysql.user;
+-------------------+-----------+
| user              | host      |
+-------------------+-----------+
| 马秀敏            | %         |
| mysql.infoschema  | localhost |
| mysql.session     | localhost |
| mysql.sys         | localhost |
| root              | localhost |
| 吴静              | localhost |
+-------------------+-----------+
6 rows in set (0.04 sec)
```

图 5-9　创建用户马秀敏

此时任意选择几种权限查看，可以看到用户马秀敏的各字段值均为 "Y"，即被成功授予权限，如图 5-10 所示。

```
mysql> SELECT host,user,select_priv,create_priv,grant_priv,delete_priv FROM mysql.user where user='马秀敏';
+-----------+--------+-------------+-------------+------------+-------------+
| host      | user   | select_priv | create_priv | grant_priv | delete_priv |
+-----------+--------+-------------+-------------+------------+-------------+
| localhost | 马秀敏 | Y           | Y           | Y          | Y           |
+-----------+--------+-------------+-------------+------------+-------------+
1 row in set (0.04 sec)
```

图 5-10　查看用户权限

出于安全考虑，在授予权限时需要遵循某些原则来合理地控制权限。

（1）只授予能满足需要的最小权限，防止用户泄露或篡改信息。例如，用户只是需要查询，就只给 SELECT 权限，不需要授予用户 UPDATE、INSERT 或者 DELETE 权限。

（2）创建用户的时候限制用户的登录主机，一般是限制成指定 IP 地址或者内网 IP 地址段。

（3）为每个用户设置满足密码复杂度的密码。

（4）定期清理不需要的用户，收回权限或者删除用户。

3. 查看权限

（1）使用 SHOW GRANTS 语句查看用户权限，基本语法格式如下：

```
SHOW GRANTS FOR 'user'@ 'host';
```

【参数说明】

① user：表示登录用户的名称。

② host：表示登录的主机名称或者 IP 地址。

在使用该语句时，要确保指定的用户名和主机名都用单引号标注，并使用@符号将之分隔开。

【例 5-10】 使用 SHOW GRANTS 语句查看用户马秀敏的权限，如图 5-11 所示。

```
mysql> SHOW GRANTS FOR '马秀敏'@'localhost';
+----------------------------------------------------------------------------
----------------------------------------------------------------------------
----------------------------------------------------------------------------
----------------------------------------------------------------------------
----------------------------------------------------+
| Grants for 马秀敏@localhost

                                                              |
+----------------------------------------------------------------------------
----------------------------------------------------------------------------
----------------------------------------------------------------------------
----------------------------------------------------------+
| GRANT SELECT, INSERT, UPDATE, DELETE, CREATE, DROP, RELOAD, SHUTDOWN, PROCESS, FILE, REFERENCES, INDEX, A
LTER, SHOW DATABASES, SUPER, CREATE TEMPORARY TABLES, LOCK TABLES, EXECUTE, REPLICATION SLAVE, REPLICATION
CLIENT, CREATE VIEW, SHOW VIEW, CREATE ROUTINE, ALTER ROUTINE, CREATE USER, EVENT, TRIGGER, CREATE TABLESPA
CE, CREATE ROLE, DROP ROLE ON *.* TO `马秀敏`@`localhost` WITH GRANT OPTION

| GRANT APPLICATION_PASSWORD_ADMIN,AUDIT_ADMIN,BACKUP_ADMIN,BINLOG_ADMIN,BINLOG_ENCRYPTION_ADMIN,CLONE_ADMI
N,CONNECTION_ADMIN,ENCRYPTION_KEY_ADMIN,FLUSH_OPTIMIZER_COSTS,FLUSH_STATUS,FLUSH_TABLES,FLUSH_USER_RESOURCE
S,GROUP_REPLICATION_ADMIN,INNODB_REDO_LOG_ARCHIVE,INNODB_REDO_LOG_ENABLE,PERSIST_RO_VARIABLES_ADMIN,REPLICA
TION_APPLIER,REPLICATION_SLAVE_ADMIN,RESOURCE_GROUP_ADMIN,RESOURCE_GROUP_USER,ROLE_ADMIN,SERVICE_CONNECTION
_ADMIN,SESSION_VARIABLES_ADMIN,SET_USER_ID,SHOW_ROUTINE,SYSTEM_USER,SYSTEM_VARIABLES_ADMIN,TABLE_ENCRYPTION
_ADMIN,XA_RECOVER_ADMIN ON *.* TO `马秀敏`@`localhost` WITH GRANT OPTION |
+----------------------------------------------------------------------------
----------------------------------------------------------------------------
----------------------------------------------------------------------------
----------------------------------------------------------------------------
----------------------------------------------------+
2 rows in set (0.06 sec)
```

图 5-11　使用 SHOW GRANTS 语句查看用户权限

（2）也可使用 SELECT 语句查询用户的权限，如图 5-10 所示。

4. 收回权限

收回权限就是取消已经授予用户的某些权限。收回用户不必要的权限在一定程度上可以保证数据的安全性。权限收回后，用户账户的记录将从 db、tables_priv 和 columns_priv 表中删除，但是用户账户的记录仍然保存在 user 表中。收回权限使用 REVOKE 语句来实现，语法格式有两种，一种是收回用户的所有权限，另一种是收回用户的指定权限。

（1）收回所有权限的基本语法如下：

```
REVOKE ALL PRIVILEGES,GRANT OPTION FROM 'username' @ 'hostname' [,'username'@
'hostname'][,…n];
```

【参数说明】

① ALL PRIVILEGES：表示所有权限。

② GRANT OPTION：表示授权权限。

【例 5-11】 使用 REVOKE 语句将用户马秀敏的所有权限与授权权限收回。

```
REVOKE ALL PRIVILEGES,GRANT OPTION FROM '马秀敏'@'localhost';
```

此时查看用户马秀敏的权限，可以看到权限为空，表明已经成功收回权限，如图 5-12 所示。

```
mysql> SHOW GRANTS FOR '马秀敏'@'localhost';
+-------------------------------------------+
| Grants for 马秀敏@localhost                |
+-------------------------------------------+
| GRANT USAGE ON *.* TO `马秀敏`@`localhost` |
+-------------------------------------------+
1 row in set (0.02 sec)
```

图 5-12　收回所有权限

（2）收回指定权限的基本语法如下：

```
REVOKE priv_type [(column_list)] [,priv_type [(column_list)]] [,…n]
ON {table_name|*|*.*|database_name.*|database_name.table_name}
FROM 'username'@'hostname'[,'username'@'hostname'][,…n];
```

【例 5-12】 使用 REVOKE 语句将用户马秀敏的 CREATE 与 DELETE 权限收回，其他权限保留。

```
REVOKE CREATE,DELETE ON *.* FROM '马秀敏'@'localhost';
```

此时再次选择用户马秀敏的几项权限查看，可以看到 CREATE 与 DELETE 权限对应的字段值为 N，表示成功收回 CREATE 与 DELETE 权限，如图 5-13 所示。

```
mysql> SELECT host,user,select_priv,create_priv,grant_priv,delete_priv FROM mysql.user WHERE user='马秀敏';
+-----------+--------+-------------+-------------+------------+-------------+
| host      | user   | select_priv | create_priv | grant_priv | delete_priv |
+-----------+--------+-------------+-------------+------------+-------------+
| localhost | 马秀敏 | Y           | N           | Y          | N           |
+-----------+--------+-------------+-------------+------------+-------------+
1 row in set (0.03 sec)
```

图 5-13　收回指定权限

5.3　其他数据库安全措施

2021 年 2 月，南充公安机关执法检查发现辖区某物业公司安装人脸识别门禁系统，先后收集业主姓名、身份证号码、住址门牌和人脸识别照片等个人信息的共计 6000 余条，该物业公司采集公民个人信息未落实安全技术保护措施，存储公民个人信息的计算机未指定专人保管负责，且存在登录密码保存下来以直接单击登录等网络安全管理漏洞和个人信息泄露风险。南充公安机关根据《中华人民共和国网络安全法》第二十一条、第五十九条之规定，对该物业公司给予警告的行政处罚。

2021年5月，国家安全机关工作发现，某境外咨询调查公司通过网络、电话等方式，频繁联系我国大型航运企业、代理服务公司的管理人员，以高额报酬聘请行业咨询专家之名，与我国境内数十名人员建立"合作"，指使其广泛搜集提供我国航运基础数据、特定船只载物信息等。办案人员进一步调查掌握，相关境外咨询调查公司与所在国家间谍情报机关关系密切，承接了大量情报搜集和分析业务，通过我国境内人员所获的航运数据，都提供给该国间谍情报机关。

近年来各种各样的数据泄露问题，提醒我们在工作中要时刻重视数据库系统的安全性，不给犯罪分子可乘之机，在数据工作中坚持总体国家安全观，提高数据安全保障能力，履行数据安全保护义务。

除了权限管理（包括用户标识与鉴别、访问控制等）机制，数据库管理系统还通过数据库系统加密、数据库审计等多种安全措施来提升数据库的安全性。例如：Oracle 提供数据库透明加密、安全审计、数据库防火墙等安全机制和技术；SQL Server 在用户标识与鉴别方面支持 Windows 认证和混合认证两种方式，同时提供透明加密、数据传输加密、审计、数据库漏洞扫描与修复等多种安全机制。MySQL8.0 开始引入安全模式及密码到期更换策略，并提供安全审计、数据库防火墙等插件来提高数据库系统的安全性。

5.3.1 数据库系统加密

数据库系统加密是一种利用密码技术对整个数据库或数据库中部分敏感数据进行加密存储的方法，当需要使用数据库时，系统首先对加密部分进行解密，再执行各类操作。一般情况下，数据库中的数据以明文形式进行存储和使用，一旦数据文件或备份被窃取，不法分子有可能从数据文件或备份中分析出数据库的结构和数据，导致数据泄露。另外，数据库系统中一些具有较高访问权限的用户有可能以合法的形式访问他们权限范围之外的数据，数据库系统加密可有效防范这类行为的发生。

1. 加密方式（加密层次选择）

根据数据库加密的层次，通常将数据库中的加密方式分为以下 3 种。

（1）系统中加密

在系统中加密，系统无法辨认数据库文件中的数据关系。将数据先在内存中进行加密，然后文件系统把每次加密后的内存数据写入数据库文件，读出时进行解密。这种加密方式相对简单，只需要妥善管理密钥。但缺点是每次读写都需要进行加密、解密，会影响数据库的读取速度。

（2）数据库管理系统内核层加密

在数据库管理系统内核层实现加密，需要对数据库管理系统本身进行操作。这种加密是指在对数据进行物理存取之前完成加密、解密工作。优点是加密功能强，并且加密功能几乎不会影响数据库管理系统的功能，可以实现加密功能与数据库管理系统之间的无缝耦合；缺点是加密运算在服务器端进行，加重了数据库服务器的负载，而且数据库管理系统和加密器之间的接口需要数据库管理系统开发商的支持。

（3）数据库管理系统外层加密

在数据库管理系统外层实现加密，不会加重数据库服务器的负载，并且可实现网上的传输。可以将数据库加密系统做成数据库管理系统的一个外层工具，根据加密要求自动完成对数据库数据的加密、解密处理。

采用这种加密方式进行加密，加密、解密运算可在客户端进行，优点是不会加重数据库服务器的负载并且可以实现网上传输的加密；缺点是加密功能会受到一些限制，与数据库管理系统之间的耦合性稍差。

2．加密粒度

加密粒度可分为数据库级、表级、记录级、字段级和数据项级。

（1）数据库级

数据库级加密就是将每个数据库作为加密系统的输入。数据库管理系统与操作系统的文件系统交换的是数据库的物理块，所以对数据库的加密就像对操作系统的文件加密一样，对数据库所在块加密。数据库内部的系统信息表、用户数据表、建立的索引都作为数据库文件的一部分。

对数据库加密容易实现，密钥管理也很简单，一个数据库只需要一个密钥。数据库最常用的操作就是查询，每次查询需要将整个数据库解密，包括系统信息表等与检索目标无关的数据表，查询效率非常低下，会造成系统资源的极大浪费。

（2）表级

表级加密与数据库级加密类似，将数据表作为文件加密，对表信息的读取通常为对存储数据表的物理地址的读取。

表级加密相对于数据库加密有自己的优势：灵活度提高，可以选择有加密要求的数据表加密，其他表可以按照数据库的正常表来管理与查询，进而节省系统资源，能在一定程度上提高系统的性能。

但是加密数据表中还可能包含一些不需要加密的字段，如用户基本信息表中，日常需要对用户的手机号码和身份证号码加密，而姓名、性别、年龄等加密的意义可能不大。

（3）记录级

记录级加密是把数据表中的完整记录作为加密对象，加密后对应输出的是各个字段的密文字符串。数据库中的每条记录包含的信息有一定的封闭性，一般一条记录包含的信息是一个实体的完整记录。记录级加密是较常用的一种加密粒度，与表级相比具有更高的灵活性、能获得更好的查询性能。加密时一条记录对应一个密钥，但是解密过程也需要对整条记录解密，特别是对单个字段的查询效率更低。为了查询字段值，需要将每条记录都解密，工作量大。

（4）字段级

字段级加密是以数据表中的字段为对象，对字段所在列的属性值加密。这种加密方式的灵活度较记录级更高，通常这种加密方式也非常适合数据库频繁地查询操作。数据库的查询条件通常是记录中的某个字段值，在查询过程中，对查询条件的字段值解密以后就可以像明文数据一样检索输出结果语句，解密过程也不包含非查询条件的字段值，效率很高，对系统性能的影响也很小。

字段级加密的缺点是字段采用同一密钥加密，而数据库字段中往往存在大量的重复属性值，同一值的加密结果是一样的，大量重复密文减弱了数据库的加密强度，攻击者有可能通过对比明文获取密文信息。

（5）数据项级

数据项是指数据库中记录的每个字段，是数据库的最小粒度。数据项级具有最高的灵活度，也具有最高的安全强度。对每个数据项都采用不同的密钥加密，即使记录相同，加密结果也不相同，数据库的安全强度加强，可有效提高抗攻击能力，解决字段级加密的问题。

由于数据项级加密需要大量的密钥，在密钥的管理使用、定期更新方面很复杂。数据库的安全在于加密算法的安全，而加密算法是公开的，整个加密数据的安全就依赖于对密钥的安全保护。

如果基于数据项级加密的大量密钥得不到安全存储，系统安全就会受到威胁；如果密钥的获取过程复杂，就会影响系统的整体性能。所以需要妥善处理密钥管理问题。

加密存储是提高系统安全性的有效措施，即使攻击者获取加密存储的数据，也无法直接从中读取所需要的信息。但加密后数据的更新与查询效率都受到较大影响。例如，查询生日在 2000-1-1 至 2004-12-31 之间的学生信息，这样的范围查询在大部分密文上都无法直接实现，只能通过"解密—查询—加密—传送结果到用户—解密"等复杂的步骤才能完成。这一过程的效率太低，也可能发生数据泄露。因此，在现实应用中，一般只对重要数据进行加密存储，对大部分数据项仍采用明文存储。

系统的用户名、密码是用户登录系统的重要依据，一般采用加密存储。有意思的是，判定一个用户是否合法，可以在密文上直接判定用户输入与数据库存储的密文是否相符，无须解密即可判断，因此处理效率相对较高。

对其他需要判定范围或其他复杂条件的数据，也可考虑使用同态加密、基于属性的加密等更高效的加密算法提高存取效率。

5.3.2 MySQL 中安全性的提升

与其他数据库系统相比，MySQL 通过一些操作进一步提升了安全性，主要有密码到期更换、安全模式与 AES 256 加密。

MySQL 中安全性的提升

1．密码到期更换

MySQL 8.0 允许数据库管理员手动设置用户的密码过期时间，任何密码超期的用户连接服务端时都必须更改密码。通过设置 default_password_lifetime 参数可设置用户的密码过期时间。

查看系统中用户的密码过期时间的语句为：

```
SELECT user,host,password_lifetime FROM MySQL.user;
```

【例 5-13】使用上述语句查看系统中各用户的密码过期时间，如图 5-14 所示。

结果中显示的 password_lifetime 列的 NULL 表示密码永不过期。

设置用户的密码过期时间的语句为：

```
ALTER USER 用户 PASSWORD EXPIRE INTERVAL 时间;
```

【例 5-14】将 root 用户的密码过期时间设置为 365 天。

```
ALTER USER root@localhost PASSWORD EXPIRE INTERVAL 365 DAY;
```

数据库安全与保护　第 5 章

```
mysql> SELECT user,host,password_lifetime FROM mysql.user;
+------------------+-----------+-------------------+
| user             | host      | password_lifetime |
+------------------+-----------+-------------------+
| mysql.infoschema | localhost | NULL              |
| mysql.session    | localhost | NULL              |
| mysql.sys        | localhost | NULL              |
| root             | localhost | NULL              |
| 吴静             | localhost | NULL              |
| 马秀敏           | localhost | NULL              |
+------------------+-----------+-------------------+
6 rows in set (0.03 sec)
```

图 5-14　查看各用户的密码过期时间

查看各用户的密码过期时间，从结果中可以看到 root 用户的密码过期时间已经改为 365 天，如图 5-15 所示。

```
mysql> SELECT user,host,password_lifetime FROM mysql.user;
+------------------+-----------+-------------------+
| user             | host      | password_lifetime |
+------------------+-----------+-------------------+
| mysql.infoschema | localhost | NULL              |
| mysql.session    | localhost | NULL              |
| mysql.sys        | localhost | NULL              |
| root             | localhost |               365 |
| 吴静             | localhost | NULL              |
| 马秀敏           | localhost | NULL              |
+------------------+-----------+-------------------+
6 rows in set (0.02 sec)
```

图 5-15　设置 root 用户的密码过期时间为 365 天

【例 5-15】将 root 用户的密码过期时间改为永不过期。

```
ALTER USER root@localhost PASSWORD EXPIRE DEFAULT;
```

再次查看各用户的密码过期时间，可以看到 root 用户的密码已经变回永不过期，如图 5-16 所示。

```
mysql> SELECT user,host,password_lifetime FROM mysql.user;
+------------------+-----------+-------------------+
| user             | host      | password_lifetime |
+------------------+-----------+-------------------+
| mysql.infoschema | localhost | NULL              |
| mysql.session    | localhost | NULL              |
| mysql.sys        | localhost | NULL              |
| root             | localhost | NULL              |
| 吴静             | localhost | NULL              |
| 马秀敏           | localhost | NULL              |
+------------------+-----------+-------------------+
6 rows in set (0.03 sec)
```

图 5-16　设置 root 用户的密码永不过期

2．安全模式

MySQL 的安全模式是为了增强数据库的安全性而设计的。在安全模式下，数据库会禁用一些危险操作，同时在执行某些操作之前会提示用户确认，以防止用户因误操作或恶意操作导致的数据丢失或损坏。在数据库开发或升级维护的特殊时间段可将 MySQL 设置在安全模式下运行。具体如下。

（1）禁用和限制某些命令

禁用和限制某些危险的命令，如 DROP、DELETE、TRUNCATE 等，以防止用户因误操作或恶意操作导致的数据丢失或破坏。

（2）提示确认操作

在执行某些危险的操作之前提示用户确认，提醒用户谨慎操作，避免用户因误操作而造成数据丢失。

（3）检查视图定义

检查视图定义，如果发现视图定义中包含潜在的安全风险，MySQL 会拒绝创建或修改视图。

（4）禁用外部函数和存储过程

禁用外部函数和存储过程，以防止非授权用户通过存储过程执行危险的操作。

通过手动启动 MySQL，并添加参数 safe-mode，可启动 MySQL 的安全模式，具体命令如下。

```
C:\Program Files\MySQL\MySQL Server 8.0\bin\mysqld_safe --safe-mode
```

另外，在 MySQL 配置文件 my.cnf 中的[mysqld]部分添加参数 safe-mode 后重新启动 MySQL，也可进入安全模式。

3．密码验证策略及数据加密

MySQL 8.0 及以下的版本支持三种密码验证策略。

（1）mysql_native_password：采用 SHA-1 算法对用户的密码进行加密。

（2）sha256_password：采用 SHA-265 算法对用户的密码进行加密。

（3）caching_sha2_password：采用 SHA-265 算法对用户的密码进行加密且支持服务器端密码缓存，安全等级最高，是默认的密码验证方式。

MySQL8.0 还支持调用多种加密算法，用于敏感数据的加密存储。例如，AES 256 加密算法的调用方式如下。

```
AES_ENCRYPT(str,pswd_str);
AES_DNCRYPT(crypt_str,key_str);
```

【例 5-16】将字符串 South China Agricultural University 加密，密钥为 123456，加密后的字符串存在@scau 中。

```
set@scau=AES_ENCRYPT('South China Agricultural University','123456');
```

查看字符串加密后的内容与查看字符串加密后的长度见例 5-17 与例 5-18。

【例 5-17】查看例 5-16 中字符串加密后的内容。结果如图 5-17 所示。

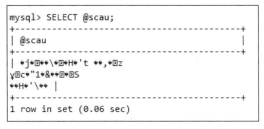

图 5-17　查看字符串加密后的内容

【例 5-18】 查看例 5-16 中字符串加密后的长度并解密。结果如图 5-18 所示。

```
mysql> SELECT CHAR_LENGTH(@scau);
+--------------------+
| CHAR_LENGTH(@scau) |
+--------------------+
|                 48 |
+--------------------+
1 row in set (0.04 sec)

mysql> SELECT AES_DECRYPT(@scau,'123456');
+-----------------------------------+
| AES_DECRYPT(@scau,'123456')        |
+-----------------------------------+
| South China Agricultural University |
+-----------------------------------+
1 row in set (0.03 sec)
```

图 5-18　查看字符串加密后的长度并解密

5.3.3　数据库审计

数据库审计

任何系统的安全保护措施都不是完美无缺的，蓄意盗窃、破坏数据的人总是存在。数据库审计是指数据库管理系统的审计模块在用户对数据库执行操作的同时，以安全事件为中心，实时记录所有操作形成审计日志。在数据库发生状况时，通过审计日志进行操作的合规性审核，并追踪、重现导致数据库出现状况的一系列事件，找出非法存取数据的人、时间和内容等。

数据库审计功能包括审计日志管理、定制审计规则、审计分析和报表生成等。审计日志是在具有且开启了审计功能的数据库管理系统中自动生成的，数据库管理系统会自动保护审计日志，防止审计人员和用户修改或删除审计日志的内容。审计人员和普通用户只能查询、转储审计日志，无权修改。审计规则是一些规则的集合，用于自动检测审计日志中的操作是否合规，若不合规可发出实时的审计警告。

审计方式主要分为用户级审计和系统级审计。用户级审计是指用户对自己创建的对象进行审计，记录所有用户对该对象的一切操作，无论是否起效，任何用户都可以设置这类审计；系统级审计由系统管理员设置，内容包括成功或者失败的登录、GRANT 操作、REVOKE 操作和其他数据库级权限下的操作。

目前多数商用数据库管理系统产品都提供审计功能，一些开源数据库管理系统产品可通过安装审计插件的形式添加审计功能。添加审计功能后，整个数据库系统的安全性才有可能达到二级（系统审计保护级）或以上等级。

MySQL 社区版不提供审计功能，从 5.7 版本开始可安装审计插件后使用审计功能。因为 MySQL 开源，有些审计插件是第三方提供的，用户可依据需求选择使用。

5.4　数据库保护

5.4.1　数据库面临的故障

数据库系统面临的故障可能由各种原因引发，常见的大概可以归纳为事务故障、系统故障、介质故障。

1．事务故障

事务故障是由事务逻辑或运行错误引起的一类故障，例如错误地输入、数据未找到、溢出和死锁等。这些故障发生后，事务无法完成提交然后正常终止，但数据库系统（至少操作系统）还在正常运行。

通过终止故障事务并撤销它对数据库的修改，可将数据库恢复到一致性状态，系统可恢复正常运行。另外，若在应用程序、存储过程和存储函数中增加异常处理代码，可以提高程序的健壮性，有效降低事务故障的发生率，提高整个系统的健壮性。例如，可以在应用程序、存储过程和存储函数中添加内存不足、运算溢出、不满足完整性约束等异常的处理代码，在数据库管理系统中添加死锁撤销事务的处理模块等，有效地避免此类故障的发生。

2．系统故障

系统故障又称为软故障，是指由于操作系统或数据库系统崩溃等原因造成的系统停止运行，需要重新启动的一类故障。产生此类故障的原因可能是某类硬件错误、操作系统故障、数据库管理系统出错或系统断电等。

这类故障的发生会引起内存中数据丢失，但磁盘等非易失性存储器未被破坏，系统重新启动后可恢复已保存在非易失性存储器上的数据。这类故障需要通过数据库恢复技术进行处理，尽量减少故障带来的损失。

3．介质故障

介质故障常称为硬故障，是指外存故障，如磁盘损坏、磁头碰撞、瞬时强磁场干扰等。这类故障将破坏存储在外存上的数据库，并影响正在存取部分数据的所有事务。

对这类故障的避免可以考虑镜像服务器等策略，多台镜像服务器同时工作，介质故障出现的概率会低很多。故障发生时的恢复可能需要重新安装软/硬件，在恢复的数据库环境中恢复前期转储的数据库副本，并通过数据库恢复技术尽量减少故障带来的损失。

除了以上情况外，安装了数据库的计算机系统可能还会面临病毒、网络攻击、自然灾害等故障，还可能面临操作人员误操作或一些人员的恶意破坏。本书仅从数据库系统角度讨论采用何种技术进行数据库恢复。病毒、网络攻击、自然灾害等故障需要从计算机系统角度，采用杀病毒、防火墙和容灾转储等技术提高计算机系统的整体可靠性来解决，人为破坏可能需要由管理制度、法律法规约束，这些都不在本书的讨论范围内。本节仅介绍数据库的转储与恢复，数据库恢复技术将在第 11 章中介绍。

5.4.2　数据库转储

虽然数据库系统已采取各种措施来保证数据库的安全性和完整性，但任何系统都不可能保证永远不出现故障。数据库系统处理故障一般采取两种办法：一种是尽可能提高系统的可靠性；另一种是在系统发生故障后，把数据恢复到正确状态。

数据库管理系统的转储与恢复机制用于数据库系统出现故障时，将数据库系统还原到正确状态。转储是指定期或不定期将整个数据库复制到其他存储设备，形成数据库快照的过程，一般称一个快照为一个备份。与之相对应，恢复是将备份重装回数据库，使数据库恢复到备份时刻的状态。在系统发生故障时，通常选距离故障点最近时刻的备份来恢复数据库，以尽量减少数据损失。

本小节将详细介绍数据库转储的分类和方法等。

1．数据库转储的分类

按转储涉及的数据范围来划分，数据库转储大致分为全转储和部分转储。其中部分转储又分为增量转储和差异转储。

全转储是指每次对数据库进行完整的转储，可以转储整个数据库，包含用户表、系统表、索引、视图和存储过程等所有数据库对象。全转储需要更多的时间和存储空间。

增量转储是指在全转储的基础上，对更改的数据进行转储，需要使用专业的转储工具。也就是说，每次转储只会转储自上次转储之后产生的数据，比差异转储节约空间，但是恢复数据比较复杂。

差异转储是指转储自上一次全转储以来变化的数据。和增量转储相比，差异转储浪费空间，但恢复数据比增量转储简单。

转储是一种十分耗费时间和资源的操作，不宜频繁进行，应该根据数据库的使用情况确定适当的转储周期。

2．转储准备

在开始数据库转储之前，应制订好转储策略并检查数据的一致性，为接下来转储数据库做好准备。

（1）制订转储策略

在实施转储之前，应根据系统的应用环境制订完善可行的转储计划。

① 确定转储的内容。转储内容包括系统数据库（master、msdb 和 model）、用户数据库和事务日志 3 部分。当改变了系统的配置，或者执行了创建、修改和删除数据库中的对象的语句等时，应该考虑转储系统数据库。

② 确定转储的频率。转储的频率就是每隔多长时间转储一次，确定的依据一是数据的变化频率，二是对恢复后数据的要求，三是转储的代价。如全转储可以是一周一次，差异转储可以是一天一次。

③ 确定转储的状态。转储可以是动态转储（在线转储）或静态转储（脱机转储）。动态转储不影响用户使用数据库，但转储的速度以及以后恢复的速度都会受到影响；静态转储不允许用户使用数据库，但转储和恢复的速度相对快一点。

④ 确定转储的介质。转储的介质可以是磁盘或磁带等。具体使用哪一种介质，要考虑成本、数据的重要程度和用户现有的条件等因素。

最后还要确定转储工作的负责人、转储的存储位置、转储的保存期限等内容。

（2）检查数据一致性

① 检查点。检查点机制是保证提交的事务对数据库的修改一定都已写入数据库的一种手段。每次执行检查点都会把缓冲区中事务更新后的数据强制写入数据库。检查点可由系统自动执行，也可以由用户使用 CHECKPOINT 语句强制执行。执行检查点后再转储数据库，可以保证转储数据库中的所有数据是当前的，从而缩短将来恢复操作需要的时间。

② 执行 DBCC 语句。因为包含错误的数据库转储在恢复时也会产生错误，甚至导致系统根本无法从转储中恢复数据，所以在执行转储前，应当使用 DBCC 语句检测数据库逻辑上和物理上的一致性，从而在转储前排除数据库中可能存在的错误。

3．数据库转储的方法

好的转储方法和转储策略可以使数据库中的数据更加高效和安全。转储主要分为逻辑转储和物理转储。逻辑转储的最大优点是对各种存储引擎都可以用同样的方法转储，而物理转储对不同的存储引擎有不同的转储方法。所以，在面对不同存储引擎混合的数据库时，逻辑转储操作简单。和逻辑转储相比，物理转储的最大优点是恢复的速度更快，主要有 3 种：热备（Hot Backup），即在线转储，指在数据库运行时直接转储，对正在运行的数据库没有任何影响；冷备（Cold Backup），即离线转储，指在数据库停止的情况下进行转储；温备（Warm Backup），同样在数据库运行时进行，但对表加锁，仅支持读请求，不允许写请求。

MySQL 中的逻辑转储是指将数据库中的数据转储为一个文本文件，转储的文件可以被查看和编辑。通常使用 MySQLDUMP 命令、直接转储或 Navicat 图形工具来完成逻辑转储。Navicat 图形工具的使用非常简单，依据提示进行操作即可完成转储。与 Navicat 类似的数据库图形客户端一般都提供逻辑转储工具，用法类似但又有不同，在此不介绍。下面对 MySQLDUMP 命令和直接转储进行说明。

（1）使用 MySQLDUMP 命令转储

使用 MySQLDUMP 命令可将数据库转储成一个文本文件，该文件中包含多个 CREATE 和 INSERT 语句，使用这些语句可以重新创建表和插入数据。

使用 MySQLDUMP 命令转储数据库的语法如下：

```
MySQLDUMP -u user-h host -ppassword dbname[tbname, [tbname,…]]> filename.sql;
```

【参数说明】

① user：用户名称。

② host：登录用户的主机名称。

③ password：用户的登录密码。

④ dbname：需要转储的数据库名称。

⑤ tbname：dbname 数据库中需要转储的数据表，可指定多个需要转储的表。

⑥ >：告诉 MySQLDUMP 命令将转储数据表定义和将数据写入转储文件。

⑦ filename.sql：转储文件的名称。

【例 5-19】使用 MySQLDUMP 命令转储 data 数据库中的所有数据，如图 5-19 所示。

```
C:\WINDOWS\system32>mysqldump -u root -p data > e:\bak\data_bak.sql
Enter password: ******
```

图 5-19　转储所有数据

【例 5-20】使用 MySQLDUMP 命令转储 data 数据库中的学生名单（student），如图 5-20 所示。

```
C:\WINDOWS\system32>mysqldump -u root -p data student>e:\bak\data_bak2.sqlak2.sql
Enter password: ******
```

图 5-20　转储数据库中的某些表

如果要转储多个数据库，则需要使用--databases 参数，其基本语法格式如下：

```
MySQLDUMP -u user -h host -p --databases dbname[ dbname…]]>filename.sql;
```

使用--databases 参数之后，必须至少指定一个数据库的名称，多个数据库用空格隔开。MySQLDUMP 命令提供许多参数，使用以下命令可以获得特定版本的完整参数列表：

```
MySQLDUMP -help
```

常用参数如下。

① --all-databases：转储所有数据库。

② --databases db_name：转储某个数据库。

③ --lock-tables：锁定表。

④ --lock-all-tables：锁定所有的表。

⑤ --events：转储 EVENT 的相关信息。

⑥ --no-data：只转储 DDL 语句和表结构，不转储数据。

⑦ --master-data=n：转储的同时导出二进制日志文件和位置。如果 n 为 1，则把信息保存为 CHANGE MASTER 语句；如果 n 为 2，则把信息保存为注释掉的 CHANGE MASTER 语句。

⑧ --routines：转储存储过程和存储函数定义。

⑨ --single-transaction：实现热转储。

⑩ --triggers：转储触发器。

⑪ host：登录用户的主机名称。

【例 5-21】使用 MySQLDUMP 命令转储 data 和 data2 这两个数据库，如图 5-21 所示。

```
C:\WINDOWS\system32>mysqldump -u root -p --databases data data2>e:\bak\data_bak3.sql
Enter password: ******
```

图 5-21　转储多个数据库

（2）直接转储

因为 MySQL 数据库以文件形式保存在磁盘或其他介质上，所以可以直接复制 MySQL 数据库的存储目录及文件进行转储。这是一种简单、快速、有效的转储方式。要想保持转储的一致性，转储前需要对相关表执行 LOCK TABLES 操作，然后对表执行 FLUSH TABLES 操作。这样，当复制数据库目录中的文件时，允许其他客户继续查询表，用 FLUSH TABLES 语句确保开始转储前将所有激活的索引页写入硬盘。当然，也可以停止 MySQL 服务再进行转储操作。

```
FLUSH TABLES WITH READ LOCK;
```

这种方法虽然简单快速，但不是最好的转储方法。因为在实际情况下，可能不允许停止 MySQL 服务器。而且此方法对 InnoDB 存储引擎的表不适用。对于 MyISAM 存储引擎的表，利用此方法转储和还原很方便。使用此方法转储的数据最好还原到相同版本的服务器上，否则会出现不兼容的情况。

5.4.3　数据库恢复

数据库恢复是与数据库转储相对应的概念。数据库转储后继续运行，若运行过程中出现管理员操作失误、病毒或其他故障，可使用数据库恢复命令或图形工具把数据库恢复到某个转储的状态。

与数据库转储相对应，数据库恢复也有 3 种方法：使用 MySQL 命令、直接恢复和使用 Navicat 图形工具。同样，在此仅介绍使用 MySQL 命令和直接恢复的方法。

1．使用 MySQL 命令恢复

对于已经转储的包含 CREATE、INSERT 语句的转储文件，可以使用 MySQL 命令将其导入数据库中，直接执行转储文件中的这些语句，语法如下：

```
MySQL -u user -p [dbname] < filename.sql;
```

【参数说明】

① user：执行 filename.sql 中语句的用户名。

② -p：表示输入用户密码。

③ dbname：数据库名。

④ filename.sql：恢复数据库的文件名。

【例 5-22】使用 MySQL 命令将转储文件 data_bak.sql 恢复到数据库中，如图 5-22 所示。

```
C:\WINDOWS\system32>MySQL-u root -p data<e:\bak\data_bak.sql
Enter password: ******
```

图 5-22　使用 MySQL 命令恢复数据库

如果 filename.sql 文件为使用 MySQLDUMP 命令创建的包含创建数据库语句的文件，执行的时候不需要指定数据库名。

2．使用 MySQLIMPORT 命令恢复

MySQL 还提供了 MySQLIMPORT 命令来恢复数据，其语法如下：

```
MySQLIMPORT  [-u user] [-p password] --db_name -filename1 [filename2, ...];
```

参数中--db_name 是待恢复数据库的名称，-filename1、-filename2 是恢复数据的文件名，恢复数据的文件可以有多个。对例 5-22，可使用 MySQLIMPORT 命令恢复数据，如下：

```
MySQLIMPORT  -u root -p -data -data_bak.sql;
```

实际上 MySQLIMPORT 命令是一个数据恢复命令，它不仅可从数据库转储中恢复数据，还可以从 CSV 文件、文本文件、表格文件等中恢复数据。学生可通过 MySQL 操作手册查看 MySQLIMPORT 命令的各种用法。

3．直接恢复

对直接复制文件进行数据库转储的情况，可以清空当前数据库的文件目录，将保存的数据库文件重新复制到当前数据库目录下。

除了本小节给出的 MySQLDUMP、MySQLIMPORT 命令以外，MySQL 还提供了多种数据保存与恢复的命令，例如 MySQLPUMP、LOAD DATA INFILE 等。MySQL 提供这些命令的初衷是方便其他数据库或软件进行数据共享，但这些命令也可以用于转储和恢复数据库，提高数据库的可靠性。

本章小结

本章介绍了数据库安全的基础概念和 SQL 中用户与权限管理、加密、审计、数据转储与恢复等基本的安全技术，学生需要熟练掌握并严格执行，从技术层保障数据库系统的安全性。

数据安全怎么强调都不为过，数据库系统作为对数据进行集中管理的系统，其安全性更是重中之重。本章讲的安全技术是较基础的安全技术，学生需要更加深入地学习数据库安全技术，以提高系统的安全性。

另外，安全问题不仅包括数据安全，还包括系统安全、网络安全、安全管理制度与法律、安全建设规划等更多内容。数据库管理员、数据库设计人员一方面需要采取措施保障数据库本身的安全，另一方面也需要主动配合所属单位、部门的管理人员做好相关的安全工作，保障数据库在创建、运行、共享应用等过程中的安全性。

在漫长的运行期间，数据库系统面临各类故障。为尽量减少故障带来的数据损失，数据库管理系统提供了转储与恢复的功能。除此之外，还有很多技术用于恢复数据库，此部分内容将在第 11 章详细介绍。

习题

1. 数据库面临哪些安全性问题？

2. 数据库安全相关的技术规范和标准提供了实现数据库安全性的基本技术和基本方法，查阅文献查找我国数据库安全方面的技术规范和标准，说明每份技术规范和标准的主要内容。

3. 基于角色的访问控制机制是数据库最常用的用户权限管理机制，试述其基本原理。

4. 已知 employee 数据库的结构如第 4 章习题 5 的定义，试使用 SQL 语句完成如下功能。

（1）使用 root 用户创建角色 dev，自定密码要求，允许该用户在任意计算机登录数据库服务器。

（2）使用 root 用户为角色 dev 授权，允许该用户在 employee 数据库中查询所有视图的数据，增加、删除、修改所有基本表的数据，运行所有存储过程和存储函数。

（3）使用 root 用户创建用户 U1、U2、U3、devUser1，自定密码要求，允许他们在任意计算机登录数据库服务器。

（4）将 dev 授权给用户 devUser1，并使用 devUser1 登录数据库服务器，在授权前后分别查询 employee 表中的数据，查看授权的作用。

（5）通过创建视图授权允许用户 U1 查询各公司员工的平均工资、最高工资、最低工资，且允许 U1 将此权限授予其他用户。

（6）用户 U1 将其查询公司员工的平均工资、最高工资、最低工资的权限授权给用户 U2，且不允许他将此权限授权给其他用户。

（7）使用 root 用户将查询公司员工的平均工资、最高工资、最低工资的权限授权给用户 U2、U3。

（8）用户 U1 收回用户 U2 的查询公司员工的平均工资、最高工资、最低工资的权限后，用户 U2 还能不能查询这些信息？root 用户也收回此项权限后，U2 还能不能查询这些信息？通过实验说明。

（9）总结 MySQL 在多用户、多次授权情况下的权限管理策略。

5. 加密存储数据会降低数据存取效率，所以一般只选择部分非常重要的属性进行加密存储。为什么对用户名、密码需要使用加密存储？如何提高其存取效率？

6. 什么是数据库审计？

7. 什么是数据库转储与恢复？转储与恢复也可用于数据库迁移，即从一台数据库服务器转储数据后将其恢复到另外一台服务器上，尝试此操作并查看运行结果。

8. MySQL 可以生成数据库结构（或包括结构与数据）的.sql 文件，利用这一文件也可实现数据库迁移。尝试此操作并查看运行结果。

第二篇 数据库设计与应用开发

【本篇简介】

本篇主要介绍数据库设计的方法和步骤、关系数据库规范化理论、数据库编程。通过本篇的学习，读者可掌握为应用系统设计数据库的基本方法，并为数据库应用开发奠定基础。

【本篇内容】

本篇包括 3 章内容。

第 6 章 "数据库设计"，讲解数据库设计的基本步骤、每个步骤包含的工作内容及实现方法，重点介绍使用 E-R 模型进行数据库概念结构设计的方法，以及从概念结构向逻辑结构转换的基本方法。

第 7 章 "关系数据库规范化理论"，讲解数据库规范化、函数依赖、基于函数依赖的模式分解等内容，这些内容是提高数据库设计规范化程度的重要理论。

第 8 章 "数据库编程"，介绍 SQL 编程、存储过程和存储函数的编写与调用、在程序中使用数据库的方法等。

第6章 数据库设计

数据库设计是数据库应用系统开发和建设的关键一环，一个好的数据库设计不仅能够准确表达数据及数据之间的关系、满足应用系统的业务需求，而且能够高效地完成数据管理任务、平衡负载、提高整个系统的运行效率。还可以综合运用数据库的主码、外码、非空约束、自定义约束等工具保障数据的一致性。

第 6 章简介

本章首先进行数据库设计概述，介绍数据库设计的方法、分类、步骤等内容，再详细介绍数据库需求分析、概念结构设计、逻辑结构设计、物理结构设计、实施与维护等步骤的工作内容及所使用的具体设计方法。

本章学习目标如下。

（1）了解数据库设计的基本概念，包括数据库设计方法、分类、步骤等。

（2）熟练掌握数据库设计的基本步骤，以及各设计步骤的工作内容。

（3）熟练掌握使用 E-R 模型进行数据库概念结构设计的方法与步骤。

（4）熟练掌握将 E-R 图转换为关系模型，以及关系模型的优化方法。

（5）了解数据库物理结构设计、实施与维护的工作内容及方法。

6.1 数据库设计概述

数据库设计是指在一个给定的应用环境设计优化数据库的各级模式，并据此建立数据库，使之能够有效地存储和管理数据，满足应用要求（特别是信息管理要求和数据操作要求）。

信息管理要求是指需要使用数据库管理哪些数据，这些需要数据库存储的数据一般对应现实世界的实体，需要通过数据库设计将其转换成可以在数据库中定义并保存的属性、表、视图、索引等数据对象。信息管理要求表达了数据库内容及结构的要求，是静态要求。

数据操作要求是指应用需要对现实世界中实体的操作要求。现实世界中的实体在数据库中用数据对象表示，那么，现实世界中对实体的操作要求也需要转换为数据操作要求。依据现实世界对实体操作要求和约束，数据操作要求也需要转换为数据库中对数据对象的操作要求及约束，是动态要求。

一个设计良好的数据库要能够满足应用要求，同时，它还应该有较高的运行效率、存取效率和存储空间的利用率。

数据库中的数据在不断地整理、组织和更新。在设计过程中需要注重基础数据的管理（以便于数据的集中管理），控制冗余，提高数据的利用率和一致性，这样有利于应用程序的开发和维护。

在设计过程中结构（数据）设计和行为（处理）设计应该相结合。在某些设计过程中，结构设计和行为设计往往是相互割裂的，注重结构设计，致力于数据模型和数据库建模方法研究，而忽视了行为设计对结构设计的影响。

在设计数据库时还需要注意几处细节。

首先，在数据库设计阶段应在有利于后期维护和扩充的方面多加思考。

其次，数据库设计应具有可读性。为了方便后期人员的维护，数据库设计也必定需要可读性。例如，可以通过设计文档来提高数据库设计的可读性。设计文档中应给出各个表、关系、约束等的说明，以使后期人员正确理解数据库中的设计。

最后，在进行数据库设计时应注意计算机硬件、软件的实际情况。例如，在进行数据库设计时，应考虑用户对系统的需求，了解不同数据库管理系统的优势，选择合适的数据库管理系统。

6.1.1 数据库设计方法

数据库设计涉及多门学科的知识，例如软件工程的原理和方法、程序设计的方法和技巧、数据库的基本知识、数据库设计技术和应用领域的知识等。经过数据库设计人员多年的不断改进和研究，数据库设计方法已经从早期仅依靠个人的经验和技术的直观设计法改进为较为权威的规范设计法。如今有多种设计方法，本书主要介绍以下 4 种方法。

1．直观设计法

直观设计法是早期的数据库设计方法，依靠设计者的经验和水平设计数据库。由于这种方法缺乏规范化的理论指导，仅依据设计者的经验进行设计和开发，设计出的数据库质量参差不齐，所以这种方法主要用于简单的系统，无法满足现代信息系统开发的需求。

2．规范设计法

为了改变设计者仅能凭自身的经验设计数据库这一困境，1978 年，来自 30 多个国家和地区的数据库专家在美国新奥尔良市专门讨论了数据库设计问题，提出了数据库设计规范，其主要思想是不断迭代，逐步求精。这种方法将数据库设计分为几个阶段，规定了各阶段的任务，依据数据库理论最终完成对整个数据库的设计。典型方法有新奥尔良方法、基于 E-R 模型的数据库设计方法、3NF（第三范式）的设计方法、统一建模语言（Unified Modeling Language，UML）方法等。在规范设计法中较权威的是新奥尔良方法。该方法将数据库设计分为 4 个阶段：需求分析、概念结构设计、逻辑结构设计、物理结构设计。如今很多常用的规范设计法都在新奥尔良方法的基础上进行了优化和改进。

3．计算机辅助设计法

计算机辅助设计法是指以计算机为辅助工具开展设计，这是当前多数行业设计人员采用的主流设计方法。在计算机软件设计开发方面，这一思想体现为计算机辅助软件工程（Computer Aided Software Engineering，CASE）。人们已开发大量的 CASE 工具应用在软件开发生命周期的各个阶段，以降低软件设计、开发与管理的工作量，提高工作效率。

数据库设计者经过多年的研究和努力，如今已经有很多实用的数据库设计工具。在设计过程中合理使用这些设计工具，可以帮助设计者完成不同设计阶段中的任务，可以帮助设计者提升设计效率。各类工具的特点简单介绍如下。

① 数据库需求分析与设计工具，包括 Power Designer、ERWin、ER Studio 等。这些工具支持概念模型、数据库逻辑模型设计。用户使用此类工具完成 E-R 图设计后，此类工具可完成数据库逻辑模型设计，并依据逻辑模型生成针对某个具体数据库管理系统的具体版本的 SQL 脚本，利用 SQL 脚本可以直接在指定数据库服务器上创建数据库的逻辑结构。这类工具一般也支持逆向工程，从 SQL 脚本可生成数据库逻辑模型甚至相应的 E-R 图。

② 数据库绘图工具，包括 Microsoft Visio、SmartDraw 等。此类工具一般是绘图软件功能的延伸，提供 E-R 图绘制组件，可完成 E-R 图绘制、数据库逻辑模型图的设计，但没有由概念模型生成数据库逻辑模型以及生成 SQL 脚本的功能。

③ 数据库管理系统逆向工具。当前很多数据库管理系统产品开始提供逆向工程能力，可由所管理的数据库导出数据库逻辑模型的 SQL 脚本，也可生成数据库逻辑模型图，甚至生成 E-R 图。这类工具一般是由数据库管理系统开发商提供的，例如 SQL Server、Oracle 等系统的管理工具都具有类似的功能。另外，一些数据库图形界面工具开发商也提供类似服务，例如 Navicat 图形界面工具为 MySQL、Oracle 等主流数据库管理系统提供此类功能。

一些辅助软件设计类工具也在提供越来越完善的数据库建模功能，例如 ROSE 等。另外，还有一些数据库设计软件提供线上免费版本，这些软件操作简单、学习成本低，方便小型数据库的设计工作。

值得注意的是，近年出现了较多国产的数据库设计软件，例如 chiner、Datablau Data Modeler、Freedgo Design、EdrawMax 等，这说明我国更多优秀的软件开发人才正在进入数据库管理系统及相关软件研发领域，这方面的技术发展值得期待。

4．自动化设计法

自动化设计法是指利用数据库自动化工具完成数据库设计。使用自动化工具，可以提升设计的效率。

程序员可借助编程框架实现从单个软件生成其所使用数据库结构的功能。例如，Java 程序员可使用诸如 Hibernate、MyBaits（及其变种）等对象关系映射（Object-Relational Mapping，ORM）框架来实现由程序中的对象生成关系数据库、由关系数据库生成程序中对象及其创建、删除、修改等操作代码的功能。简单来讲，ORM 的作用是在关系型数据库的关系和 Java 代码中的对象之间建立映射关系。借助这层映射，程序员可以以对象的方式操纵关系数据库中的关系、属性等要素，不再需要使用 SQL 语句，以关系的方式来操纵数据库中的数据。

可惜的是这些编程框架是从提高程序员工作效率、提高代码复用性角度出发设计的，目前仅可从单个软件生成其使用的数据库，或从数据库生成其对应的对象及操作代码。由框架自动生成的数据库结构可使用关系数据库的主要元素（例如表、属性、主码、外码等），但对其他更复杂的数据库要素（例如复杂的 CHECK 约束、触发器、存储过程等）无法自动生成。另外，针对数据库，它可以自动生成其对应对象的创建、修改、删除等操作，但一些较复杂的查询仍需要手动编写 SQL 语句来实现。或者说，目前这些编程框架还无法自动生成满足关系数据库规范化理论的、结构良好的关系数据库。

另外，数据库设计是一项复杂的工程，目前还没有自动化工具可生成供多个软件共同使用的、结构复杂的数据库。

6.1.2 数据库设计分类

数据库设计分类

数据库按应用目的可简单分为两大类，一类是供单个软件使用的数据库，另一类是供多个软件共享的数据库。

供单个软件使用的数据库面向单个软件的数据管理需求，数据需求相对统一。但因为它"包含"在使用它的软件中，其运行维护与软件的运行维护同步。若在运行维护过程中，软件的需求发生变化，数据库有可能需要改变模式以适应变化的数据管理需求。若软件退役，数据库也就终止运行了。

对这一类型的数据库设计，一般需要从软件的需求分析中抽取数据需求，依据数据需求进行数据库设计。也有少数情况由于软件改版等原因，可以在已有数据库的基础上，依据新的需求进行调整改造。此类数据库设计侧重于满足软件数据管理需求及数据库的规范性需求。

供多个软件共享的数据库一般面向企事业单位的多方面的数据管理需求，数据需求在各部门之间往往存在分歧甚至矛盾。它一般长期运行，数据库模式几乎不变，不会因为个别软件的需求改变而修改。

对此类数据库的设计，首先还是需要明确当前需要使用数据库的每个软件的数据管理需求。但在此基础上，还需要花较多精力协调多个应用的数据定义中属性、实体、联系等多种冲突。

在此类数据库的运行过程中，会有旧的软件退役，也会有新的软件不断投入使用。因此，它需要一些设计余量，以满足未来一段时间内应用可能会产生的数据需求。

另外，一家单位需要的数据可能涉及多类型数据的管理，可能有些会超出关系数据库的范围，例如视频、图像、音频、地图、CAD 文件、表格等数据。因此，需要以大数据、数据中心建设的思想进行工作。

供多个软件共享的数据库的设计一般是在已有的多个数据库的基础上进行，也有少量开始于多个软件的明确数据需求。承担这项工作的一般是具有多个数据库及软件开发经验的设计人员。鉴于本书主要读者是在校本科生，因此，仅讲解第一种数据库设计，即面向单个软件的数据库设计。本章仅考虑面向单个软件的数据库设计来展开阐述。

6.1.3 数据库设计步骤

数据库设计步骤

在数据库设计之前，要确定参加数据库设计的人员，包括系统分析人员、数据库设计人员、数据库管理员、用户代表和应用开发人员。系统分析人员和数据库设计人员的主要任务是进行逻辑结构和物理结构设计。用户代表必须参与分析用户需求过程，并与数据库设计人员合作，使设计人员充分了解用户的需求。应用开发人员参与实施阶段，负责编制程序和准备软硬件环境。

考虑到数据库及其应用系统开发的全过程，按照规范设计法，可将数据库设计分为 5

个阶段：需求分析、概念结构设计、逻辑结构设计、物理结构设计、数据库实施与维护，如图 6-1 所示。

1．需求分析

需求分析是数据库设计的起点。需要分析用户的数据需求，明确数据库需要实现的功能。这个步骤需要数据库设计人员与用户合作来实现。

2．概念结构设计

概念结构设计是将需求分析转化为数据库概念模型的过程。概念结构设计一般使用E-R 模型进行，将需要数据库管理的数据抽象成实体及联系，并以 E-R 图或类似的形式表达出来。

此步工作是整个数据库设计流程中的关键一环，需要设计人员使用面向对象、分类、聚集、概括等多种方法进行 E-R 模型设计。

3．逻辑结构设计

逻辑结构设计与选用的数据库管理系统密切相关。逻辑结构设计就是将设计好的概念

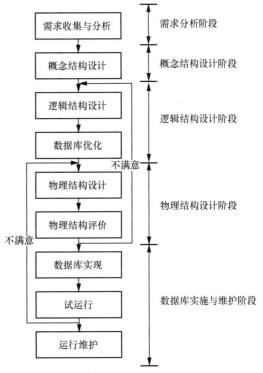

图 6-1　数据库设计步骤

模型转化为与某个特定数据库管理系统支持的数据模型对应的结构，并对其进行优化。

本书仅讨论转换为关系数据库的情况。若需要使用其他的非关系数据库，请参考相关案例或图书。

4．物理结构设计

物理结构设计是指为已经确定的逻辑数据结构选取适合应用环境的物理结构。设计物理结构的目标是确定存储结构和存取方法，并对设计完成的物理结构进行评价。对物理结构进行评价主要从时间效率、空间效率及后期维护的代价等角度进行，目的是得出最优的物理结构设计方案。

5．数据库实施与维护

在数据库实施阶段，设计人员采用数据库管理系统所提供的数据库语言及其宿主语言，根据逻辑结构设计和物理结构设计的模型建立数据库、编制与调试应用程序、组织数据入库进行试运行。维护阶段的任务是对数据库的转储和恢复，维护数据库的安全性与完整性。

上述数据库设计步骤应该与数据库应用系统的开发步骤同步。一般地，数据库的需求分析是软件需求分析的一部分。软件需求分析除了数据需求以外，还需要明确系统边界、用户类型，每类用户需要的软件功能、工作界面、工作流程甚至工作习惯等内容。

数据库的概念结构设计大致包含在软件的概要设计阶段。在确定软件实现方案时需要

参考概念结构模型，确定使用什么结构实现数据管理，例如使用关系数据库、图数据库、非关系数据库或数据目录等。另外，还应在软件概要设计时确定使用哪个数据库管理系统的哪个版本，例如 MySQL 8.0、Oracle 12c 等，才能针对数据库管理系统的特点进行下一步数据库逻辑结构的设计。

数据库的逻辑结构设计与物理结构设计包含在软件详细设计、编码测试工作中。软件编码需要用到数据库，因此需要先建立数据库的逻辑结构与物理结构，再进行软件中与数据库相关的开发工作。

在软件进入运行维护阶段时，数据库同样进入运行维护阶段。此处，需要说明的是，软件编码、测试、试运行阶段都需要访问数据库，但此时数据库中可能存储的是测试数据，并非真实数据。当软件进入运行维护阶段后，数据库才同步存储并管理真实数据。

6.2 需求分析

需求分析是设计数据库的第一步，也是设计数据库的基础，会影响到所设计数据库的质量。

6.2.1 需求分析的任务和方法

需求分析的主要任务是：明确用户对系统的各种数据需求（数据库中的信息内容、数据处理内容、数据安全性与完整性要求）；收集支持系统目标的基础数据及其数据处理方法。

数据库需求分析
的任务和方法

这项工作是软件需求分析的一部分。在软件需求分析过程中，需要详细分析业务对象的组织结构（部门、用户的角色与数量分布），熟悉每类用户的业务过程、每个业务环节上需要软件提供的功能及可能的扩充和改变。另外，若有现行系统，需要充分了解现行系统的工作情况，以便明确待开发系统的边界、用户对新系统的需求等。换句话说，数据库的需求分析是软件需求分析所有内容中对数据的需求。

1. 需求分析的调查内容

由于软件设计开发人员不一定懂业务，而用户对计算机知识又不一定熟悉，并且用户的需求会不断地发生变化，确定需求是复杂且困难的。设计人员应该和用户不断交流，明确每项需求并与用户达成共识，然后分析与表达这些需求。

确定用户需求的一个常用方法是调查法。调查的重点是获得数据的存储和处理要求，具体应调查以下 3 方面的需求。

（1）数据存储需求。明确数据库中所有数据，例如输入、输出、存储数据，数据间的联系及约束。

（2）数据处理需求。明确用户需要完成的数据处理功能，包括数据处理的方式、数据处理的优先级、数据处理发生的频度、操作的执行频率和场合、数据量大小、数据处理响应速度等。

（3）数据安全性和完整性要求。包括数据处理的安全保密要求、数据和数据视图的访问权限、数据库的安全认证机制、数据库的完整性约束条件等，以确保数据安全，避免出现数据泄露、篡改和滥用的情况。另外，应明确数据的完整性要求，可利用各种技术手段保障数据的正确性、一致性。

2．调查用户需求的步骤

需求分析的目的是调查用户的实际需求并进行初步分析，调查的具体步骤如下。

（1）调查组织机构。为了分析数据的流向，需要了解用户所属组织机构的规模、组织架构等。例如，用户所属的组织机构各部门的规模和职责、各部门之间的联系、需要使用待开发系统的用户类型及各类用户的业务和操作权限等信息。

（2）熟悉业务活动。对各个部门的业务情况进行了解，主要了解各部门的数据使用情况，例如各部门输入/输出数据的内容与格式、各部门的数据操作与处理等。

（3）明确数据要求。在熟悉用户所属组织机构的情况和业务内容后，需要明确用户对数据库设计必须满足的要求，包括数据内容要求、功能处理要求、数据信息安全性与完整性要求等。

（4）确定数据库功能。在以上调查结果的基础上分析，确定数据库的管理边界，即具体数据的管理功能、数据来源及接口等。

在上述 4 个步骤完成后，需要按照一定规范编写数据需求分析报告，对这一阶段进行工作总结。数据需求分析报告的内容包括系统概括、数据需求分析技术、数据字典、数据流图等。在撰写数据需求分析报告之后，需要组织设计方和用户方进行需求确认和评审，重点检查数据需求分析报告是否全面、准确、无歧义地描述了用户的每一项数据需求。若需求确认和评审有问题，重复上述步骤修正数据需求成果，直至双方一致认可该报告后才进入下一阶段工作。数据需求分析过程如图 6-2 所示，其中实线表示指向下一步工作，虚线是上一步的反馈，表示对上一步工作的修正。

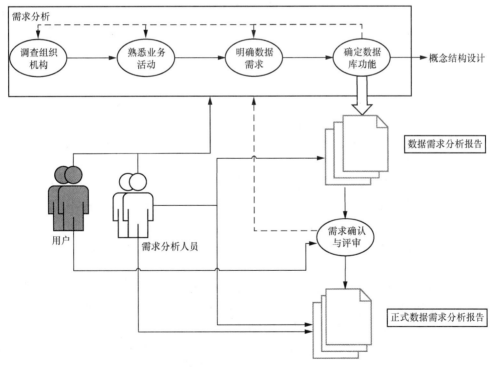

图 6-2　数据需求分析过程

数据需求分析报告可以是独立的报告,也可以是软件需求规格说明书的重要组成部分。软件的需求分析阶段的成果是软件的需求规格说明书,是软件系统需求的详细、规范描述,是后续软件开发的指南和检验系统功能的依据。

3．调查用户需求的方法

下面介绍几种常用的调查方法。

（1）专家访谈与集体会议。可以通过与业务熟练的专家用户进行一对一的访谈,请他们对业务情况进行详细说明,以便数据库设计人员对业务需求有进一步的了解;也可以组织一场需求调查会议,让各个部门业务人员聚集在一起,谈相应部门的工作业务,从而提炼出涉及的数据及处理需求。在访谈和会议之前,设计人员也可以提前准备对需求的问题,使设计人员对需求细节有更深的理解和认识。

（2）观察工作流程。可以选择典型业务对用户工作流程跟班作业,目的是对相关工作部门的业务活动、组成情况、工作职能、使用或处理的数据情况进行熟悉。

（3）使用调查问卷确定需求。根据用户业务活动需求的差异设计数据需求问题,例如数据处理方式、是否有涉密数据等。将调查问卷发给相关业务活动的用户,以便了解各部门用户的需求情况。

（4）查阅业务资料。查阅与业务流程相关的单据、报告、工作记录等资料。

4．需求分析的方法

在理解用户需求后,需要把用户的需求转化为设计人员与用户更容易理解的表述形式。常用的分析方法包括以下几种：结构化分析（Structure Analysis，SA）方法、数据流图（Data Flow Diagram，DFD）方法和数据字典（Data Dictionary，DD）方法。

6.2.2　需求分析实例

1．软件需求描述

软件需求规格说明书是较为严谨、复杂的文档,且具有一定的法律效力。例如,对大学教学活动来讲,用户角色至少包括教务员、教师、学生。

教务员的工作包括下达教学任务、排课、查看全学院教学任务、查看选课学生列表、查看开课教师列表等。

教师的工作包括查看教学任务、查看课表、打印点名册、录入学生成绩、打印成绩单等。其中,打印成绩单包括打印教学班成绩单、打印班级成绩单、打印试卷分析等不同的打印任务。对班级成绩单和教学班成绩单,可打印历史成绩单,也可查看历年课表。

学生的工作包括选课、查看课表、查看选修成绩、查看总成绩单（入学以来所有选修课程及成绩）等。

图 6-3 所示为教务管理系统的总用例图。图中给出了每个角色所需要完成的工作,每个椭圆形是一个用例,也就是一项需要它关联的角色完成的工作。用例之间可能有依赖、扩展、包含等关系,标注在相关用例的连接线上。

对于每个用例,软件需求规格说明书中需要列出用例约束、典型工作界面、工作中使用的单据、票证的内容与格式等。用例约束主要包括用例名称、实现名称、用例描述、参与者、前置条件、后置条件、主事件流、备选事件流、业务规则、涉及的业务实体、非功能性需求等，下面对其进行详细说明。

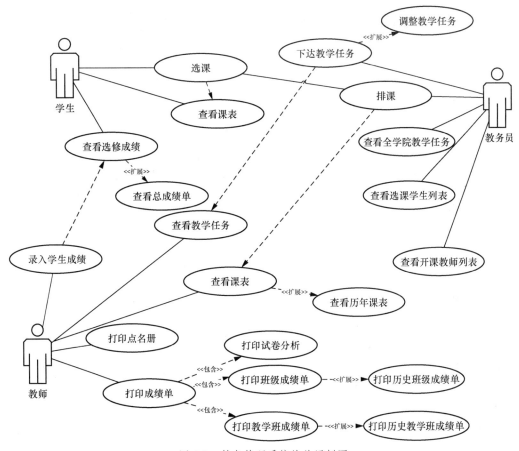

图 6-3　教务管理系统的总用例图

其中数据需求主要体现在单据、票证的内容与格式、主事件流、备选事件流和涉及的业务实体中。为描述方便，数据会以固定名词的形式出现在软件需求规格说明书、后续文档及软件中，需要规范其命名。

图 6-4 所示为课表样例，表 6-1 所示为用例查看课表的用例约束。

×××学年×××学期课程表

姓名：张三　　　　　　　　　角色：学生

节次	星期一	星期二	星期三	星期四	星期五	星期六	星期日
第 1~2 节	数据库系统（1~12 周）教 3-304	数据库系统（1~12 周）教 3-304					
第 3~4 节			数据库系统（5~12 周）实验楼 627				
第 5~6 节							
第 7~8 节							
第 9~10 节							
第 11~13 节							

图 6-4　课表样例

表 6-1 用例查看课表的用例约束

用例名称	查看课表
实现名称	schoolSchedule
用例描述	学生或教师查看课表，课表以表格形式展示一周中上课的课程名称、时间、地点等信息
参与者	教师、学生
前置条件	参与者已登录系统
后置条件	无
主事件流	1. 参与者在软件主界面上选择"查看课表"选项。 2. 显示参与者课表。 3. 参与者单击"打印"按钮，系统显示打印预览界面，以表格形式展示参与者的课表，并显示下拉列表框，在下拉列表中可选择"打印""保存到文件"两个选项。 （1）若参与者选择"打印"选项，则从默认打印机输出课表。 （2）若参与者选择"保存到文件"选项，显示"文件保存"对话框，让参与者输入文件名、设置保存位置，此时参与者单击"保存"按钮，则保存课表为 PDF 文件
备选事件流	1. 若参与者登录超时，则需要显示登录界面让参与者重新登录，再显示课表。 2. 若参与者课表为空，系统显示空白课表，不提供打印功能
涉及的业务实体	课表
……	……

2．数据字典

数据字典是软件需求规格说明书或数据需求说明书的重要组成部分，用于定义、描述整个软件所使用的数据元素。对每个数据，描述其名称、结构组成、存储、处理逻辑等内容。其最小描述单位是数据项，数据由数据项组成。由图 6-4 不难看出，课表是一项数据，在此简单描述如下。

课表=学年+学期+姓名+角色+上课时间（包括周几、第几节课）+课程名称+上课周范围+上课地点。

学年：年号，整数，范围 1950～3000。

学期：两个取值（春、秋）。

姓名：由汉字、字母、数字组成的字符串，最大长度为 50。

角色：（教师、学生）。

上课时间：取值包括周几、第几节课，周取值包括星期一到星期日共 7 个，第几节课取值包括"第 1～2 节"至"第 11～13 节"共 6 个。具体上课、下课时间可参看学校校历。

课程名称：由汉字、字母、数字组成的字符串，最大长度为 50。

上课周范围：示例中"1～12 周"指第 1～12 周，"5～12 周"指第 5～12 周。具体可查看学校校历。

上课地点：由教学楼、教室号组成。例如"教 3-304"中教 3 是教学楼名称，304 是教室号。

对教务管理来讲，还需要在数据字典中描述学院、教师、学生、课程、教学任务、选课（学生选课）、选修成绩列表、总成绩、点名册、成绩单（包括教学班成绩单、班级成绩单、试卷分析 3 类）、全学院教学任务、选课学生列表、开课教师列表等数据。数据较多时，一般会对数据、数据项进行编号，以方便描述。

6.3 数据库的概念结构设计

概念结构设计是将用户需求抽象为信息世界的概念模型的过程。概念模型是从数据的应用语义的角度来抽取模型，并按用户的观点对数据和信息进行建模。概念模型是现实世界到信息世界的中间层次，是数据库设计阶段的关键所在。

6.3.1 概念模型及其结构

为了准确、全面地描述用户需求，需要将其抽象为不依赖计算机及数据库管理系统的概念模型。概念模型也是信息模型，是按照用户观点对信息世界的管理对象、属性及联系等信息的建模，是现实世界到信息世界的第一层抽象。概念结构设计就是将用户需求按照特定的方法抽象为概念模型的过程。目前存在许多种类型的概念模型，其中较简单、实用的是 E-R 模型。E-R 模型使用面向用户的表达方法，在数据库设计中被广泛用作数据建模的工具。E-R 模型描述实体及实体之间的联系。

概念模型及其结构

1．概念结构的主要特点

数据库概念结构设计是整个数据库设计的关键，是各种数据模型的基础。概念结构通过对用户需求进行综合、归纳与抽象，设计合适的概念模型（例如 E-R 模型）。该模型具有以下特点。

（1）概念模型不仅要满足用户对数据的具体处理要求，还要保证能够真实、全面、充分地反映现实世界中事物与事物之间的联系。概念模型是反映现实世界的模型。

（2）概念模型应是易于用户理解的，尽可能让每一个用户都能够参与数据库的设计。

（3）概念模型要求易于修改、扩充。

（4）概念模型要易于转换逻辑结构中的数据模型。概念模型最终要向关系、网状、层次等各种数据模型转换。在设计概念模型时需要注意保证能够方便、快捷地对其进行特定的数据模型转换。

2．概念结构的设计方法与步骤

设计概念结构通常有 4 种方法：自顶向下的设计方法、自底向上的设计方法、逐步扩张的设计方法、混合策略的设计方法。

（1）自顶向下的设计方法。要求根据具体需求定义全局概念结构的框架，逐步细化不同的子概念，最后形成完整的全局概念结构。该方法是较常用的设计方法，如图 6-5 所示。

（2）自底向上的设计方法。要求根据不同的子需求定义各局部应用的概念结构，集成后形成完整的全局概念结构，如图 6-6 所示。

（3）逐步扩张的设计方法。要求先定义最重要的核心概念结构，向外扩充，生成其他概念结构，直至完成总体概念结构。

（4）混合策略的设计方法。采用自顶向下与自底向上相结合的设计方法，首先用自顶向下策略设计一个全局概念结构的框架，再引入自底向上策略设计各局部概念结构。

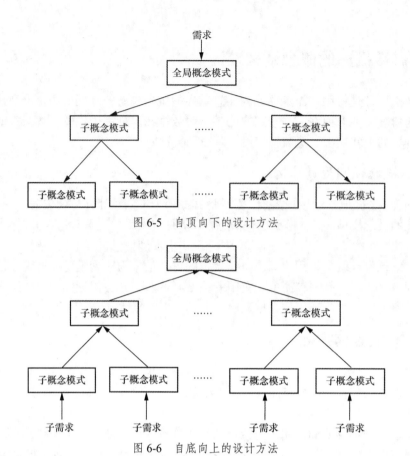

图 6-5　自顶向下的设计方法

图 6-6　自底向上的设计方法

6.3.2　数据抽象

数据抽象

概念模型是一种对现实世界中事物及其相互关系的抽象。抽象就是对实际的人、物、事和概念进行人为的处理，抽取现实世界存在的共同特性，精确描述相应概念，并且不忽略其本质的细节，最后形成某种模型。通常数据抽象包括分类、聚集和概括 3 种基本方法。

1．分类（Classification）

分类是面向对象的设计方法中常用的一种抽象，指定义某一类概念作为现实世界中一组对象的类型，这些对象具有某些共同的特性和行为。分类抽象了对象值和型之间的"成员"的语义。在 E-R 模型中，实体集就是这种抽象。例如，在学校中，郭紫涵是一名学生，她具有学生们共有的特性和行为：属于某个学院、选修一些课程学习，并可获得成绩。与郭紫涵同属一类的还有陈致远等其他学生，因此学生是一个实体集，郭紫涵、陈致远等都是它的实例。

2．聚集（Aggregation）

聚集可简单理解为定义某一类型的组成部分。它抽象了对象内部类型和对象内部"组成部分"的语义。在 E-R 模型中，若干属性的聚集组成了实体型。例如，学号（id）、名字（name）、性别（gender）、出生日期（birthday）、所在学院（college_name）都可抽象为学生实体的属性。图 6-7 所示为聚集得到的学生实体的概念模型图。

3．概括（Generalization）

概括定义了类型之间的一种子集联系。它抽象了类型之间"所属"的语义。例如，学生是一个实体集，班长、学习委员也是实体集，但班长、学习委员均是学生的子集。可把学生称为超类（Superclass），班长、学习委员称为子类（Subclass）。在 E-R 模型中用双竖边的矩形框表示子类，用直线加小圆圈表示超类-子类的联系。

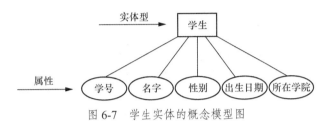

图 6-7　学生实体的概念模型图

继承性指子类继承超类中定义的所有抽象。子类可以添加某些特殊属性。例如，班长、学习委员都继承了它们的超类属性，即班长和学习委员都具有学生类型的属性，也可以有自己的特殊属性。图 6-8 所示为学生实体和班长实体、学习委员实体之间的继承关系。

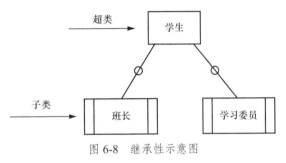

图 6-8　继承性示意图

6.3.3　E-R 模型

E-R 模型是由美籍华裔计算机科学家陈品山于 1976 年提出来的，也被称作实体-联系模型。E-R 模型是概念数据模型最常用的数据模型或模式图，是数据库设计的理论基础。E-R 模型可以

E-R 模型-E-R
图设计

E-R 模型-
联系

E-R 模型-
属性

E-R 模型-
实体

使用图形化的方法表示，称为 E-R 图。E-R 图提供实体型、属性和联系的图形化方法，可以形象、直观地表示 E-R 模型。

1．E-R 模型的基本元素

E-R 模型的基本元素是实体、属性和联系。

（1）实体（Entity）

实体是客观存在并且可以相互区别的事物。实体可以是具体的人、事和物，也可以是抽象的概念或联系。例如，一个学生、一场比赛、一个班级、一所学校等都是实体。一般将实体、实体型和实体集三个概念统称为实体。其中，使用实体名及其属性集合来刻画的同类实体，称为实体型。同一类型的实体构成的集合称为实体集。如全体学生是一个实体集。在 E-R 模型中提到的实体通常是指实体集。

实体实例是实体的具体值。一个实体应该拥有一个以上的实例。在 E-R 图中，用矩形来表示实体，内部写明实体的名称（用名词表示）。为了方便工作人员与用户之间的交流，在需求分析阶段通常使用中文表示实体名，在设计阶段再根据需要转换成相应的英文。英文实体名通常使用首字母大写且具有实际意义的英文单词。属性和联系的名称也采用类似的方法。

在现实世界中，有时某实体对另一实体有很强的依赖关系。例如，一个实体的存在必须以另一个实体的存在为前提，该实体主码的全部或者部分从依赖的实体获得。前者称为弱实体类型（简称弱实体），后者称为强实体类型或常规实体类型（简称强实体或实体）。

（2）属性（Attribute）

属性是指实体或联系所具有的性质或特征。一般来说，一个实体都是通过许多个属性共同描述的。码是可以唯一标识实体的属性或属性组。属性的取值范围称为属性的域，也称为属性的值域。例如，学生实体中的"性别"属性取值只能为"男"或者"女"。在同一个实体集中，不同实体的同一个属性的属性域是相同的，但可能取不同的值。为了确认某个特别指定的实体，可以通过该实体属性的一组特定值确定。在 E-R 模型中，一般使用椭圆形表示其属性，并用无向边将其与相应的实体连接起来。图 6-7 实际上已使用了 E-R 图的符号来描述学生实体及其组成属性，但未为主码字段（学号）添加下画线。

E-R 图中的属性可以分为简单属性、复合属性，单值属性、多值属性、派生属性等。简单属性是指实体与联系的基本属性，是不能再进行分割的最小单位；复合属性由多个简单属性组成，是能够分割为更小部分的属性；单值属性是指对一个特定实体，一个属性只有单独的一个值；多值属性是指对一个特定实体，一个属性可能对应一组值，用双线椭圆形表示；派生属性是指由其他属性计算得出的属性，使用虚线椭圆形表示。

图 6-9 所示为一个利用多类型属性描述学生实体的例子。其中学号是主属性，它可以唯一标识学生实体集中的一个学生。姓名是一个复合属性，它需要由姓氏、辈分、字 3 个属性描述，这对应中国人传统起名字的规范，即每个人的姓名包括姓氏、在家族中所处的辈分名和自己的字 3 个部分，例如孔祥熙、孔繁森、孟繁骥等。出生日期是一个属性，但可能人们更多时候需要从数据库查询学生的年龄，所以取年龄为派生属性。电话是多值属性，即一个学生可以有多个电话号码。

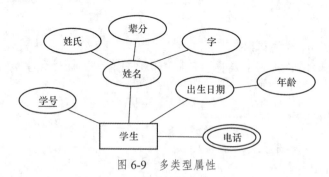

图 6-9　多类型属性

一般来说，实体和属性之间的差异并没有直接的界限。但是，在现实世界中具体的应用环境对实体和属性做了自然划分。例如，在数据字典中，"数据结构""数据流""数据存储"都是若干属性的聚合，它体现了自然划分的意义。设计 E-R 图时，可以先从自然划分的内容出发定义初步的 E-R 图，再进行必要的调整。为了简化 E-R 图，在调整中应当遵循的一条原则是：现实世界的事物能作为属性对待的尽量作为属性对待。在解决这个问题时应当遵循两条基本准则，即属性不能再具有需要描述的性质，属性必须是不可分割的数据项，不能包含其他属性；属性不能与其他实体具有联系。在 E-R 图中所有的联系必须是实体间的联系，而不能有属性与实体之间的联系。

（3）联系（Relationship）

联系是指不同实体之间的相互关系。在现实世界中，不同类型的事物之间以及相同类型的事物之间都是有联系的。这些现实世界中的联系反映在信息世界中就是不同实体集之间以及同一实体集内部不同实体之间的联系。实体之间联系类型的不同会直接导致数据库逻辑结构设计的不同，并影响到用户功能的实现。所以区分联系类型是一项非常重要的工作。

联系的元数是指和联系所关联的实体集的个数，它由现实中参与联系的实体集个数决定。例如，联系通常会有一元联系、二元联系和三元联系，少数情况下会存在四元或更多元的联系。

一元联系是一个实体集内部一些实体与另一个实体之间的联系，例如学生中有些学生是班长，他管理他们班的其他学生，所以学生实体集中有一个联系，联系的一方是班长，另一方是班级成员。同样，课程中有些课程是另外一些课程的先行课程，课程实体集上也有一元联系，联系的一方是课程，另一方是该课程的先行课程。

二元联系是两个实体集之间的联系，例如学院和学生之间有从属联系，一个学院有多个学生，而每个学生仅属于一个学院。

三元联系是有三个实体集参与的联系，例如学生、教师和课程之间有一个选修联系，学生选修一门课程，就意味着他选修由某教师讲授的课程；教师讲授一门课，其受众一定是学生；而课程一定是某位教师讲授、一些学生来学习才能开设的。因此，教师、学生、课程之间存在一个叫作选修的三元联系。

在 E-R 图中，联系使用菱形表示，并通过线将它连接到参与联系的各方实体。图 6-10 所示为一张表达学院、学生、课程、教师之间联系的 E-R 图。其中学生、学院、课程和教师是实体，它们之间具有多种联系，管理、选修是一元联系，属于是二元联系，选修是三元联系。为方便描述，图 6-10 中未列出实体及联系的属性，本书后文若需要展示多个实体之间的联系，都不再列出实体的属性。

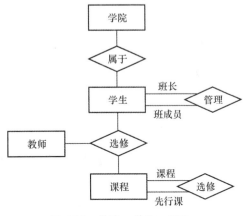

图 6-10　学院、学生、课程、教师之间联系的 E-R 图

其中，二元联系是最常见的，有时候我们也会把一些三元联系或更多元联系表示为多个二元联系的组合。二元联系比较容易量化，因此，我们把二元联系分为一对一联系、一对多联系和多对多联系。

① 一对一联系（1∶1）。如果对于实体集 A 中的每一个实体，实体集 B 中至多有一个实体与之联系，反之，对于实体集 B 中的每一个实体，实体集 A 中至多有一个实体与之联系，则称实体集 A 与实体集 B 具有一对一联系，记为 1∶1。例如，一个学院只有一个院长且一个院长在某个时刻只能担任一个学院的院长，因此，学院和院长之间是一对一联系。

② 一对多联系（1∶n）。如果对于实体集 A 中的每一个实体，实体集 B 中有 n 个实体（$n \geq 0$）与之联系；对于实体集 B 中的每一个实体，实体集 A 中至多只有一个实体与之联

系，则称实体集 A 与实体集 B 有一对多联系，记为 $1:n$。例如，一个学院有多名学生，而一个学生在一个时刻只能属于一个学院，因此，学院和学生之间是一对多联系，其中学院是一方，学生是多方。

③ 多对多联系（$m:n$）。如果对于实体集 A 中的每一个实体，实体集 B 中有 n 个实体（$n \geq 0$）与之联系；对于实体集 B 中的每一个实体，实体集 A 中也有 m 个实体（$m \geq 0$）与之联系，则称实体集 A 与实体集 B 具有多对多联系，记为 $m:n$。例如，若只考虑学生和课程之间的联系，则它是一个二元多对多的联系，因为一名学生可以选修多门课程，一门课程也可以被多个学生选修。

有意思的是，在上述情况下，学生和学院之间的联系是多对一联系，学生是多方，学院是一方。有些资料将二元联系定义为一对一联系、一对多联系、多对一联系、多对多联系。一对多联系和多对一联系是对称的，本书简化表示，只给出了一对一联系、一对多联系、多对多联系。

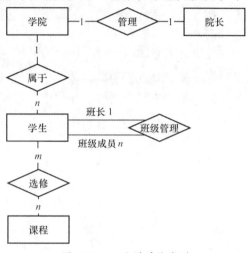

在 E-R 模型中，联系用菱形表示，在菱形框内写明联系名称，并且用无向边分别与有关实体型连接起来，同时在无向边上注明联系的类型。图 6-11 所示为实体集学院、院长、学生、课程之间的联系及联系的类型，其中学院与学生之间的联系"属于"是 $1:n$ 的、学院与院长之间的联系"管理"是 $1:1$ 的、学生与课程之间的联系"选修"是 $m:n$ 的。

图 6-11 二元联系的类型

与实体类似，联系也可用属性描述，例如学生属于学院，可添加起始时间、终止时间，选修可以添加选修学年、选修学期、上课教室等属性来更加详细地描述。

与实体的码类似，一般也有可以唯一标识一个联系的属性或属性组（称为联系的码）。联系的码是参与联系的各实体码的集合的子集。

2．E-R 图的设计

概念结构设计首先是依据数据需求分析报告中的数据流图、数据字典等内容对数据进行分类、聚集，提取实体和实体的主码及其他属性，确定实体间的联系，并对二元联系标注联系的类型（$1:1$、$1:n$、$m:n$）；接着设计分 E-R 图；再对分 E-R 图进行集成，得到初步 E-R 图；再对初步 E-R 图进行消解冲突、去除冗余等操作，最终得到全局 E-R 图。E-R 图的设计步骤及步骤之间的关系如图 6-12 所示。

每个步骤具体工作如下。

（1）分 E-R 图设计

根据某个系统的具体情况，将系统分解为若干个局部应用。对每个局部应用，在多层数据流图中选择一个适当层次的数据流图，作为设计分 E-R 图的出发点。由于中层数据流图能较好地反映系统中各局部应用的子系统的组成，因此，往往以中层数据流图作为设计分 E-R 图的依据。根据局部应用的数据流程图中标定的实体集、属性和主码，并结合数据字典中的相关描述内容，确定 E-R 图中的实体、实体之间的联系。

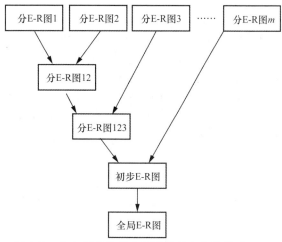

图 6-12　E-R 图的设计步骤及步骤之间的关系

（2）E-R 图的集成

设计好各分 E-R 图之后，需要把设计好的分 E-R 图综合成一个系统的初步 E-R 图。通常，集成 E-R 图有两种方式。

① 一次集成，即由多个分 E-R 图一步生成初步 E-R 图。

② 逐步集成，即多个分 E-R 图两个一组、三个一组或多个一组先进行一次集成，对集成结果采用同样的方式再进行一次集成。若还有多个分 E-R 图，则继续集成，直至最终将所有分 E-R 图集成为初步 E-R 图。

上述两种方式在集成局部 E-R 图的过程中都要执行消除冲突的操作，以解决各分 E-R 图之间的冲突问题。各分 E-R 图之间的冲突主要有三类，分别是属性冲突、命名冲突和结构冲突。

属性冲突包括属性域冲突和属性取值单位冲突。属性域冲突是指属性值的类型、取值范围或取值集合不同。例如，学生的年龄在有的局部应用中以出生日期的形式表示，有的以整型表示。属性取值单位冲突是指属性取值单位在不同的局部应用中有所不同。例如，学生的平均成绩在有的局部应用中以百分制表示，有的则可能以等级制表示。往往采用协商、讨论等手段处理属性冲突。

命名冲突包括同名异义和异名同义。同名异义是指不同意义的对象在不同的局部应用中具有相同的名字。异名同义是指同一意义的对象在不同的局部应用中具有不同的名字。命名冲突可能发生在属性级、实体级、联系级上，绝大部分情况都是属性的命名冲突。往往采用协商、讨论等手段处理命名冲突。

结构冲突包括三类。一是同一对象在不同应用中具有不同的抽象。例如，班长在有的局部应用中被当作实体对待，在有的局部应用中则被当作属性对待，这就会产生抽象冲突问题。为了使同一对象具有相同的抽象，往往把属性变换为实体或把实体变换为属性。二是同一实体在不同分 E-R 图中所包含的属性组成不一致，或者属性的排列次序不完全相同。这种冲突是由于不同的局部应用中关心的是该实体的不同侧面。为了消除这种冲突，通常使该实体的属性取各分 E-R 图中属性的并集，再适当设置属性的次序。三是联系的元组和二元联系的类型在不同的分 E-R 图中有所不同。对于这类冲突，往往是根据应用语义对联系的类型进行综合或调整来解决。

（3）修改和重构

在初步 E-R 图中，可能存在冗余数据和冗余实体间的联系。冗余数据是指可由基本数据导出的数据，冗余联系是指可由其他联系导出的联系。冗余数据和冗余联系容易破坏数据库的完整性，给数据库维护增加困难。对于这类问题，并不是所有冗余数据与冗余联系都必须加以消除。有时为了提高某些应用的效率，不得不以冗余信息作为代价。对于哪些冗余信息必须消除、哪些冗余信息是可以存在的，就需要在最开始设计数据库概念模型时，根据用户的整体需求来确定并消除不必要的冗余。消除不必要的冗余后的初步 E-R 图称为全局 E-R 图。

一般来说，有两种方法消除冗余。一是利用分析法消除冗余数据，以数据字典和数据流图为依据，按照数据字典中关于数据项之间逻辑关系的说明消除冗余。二是利用关系规范化理论消除冗余联系。

【例 6-1】某高校教务管理系统的总用例图见图 6-3，其数据需求简单列出如下，请画出其 E-R 图。

学院：记录学院名称、电话、地址、描述，其中学院名称是唯一标识。

教师：记录工号、姓名、性别、生日、职称、所在学院等信息，工号是唯一标识。

学生：记录学号、姓名、性别、生日、专业、所在学院等信息，学号是唯一标识。

课程：记录课程编号、课程名称、学时、学分、开课信息，课程编号是唯一标识。课程每开出一次，记录一条开课信息，包括开课学年、开课学期、开课编号、上课地点（包括教学楼名称、教室号）。

上课时间：包括序号、开始周、结束周、周时间、开始小时、开始分钟、结束小时、结束分钟等，序号是唯一标识。

上课地点（教室）：包括教学楼名称、教室号、教室类型、容量等，教学楼名称、教室号是唯一标识。

教学任务：包括教师工号、姓名、学年、学期、课程名称、课程学时、课程学分等信息，教师工号、学年、学期是唯一标识。

课表：包括教师工号（或学生学号）、与教师工号或学生学号对应的姓名、学年、学期、开始周、结束周、周时间、节次（第 1～2 节、第 3～4 节，或其他类似格式的时间段）、课程名称。

学生的成绩单：包括学号、姓名、选课列表、总学分、平均成绩等信息，学号是唯一标识。

选课列表：包括课程编号、课程名称、上课学年、上课学期、开课号、成绩、所得学分等。

教师的成绩单（教学班成绩单、班级成绩单）：包括课程编号、课程名称、上课学年、上课学期、开课号、班级名称、上课时间、上课地点、选课学生列表（学号、姓名、成绩）、上课人数、平均成绩、各分数段人数（分数段一般分 100～90、89～80、79～70、69～60、小于 60 共 5 个分数段）。

这些数据中教学任务、课表、学生的成绩单、教师的成绩单等都是导出数据，即可以从基础数据中抽取生成的数据，且导出时需要统计一些整体信息。本系统还有一些导出数据，例如学生当前学期选修成绩单、点名册、试卷分析、全学院教学任务、选课学生列表、开课教师列表等数据，在此不一一列出。

图 6-13 是使用绘图软件 Mircosoft Visio 进行概念模型设计得到的 E-R 图，采用的符号属于 Crow's foot 符号体系，其实体、联系的表示与本节前一部分介绍的符号不同。E-R 图设计可使用多种符号，除了 Crow's foot 以外，还有 IDEF1X、UML 等方式。本章前面几节使用的符号属 Chen's 数据库表示法。它是最早使用的 E-R 图符号，比较适合人们阅读、交流，而 Crow's foot、IDEF1X、UML 等更适合数据库设计工具软件使用。我们鼓励读者使用数据库设计软件进行数据库设计，因为这些软件可以将用户的概念设计更方便地转换成数据库逻辑模型和物理模型。

图 6-13 中的实体包括学院（college）、教师（instructor）、学生（student）、课程（course）、课程开设（section）、教室（classroom）、时间段划分（timeslot），实体名在矩形的第一行，从矩形第二行开始是它所拥有的属性（属性的类型、长度等信息可通过软件输入并管理），其中虚线以上部分为主码字段。联系的名称标注在关系实体之间的线上，共 9 个。联系与实体连接端的形状略有区别，圆点形表示多方，菱形表示一方。

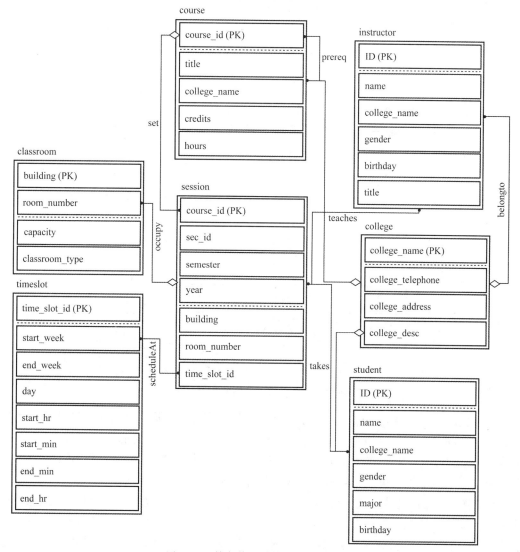

图 6-13　教务管理系统的全局 E-R 图

本例相对简单，只针对单个系统进行了 E-R 图的设计，没有进行 E-R 图的集成、修改和重构工作。下面给出一个需要进行 E-R 图集成、修改与重构的例子。简单起见，例 6-2 未列出数据需求，并使用本节介绍的 E-R 图符号进行绘制。

【例6-2】 画出某高校学生管理的 E-R 图。

该高校学生学籍管理子系统的局部 E-R 图如图 6-14 所示，教务管理子系统的局部 E-R 图如图 6-15 所示，现在将两个局部 E-R 图综合成全局 E-R 图。

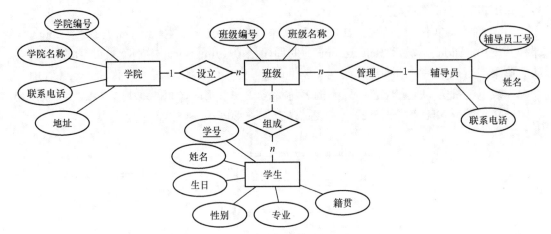

图 6-14 学生学籍管理子系统的局部 E-R 图

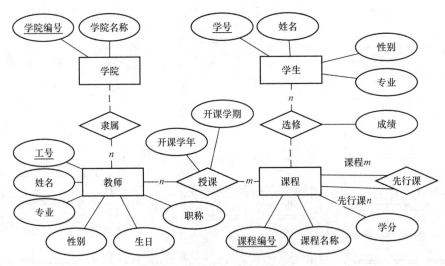

图 6-15 教务管理子系统的局部 E-R 图

对上面两个子系统进行集成得到的初步 E-R 图如图 6-16 所示，两个局部 E-R 图中均含有"学院"和"学生"这两个实体，且属性名、属性个数不同，最简单的处理方法是取两个分 E-R 图中实体的属性的并集作为初步 E-R 图中的属性。若出现属性类型不同、同名联系的类型不同等现象，可取相容的或依据实际情况初步确定。

在修改和重构过程中，由观察可知，辅导员实际上是属于教师的，辅导员工号就是教师工号，辅导员的联系电话在教师实体集中未出现。对教师来讲，增加联系电话也是可理解的，但一般教师可能没有联系电话，但辅导员一定有联系电话，因此需要增加约束限制当教师管理班级时，其联系电话字段不能为空。修改和重构后的全局 E-R 图如图 6-17 所示。

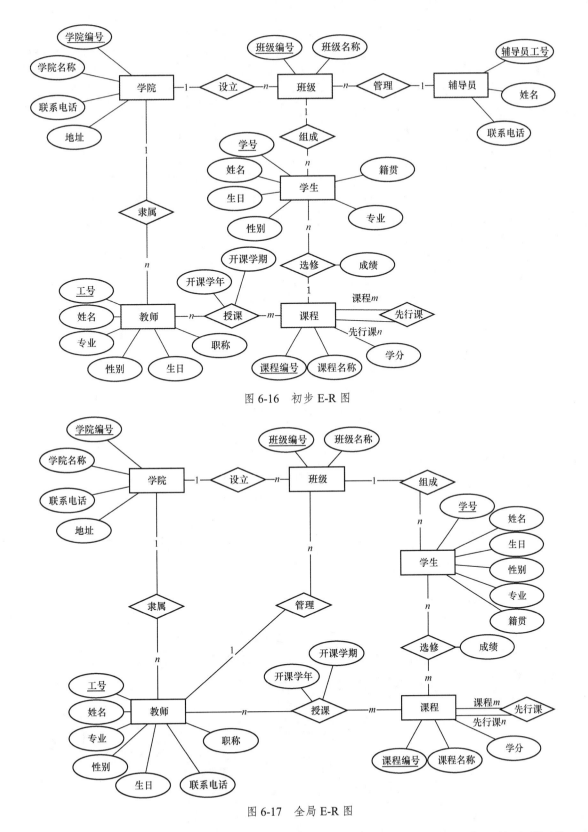

图 6-16　初步 E-R 图

图 6-17　全局 E-R 图

另外，对学生选修一门课程而言，若需要查询学生哪个学年、哪个学期选修了哪门课程，数据库当前未存储此方面的信息。再有，若某个学年的某个学期一门课程有多个教师同时开设，某学生是在哪个班完成选修的更没有记录。若需要查询某学生选修的某门课程是哪个教师授课的，需要修改 E-R 模型，记录更多信息。这种修改需要向需求分析部分进行反馈，先在软件的需求规格说明书中增补相关功能需求和数据需求后，再修改 E-R 模型体现这些需求。

数据库开发过程乃至软件开发过程都是可回溯的，经过回溯甚至多次回溯更能开发出满足用户需求的软件。

从例 6-1、例 6-2 中可知，实体、联系是分别与现实中实际存在的事物及其联系相对应的，是最基础的，需要利用数据库进行存储，并生成其他导出数据的数据。可以看到，E-R图中的元素与数据需求差别较大，这就需要数据库设计人员认真、细致地进行分析，以得到好的数据概念结构模型。

另外，设计有时候可以使用不同的方式表示现实中的事物及联系。图 6-13 将课程开出理解为一个实体（实质上这是个弱实体，因为它依赖于课程存在），但完全可以将它理解为课程的一个多值复合属性，或者一个弱实体，分别如图 6-18（a）和图 6-18（b）所示。

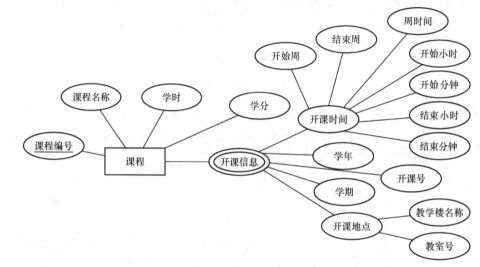

（a）将开课信息、开课时间、开课地点理解为复合属性

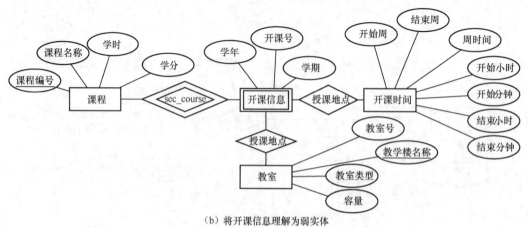

（b）将开课信息理解为弱实体

图 6-18　对课程与课程开出关系的两种理解

6.4 数据库的逻辑结构设计

为了用特定的数据库管理系统实现用户需求，需要把概念模型转化为数据模型，这就是数据库逻辑结构设计需要完成的任务。逻辑结构是独立于任何一种数据模型的。目前使用的数据库基本上都是关系数据库，因此首先需要将 E-R 图转换为关系模型，再根据具体数据库管理系统的特点和限制转换为特定的数据模型，最后进行优化。

现在的数据库管理系统一般支持关系、网状、层次三种模型中的某一种，其中以关系模型最常见。

6.4.1　E-R 模型向关系模型的转换

关系模型的逻辑结构是一组关系模式的集合。将 E-R 模型转换为关系模型实际上就是将实体、实体属性和实体间的联系转换为关系模式。E-R 模型向关系模型转换要解决两个问题。一是如何将实体和实体间的联系转换为关系模式，二是如何确定这些关系模式的属性和主码。在转换过程中，应遵循如下原则。

（1）一个实体转换为一个关系模式。实体属性就是关系属性，标识符就是关系模式的码。例如，图 6-19 中的班级实体，可转换为关系模式"班级(班级号,人数)"，其中，班级号为班级关系的主码。

（2）两个实体间为 1：1 联系，可以在两个实体转换成的两个关系模式的任意一个关系模式属性中，加入另一个关系模式的码和联系类型属性。

例如，图 6-19 中的两个实体班级、班长之间存在一个 1：1 联系"管理"，则此 E-R 图可转换为关系模式：

> 班级 (班级号,人数,班长学号)
> 班长 (学号,姓名,联系电话)

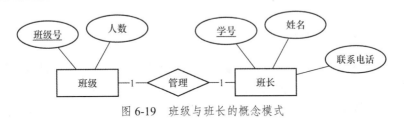

图 6-19　班级与班长的概念模式

也可以转换为以下关系模式：

> 班级 (班级号,人数)
> 班长 (学号,姓名,联系电话,班级号)

（3）两个实体间为 1：n 联系，在 n 端实体转换成的关系模式中加入 1 端实体的码和联系类型属性。例如，图 6-20 中的 1：n 联系"属于"，可以转换为关系模式：

> 学院 (学院编号,学院名称,联系电话,地址)
> 学生 (学号,姓名,生日,性别,专业,学院编号)

其中学院编号是学院表的主码，即学院编号是学生表的外码。

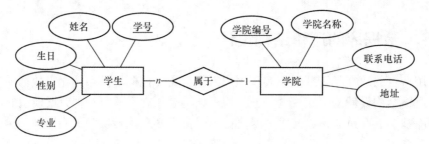

图 6-20　学生与学院的概念模式

（4）两个实体间为 $m:n$ 联系，将联系类型也转换成关系模式，其属性为两端实体的码加上联系类型属性，而键为两端实体的码的组合。例如，图 6-21 中的 $m:n$ 联系 "授课"，可转换为关系模式：

> 教师(工号,姓名,专业,性别,生日,职称)
> 学生(学号,姓名,生日,性别,专业)
> 选课(工号,学号,学年,学期,课程编号、课程名称)

其中工号、学号是两个外码，分别取自教师、学生表的同名主码字段。

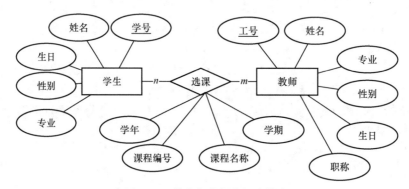

图 6-21　学生与教师的概念模式

6.4.2　关系模型的优化

关系模型的
优化

设计人员需要根据具体的应用需求调整数据模型的结构，一般来说是以规范化理论指导相关关系模型的优化，具体方法如下。

① 确定数据依赖。按需求分析阶段所得到的语义，分别写出每个关系模式内部各属性之间的数据依赖，以及不同关系模式属性之间的数据依赖。

② 对各个关系模式之间的数据依赖进行极小化处理，消除冗余联系。

③ 按照数据依赖理论对关系模式逐一进行分析，检查是否存在部分函数依赖、传递函数依赖、多值依赖等，确定各关系模式分别属于第几范式。

④ 按照需求分析阶段得到的处理要求，分析这些模式对应用环境是否合适，确定是否需要对某些模式进行分解。

⑤ 对关系模式进行必要分解，以提高数据操作效率和存储空间利用率。

【例 6-3】请给出例 6-1 中 E-R 模型的逻辑结构设计。

数据库所包含的表如下，每张表的主码用下画线标注，外码用浪纹下画线标注：

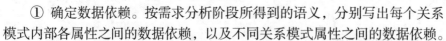

```
college(college_name, college_telephone, college_address, college_desc)
```

```
course (course_id, title, college_name, credits, hours)
instructor(i_ID, name, college_name, gender, birthday, title)
student(s_ID, name, college_name, major, gender, birthday)
section (course_id, sec_id, semester, year, building, room_number, time_slot_id)
classroom(building, room_number, capacity, classroom_type)
time_slot(time_slot_id, start_week, end_week, day, start_hr, start_min, end_hr,
end_min)
    takes ( s_ID, course_id, sec_id, semester, year, grade) -- 其中外码有两个, 即 ID 和
< course_id, sec_id, semester, year>
    teaches(i_ID, course_id, sec_id, semester, year)  -- 其中外码有两个,即 ID 和< course_id,
sec_id, semester, year>
    prereq( course_id, prereq_id)  -- 其中外码有两个 course_id 和 prereq_id(引用 course 表中
course_id字段)
```

前 7 张表由实体转换而来，后 3 张表是转换多对多联系得到的。9 个联系转换为多个
外码。

以上数据库的逻辑结构可由数据库概念结构设计辅助工具软件生成，实际上很多数据
库概念结构设计辅助工具软件可依据所使用的数据库管理系统及其详细版本生成对应的
SQL 文件来创建数据库。一般数据库设计人员可以在生成的 SQL 文件上进行调整，手动优
化数据库的逻辑结构。数据库的逻辑结构也可在相应数据库管理系统上运行 SQL 文件，创
建数据库后由数据库管理系统生成。图 6-22 是由 MySQL 逆向工程导出的例 6-3 的数据库

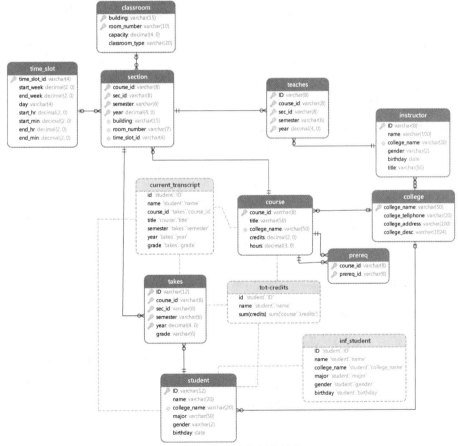

图 6-22　数据库的逻辑模型

的逻辑模型。

【例 6-4】请给出例 6-2 中 E-R 模型的逻辑结构设计。

由图 6-17 的全局 E-R 图，可分析得数据库结构如下。

学院（学院编号，学院名称，联系电话，地址）

教师（工号，姓名，专业，性别，生日，联系电话，职称）

班级（班级编号，班级名称、学院编号、辅导教师工号）--外码：辅导教师工号，引用教师（工号））

学生（学号，姓名，生日，性别，专业，籍贯，班级编号）--外码：班级编号，引用班级（班级编号））

课程（课程编号，课程名称，学分）

先行课（课程编号，先行课编号）--外码：课程编号，引用课程（课程编号）。外码：先行课编号，引用课程（课程编号）

选修（学号，课程编号，成绩）--外码：学号，引用学生（学号）。外码：课程编号，引用课程（课程编号）

授课（教师工号，课程编号，开课学年，开课学期）--外码：教师工号，引用教师（工号）。外码：课程编号，引用课程（课程编号）

本例设计过程与【例 6-3】相似，读者可先将实体集学院、教师、班级、学生、课程转换为关系，在实体转换的同时，将其中 1:1、1:m 的联系转换为向某张表添加另外一张表的主码。然后再将先行课、选修、授课等 m:n 的联系转换为关系表。

6.4.3 数据库的外模式设计

数据库的
外模式设计

当优化完全局逻辑模型，需要根据系统应用需求，结合具体数据库管理系统的特点，设计数据库的外模式（也叫用户子模式）。关系数据库管理系统中提供的视图是根据用户子模式设计的。因此，这一阶段的任务是根据系统需求，设计相应用户视图。设计用户视图时，只考虑用户对数据的使用要求、习惯及安全性要求，不用考虑系统的时间效率、空间效率和维护等问题。设计时应尽量使用符合用户习惯的别名，对不同权限用户设计不同视图，以保证系统安全。除此之外，应将应用系统中经常使用的一些复杂查询设计成视图，以方便用户使用。

利用用户子模式可以简化用户对系统的使用，方便查询。实际中经常要使用某些很复杂的查询，这些查询包括多表连接、限制、分组和统计等。为了方便用户，可以将这些复杂查询定义为视图，用户每次只需对定义好的视图进行查询，避免每次查询都要对其进行重复描述。

【例 6-5】创建视图显示当前学期所有学生选修的课程及成绩。

```
CREATE VIEW current_transcript as
    SELECT student.id,name, takes.course_id, title,takes.semester, takes.year,
        grade FROM (student natural join takes) JOIN course ON takes.course_id=
        course.course_id
    WHERE year=YEAR(CURRENT_DATE) and semester= IF (MONTH(CURRENT_DATE)>2
     and MONTH(CURRENT_DATE)<9 , 'Spring', 'Fall')
    ORDER BY student.id,takes.course_id;
CREATE VIEW view_test AS SELECT ID, name, major FROM student;
```

此视图创建语句在 MySQL 8.0.26 下可运行。其中 CURRENT_DATE 为当前日期系统变量，YEAR()、MONTH()、IF()都是 MySQL 的函数。

遗憾的是视图定义中只能包含一条确定的查询语句，若数据更复杂、要使用参数或需要多条查询语句才能获得所需要的数据，则需要使用存储过程或存储函数来定义子模式。

例如，每个学生可能需要查询自己的成绩单，其中包括学号、姓名、选课列表、总学分、平均成绩等信息，学号是唯一标识。选课列表包括课程编号、课程名称、上课学年、上课学期、开课号、成绩、所得学分等。其中选课列表可以从数据库中直接查询得到，但总学分、平均成绩等信息需要对查询结果进行再统计得到，因此无法用一条查询语句获取所需要的数据。另外，具体查询某个学生的成绩单，需要将该学生的学号作为参数传递给查询主体。在这种情况下，需要创建存储过程或存储函数来完成用户的数据需求。

6.5 数据库的物理结构设计

数据库的物理结构设计分为两步：先确定数据的物理结构，主要指存取方法和存储结构；然后对物理结构进行评价。数据库物理结构的设计核心取决于选定的数据库管理系统，因为不同的数据库管理系统对物理结构的设计有不同的要求。

对物理结构进行评价的重点是评价存取效率的高低和占用存储空间的大小。如果评价的结果符合预期，那么能进入物理实施阶段，否则就需要重新设计物理结构。

6.5.1 物理结构的设计内容

在设计数据库物理结构之前，首先要了解应用环境；其次要了解数据库管理系统的内部特征，尤其要了解索引设计的方法和数据存储的结构等。

1．关系模式存取方法的选择

确定关系模式的存取方法，即建立存取路径。数据库是多用户共享的系统，对同一关系要建立多条存取路径才能满足多用户的多种应用要求。数据库管理系统常用的存取方法有B+树索引存取方法、哈希索引存取方法和聚簇存取方法。

（1）B+树索引存取方法

索引是一种单独的、物理的对数据库表中一列或多列的值进行排序的存储结构。它是某个表中一列或若干列值的集合，以及相应的指向表中物理标识这些值的数据页的逻辑指针清单。建立索引的目的就是提高存取的效率。选择索引存取方法，即明确在哪些属性列上建立索引，或是将多个属性组合起来建立索引。这些索引的建立取决于用户经常通过一个属性进行查询，还是通过多个属性进行查询。

选择索引存取方法的一般规则如下。

① 如果一个（或一组）属性经常在查询条件中出现，则考虑在这个（或这组）属性上建立索引（或组合索引）。

② 如果一个属性经常作为最大值和最小值等聚集函数的参数，则考虑在这个属性上建立索引。

③ 如果一个（或一组）属性经常在连接操作的连接条件上出现，则考虑在这个（或这组）属性上建立索引。

（2）哈希索引存取方法

当一个关系的属性主要出现在等值连接中或主要出现在等值比较选择条件中，可选择建立哈希索引，而且还需要满足下列两个要求之一。

① 关系的大小可预知，而且不变。

② 关系的大小动态改变，但所选用的数据库管理系统提供了动态哈希存取方法。

（3）聚簇存取方法

聚簇是指为了提高某个属性（或属性组）的查询速度，把这个或这些属性（称为聚簇码）上具有相同值的元组集中存放在连续的物理块中。

聚簇对于某种类型的查询，可以提高查询效率。例如，在某图书管理系统中，要查询人民出版社出版的图书，假设该图书管理系统中有 800 本人民出版社出版的图书，极端情况下，这 800 本图书所对应的数据元组存放在 800 个不同的物理块上，尽管能够通过索引找到元组标识避免全表扫描，但在访问数据块时，仍需要存取 800 个物理块，执行 800 次输入输出（I/O）操作。如果将同一出版社出版的图书数据元组集中存放，则每读到一个物理块就可得到多个满足查询条件的元组，从而提高访问效率。

在选择聚簇存取方法时，首先要注意在一个基本表上最多只能建立一个聚簇索引。因为聚簇索引决定了表的物理排列顺序，一个表只有一个物理排列顺序，如果用其他属性再建立聚簇索引，会打乱原来的物理排列顺序，所以只能建立一个聚簇索引。其次要注意聚簇索引的适用条件，一是很少对基本表进行增加、删除操作，二是很少对其中的可变长度列进行修改操作。

在设计聚簇时可以分两步进行：首先设计候选聚簇；其次检查候选聚簇中的关系，去除其中不必要的关系。

设计候选聚簇的方法如下。

① 对常在一起进行连接操作的关系可以建立组合聚簇。

② 如果一个关系的一组属性经常出现在相等的比较条件中，则可对该单个关系建立聚簇。

③ 如果一个关系的一个（或一组）属性上的值重复率很高，则可对此单个关系建立聚簇。

检查候选聚簇中的关系，取消其中不必要的关系的方法如下。

① 从聚簇中删除经常进行全表扫描的关系。

② 从聚簇中删除更新操作远多于连接操作的关系。

③ 从聚簇中删除重复出现的关系。当一个关系同时加入多个聚簇时，必须从这多个聚簇方案（包括不建立聚簇）中选择一个较优的，即使在这个聚簇上运行各种事务的总代价最小。

2．设计数据库的存储结构

设计数据库的存储结构需要考虑存取时间、存储空间利用率和维护代价 3 个方面的因素。

（1）确定数据的存放位置

根据应用情况，将经常变化的部分和经常不变的部分分开存放，将存取频率较高的部分和存取频率较低的部分分开存放。

例如，在学校教务管理系统中，学生经常查询自己的成绩，可将学生成绩这个表里面的数据单独存放在一个磁盘上。而教师查询的可能是学生的一些个人信息，可将学生个人信息放在另一个磁盘上。把这个表的数据分别放在两个不同的磁盘上，能够加快存取速度，在多用户环境下非常有效。

（2）确定系统配置

通常情况下，数据库管理系统都会提供一些系统存储配置变量，这样可以使设计人员对数据库进行优化。每个系统配置变量在默认情况下都有一个合理的值，需要设计人员根据环境去更改系统配置变量的默认值，从而提升系统的性能。系统配置变量通常包括缓冲区的长度和个数、同时打开数据库的对象数、同时使用数据库的用户数等。在物理结构设计过程中根据实际的应用环境调整系统配置变量仅是初步调整，之后在数据库运行过程中管理人员还会做更加详细的调整，以求最大化提升系统性能。

6.5.2 评价物理结构

评价物理结构的方法主要是对各个方案的存取时间、读取速度、空间利用率、存储空间及后期维护代价进行估算，对各个方案的估算结果进行评价，确定出一个最合适的物理结构。如果该方案可行并且符合用户的需求，则进行下一步数据库的实施与维护，否则需要对物理结构进行调整。

6.6 数据库的实施与维护

在初步评价完数据库的物理结构之后，就可以实施数据库了。数据库实施阶段主要包括用数据库管理系统提供的数据描述语言（DDL）来定义数据结构、组织数据入库、编制和调试应用程序、数据库试运行。

6.6.1 数据入库和数据转换

在数据库结构建立好之后，就能够将数据录入数据库中。向数据库中录入数据是数据库的实施阶段非常耗时的一步。

在组织数据的过程中，需要完成以下工作。

① 筛选数据。为了确保输入的数据尽可能符合新设计的数据库结构的形式，应该对需要入库的数据进行筛选。

② 转换数据格式。现有的数据库管理系统一般都提供数据转换工具。可以利用数据转换工具，将原系统中的表转换成新系统中结构相同的临时表，再将表中的数据分类、转换成符合新系统的数据模式，插入相应的表。

③ 输入数据。把转换后格式正确的数据输入设计的数据库中。

④ 校验数据。对数据进行录入时，为了防止错误的数据被输入数据库，应当采用多种方法、多次对存入数据库的数据检查是否有误。

6.6.2 数据库试运行

在数据库结构建立好后，就可以开始编制与调试数据库系统应用程序，主要工作如下。

① 功能测试。功能测试是运行应用程序，执行对数据库的各种操作，从而测试应用程序的各种功能。假如设计出的应用程序的功能不能满足相应的要求，就需要设计人员对应用程序不达标的部分进行修改、调整，直到满足要求为止。

② 性能测试。性能测试是指测试系统的各项性能的具体指标，例如空间、时间指标等，分析相应指标是否符合最终的设计要求。如果结果与设计目标不符合，需要返回物理结构设计阶段，重新调整物理结构，修改系统参数。有时甚至需要返回逻辑结构设计阶段，调整逻辑结构。

数据库的试运行操作应分期、分批地组织数据入库，先输入小批量数据做调试用，试运行基本合格后再大批量输入数据，逐步增加数据量，逐步完成运行评价。在数据库试运行阶段不可能一次就完成数据库的实施和调试。在数据库试运行时，应首先调试运行数据库管理系统的恢复功能，做好数据库的转储和恢复工作，一旦故障发生能使数据库尽快恢复，尽量减少对数据库的破坏。

6.6.3 数据库的运行与维护

数据库系统试运行结果达到设计目标后，数据库就可正式投入运行。数据库投入运行标志着开发任务基本完成和维护工作的开始。由于系统环境在不断变化，以及数据库运行过程中物理存储的不断变化，需要对数据库设计进行评价、调整和修改等各种维护工作。对数据库常规性的维护工作主要是由数据库管理员完成的，主要包括以下内容。

① 确保数据库转储和恢复运作正常。数据库的转储和恢复是系统正式运行后重要的维护工作之一。数据库管理员要针对不同的应用要求制订不同的转储计划，以保证一旦发生故障能尽快将数据库恢复到某种一致的状态，并尽可能减小数据库的被破坏程度。同时，转储是数据库系统管理的一项重要内容，也是系统管理员的日常工作。

② 修正和完善数据库的安全性、完整性。在数据库运行过程中，面对应用环境的改变，数据库安全性的相关需求会随之不同，数据库的完整性约束条件也会变化，需要数据库管理员根据实际情况修改原有的安全性控制方法。

③ 检测并改善数据库的性能。数据库管理员应该经常检测数据库系统的运行情况，观察数据库的动态变化，以便在数据库出现故障时能够及时恢复或者采取其他有效措施保护数据库。目前有些数据库管理系统产品提供了监测系统性能的参数工具，数据库管理员可以利用这些工具方便地得到系统运行过程中一系列性能参数的值。数据库管理员应仔细分析这些数据，判断当前系统运行状况是否最佳、应当做的改进措施，例如调整系统物理参数、对数据库进行重组织或重构造等。

④ 对数据库进行重组织与重构造。数据库运行一段时间后，由于记录不断增加、删除、修改，会使数据库的物理存储情况变坏，降低数据的存取效率。数据库管理员应该定期对数据库进行重组，即按照系统设计要求对数据库存储空间进行全面调整，如调整磁盘分区方法和存储空间、重新安排数据的存储等，这种重新组织并不修改数据库原有设计的逻辑结构和物理结构。数据库的重构是部分修改数据库的模式和内模式。数据库的重构只能做部分修改，如果应用需求变动太大，重构也不能达到系统要求，则应该考虑重新设计数据库及相应的应用程序。

本章小结

本章主要介绍数据库设计步骤与方法，给出使用 E-R 模型进行数据库概念结构设计、将其转换为关系数据库逻辑结构并进行优化的原则。通过本章的学习，学生能够完成数据库设计工作。

本章所讲的数据库设计是狭义的数据库设计，即设计服务于单个应用系统的数据库。此项工作与数据库应用系统的设计开发并行，并在系统运行维护期间同步进行运行维护。在系统停止运行后才可考虑是否单独运行，为其他应用提供数据服务。选择此项设计的原因在于，它不需要太多数据管理经验，对本科阶段教学来讲难度也较适中。

在此基础上，可以考虑更加深入的数据库设计工作，即设计独立运行、为多个应用系统所共享的数据库。这项工作需要在能够满足单个应用系统基础上综合考虑多个应用系统对数据的不同需求，需要花大力气进行数据表述冲突的消解、数据结构重构等工作，对设计人员来讲需要具备较多的数据库设计与管理经验。

习题

1. 什么是数据库设计？
2. 简述数据库设计的步骤及各个步骤的主要工作。
3. 数据需求的主要内容是什么？
4. 数据字典的内容和作用是什么？
5. 名词解译：实体、实体集、联系、属性、码。
6. 将 E-R 图转换为关系模式的规则有哪些？
7. 试述数据库物理结构设计的内容和步骤。
8. 试述数据库运行与维护的主要内容和步骤。
9. BOM（Bill Of Material）即物料清单，对每一个规格型号的产品，工厂需要给出一份 BOM 来描述产品所需要的各种零件的个数。假设某工厂生产多个规格型号的产品，每种规格型号的产品使用多种零件，每种零件在一个产品上可能使用多个，一种零件可以出现在不同规格型号的产品上。工厂的一张订单中可能包含多个规格型号的产品，工厂会为订单完成零件采购、产品生产工作。

（1）请建立概念模型描述订单、产品、零件之间的关系。

（2）将建立的概念模型转换为关系数据库的逻辑模型，并给出创建数据库的 SQL 语句。

10. 图书馆读者管理及借还书规则如下。

每个借书人需要办理一张具有唯一编号的借书证。办理借书证时需要记录借阅人单位、姓名、联系电话等信息。借书证可以分初级读者、中级读者、资深读者 3 类，借书证类别可依据一次规则进行修改，也可添加新的分类或修改对类别的约束，以方便对读者进行管理。对不同级别借书证的主要约束是同时借阅图书数不同，目前，初级读者、中级读者、资深读者分别可同时借阅图书 10 本、20 本、30 本。

对每一类图书，需要存储数据的 ISBN 号、书名、分类、数量及存放位置。存放位置由书库名、书架编号、书架层号 3 部分组成，一般同一类书放在一起。图书分类按中图分类号编制，由字母、数字组成，每类书只有一个分类号，不同的书可能共享一个分类号。

系统记录每本书借出信息、归还信息。借出信息包括借书证号、姓名、书号、书名、借书日期、借书时间和应还书日期。归还信息包括借书证号、姓名、书号、还书日期、还书时间。

若还书时有图书损坏、超期等情况，系统会记录还书异常。

（1）请为图书馆建立读者管理及借还书系统的概念模型。

（2）将建立的概念模型转换为关系数据库的逻辑模型，并给出创建数据库的 SQL 语句。

第7章 关系数据库规范化理论

数据库规范化理论是关于什么是一个好的数据库、如何设计一个好的数据库的理论。本章首先给出函数依赖和范式的定义，函数依赖表达一个关系中两个属性组之间的关系，满足自反律、增广律、传递律等规律；范式可看作衡量数据库设计好坏的标尺。然后给出基于函数依赖的模式分解，通过模式分解可以提高数据库所属范式等级，设计出结构更好的数据库。最后给出多值依赖、使用多值依赖的模式分解，以期进一步提高数据库所属范式的等级。另外，还会介绍其他更高等级范式的概念以及与之相对的反规范化设计的思想。

第7章简介

本章学习目标如下。

（1）理解函数依赖的概念及理论体系。

（2）理解范式的定义，掌握满足 3NF、BCNF 的判定与模式分解算法。

（3）了解多值依赖及 4NF，了解更高级别范式的概念。

（4）了解反规范化设计的思想。

数据库规范化

7.1 数据库规范化

维基百科关于数据库规范化的描述是"数据库规范化是根据一系列范式来构造数据库（通常是关系数据库）的过程，以减少数据冗余并提高数据完整性。"为什么需要进行数据库规范化呢？关系数据库以表格形式存储数据，但若表结构设计随意，可能会存在数据冗余的问题。

【例 7-1】给出一个最简单的数据库结构来存储学生、课程及学生选修课程的信息。

我们把学生、课程和选课 3 张表拼在一起是最直观的数据库设计，当然在拼接时需要对重名字段进行修改，以保证每个属性名不同，如下：

```
studentAndcourse(course_id, title, c_college_name, credits, hours, s_id, c_course_id,
sec_id, semester, year, grade, id, name, s_college_name,major, gender, birthday)
```

数据库结构及部分样例数据见图 7-1。由图 7-1 可以看到，数据库中存在数据冗余，对课程的信息来说，若有 n 个学生选修某课程，课程信息就要随着 n 个学生的选修存储 n 次，如图 7-1 中"马克思主义原理""大学英语"课程。同样对学生来讲，其每选修一门课程，其姓名、所在学院、专业、性别、生日等信息就要重复存储一次。对这张示例表来讲，数据冗余可能看起来还不算严重，但在现实中，像"马克思主义原理""大学英语"这样的课程，每个学生都要选修，可能要重复存储几万遍。每个本科生在校期间，其信息可能要随选修课程重复存储 30～40 遍，数据冗余是非常严重的。

course_id	title	c_college_name	credits	hours	s_id	c_course_i	sec_id	semester	year	grade	id	name	s_college_name	major	gender	birthday
C400234	马克思主义原理	马克思主义学院	4	64	20221350l325	C400234	1	Fall	2022	98	20221350l325	林诗捷	电子工程学院	电子信息工程	女	2004/7/19
C400234	马克思主义原理	马克思主义学院	4	64	202235965309	C400234	1	Fall	2022	98	202235965309	冯俊杰	经济管理学院	农林经济	男	2004/2/29
C400234	马克思主义原理	马克思主义学院	4	64	202235966708	C400234	1	Fall	2022	95	202235966708	何思涵	经济管理学院	市场营销	女	2004/2/11
C400234	马克思主义原理	马克思主义学院	4	64	202235966710	C400234	1	Fall	2022	78	202235966710	谢宇航	经济管理学院	市场营销	男	2003/12/15
C400234	马克思主义原理	马克思主义学院	4	64	202253845314	C400234	1	Fall	2022	77	202253845314	梁博文	农学院	农学（丁颖创新班）	男	2004/5/6
C400234	马克思主义原理	马克思主义学院	4	64	202253849710	C400234	1	Fall	2022	80	202253849710	宋雨彤	农学院	种子科学与工程	男	2003/11/13
C400234	马克思主义原理	马克思主义学院	4	64	202267171511	C400234	1	Fall	2022	95	202267171511	吴一鸣	兽医学院	动物药学	男	2003/9/2
C400234	马克思主义原理	马克思主义学院	4	64	202267488206	C400234	1	Fall	2022	87	202267488206	徐雨萱	信息学院	信息与计算科学	女	2003/12/15
C400234	马克思主义原理	马克思主义学院	4	64	202274896407	C400234	1	Fall	2022	60	202274896407	谢梓萱	外国语学院	商务英语	女	2004/8/30
C400234	马克思主义原理	马克思主义学院	4	64	202292310518	C400234	1	Fall	2022	79	202292310518	宋文轩	园艺学院	茶学	男	2004/8/26
C400234	马克思主义原理	马克思主义学院	4	64	202292319224	C400234	1	Fall	2022	85	202292319224	王雨欣	园艺学院	园艺	女	2004/4/8
C400234	马克思主义原理	马克思主义学院	4	64	202292319228	C400234	1	Fall	2022	65	202292319228	董子涵	园艺学院	园艺	女	2004/5/28
F300300	大学英语	外国语学院	3	72	20221350l325	F300300	1	Fall	2022	90	20221350l325	林诗捷	电子工程学院	电子信息工程	女	2004/7/19
F300300	大学英语	外国语学院	3	72	202235965309	F300300	1	Fall	2022	70	202235965309	冯俊杰	经济管理学院	农林经济	男	2004/2/29
F300300	大学英语	外国语学院	3	72	202235966708	F300300	1	Fall	2022	90	202235966708	何思涵	经济管理学院	市场营销	女	2004/2/11
F300300	大学英语	外国语学院	3	72	202235966710	F300300	1	Fall	2022	65	202235966710	谢宇航	经济管理学院	市场营销	男	2003/12/15
F300300	大学英语	外国语学院	3	72	202253845314	F300300	1	Fall	2022	85	202253845314	梁博文	农学院	农学（丁颖创新班）	男	2004/5/6
F300300	大学英语	外国语学院	3	72	202253849710	F300300	1	Fall	2022	90	202253849710	宋雨彤	农学院	种子科学与工程	男	2003/11/13
F300300	大学英语	外国语学院	3	72	202267171511	F300300	2	Fall	2022	85	202267171511	吴一鸣	兽医学院	动物药学	男	2003/9/2
F300300	大学英语	外国语学院	3	72	202267488206	F300300	2	Fall	2022	90	202267488206	徐雨萱	信息学院	信息与计算科学	女	2003/12/15
F300300	大学英语	外国语学院	3	72	202274896407	F300300	2	Fall	2022	75	202274896407	谢梓萱	外国语学院	商务英语	女	2004/8/30

图 7-1　学生选课课程信息的一个数据库设计

数据冗余带来的危害不仅是占用存储空间，还会带来数据的不一致。例如，要修改"马克思主义原理"课程的学时为 48，此项修改需要对图 7-1 中选修"马克思主义原理"课程的 12 条记录进行修改，若未完全修改，则会出现数据不一致；若完全修改，则此项修改需要进行多条数据的更新，加重了维护数据一致性的工作量。

另外，此表可以唯一地标识一个元素的候选码只有一个，即<id, course_id, sec_id, semester, year>，需要以此为主码来创建表。当对某一门课程删除所有选课的信息，那么这门课程的名称、学分、学时信息就消失了，此时无法保存主码信息不完整的数据。当然，若一门课程还没有学生选修，也无法插入此表。这就是数据冗余带来的插入和删除异常的问题。

现实中随意设计数据库结构的现象很多，有人将一家单位的所有数据放在同一张表格中，像使用 Excel 一样使用数据库；也有人在设计学生相关数据库时，将每级学生的数据放在一张表中，使得数据库中保存许多结构相同的表。这些做法带来的结果是无法很好地利用数据库提供的主码、外码、用户自定义约束等约束防止无效数据进入数据库，无法利用索引、视图等元素提高查询和其他数据处理操作的效率。

数据库设计是一项严谨的工作，需要遵循一定的规则，仔细考虑关系、属性、元组的关系。规范化设计数据库结构，才能达到高效管理数据的目的。

7.2 函数依赖与范式

7.2.1 函数依赖与范式

在介绍规范化设计前，考虑一个关系中属性之间的关系。在此先给出例 7-1 所给出的数据库结构的一个稍简单的版本。

函数依赖的定义-Part1 函数依赖

函数依赖的定义-part2 平凡的函数依赖

函数依赖的定义-Part3 完全函数依赖

函数依赖的定义-Part4 超码+候选码

函数依赖的定义-Part5 传递函数依赖

```
SCTakes(course_id, title, c_college_name, credits,
hours, id, sec_id, semester, year, grade, name, s_college_
name,major, gender, birthday)
```

此数据库结构与例 7-1 给出的数据库结构稍有区别，在此对课程号、学号字段均只保留一份，因为图 7-1 中相应的两列表示的语义是相同的。对两个 college_name 字段，第一列是开出该课程的学院，第二列表示学生所属的学院，因此修改了两列的名字以示区别。在 SCTakes 中，各属性的作用是不同的。首先，前面提到<id, course_id,sec_id,semester, year>是关系的候选码，因为它的每一个取值代表一个学生 id 在某学年、某学期选修的某门课程的 sec_id，对应现实中一个选修操作，即一个<id, course_id,sec_id,semester, year>取值在关系实例中只能出现一次。这一概念来自候选码的定义。除了候选码以外，还有一些"强"属性，它不能唯一地标识一个元组，但可以决定一部分属性，例如 id 字段不能唯一地标识一个元组，但它可以代表一个学生，由一个 id 值可以找到唯一对应的 name、s_college_name、gender、birthday 的一组值。当然 name 字段不能唯一地标识一个元组，同样它也不能唯一标识 id、name、s_college_name、major、gender、birthday 的一组值，因为若此表中存在重名的两个学生，他们的 id、s_college_name、major、gender、birthday 的取值可能是不同的。为将这种比候选码弱但语义上又比普通属性强的属性明确标识出来，出现了函数依赖的概念。

【定义 7-1】 函数依赖（Functional Dependence，FD） 假设 R 是一个关系模式且 $\alpha \subseteq R$、$\beta \subseteq R$，$r(R)$是 R 的任意一个合法实例。**函数依赖** $\alpha \to \beta$ 在关系模式 R 上成立，当且仅当对 $r(R)$ 中任意两个元组 t_1、t_2，若 $t_1(\alpha) = t_2(\alpha)$，则 $t_1(\beta) = t_2(\beta)$。此时称 β **函数依赖于** α 或 α **函数决定** β。

定义 7-1 中任意一个合法的实例是指符合所有 R 关系模式的约束的实例。任意一个模式可以有任意多个合法的实例。在定义 7-1 中对 R 的任何一个合法的实例 r 的任意两个元组 t_1、t_2，若 $t_1(\alpha) = t_2(\alpha)$，则 $t_1(\beta) = t_2(\beta)$，这说明在 r 中任何一个 α 的取值所对应的 β 值是唯一的。换句话说，若把 α 当作自变量，按数学上函数的定义，β 可看作 α 的函数，即对 α 的任意一个值，都有且仅有一个 β 值与它对应。

另外，若函数依赖 $\alpha \to \beta$ 在关系模式 R 上成立，依据定义，它在关系模式 R 任何一个合法的实例上都成立。也就是对任意一个合法的实例，α 的任意一个取值，都有唯一的 β 值和它对应。

对函数依赖 $\alpha \to \beta$，一般称 α 为决定因素、β 为被决定因素。

在图 7-1 中去掉 course_id 和 s_id 列，可得到关系模式 SCTakes 的一个合法实例。在这个合法实例上，对每一个学生，id、name 字段的值是唯一的。若 id、name 的这种关系对 SCTakes 的任何一个合法实例都成立，则 id→name 在关系模式 SCTakes 上成立。穷举一个关系模式的所有实例不太可能，但可以从语义、约束上判定一个属性组之间的这种关系是否在关系模式的任意一个实例上都成立。

对关系模式 SCTakes，以下函数依赖成立：

```
id→name
course_id→title
id→name, s_college_name, major, gender, birthday
course_id→title, c_college_name, credits, hours
id, course_id,sec_id,semester, year→title,c_college_name, credits, hours, name,
s_college_name, gender, birthday
```

按照常识，对任何一个关系模式的一个属性集合，它可以函数决定它本身，或者更准确地说一个属性集可以函数决定它的所有子集，形式化描述此常识为命题 7-1。

【命题 7-1】 假设 R 是一个关系模式，$\alpha, \beta \subseteq R$，若 $\beta \subseteq \alpha$，则 $\alpha \to \beta$。

命题 7-1 的证明很简单，在此不列出，有兴趣的读者可以从定义 7-1 出发说明其正确性。

一般地，我们把这种其被决定因素是决定因素子集的函数依赖称为平凡的函数依赖，如定义 7-2 所示。

【定义 7-2】 假设 R 是一个关系模式，$\alpha \subseteq R$，且 $\alpha \to \beta$，若 $\beta \subseteq \alpha$，则 $\alpha \to \beta$ 称为平凡的函数依赖，否则称 $\alpha \to \beta$ 为非平凡的函数依赖。

显然，对关系模式 SCTakes，以下都是平凡的函数依赖。

```
id, course_id,sec_id,semester, year→id, course_id,sec_id,semester, year
id, course_id,sec_id,semester, year→id
id, course_id,sec_id,semester, year→course_id
```

而 id $\to$ name 、course_id $\to$ title 等是非平凡的函数依赖。

【定义 7-3】 假设 R 是一个关系模式，$\alpha, \beta \subseteq R$，且 $\alpha \to \beta$，若对 $\forall \alpha' \subset \alpha$，函数依赖关系 $\alpha' \to \beta$ 都不成立，则称 β **完全函数依赖** α，记作 $\alpha \xrightarrow{F} \beta$。否则称 β **部分函数依赖** α，记作 $\alpha \xrightarrow{P} \beta$。

对于关系模式 SCTakes，id $\to$ name 是完全函数依赖，但 id,course_id $\to$ name 是部分函数依赖。

定义完全函数依赖的目的是对函数依赖的决定因素部分进行精减，以最小化的形式表达函数依赖。这与超码、候选码的概念的思路一致，使用函数依赖的概念可以重新定义超码、候选码如下。

【定义 7-4】 假设 R 是一个关系模式，$\alpha \subseteq R$，若 $\alpha \to R$，则 α 是关系模式 R 的**超码**。若 $\alpha \xrightarrow{F} R$，则 α 是关系模式 R 的**候选码**。

可见，每个超码中都包含一个候选码，候选码是最小的超码。对一个关系模式来讲，候选码才是其中具有较强语义的决定因素。一般地，我们称关系模式 R 包含在任何一个候选码中的属性为 R 的主属性（Primary Attribute），不包含在任何一个候选码中的属性为非主属性（Non-Primary Attribute）。

对关系模式 SCTakes，<id,course_id, sec_id,semester, year>是唯一的候选码，id、course_id、sec_id、semester 和 year 都是主属性，其他属性都是非主属性。

下面给出传递函数依赖的概念。

【定义 7-5】 假设 R 是一个关系模式，α、β、$\gamma \subseteq R$，$\alpha \to \beta$、$\beta \to \gamma$ 都是非平凡的函数依赖，且 $\beta \to \alpha$ 不成立，$\alpha \to \gamma$ 是**传递函数依赖**，记作 $\alpha \xrightarrow{T} \gamma$，且称 γ **传递函数依赖**于 α，或 α **传递函数决定** γ。

定义 7-5 中其实包含了一个推理过程，在关系模式 R 上，子集 α、β、$\gamma \subseteq R$，若 $\alpha \to \beta$、$\beta \to \gamma$，则 $\alpha \to \gamma$ 也是在关系模式 R 上成立的函数依赖。可通过函数依赖的定义来证明此结论是成立的。定义 7-5 中增加的条件 "$\alpha \to \beta$、$\beta \to \gamma$ 都是非平凡的函数依赖，且 $\beta \to \alpha$ 不成立"，是为了保障函数依赖的传递性。因为若 $\alpha \to \beta$、$\beta \to \gamma$ 中某个函数依赖是平凡的或 $\beta \to \alpha$ 成立，则不需要传递，$\alpha \to \gamma$ 是直接成立的。

7.2.2 范式

1．范式概述

关系模型的发明者科德最早提出范式

范式-Part1-
1NF 和 2NF

范式-Part2-
3NF

范式-Part3-
BCNF

（Normal Form）这一概念，并于 20 世纪 70 年代初定义了第一范式（1NF）、第二范式（2NF）和第三范式（3NF）的概念，还与雷蒙德·F.博伊斯（Raymond F. Boyce）于 1974 年共同定义了第三范式的改进范式——BC 范式（BCNF）。之后又有研究人员陆续提出了第四范式（4NF）、第五范式（NF）的概念。

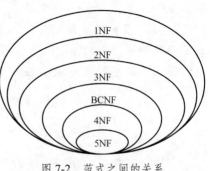

图 7-2　范式之间的关系

范式可看作满足一定约束条件的关系模式，从 1NF 到 5NF，约束条件越来越强，它们之间具有的包含关系如图 7-2 所示，即 $5NF \subset 4NF \subset BCNF \subset 3NF \subset 2NF \subset 1NF$。

1NF 是关系模型的基础。关系模式是笛卡儿积的子集，由关系名和一组属性组成，如关系 instructor(ID, name, college_name, gender, birthday, title)。如果关系模式 $R(A_1, A_2, \cdots, A_n)$ 中每个属性的域都是原子的，那么 $R \in 1NF$。属性的原子性是关系模型的基本要求，如果不满足这一条件，就不在关系模型的讨论范围内。换句话讲，关系模型讨论的所有范式都一定是符合 1NF 这一约束的，因此它包含 2NF 及其他更高级的范式。一般称一个关系模式所属的最高等级的范式是它所属的范式。若关系模式 E 属于 3NF，那么它当然属于 2NF 和 1NF。

2. 2NF

【定义 7-6】假设关系模式 $R \in 1NF$，若其每个非主属性都完全函数依赖于一个候选码，则 $R \in 2NF$。

也可以说，属于 2NF 的关系模式中的每个属性要么是主属性，要么完全函数依赖于所有候选码。

【例 7-2】7.2.1 小节给出的关系模式 SCTakes 是否属于第二范式？

关系模式 SCTakes(course_id, title, c_college_name, credits, hours, id, sec_id, semester, year, grade, name, s_college_name, major, gender, birthday) 的候选码只有一个，即 <id, course_id, sec_id, semester, year >。因此，它的主属性包括 id、course_id、sec_id、semester 和 year，其他属性都是非主属性。

非主属性 name 不完全函数依赖于候选码，之前已给出，学生姓名可由其学号函数决定，$id \rightarrow name$，所以它对候选码是部分依赖，即：

$$id,course\_id,sec\_id,semester,year \overset{P}{\rightarrow} name$$

由此可知，关系模式 SCTakes 不满足定义，它不属于 2NF，而属于 1NF。

继续分析 SCTakes 中的函数依赖关系，可知：

$$id \rightarrow name,s\_college\_name,major,gender,birthday$$
$$course\_id \rightarrow title,c\_college\_name,credits,hours$$

所以，除了 grade 字段以外，其他非主属性字段都部分依赖于候选码。参考图 7-1 中的数据可知，若非主属性对候选码有部分函数依赖，那么这一函数依赖一定对应一部分数据冗余。在图 7-1 中，学生选修课程部分，若一个学生选修 40 门课程，在 SCTakes 表中，被 id 函数决定的属性有 name、s_college_name、major、gender、birthday，也就是这个学生的基本信息会随着其选修课程重复存储 40 次。同样，对一门课程来讲，若被学生选修 1000 次，课程中被 course_id 函数决定的 title、c_college_name、credits、hours 数据会重复存储 1000 次。

7.1 节已提及，数据冗余会为数据库带来破坏数据一致性，插入、删除数据异常等问题。因此，若一个关系模式最高属于 1NF（不属于 2NF），那么它不是一个好的设计。

若我们对 SCTakes 进行分解，将其分成 3 张表：course(course_id, title, college_name, credits, hours)、takes(id, course_id, sec_id, semester, year, grade)、student(id, name, college_name, major, gender, birthday)。分析 3 张表，可知它们的候选码都只有一个，分别是 course_id、<id, course_id, sec_id, semester, year>、id，这 3 张表都属于 2NF，上面提到的课程信息、学生信息的冗余就都不存在了。与图 7-1 对应的数据库结构与样例数据如图 7-3 所示。

course_id	title	college_name	credits	hours
C400234	马克思主义原理	马克思主义学院	4	64
F300300	大学英语	外国语学院	6	72

id	name	college_name	major	gender	birthday
202213501325	林诗淇	电子工程学院	电子信息工程	女	2004/7/19
202235965309	冯俊杰	经济管理学院	农林经济	男	2004/2/29
202235966708	何思涵	经济管理学院	市场营销	女	2004/2/11
202235966710	谢宇航	经济管理学院	市场营销	男	2003/12/15
202253845314	梁博文	农学院	农学（丁颖创新班）	男	2004/5/6
202253849710	宋雨彤	农学院	种子科学与工程	女	2003/11/13
202267171511	吴一鸣	兽医学院	动物药学	男	2003/9/2
202267488206	徐雨萱	信息学院	信息与计算科学	女	2003/12/15
202274896407	谢梓萱	外国语学院	商务英语	女	2004/8/30
202292310518	宋文轩	园艺学院	茶学	男	2004/8/26
202292319224	王雨欣	园艺学院	园艺	女	2004/4/8
202292319228	董子涵	园艺学院	园艺	男	2004/5/28

id	course_id	sec_id	semester	year	grade
202213501325	C400234	1	Fall	2022	98
202235965309	C400234	1	Fall	2022	98
202235966708	C400234	1	Fall	2022	95
202235966710	C400234	1	Fall	2022	78
202253845314	C400234	1	Fall	2022	77
202253849710	C400234	1	Fall	2022	80
202267171511	C400234	1	Fall	2022	95
202267488206	C400234	1	Fall	2022	87
202274896407	C400234	1	Fall	2022	60
202292319224	C400234	1	Fall	2022	79
202292319224	C400234	1	Fall	2022	85
202292319228	C400234	1	Fall	2022	65
202213501325	F300300	1	Fall	2022	
202235965309	F300300	1	Fall	2022	
202235966708	F300300	1	Fall	2022	
202253845314	F300300	1	Fall	2022	
202253849710	F300300	1	Fall	2022	
202267171511	F300300	2	Fall	2022	
202267488206	F300300	2	Fall	2022	
202274896407	F300300	2	Fall	2022	

图 7-3　数据库设计方案与样例数据

3．3NF

【定义 7-7】假设关系模式 $R \in 1NF$，若 R 中不存在这样的码 α、属性组 β 以及非主属性 A（$A \notin \beta$），使得 $\alpha \to \beta$、$\beta \to A$，即 $\alpha \xrightarrow{T} A$ 不成立，则 $R \in 3NF$。

也就是说，若关系模式 R 属于 3NF，则 R 的每个非主属性都不传递依赖于任何一个候选码。也可以说每一个非主属性直接由候选码函数决定，不能传递依赖于任意候选码。

3NF 的约束条件比 2NF 的约束条件强。若一个关系模式上存在非主属性对候选码的部分依赖，这个部分依赖就可以看作非主属性对所对应候选码的传递依赖，所以一个关系模式若不属于 2NF，它一定不属于 3NF。例如，SCTakes 不属于 2NF，它当然也不符合 3NF 的定义。反过来，若一个关系模式没有非主属性对候选码的传递依赖，那么一定不存在非主属性对候选码的部分依赖，因此，若一个关系模式属于 3NF，它一定属于 2NF。所以本小节第一部分给出的包含关系 3NF ⊂ 2NF 是成立的。

【例 7-3】下列关系模式 Stud_Coll 是否属于 3NF？为什么？

```
    Stud_Coll(id, name, college_name, major, gender, birthday, college_telephone,
college_address, college_desc )
```

此关系模式其实是 teaching 数据库中关系 student 与 college 的合并。其中的函数依赖关系主要有：

```
    id→name,college_name,major,gender,birthday
    college_name→college_telephone,college_address,college_desc
```

因此，关系的候选码只有 id，主属性也只有 id 一个。属性 college_telephone、college_address、college_desc 都是非主属性，且传递依赖于 id，所以关系模式 Stud_Coll 不属于 3NF。继续分析，可知此关系中不存在非主属性对候选码的部分依赖，因此它属于 2NF。

4. BCNF

【定义 7-8】假设关系模式 $R \in 1NF$，若对任意在关系模式 R 上成立的函数依赖 $\alpha \to \beta$，要么 $\beta \subseteq \alpha$，要么 $\alpha \to R$，则 $R \in BCNF$。

实质上，定义 7-8 规定了关系模式上每个函数依赖要么是平凡的，要么其决定因素是超码。此约束条件更强，若此条件成立，不可能还存在非主属性对候选码的传递依赖，更不可能有非主属性对候选码的部分依赖。因此，$BCNF \subset 3NF$ 是成立的。

BCNF 的约束条件没有区分主属性和非主属性，对主属性也有约束能力。若函数依赖 $\alpha \to \beta$ 中 β 是一个主属性，其决定因素 α 同样也只能是一个超码，或者包含 β 的属性集。再回顾一下 3NF 的定义，它只约束了非主属性对候选码不能有传递依赖，并没有对主属性进行约束，所以存在一些关系模式属于 3NF、不属于 BCNF。

【例 7-4】关系模式 student(id, name, s_college_name, gender, birthday) 是否属于 BCNF？

关系模式 student 中的函数依赖：$id \to name, college\_name, gender, birthday$，满足 BCNF 的定义，因此属于 BCNF。

【例 7-5】关系模式 SIC(StudId,InstId,CourId) 中 StudId、InstId、CourId 分别代表学生、教师和课程。假设每位学生可选多门课程，每位教师只讲授一门课程，同样每门课程可以被多名学生选修、可以由多名教师讲授，但每位学生选修一门课程后只对应一位教师。判断 SIC 属于第几范式？

依据语义可得函数依赖：

```
StudId,CourId → InstId
InstId → CourId
```

此关系的候选码为 <StudId, CourId>，因此属性 StudId、CourId 是主属性，InstId 是非主属性。所以不存在非主属性对候选码的传递依赖，关系模式 SIC 属于 3NF。再来看，函数依赖 InstId → CourId 的决定因素不是超码，因此它不属于 BCNF。综上，它属于 3NF。

7.3 使用函数依赖的关系模式分解

7.3.1 阿姆斯特朗公理体系

1. 逻辑蕴涵

依据函数依赖的定义，函数依赖说明了一组属性与另外一组属性的一种"决定"关系。平凡的函数依赖对任何一个关系模式的任何一个属性组都成立，因此它并不增加函数依赖的语义。而 student 表上的两个函数依赖 $id \to name$ 和 $id \to id, name$ 看似不相同，但

Part1-逻辑蕴涵

part2-阿姆斯特朗公理体系

part3-函数依赖集的闭包

Part4-属性集闭包

Part5-等价与极小覆盖

Part6-例 7-10

id → id,name 好像并没有给我们更多语义信息。那么什么情况下一个函数依赖比另一个函数依赖包含更多信息呢？

再看，对一组函数依赖，假设在关系模式 R 上，函数依赖的集合 $F=\{A \rightarrow B, B \rightarrow C\}$ 中每个函数依赖都在关系模式 R 上成立，那么依据定义，可知 $A \rightarrow C$ 是成立的。那么 $F'=\{A \rightarrow B, B \rightarrow C, A \rightarrow C\}$ 与 F 不相等，但它们所包含的语义信息是不是相等呢？为讨论关系模式 R 上函数依赖集之间的关系，给出关系模式 R 函数依赖集的逻辑蕴涵的概念。

【定义 7-9】假设 R 是一个关系模式，F 是 R 上一个函数依赖的集合，F 所包含的每个函数依赖的决定因素和被决定因素都是 R 的子集，且 F 中每条函数依赖在关系模式 R 上都成立，则称 F 在 R 上成立。

【定义 7-10】设函数依赖集 F 在关系模式 R 上成立，如果对 R 的任意一个满足 F 的关系 r 函数依赖 $\alpha \rightarrow \beta$ 都成立，则称 **F 逻辑蕴涵 $\alpha \rightarrow \beta$**。

【例 7-6】对关系模式 $R=(A,B,C)$、函数依赖集 $F=\{A \rightarrow B, B \rightarrow C\}$，证明 F 逻辑蕴涵 $A \rightarrow C$。

证明：假设 r 是 R 的任意一个合法实例，令 s、t 为 r 中任意两个元组。

由 $A \rightarrow B$ 知，若 $s[A]=t[A]$，则 $s[B]=t[B]$ 一定成立。

再由 $B \rightarrow C$ 知，若 $s[B]=t[B]$，则 $s[C]=t[C]$ 一定成立。

因此，对关系模式 R 的任意一个合法实例 r，令 s、t 为 r 中任意两个元组，若 $s[A]=t[A]$，则 $s[C]=t[C]$ 一定成立，由函数依赖的定义知 $A \rightarrow C$ 成立。

再由逻辑蕴涵的定义知，F 逻辑蕴涵 $A \rightarrow C$。

【定义 7-11】设函数依赖集 F 的闭包 F^+，假设数依赖集 F 在关系模式 R 上成立，F^+ 是 F 所逻辑蕴涵的所有函数依赖的集合。

【例 7-7】对例 7-6 中的关系模式 $R=(A,B,C)$、函数依赖集 $F=\{A \rightarrow B, B \rightarrow C\}$，给出 F 的闭包。

$F^+=\{A \rightarrow B,\ B \rightarrow C,\ A \rightarrow A,\ B \rightarrow B,\ C \rightarrow C,\ AB \rightarrow AB,\ AB \rightarrow A,\ AB \rightarrow B,\ AC \rightarrow AC,\ AC \rightarrow A,$
$AC \rightarrow C,\ BC \rightarrow BC,\ BC \rightarrow B,\ BC \rightarrow C,\ ABC \rightarrow ABC,\ ABC \rightarrow A,\ ABC \rightarrow B,\ ABC \rightarrow C,\ ABC \rightarrow AB,$
$ABC \rightarrow BC,\ ABC \rightarrow AC,\ A \rightarrow C,\ A \rightarrow AC,\ A \rightarrow AB,\ A \rightarrow BC,\ A \rightarrow ABC,\ AB \rightarrow C,\ AB \rightarrow BC,\ AB \rightarrow ABC,$
$AB \rightarrow AC,\ B \rightarrow BC,\ AC \rightarrow BC,\ AC \rightarrow B,\ AC \rightarrow AB,\ AC \rightarrow ABC\}$

求一个函数依赖集 F 的闭包相当于显式地列出所有被 F 逻辑蕴涵的函数依赖，是一件非常烦琐的事，且其中很多函数依赖是平凡的，如例 7-6 所示。平凡的函数依赖，并不能"揭示"更多的属性之间的函数依赖关系。像 $AC \rightarrow B$ 这种，因为已知 $A \rightarrow B \in F$，也没有为我们提供更多的属性间的函数依赖关系。因此，函数依赖集的闭包这个概念在函数依赖理论中更有价值，在实际应用时很少会需要求一个函数依赖集的闭包。

2．函数依赖推理规则

对以上给出的逻辑蕴涵的概念，如何判定一个函数依赖关系被一个函数依赖集逻辑蕴涵？1974 年阿姆斯特朗（Armstrong）给出了一组推理规则来解决此问题，称为阿姆斯特朗公理。

【定律 7-1】阿姆斯特朗公理（Armstrong Axioms）体系：假设 F 是关系模式 R 上的一组函数依赖，设 α、β、$\gamma \subseteq R$，则对 (R,F) 有如下定律。

F1（自反律，Reflexivity Rule）：若 $\beta \subseteq \alpha$，则 $\alpha \rightarrow \beta$ 被 F 逻辑蕴涵。

F2（增广律，Augmentation Rule）：若 $\alpha \rightarrow \beta$ 被 F 逻辑蕴涵，则 $\alpha\gamma \rightarrow \beta\gamma$ 被 F 逻辑

蕴涵。

F3（传递律，Transitivity Rule）：若 $\alpha \to \beta$、$\beta \to \gamma$ 被 F 逻辑蕴涵，则 $\alpha \to \gamma$ 被 F 逻辑蕴涵。

阿姆斯特朗公理体系中 F1 是自反律，同自反律所得到的函数依赖都是平凡的函数依赖。自反律的成立不依赖于函数依赖集 F，任意 R 的子集都可以函数决定它本身或它的子集。F2 称为增广律，即在一个函数依赖的决定因素和被决定因素中添加相同属性，所得到的函数依赖仍然是成立的。F3 是传递律，它描述的是传递依赖关系，与定义 7-5 给出的传递函数依赖的定义所描述的函数依赖的关系相似。这 3 条定律，也称推理规则，都是成立的，作为公理不需要证明。读者可以从定义出发说明其正确性。

已证明阿姆斯特朗公理体系是有效的、完备的。有效的，也称有效性，是指由 F 出发，使用阿姆斯特朗公理体系推导出来的每一个函数依赖都包含在 F^+ 中。完备的，也称完备性，是指 F^+ 中每一个函数依赖都可由 F 出发，通过反复使用阿姆斯特朗公理体系推导得到。

直接使用阿姆斯特朗公理体系来求解 F^+ 或判定一个函数依赖是不是 F 所逻辑蕴涵的步骤烦琐，因此，给出如下定律。

【定律 7-2】以下 3 条定律是成立的。

F4（合并律，Union Rule）：若 $\alpha \to \beta$、$\alpha \to \gamma$ 被 F 逻辑蕴涵，则 $\alpha \to \beta\gamma$ 被 F 逻辑蕴涵。

F5（分解律，Decomposition Rule）：若 $\alpha \to \beta\gamma$ 被 F 逻辑蕴涵，则 $\alpha \to \beta$、$\alpha \to \gamma$ 被 F 逻辑蕴涵。

F6（伪传递律，Pseudotransitivity Rule）：若 $\alpha \to \beta$、$\beta\gamma \to \delta$ 被 F 逻辑蕴涵，则 $\alpha\gamma \to \delta$ 被 F 逻辑蕴涵。

这 3 条定律可以从函数依赖的定义出发证明，也可以从阿姆斯特朗公理体系出发证明。例如对 F4，若 $\alpha \to \beta$，使用增广律在其决定因素和被决定因素中增广 α，可得 $\alpha \to \alpha\beta$。再对 $\alpha \to \gamma$，使用增广律对其决定因素和被决定因素中增广 β，可得 $\alpha\beta \to \beta\gamma$。

对以上 $\alpha \to \alpha\beta$、$\alpha\beta \to \beta\gamma$ 使用传递律，可得 $\alpha \to \beta\gamma$ 被 F 逻辑蕴涵。

F5、F6 的证明学生可自行给出。

【例 7-8】已知关系模式 $R\{A，B，C，D，E，G\}$，函数依赖集 $F=\{AB \to C, C \to A, BC \to D, ACD \to B, D \to EG, BE \to C, CG \to BD, CE \to AG\}$ 在 R 上成立，判断 $BD \to AC$ 是否属于 F^+。

已知 $D \to EG$，由分解律知 $D \to E$，对其使用增广律得 $BD \to BE$。

又已知 $BE \to C$、$C \to A$，由传递律知 $BE \to A$，再与 $BE \to C$ 使用结合律得 $BE \to AC$。

对以上 $BD \to BE$、$BE \to AC$ 使用传递律，得 $BD \to AC$，即 $BD \to AC$ 属于 F^+，或者说 $BD \to AC$ 被 F 逻辑蕴涵。

3．属性集闭包

【定义 7-12】设函数依赖集 F 在关系模式 R 上成立，$\alpha \subseteq R$，则称在函数依赖集 F 下由 α 函数决定的属性的集合为 α 的闭包，记作 α^+。

属性集闭包是以 α 为决定因素的函数依赖的简写形式，它代表以 α 为决定因素、以 α^+ 及其所有非空子集为被决定因素的一组函数依赖。求解属性集闭包比求解 F^+ 简单，而且更加有用，例如判定一个函数依赖是否成立、判定一个属性集是不是关系模式的超码等都可以通过求解属性集闭包来完成。下面先给出求解属性集闭包的算法，以及规范属性集闭包的求解过程。

【算法 7-1】　Closure(α,F)

输入：属性集 α,函数依赖集 F。

输出：α 的属性集闭包 α^+。

步骤：{

    olds=$\varnothing$; news=α;

    WHILE (olds!=news){

        olds=news;

        FOR (F 中的每个函数依赖 $\beta \rightarrow \gamma$)

          IF (news 包含 β)　news=news$\cup \gamma$;

        }

    RETURN news;

    }

算法中设置 news=α ，因为 $\alpha \rightarrow \alpha$ 是平凡的函数依赖，是一定被 F 逻辑蕴涵的，所以 α 本身包含在结果中。For 循环中对每个函数依赖 $\beta \rightarrow \gamma$，若其左部的决定因素 β 包含在 news 中，说明 $\alpha \rightarrow \beta$ 成立，由传递律可知 $\alpha \rightarrow \gamma$ 是成立的，所以可以把 γ 添加到 news 集合中。news 集合从初始值 α 开始，通过一次 FOR 循环，添加由 α 属性或属性集经过应用一次传递律可以函数决定的属性集，通过多次 FOR 循环继续添加通过传递律可函数决定的属性，直至 news 集合不再增长时 WHILE 循环结束。可以证明此算法的正确性，即所有由 α 函数决定的属性都可由此算法产生，而且每一个由此算法添加到结果中的属性都包含在返回的属性集合中。

借助属性集闭包的概念求解一个函数依赖是否成立就显得非常简单。对例 7-8，判断 $BD \rightarrow AC$ 是否属于 F^+，可以通过求解 BD^+ 来判定。依据算法 7-1 计算，可得 $BD^+ = BDEGCA$，而 $AC \subseteq BD^+$ ，所以函数依赖 $BD \rightarrow AC$ 被 F 逻辑蕴涵，即 $BD \rightarrow AC$ 属于 F^+。

假设属性集 α 是关系模式 R 的候选码，它需要满足两个条件，一个是 $\alpha \rightarrow R$，另一个是不存在其非空真子集 $\alpha' \subset \alpha$ 满足 $\alpha' \rightarrow R$。查找一个关系模式的所有候选码是一个较复杂的操作，但基于属性集闭包的概念，这一工作也是可能求解的。

【例 7-9】已知关系模式 $R\{A,B,C,D,E\}$，函数依赖集 $F=\{A \rightarrow BC, CD \rightarrow E, E \rightarrow A, B \rightarrow D \}$ 在 R 上成立，求 R 的所有候选码。

首先求解每个 F 中每个函数依赖中决定因素的属性集闭包：

$$A^+=ABCDE=R$$
$$CD^+=CDEAB=R$$
$$E^+=EABCD=R$$
$$B^+=BD$$

可见，A、CD、E 都是超码，也可能是候选码。A、E 一定是候选码，因为它们没有非空的真子集。

对 CD 来讲，其非空真子集有 C、D 两个。$C^+=C$、$D^+=D$ 都不能函数决定 R，所以它是一个候选码。

那么是否只检测 F 中每个函数依赖的决定因素就能找到所有候选码呢？答案是不一定。因此，需要依据排列组合的思路查找 R 的所有不包含以上候选码的非空真子集来查找可能的候选码。

继续测试 R 的包含 1 个属性且不包含以上候选码的真子集 B、C、D，可知它们都不是候选码。

继续测试 R 的包含 2 个属性且不包含以上候选码的真子集 BC、BD，可知 BC 是候选码，BD 不是候选码。

继续测试 R 的包含 3 个属性且不包含以上候选码的真子集，不存在这样的真子集。

同样不存在 R 的包含 4 个属性且不包含以上候选码的真子集。

所以关系模式的候选码共有 4 个，分别是 A、BC、CD、E。

4. 函数依赖集等价与极小覆盖

考虑函数依赖集 $F=\{A \rightarrow B, B \rightarrow C\}$ 在关系模式 $R=(A,B,C)$ 上成立，则函数依赖集 $F'=\{A \rightarrow B, B \rightarrow C, A \rightarrow BC\}$ 中每个函数依赖都被 F 逻辑蕴涵，同样在 F 中的每个函数依赖也都被 F' 逻辑蕴涵。F' 显式地写出来比 F 多一个函数依赖，但并没有逻辑蕴涵更多的函数依赖关系。

继续考虑下列问题，若在关系模式 R 的一个实例上，要更新一条数据，数据库系统应当保证这个更新满足在 R 上成立的函数依赖集中的每一条函数依赖（如果不满足在 R 上成立的函数依赖集中的每一条函数依赖，这个更新会破坏数据库的一致性，因此不能执行此更新）。显然检查 F 或 F'，所满足的函数依赖是相等的，但因为 F 中包含的函数依赖更少，检查 F 比检查 F' 更简单高效。从这个角度来讲，数据库系统需要查找"最小的"与 F 等价的函数依赖集，以方便数据库系统检查更新是否保持数据一致性。因此，我们定义函数依赖集等价、最小函数依赖集等概念。

【定义 7-13】函数依赖集 F 和 G 在关系模式 R 上成立，如果 $F^+ \subseteq G^+$，则称 G 是 F 的一个覆盖。若 $F^+ \subseteq G^+$ 且 $G^+ \subseteq F^+$，则 G 是 F 的一个覆盖，且 F 是 G 的一个覆盖，则称 F 与 G 是等价的，记作 $F \equiv G$ 或 $G \equiv F$。

【定义 7-14】函数依赖集 F 在关系模式 R 上成立，若 F 满足以下条件，则它是一个极小函数依赖集。

（1）F 中任意一个函数依赖的决定因素只有一个属性。

（2）F 中不存在这样的函数依赖 $\alpha \rightarrow A$，使得 F 与 $F-\{\alpha \rightarrow A\}$ 等价。

（3）F 中不存在这样的函数依赖 $\alpha \rightarrow A$，使得 F 与 $F-\{\alpha \rightarrow A\} \cup \{\beta \rightarrow A\}$ 等价且 $\beta \subset \alpha$。

定义 7-14 中，（2）规定极小函数依赖集不能有多余的函数依赖，（3）规定每个函数依赖中不含多余的属性。因此，这 3 点结合得到一个"最精简"的函数依赖集。可以证明，每个函数依赖集 F 都有一个与之等价的极小函数依赖集 F_C，称 F_C 是 F 的正则覆盖（Canonical Cover）或极小覆盖。以下给出对任意函数依赖集求取其极小覆盖的算法。

【**算法 7-2**】计算 F 的极小覆盖。

输入：关系模式 R，F 是 R 上的一个函数依赖集。

输出：F 的一个极小覆盖 FC。

步骤：{

① 对每个被决定因素包含多个属性的使用分解律，分解为每个被决定因素仅包含单个属性。

② 对 F 中每一个函数依赖 $\alpha \rightarrow A$，$F' = F - \{\alpha \rightarrow A\}$，若 $A \in \alpha_{F'}^+$，则 $F = F - \{\alpha \rightarrow A\}$。

③ 对 F 中每一个决定因素非单属性的函数依赖 $\alpha \rightarrow A$：

对每个 α 的真子集 α' 计算 $\alpha_F'^+$，若 $A \in \alpha_F'^+$，则 $F = F - \{\alpha \rightarrow A\} \bigcup \{\alpha' \rightarrow A\}$。

④ 重复步骤②和步骤③，直至 F 不再发生变化。

}

【**例 7-10**】已知关系模式 $R(ABCDEG)$，函数依赖集 $F = \{AB \rightarrow C, D \rightarrow EG, C \rightarrow A, BE \rightarrow C, BC \rightarrow D, CG \rightarrow BD, ACD \rightarrow B, CE \rightarrow AG\}$，求 F 的极小覆盖。

解：利用算法 7-2 求解，使得其满足极小覆盖的定义。

① 利用分解律，将所有的函数依赖变成右边都是单个属性的函数依赖，得：

$F_C = \{AB \rightarrow C, D \rightarrow E, D \rightarrow G, C \rightarrow A, BE \rightarrow C, BC \rightarrow D, CG \rightarrow B, CG \rightarrow D, ACD \rightarrow B, CE \rightarrow A, CE \rightarrow G\}$

② 去掉 F 中多余的函数依赖。

➤ 对 $AB \rightarrow C$，从 F_C 中去掉 $AB \rightarrow C$，得：

$F_1 = \{D \rightarrow E, D \rightarrow G, C \rightarrow A, BE \rightarrow C, BC \rightarrow D, CG \rightarrow B, CG \rightarrow D, ACD \rightarrow B, CE \rightarrow A, CE \rightarrow G\}$，计算 $AB_{F_1}^+ = AB$，不包含 C，$AB \rightarrow C$ 不是冗余函数依赖。

➤ 对 $D \rightarrow E$，从 F_C 中去掉 $D \rightarrow E$，得：

$F_1 = \{AB \rightarrow C, D \rightarrow G, C \rightarrow A, BE \rightarrow C, BC \rightarrow D, CG \rightarrow B, CG \rightarrow D, ACD \rightarrow B, CE \rightarrow A, CE \rightarrow G\}$，计算 $D_{F_1}^+ = DG$，不包含 E，$D \rightarrow E$ 不是冗余函数依赖。

➤ 对 $D \rightarrow G$，从 F_C 中去掉 $D \rightarrow G$，得：

$F_1 = \{AB \rightarrow C, D \rightarrow E, C \rightarrow A, BE \rightarrow C, BC \rightarrow D, CG \rightarrow B, CG \rightarrow D, ACD \rightarrow B, CE \rightarrow A, CE \rightarrow G\}$，计算 $D_{F_1}^+ = DE$，不包含 G，$D \rightarrow G$ 不是冗余函数依赖。

➤ 对 $C \rightarrow A$，从 F_C 中去掉 $C \rightarrow A$，得：

$F_1 = \{AB \rightarrow C, D \rightarrow G, D \rightarrow E, BE \rightarrow C, BC \rightarrow D, CG \rightarrow B, CG \rightarrow D, ACD \rightarrow B, CE \rightarrow A, CE \rightarrow G\}$，计算 $C_{F_1}^+ = C$，不包含 A，$C \rightarrow A$ 不是冗余函数依赖。

➤ 对 $BE \rightarrow C$，从 F_C 中去掉 $BE \rightarrow C$，得：

$F_1 = \{AB \rightarrow C, D \rightarrow G, D \rightarrow E, C \rightarrow A, BC \rightarrow D, CG \rightarrow B, CG \rightarrow D, ACD \rightarrow B, CE \rightarrow A, CE \rightarrow G\}$，计算 $BE_{F_1}^+ = BE$，不包含 C，$BE \rightarrow C$ 不是冗余函数依赖。

➤ 对 $BC \rightarrow D$，从 F_C 中去掉 $BC \rightarrow D$，得：

$F_1 = \{AB \rightarrow C, D \rightarrow G, D \rightarrow E, C \rightarrow A, BE \rightarrow C, CG \rightarrow B, CG \rightarrow D, ACD \rightarrow B, CE \rightarrow A, CE \rightarrow G\}$，计算

$BC_{F_1}^+ = BCA$，不包含 D，$BC \rightarrow D$ 不是冗余函数依赖。

> 对 $CG \rightarrow B$，从 F_C 中去掉 $CG \rightarrow B$，得：

$F_1 = \{AB \rightarrow C, D \rightarrow G, D \rightarrow E, C \rightarrow A, BE \rightarrow C, BC \rightarrow D, CG \rightarrow D, ACD \rightarrow B, CE \rightarrow A, CE \rightarrow G\}$，计算 $CG_{F_1}^+ = CGADBE$，包含 B，$CG \rightarrow B$ 是冗余函数依赖，由此 F 得到简化，$F_C = \{AB \rightarrow C, D \rightarrow G, D \rightarrow E, C \rightarrow A, BE \rightarrow C, BC \rightarrow D, CG \rightarrow D, ACD \rightarrow B, CE \rightarrow A, CE \rightarrow G\}$。

> 对 $CG \rightarrow D$，从 F_C 中去掉 $CG \rightarrow D$，得：

$F_1 = \{AB \rightarrow C, D \rightarrow G, D \rightarrow E, C \rightarrow A, BE \rightarrow C, BC \rightarrow D, ACD \rightarrow B, CE \rightarrow A, CE \rightarrow G\}$，计算 $CG_{F_1}^+ = CGA$，不包含 D，$CG \rightarrow D$ 不是冗余函数依赖。

> 对 $ACD \rightarrow B$，从 F_C 中去掉 $ACD \rightarrow B$，得：

$F_1 = \{AB \rightarrow C, D \rightarrow G, D \rightarrow E, C \rightarrow A, BE \rightarrow C, BC \rightarrow D, CG \rightarrow D, CE \rightarrow A, CE \rightarrow G\}$，计算 $ACD_{F_1}^+ = ACDGE$，不包含 B，$ACD \rightarrow B$ 不是冗余函数依赖。

> 对 $CE \rightarrow A$，从 F_C 中去掉 $CE \rightarrow A$，得：

$F_1 = \{AB \rightarrow C, D \rightarrow G, D \rightarrow E, C \rightarrow A, BE \rightarrow C, BC \rightarrow D, CG \rightarrow D, ACD \rightarrow B, CE \rightarrow G\}$，计算 $CE_{F_1}^+ = CEAGD$，包含 A，$CE \rightarrow A$ 是冗余函数依赖，由此 F_C 得到简化，$F_C = \{AB \rightarrow C, D \rightarrow G, D \rightarrow E, C \rightarrow A, BE \rightarrow C, BC \rightarrow D, CG \rightarrow D, ACD \rightarrow B, CE \rightarrow G\}$。

> 对 $CE \rightarrow G$，从 F_C 中去掉 $CE \rightarrow G$，得：

$F_1 = \{AB \rightarrow C, D \rightarrow G, D \rightarrow E, C \rightarrow A, BE \rightarrow C, BC \rightarrow D, CG \rightarrow D, ACD \rightarrow B\}$，计算 $CE_{F_1}^+ = CEA$，不包含 G，$CE \rightarrow G$ 不是冗余函数依赖。

> 至此，$F_C = \{AB \rightarrow C, D \rightarrow G, D \rightarrow E, C \rightarrow A, BE \rightarrow C, BC \rightarrow D, CG \rightarrow D, ACD \rightarrow B, CE \rightarrow G\}$。

③ 去掉 F_C 中每一个决定因素不是单属性的函数依赖中的多余属性。

> 对 $AB \rightarrow C$，计算 $A_F^+ = A$、$B_F^+ = B$，都不包含 C，所以 $AB \rightarrow C$ 中没有多余属性。

> 对 $BE \rightarrow C$，计算 $B_F^+ = B$、$E_F^+ = E$，都不包含 C，所以 $BE \rightarrow C$ 中没有多余属性。

> 对 $BC \rightarrow D$，计算 $B_F^+ = B$、$C_F^+ = CA$，都不包含 D，所以 $BC \rightarrow D$ 中没有多余属性。

> 对 $CG \rightarrow D$，计算 $C_F^+ = CA$、$G_F^+ = G$，都不包含 D，所以 $CG \rightarrow D$ 中没有多余属性。

> 对 $ACD \rightarrow B$，计算 $CD_F^+ = CDABEG$，所以 A 是多余属性，简化后得 $F_C = \{AB \rightarrow C, D \rightarrow G, D \rightarrow E, C \rightarrow A, BE \rightarrow C, BC \rightarrow D, CG \rightarrow D, CD \rightarrow B, CE \rightarrow G\}$。

> 对 $CE \rightarrow G$，计算 $C_F^+ = CA$、$E_F^+ = E$，都不包含 G，所以 $CE \rightarrow G$ 中没有多余属性。

至此：$F_C = \{AB \rightarrow C, D \rightarrow G, D \rightarrow E, C \rightarrow A, BE \rightarrow C, BC \rightarrow D, CG \rightarrow D, CD \rightarrow B, CE \rightarrow G\}$。

再次执行算法中的步骤②、③，F 没有变化，至此 F 的极小覆盖为：

$F_C = \{AB \rightarrow C, D \rightarrow G, D \rightarrow E, C \rightarrow A, BE \rightarrow C, BC \rightarrow D, CG \rightarrow D, CD \rightarrow B, CE \rightarrow G\}$。

需要说明的是，极小覆盖不唯一，求解结果与检查函数依赖的顺序有关。例如关系模式 $R(ABC)$，$F = \{A \rightarrow B, B \rightarrow AC, C \rightarrow AB\}$，可知 $F' = \{A \rightarrow B, B \rightarrow C, C \rightarrow A\}$、$F'' = \{A \rightarrow B, B \rightarrow AC, C \rightarrow B\}$、$F''' = \{A \rightarrow C, C \rightarrow B, B \rightarrow A\}$、$F'''' = \{A \rightarrow C, B \rightarrow C, C \rightarrow AB\}$ 都是其极小覆盖。

7.3.2　模式分解的概念

1．模式分解的定义

回顾 7.1 节，一个设计不好的数据库中会存在大量冗余数据，进而导致数据一致性维护困难。如果要通过分解的方法把一张关系表分解成若干张表来存储数据，首先需要保障数据存储无损失，即分解后的若干张表的数据通过连接运算可得到原来一张关系表所存储的数据。对此，我们给出关系模式分解、无损分解的定义如定义 7-15 所示。

【定义 7-15】关系模式 R 的一个分解是指 $\rho = \langle R_1, R_2, \cdots, R_m \rangle$，其中，$R = \bigcup_{i=1}^{m} R_i$，且 $\nexists i, j \in [0..n]: R_i \subseteq R_j$

也就是说，关系模式 R 由一组关系模式 $R_1, R_2, \cdots, R_m$ 构成。这一组关系模式互相可能有相同属性，但不会出现一个关系模式包含另外一个关系模式的情况。

2．无损分解

【定义 7-16】设 $\rho = \langle R_1, R_2, \cdots, R_m \rangle$ 是关系模式 R 的一个分解，r 是 R 的任意一个合法实例，且 $r_i = \Pi_{R_i}(r)$，$i \in [1, \cdots, m]$，若 $r = r_1 \bowtie r_2 \bowtie \cdots \bowtie r_m$，则称 ρ 是 R 的一个无损分解。

对关系实例来讲，若将一张关系表分解成若干张关系表，分解后表中的数据等于原表数据在相应关系模式上的投影。若分解后多张表的数据经过自然连接可恢复原表数据，则它是一个无损分解。

【例 7-11】对图 7-3 给出的学生表，请给出一个无损分解和一个非无损分解。

若学生表 student(id, name, college_name, major, gender, birthday)分解为 s1(id, name, college_name)、s2(id, major, gender, birthday)两张表，图 7-3 给出的实例及 s1、s2 的数据如图 7-4 所示。显然，通过将 s1 和 s2 自然连接，可恢复 student 表中的数据。

若将学生表分解为两张表 s3(id, name, college_name, birthday)、s4(major, gender, birthday)，分解后的实例数据及其自然连接的结果如图 7-5 所示。可见，自然连接的结果比 student 表多两行数据。

对数据库设计来讲，假设原数据存储在一张关系表中，若采用非无损分解的关系模式来存储数据，原表数据无法恢复。显然这种分解不可用，即无损分解是模式分解可用于存储数据的必要条件。

id	name	college_name	major	gender	birthday
202213501325	林诗琪	电子工程学院	电子信息工程	女	2004/7/19
202235965309	冯俊杰	经济管理学院	农林经济	男	2004/2/29
202235966708	何思涵	经济管理学院	市场营销	女	2004/2/11
202235966710	谢宇航	经济管理学院	市场营销	男	2003/12/15
202253845314	梁博文	农学院	农学（丁颖创新班）	男	2004/5/6
202253849710	宋雨彤	农学院	种子科学与工程	女	2003/11/13
202267171511	吴一鸣	兽医学院	动物药学	男	2003/9/2
202267488206	徐雨萱	信息学院	信息与计算科学	女	2003/12/15
202274896407	谢梓萱	外国语学院	商务英语	女	2004/8/30
202292310518	宋文轩	园艺学院	茶学	男	2004/8/26
202292319224	王雨欣	园艺学院	园艺	女	2004/4/8
202292319228	董子涵	园艺学院	园艺	男	2004/5/28

图 7-4　学生表的一个无损分解

id	name	college_name
202213501325	林诗琪	电子工程学院
202235965309	冯俊杰	经济管理学院
202235966708	何思涵	经济管理学院
202235966710	谢宇航	经济管理学院
202253845314	梁博文	农学院
202253849710	宋雨彤	农学院
202267171511	吴一鸣	兽医学院
202267488206	徐雨萱	信息学院
202274896407	谢梓萱	外国语学院
202292310518	宋文轩	园艺学院
202292319224	王雨欣	园艺学院
202292319228	董子涵	园艺学院

id	major	gender	birthday
202213501325	电子信息工程	女	2004/7/19
202235965309	农林经济	男	2004/2/29
202235966708	市场营销	女	2004/2/11
202235966710	市场营销	男	2003/12/15
202253845314	农学（丁颖创新班）	男	2004/5/6
202253849710	种子科学与工程	女	2003/11/13
202267171511	动物药学	男	2003/9/2
202267488206	信息与计算科学	女	2003/12/15
202274896407	商务英语	女	2004/8/30
202292310518	茶学	男	2004/8/26
202292319224	园艺	女	2004/4/8
202292319228	园艺	男	2004/5/28

图 7-4　学生表的一个无损分解（续）

id	name	college_name	birthday
202213501325	林诗琪	电子工程学院	2004/7/19
202235965309	冯俊杰	经济管理学院	2004/2/29
202235966708	何思涵	经济管理学院	2004/2/11
202235966710	谢宇航	经济管理学院	2003/12/15
202253845314	梁博文	农学院	2004/5/6
202253849710	宋雨彤	农学院	2003/11/13
202267171511	吴一鸣	兽医学院	2003/9/2
202267488206	徐雨萱	信息学院	2003/12/15
202274896407	谢梓萱	外国语学院	2004/8/30
202292310518	宋文轩	园艺学院	2004/8/26
202292319224	王雨欣	园艺学院	2004/4/8
202292319228	董子涵	园艺学院	2004/5/28

major	gender	birthday
电子信息工程	女	2004/7/19
农林经济	男	2004/2/29
市场营销	女	2004/2/11
市场营销	男	2003/12/15
农学（丁颖创新班）	男	2004/5/6
种子科学与工程	女	2003/11/13
动物药学	男	2003/9/2
信息与计算科学	女	2003/12/15
商务英语	女	2004/8/30
茶学	男	2004/8/26
园艺	女	2004/4/8
园艺	男	2004/5/28

id	name	college_name	major	gender	birthday
202213501325	林诗琪	电子工程学院	电子信息工程	女	2004/7/19
202235965309	冯俊杰	经济管理学院	农林经济	男	2004/2/29
202235966708	何思涵	经济管理学院	市场营销	女	2004/2/11
202235966710	谢宇航	经济管理学院	市场营销	男	2003/12/15
202253845314	梁博文	农学院	农学（丁颖创新班）	男	2004/5/6
202253849710	宋雨彤	农学院	种子科学与工程	女	2003/11/13
202267171511	吴一鸣	兽医学院	动物药学	男	2003/9/2
202267488206	徐雨萱	信息学院	信息与计算科学	女	2003/12/15
202274896407	谢梓萱	外国语学院	商务英语	女	2004/8/30
202292310518	宋文轩	园艺学院	茶学	女	2004/8/26
202292319224	王雨欣	园艺学院	园艺	女	2004/4/8
202292319228	董子涵	园艺学院	园艺	男	2004/5/28
202235966710	谢宇航	经济管理学院	信息与计算科学	女	2003/12/15
202267488206	徐雨萱	信息学院	市场营销	男	2003/12/15

图 7-5　学生表的一个非无损分解

定律 7-3 给出一个无损分解判定的充分必要条件。

【定律 7-3】给定关系模式 R 及函数依赖集 F，则分解 $<R_1,R_2>$ 是无损分解，当且仅当 F^+ 包含函数依赖 $R_1 \cap R_2 \rightarrow R_1$ 或 $R_1 \cap R_2 \rightarrow R_2$。

定律 7-3 的证明较简单，在此不赘述。它说明当一个关系模式分解为两个子关系模式时，分解为无损连接分解的充分必要条件是两个子关系模式的公共属性是 R_1 或 R_2 的超码。

【例 7-12】假设关系模式 $R(A, B, C, D, E)$，$F=\{AB \rightarrow C, C \rightarrow DE, B \rightarrow D, E \rightarrow A\}$，则两个分解 $\rho_1 = \langle R_1(ABC), R_2(ADE) \rangle$、$\rho_2 = \langle R_3(ABC), R_4(CDE) \rangle$ 是不是无损分解？

对于分解 ρ_1，$R_1 \cap R_2 = A$，且 $A \rightarrow R_1$，故分解 ρ_1 是无损分解。

对于分解 ρ_2，$R_1 \cap R_2 = C$，但 $C \nrightarrow R_1$ 且 $C \nrightarrow R_2$，故分解 ρ_2 不是无损分解。

3．保持函数依赖

函数依赖描述了属性之间的关系，若关系模式被分解，函数依赖会怎么样呢？在此我们给出函数依赖的投影、保持函数依赖的概念。

【定义 7-17】 设 $\rho = \langle R_1, R_2, \cdots, R_m \rangle$ 是关系模式 R 的一个分解，F 是 R 上的函数依赖集，则函数依赖集 F 在 R_i 上的投影 $F_i = \{\alpha \to \beta \mid \alpha \to \beta \in F^+ \text{且} \alpha, \beta \in R_i\}$ $(i \in [1, \cdots, m])$。

【定义 7-18】 设 $\rho = \langle R_1, R_2, \cdots, R_m \rangle$ 是关系模式 R 的一个分解，F_i 是 F 在 R_i 上的投影（$i \in [1, \cdots, m]$），若 $F^+ = (\bigcup_{i=1}^m F_i)^+$，则称 ρ 是一个保持函数依赖的分解，或者说 ρ 保持函数依赖。

事实上有些模式分解是不能保持函数依赖的，例如 $R(ABC)$，$F=\{A \to B, B \to C\}$，若将 R 分解为 $\langle R_1(AB), R_2(AC) \rangle$，显然 $F_1=\{A \to B\}$、$F_2=\{A \to C\}$。函数依赖 $B \to C \in F^+$，但显然不属于 $(F_1 \cup F_2)^+$。若关系模式 R 的一个分解 ρ 保持函数依赖，那么原关系模式 R 上的所有属性之间的函数依赖关系在这个分解 ρ 上还是成立的。还是对上面提到的关系模式，取分解为 $\langle R_1(AB), R_2(BC) \rangle$，则 $F_1=\{A \to B\}$、$F_2=\{B \to C\}$，显然 $F = F_1 \cup F_2$，由此它是一个保持函数依赖的分解。

若一个分解保持函数依赖，在原表上对函数依赖的检查可以相应地转换为对每个子模式 R_i 上 F_i 中函数依赖的检查，可以很好地保持数据之间的约束关系，也就是数据一致性。若丢失一个函数依赖，则数据库系统无法检查其所表达的数据关系，数据一致性有所损失。

判定一个分解是否保持函数依赖的算法很简单，如算法 7-3 所示。

【算法 7-3】 KeepFunctionalDenpendency()

输入：关系模式 R,Rh 的函数依赖集 F，R 的一个分解 $\rho = \langle R_1, R_2, \cdots, R_m \rangle$。

输出：TRUE 或 FALSE //TRUE 表示 ρ 保持函数依赖，FALSE 表示 ρ 不保持函数依赖。

步骤：{

    $F' = \varnothing$

    FOR EACH R_i IN ρ {

        计算 $F_i = \{\alpha \to \beta \mid \alpha \to \beta \in F^+ \text{且} \alpha, \beta \in R_i\}$

        $F' = F' \cup F_i$

    };

    IF $F'^+ = F^+$ RETURN TEUR ELSE RETURN FALSE;

}

因为要计算 F'^+、F^+，此算法效率比较低。学生可利用属性集闭包等概念改进算法的效率。

保持函数依赖是一个比无损分解"强"的概念，对模式分解来说，无损分解是必要条件，如果不满足条件，则无法使用这个分解来存储数据。但保持函数依赖不是必要条件，有些条件下，我们可以接受一个不保持函数依赖的分解，用它来存储数据。

7.3.3 分解算法

维基百科对数据库规范化方法的描述：规范化需要组织数据库的列（属性）和表（关系）以确保它们的依赖性通过数据库完整性约束得到正确实施。它可以通过在对数据库模式进行合并（创建新的数据库设计）或分解（改进现有数据

Part1-3NF 分解算法　　Part2-BCNF 分解算法

库设计）的过程中应用规范化规则来实现。

1．3NF 分解算法

对一个关系模式 R，需要先判定其是否属于 3NF。若不属于 3NF，可通过算法将其分解为一组属于 3NF 的关系模式的集合。

以下给出 3NF 判定方法：对给定关系模式 R 及其函数依赖集 F，若对 F^+ 中的所有函数依赖 $\alpha \to \beta (\alpha、\beta \subseteq R)$，下列条件中至少有一个成立：

① $\alpha \to \beta$ 是平凡的函数依赖；

② α 是 R 的一个超码；

③ β 中的每个属性都至少属于 R 的一个候选码。

对 F^+ 中的所有函数依赖逐个条件进行判定，若存在不符合这 3 个条件的函数依赖，则 R 不属于 3NF，若所有函数依赖都满足以上 3 个条件之一，则 R 属于 3NF。

此方法需要先求解关系模式 R 的所有候选码，并且需要计算 F^+，算法的时间复杂度较高。

【算法 7-4】 3NF 分解算法。

输入：关系模式 R 及其函数依赖集 F。

输出：R 的一个分解 ρ，要求 ρ 中每个子关系模式都属于 3NF。

步骤：{

    $F_C = F$ 的一个极小覆盖；

    $\rho = \varnothing; i = 0;$

    FOR EACH $(\alpha \to \beta \in F_C)$ {

        $i=i+1; R_i = \alpha\beta; \rho = \rho \cup \{\alpha\beta\}$

        IF (ρ 中没有一个关系模式包含 R 的候选码) {

            $i=i+1;$

            $R_i = R$ 的任意一个候选码；

        }

    REPEAT

      IF ρ 中任意一个关系模式 R_i 包含在另一个关系模式 R_j 中

        删除 R_i;

    UNTIL ρ 中关系模式不再减少

    RETURN ρ;

    }

因为一个函数依赖集的极小覆盖不是唯一的，所以此算法得到的分解也不唯一。可以证明使用此算法得到的分解中每个关系模式都属于 3NF，且它是一个保持函数依赖的无损分解。

【例 7-13】 例 7-11 给出的关系模式 $R(A, B, C, D, E)$ 及函数依赖集 $F=\{AB \to C, C \to DE, B \to D, E \to A\}$ 中，R 是否属于 3NF？如果不是，将其分解为 3NF。

先利用属性集闭包知识求解 R 的候选码，知 AB、BC、BE 都是其候选码。

对 F 中每条函数依赖进行判定，$AB \rightarrow C$、$E \rightarrow A$ 分别满足判定方法条件（2）、（3）；但 $C \rightarrow DE$、$B \rightarrow D$ 不满足 3NF 判定条件，因此它不属于 3NF。

依据算法 7-4 进行分解，首先求解 F 的极小覆盖 F_C，依据极小覆盖求解算法（算法 7-2）计算，可知 $F_C = F$。

接着依据算法 7-4，先依据函数依赖将其分解得 $\rho = (ABC, CDE, BD, EA)$，因为 R 的一个候选码已包含在其中，所以 ρ 是满足题目要求的 3NF 分解。

2. BCNF 分解算法

对一个关系模式 R，也需要一个方法判定其是否属于 BCNF。若它不属于 BCNF，可通过算法将其分解为一组属于 BCNF 的关系模式的集合。

以下给出 BCNF 判定方法。对给定关系模式 R 及其函数依赖集 F，若对 F 中的所有函数依赖 $\alpha \rightarrow \beta (\alpha、\beta \subseteq R)$，下列条件至少一个成立：

① $\alpha \rightarrow \beta$ 是平凡的函数依赖；

② α 是 R 的一个超码。

此方法是从 BCNF 定义出发给出的算法，与 3NF 相比，它少了判定条件③，也就是说对任意一个函数依赖，若它不满足条件①或条件②，则它不满足 BCNF 的条件，此关系模式不属于 BCNF。而对 3NF，还可以判定它是否满足条件③，若它不满足条件①或条件②，关系模式 R 仍有可能属于 3NF。所以 3NF 的范围比 BCNF 大，它包含 BCNF。

另外，还需要注意，关系模式 3NF 的判定方法需对 F 的闭包 F^+ 中每条函数依赖进行判定，而 BCNF 算法只需要对 F 中的函数依赖关系进行判定，不需要先计算 F^+。此条件是可以证明的，限于篇幅，证明过程在此未给出。

【算法 7-5】 BCNF 分解算法。

输入：关系模式 R 及其函数依赖集 F。

输出：R 的一个分解 ρ，要求 ρ 中每个子关系模式都属于 BCNF。

步骤:{

    $\rho = \{R\}$；

    Done=false;

    WHILE (not done) DO {

        IF (如果 ρ 中某个关系模式 R_i 不属于 BCNF) {

            令 $\alpha \rightarrow \beta$ 不满足 BCNF 条件的一个函数依赖且 $\alpha \cap \beta = \varnothing$；

            $\rho = \rho - R_i \bigcup (\alpha, \beta) \bigcup (R_i - \beta)$；

        }

        ELSE done=true;

    }

    RETURN ρ；

    }

因为此算法执行时，不满足 BCNF 条件的函数依赖可能有多个不同的选择，所以此算法得到的分解也不唯一。可以证明使用此算法得到的分解中每个关系模式都属于 BCNF，且它是一个无损分解，但它不一定保持函数依赖。

【例 7-14】例 7-11 给出了关系模式 $R(A, B, C, D, E)$ 及函数依赖集 $F = \{AB \to C, C \to DE, B \to D, E \to A\}$，$R$ 是否属于 BCNF？如果不是，将其分解为 BCNF。

例 7-12 中已判定此关系模式不属于 3NF，那么它一定不属于 BCNF。若使用 BCNF 的判定方法，函数依赖 $C \to DE$、$B \to D$、$E \to A$ 都不满足 BCNF 的判定条件，结论相同。

依据算法 7-5，可以使用 $C \to DE$、$B \to D$、$E \to A$ 中任意一个进行分解。此处使用 $C \to DE$，可得 $\rho = \{R_1(CDE), R_2(ABC)\}$，相应地，求 F 在两个关系上的投影得 $F_1 = \{C \to DE\}$、$F_2 = \{AB \to C, C \to A\}$。可判定 $\langle R_1, F_1 \rangle \in \text{BCNF}$，但 $\langle R_2, F_2 \rangle \notin \text{BCNF}$，因为 $C \to A$ 不满足 BCNF 的条件，所以继续分解 $\rho = \{R_1(CDE), R_2(AC), R_3(BC)\}$，相应地，$F_2 = \{C \to A\}$、$F_3 = \varnothing$，此时 3 个关系都属于 BCNF，分解结束，$\rho = \{R_1(CDE), R_2(AC), R_3(BC)\}$ 即为所求。

若在 R 上选择 $B \to D$ 进行分解，所得结果为 $\rho = \{R_1(BD), R_2(CE), R_3(BC), R_4(AC)\}$ 或 $\rho = \{R_1(BD), R_2(AE), R_3(BC), R_4(CE)\}$。对于在 R 上选择 $E \to A$ 进行分解，学生可自行计算。

7.4 多值依赖及使用多值依赖的模式分解

多值依赖及使用
多值依赖的分解

7.4.1 多值依赖

利用函数依赖可以很好地表达属性组之间的依赖关系，也可以对关系模式进行分解得到 3NF、BCNF 这样冗余度较低的关系模式。但即使是 BCNF，其中也还可能存在一些冗余信息。下面看一个例子。

【例 7-15】学校中每门课程由多个教师讲授，他们使用相同的一套参考书，每位教师可以讲授多门课程，每本参考书可供多门课程使用，如表 7-1 所示。若使用关系模型设计数据库，其关系模式为 $S(CTR)$，数据如表 7-2 所示。

表 7-1 一组课程教师参考书数据

课程 C	教师 T	参考书 R
数据结构	张三 李四	数据结构 1 离散数学 1 离散结构 1
Java 程序设计	李四 王五 赵六	Java 程序设计数据结构 1
软件工程	周七 吴八	软件工程 1 软件工程 2 Java 程序设计

关系模式 $S(CTR)$ 中不存在一组属性对另一组属性的依赖，S 上的函数依赖集为空，它显然属于 BCNF，但还是存在数据冗余。$C \to R$ 不成立，但一门课程与一组参考书对应，当一门课程添加一名教师时，需要对应每本参考书添加一个元组。当然，删除某门课程的一名授课教师时也需要对应每本参考书删除一次。同样，$C \to T$ 不成立，但一门课程与一组授课教师是对应的。我们把这种属性之间的依赖关系定义为多值依赖。

表 7-2　关系表 S 的数据

C	*T*	*R*	*C*	*T*	*R*
数据结构	张三	数据结构 1	Java 程序设计	王五	数据结构 1
数据结构	张三	离散数学 1	Java 程序设计	赵六	Java 程序设计
数据结构	张三	离散结构 1	Java 程序设计	赵六	数据结构 1
数据结构	李四	数据结构 1	软件工程	周七	软件工程 1
数据结构	李四	离散数学 1	软件工程	周七	软件工程 2
数据结构	李四	离散结构 1	软件工程	周七	Java 程序设计
Java 程序设计	李四	Java 程序设计	软件工程	吴八	软件工程 1
Java 程序设计	李四	数据结构 1	软件工程	吴八	软件工程 2
Java 程序设计	王五	Java 程序设计	软件工程	吴八	Java 程序设计

【定义 7-19】设 R 是一个关系模式，α、$\beta \subseteq R$，$\gamma = R - \alpha - \beta$。若对 R 的任意合法实例 r，对任意元组 $t_1, t_2 \in r, t_1[\alpha] = t_2[\alpha]$，存在元组 t_3、t_4 满足如下条件：

$$t_3[\alpha] = t_4[\alpha] = t_1[\alpha] = t_2[\alpha]$$

$$t_3[\beta] = t_1[\beta]$$

$$t_3[\gamma] = t_2[\gamma]$$

$$t_4[\beta] = t_2[\beta]$$

$$t_4[\gamma] = t_1[\gamma]$$

则称 α 多值决定 β，或 β 多值依赖于 α，记作 $\alpha \rightarrow\rightarrow \beta$。

也就是说，对 R 的任意合法实例，若两个元组的 α 相等，交换其 β、γ 部分所得的两个新元组也包含在实例 r 中。多值依赖描述的是一组属性的一个取值与另外一组属性的一组取值对应的关系，而函数依赖描述的是一组属性的一个取值与另一组属性的一个取值之间的对应关系。因此，它描述的范围更广。例 7-14 中 $C \rightarrow\rightarrow R$、$C \rightarrow\rightarrow T$ 都是成立的。

可以证明，对任何关系模式 R，α、$\beta \subseteq R$，若 $\beta \subseteq \alpha$ 或 $\alpha \cup \beta = R$，则 $\alpha \rightarrow\rightarrow \beta$ 一定成立，所以称此类多值依赖为平凡的多值依赖。

从函数依赖和多值依赖的定义出发，可得如下结论。

假设 R 是一个关系模式 α、$\beta \subseteq R$，则有：

① 若 $\alpha \rightarrow \beta$，则 $\alpha \rightarrow\rightarrow \beta$；

② 若 $\alpha \rightarrow\rightarrow \beta$，则 $\alpha \rightarrow\rightarrow (R - \alpha - \beta)$。

7.4.2　使用多值依赖的模式分解

对例 7-15 中的关系模式 $S(CTR)$，无法再使用函数依赖继续分解来减少冗余。但可以使用多值依赖定义更高级的范式，并进行模式分解。定义 7-20 给出了 4NF 及分解算法。

【定义 7-20】设关系模式 R，函数依赖和多值依赖的集合 D 在 R 上成立，若对 D^+ 的每个多值依赖 $\alpha \rightarrow\rightarrow \beta$，其中 α、$\beta \subseteq R$，都满足以下条件之一：

① $\alpha \rightarrow\rightarrow \beta$ 是一个平凡的多值依赖；

② α 是 R 的超码。

则称 R 属于 4NF。

注意，4NF 与 BCNF 定义的区别仅在于 4NF 使用的是多值依赖与函数依赖的集合，而 BCNF 使用函数依赖的集合。每个属于 BCNF 的关系模式不一定属于 4NF，因为 BCNF 没有考虑多值依赖这种属性之间的关系。但每个属于 4NF 的关系模式一定属于 BCNF。假设一个关系模式不属于 BNCF，则至少存在一条函数依赖 $\delta \to \varepsilon$，它不平凡且 α 不是超码。7.4.1 小节中给出若 $\alpha \to \beta$，则 $\alpha \to\to \beta$。也就是说，存在一条与之对应的多值依赖 $\delta \to\to \varepsilon$，它不平凡且 δ 不是超码，所以该关系模式一定不属于 4NF。

【算法 7-6】 4NF 分解算法。

输入：关系模式 R 及其函数依赖与多值依赖的集合 D。

输出：R 的一个分解 ρ，要求 ρ 中每个子关系模式都属于 4NF。

步骤:{

    $\rho = \{R\}$；

    done=false;

    WHILE (not done) DO {

        IF (如果 ρ 中某个关系模式 R_i 不属于 4NF) {

            令 $\alpha \to \beta$ 不满足 4NF 条件的一个多值依赖且 $\alpha \cap \beta = \varnothing$；

            $\rho = \rho - R_i \bigcup (\alpha, \beta) \bigcup (R_i - \beta)$；

        }

        ELSE done=true;

    }

    RETURN ρ；

}

依据算法 7-6，判定例 7-14 中的关系模式 $S(CTR)$ 不属于 4NF，对其进行分解得 $\rho = \{R_1(CT), R_2(CR)\}$，使用与函数依赖投影类似的方法 D 进行投影，可知 $D_1 = \{C \to\to T\}$、$D_2 = \{C \to\to R\}$，这两个多值依赖都是平凡的多值依赖，因此 $\rho = \{R_1(CT), R_2(CR)\}$ 属于 4NF。

7.5 其他范式

多值依赖定义了函数依赖无法描述的一类数据冗余，利用多值依赖可以将关系模式分解为 4NF，属于 4NF 的数据库结构更清晰，数据冗余度更低。但 4NF 并不是关系数据库规范化的终极范式。

有些文献对多值依赖的概念进行推广，给出连接依赖（Join Dependency）的定义，并由此定义了投影连接范式（Project-Join Normal Form，PJNF），也称第五范式（the Fifth Normal Form，5NF）；也有文献定义了更广泛的一类约束——域值范式（Domain-Key Normal Form）；等等。

依据本章理论，范式等级越高，数据冗余度越低，似乎数据管理效率也应该越高。但面对实际问题时却不一定是这样的。因为范式等级提高是靠分解关系、用更多张表存储数据得到的。而在实际项目中查询频率往往比数据更新频率高几倍甚至几十倍，表分解得越多，查询时需要进行的连接次数就越多，会导致查询效率严重降低。因此实际工作中，一般选择分解到 BCNF、最多分解到 4NF 就可以了。甚至有些情况下，分解到能够保持函数依赖的 3NF 就是最优解了。

一个好的数据库设计既要考虑应用情况，又要考虑数据库规范化程度，还应该考虑到数据在未来使用过程中可能的变化。

7.6 规范化与反规范化设计

本章介绍的关系数据库规范化理论提供了判定一个数据库规范化程度的标准及规范化方法。但正如前文所述，数据库的规范化程度并不是越高越好。从实用性角度考虑，我们提倡通过对这些理论的灵活运用，将数据库的规范化程度提高到 3NF 或 BCNF，不建议进一步提高数据库的规范化程度。

为应对规范化带来的效率问题，在实际软件设计、开发人员中开始流行一种反规范化设计的思想。反规范化设计是指使用一些不符合规范化设计的方法进行数据库逻辑结构的设计，目的是减少查询操作的连接次数、提高查询效率。

常用的反规范化设计方法如下。

1．使用逻辑主码替代多关键字主码或复杂类型主码

逻辑主码是指整数类型、无实际意义的 ID 列。通过使用逻辑主码，可以减少主码索引的空间占用，进而提高查询效率。例如 teaching 数据库中 takes 表的主码由 4 个属性组成，分别是 course_id、sec_id、semester、year，若在 takes 表中添加 ID 列作为主码，如下：

```
takes ( takes_id, ID, course_id, sec_id, semester, year, grade)
```

显然主码被简化了，主码索引使用的空间会变小，那么有些需要使用主码的查询可能因为主码索引占用内存少而采用更高效的算法。

2．增加冗余属性

增加冗余属性是指在表中增加一些常用的、其他表中已保存的属性，以减少查询时连接操作的次数，提高查询效率。例如在 teaching 数据库中，takes 表仅保存了学生学号、课程号，若增加学生姓名、课程名称两个属性：

```
takes ( ID, name, course_id, title, sec_id, semester, year, grade)
```

则学生成绩、课程成绩或其他与成绩相关的查询都不再需要连接学生表和课程表，减少了连接操作，可在一定程度上加快查询速度。

3．增加导出属性

增加导出属性指在表中增加一些可通过其他列计算得到的属性，以减少查询的计算量，提高查询效率。例如，订单表中有商品号、商品单价、折扣、采购数量等信息，订单总价可以通过商品单价、折扣、会员等级、采购数量等信息计算得到。若订单总价经常需要查询，则可将总价作为一个字段保存在订单表中，以加速查询。

4．分割表

若一张表包含的数据多，可以通过分割表的形式提高数据查询效率。常用的表分割有两种：水平分割和垂直分割。

水平分割是根据一列或多列数据的值把数据表分割成多张表，此时表结构不变，但一张表变成多张。例如，若当前数据库中学生选课记录较多，可将选课表 takes 按年级分割成 4 张子表 takes2020、takes2021、takes2022 和 takes2023，分别存放 2020、2021、2022 和 2023 级学生的选课记录。此时选课相关的查询可能只需要一张子表或两张子表的数据，可减少需要调入内存的数据量，提高查询速度。

垂直分割是指将一张表的属性分成两个或多个组，每组属性可满足一类常用查询，且各组属性中都包含主码，方便通过连接操作恢复整张表。若一张表包含的属性较多，调入内存时，每个内存页可保存的记录较少。若进行分割，记录变小，则每个内存页中可保存的记录增加，可减少 I/O 次数。

另外，对一些常用查询，也可以从多张基本表中抽取数据连接形成一张新表，则每次查询可避免对几张基本表的连接操作。此种方式在数据仓库中被称为物化视图。使用这种方法提高查询效率需要慎重，一些随数据更新会发生变化的数据不适合保存在物化视图中，因为维护数据一致性可能需要更多工作量。

反规范化设计在一定程度或在某些场景下可提高查询效率，需要注意的是提高查询效率是以降低数据规范性换来的，有可能导致错误的数据进入数据库，也可能会增加数据维护的困难性。例如，若在 takes 表中增加逻辑主码，与主码相关的查询可能会提高效率。但原数据库设计时给出的<course_id, sec_id, semester, year>非空、无重复值的约束是否还需要添加？若不添加，有可能将这些字段中包含空值或者具有重复取值的数据存入数据库中，而依据语义，这样的数据不应该存入数据库。若另外再添加每个字段的非空约束并建立<course_id, sec_id, semester, year>上的唯一性索引，那么数据维护的工作量反而增加了，这时查询效率的提高就显得不太值得了。

增加冗余属性、导出属性可提高查询效率，但同时会增加数据维护的工作量。上例中，在 takes 表中添加学生姓名，如果有学生修改姓名，那么不仅要修改 student 表中的学生姓名，也要修改 takes 表中的学生姓名，这样才能保证数据一致性。因此，添加冗余属性、导出属性需要慎重，只有那些几乎不会被修改的属性才可以作为冗余属性添加到其他表中去。

分割表的方法适用于数据量非常大的情况，在数据量不太大的情况下，查询效率提高得不明显，反而表结构可能会变得复杂，并增加 SQL 语句的编写难度和数据维护的工作量。

总之，在数据库逻辑结构设计过程中比较可靠的方法是使用 E-R 模型对现实系统进行抽象，然后对所得到的数据库适度进行规范化，以满足 3NF 或 BCNF 的要求。反规范化设计这一思想值得关注，可看作规范化设计的有益补充，但需要慎重使用。

另外，可以在数据库运行、维护过程中，通过观察常用的查询来发现哪些属性需要添加、哪些视图需要物化，再对数据库逻辑结构进行调整，以提高整个数据库系统的运行效率。

本章小结

本章介绍了关系数据库规范化理论，包括函数依赖、阿姆斯特朗公理体系、多值依赖等概念，并在此基础上定义了范式，给出了 3NF、BCNF 等范式的判定方法及模式分解算法。本章前 3 节是基础性知识，本科程度的读者需要掌握；后 3 节稍有难度，可作为研究内容或研究生阶段的学习内容。

规范化是使用一组关系来存储一组相互关联的数据，尽量减少每个关系中属性之间的联系，使一个关系仅描述一个实体或一种联系。这样做的目的是消除数据冗余，提高数据存储效率。

若要求规范化程度达到 3NF，可以得到一个既是无损分解又保持函数依赖的分解。但若进一步提高规范化程度，达到 BCNF、4NF，则所得到的分解不能保证保持函数依赖。因此面对实际问题时，要依据需求来确定规范化程度，甚至使用反规范化设计的思想来适度降低数据库的规范化程度，以提高查询效率。

读者可能会发现，如果按第 6 章所述数据库设计的方法，正确、规范地使用 E-R 模型进行数据库设计，基本可达到 3NF 甚至更高范式级别。本章理论可通过第 6 章的实践验证，同时也是第 6 章实践工作的提升，为可能未达到最优的数据库设计提供判定标准和优化方法。这一点很好地体现了理论源于实践并能指导实践、实践是检验真理的唯一标准的辩证思想。学生需要注意将理论与实践结合，以做出更好的数据库设计。

习题

1. 名词解译：函数依赖、完全函数依赖、传递函数依赖、超码、候选码、主属性、1NF、2NF、3NF、BCNF、4NF。

2. 函数依赖的概念来自现实世界中实体以及实体之间的联系。若实体集 $R_1(ABCD)$ 与 $R_2(EFG)$ 的码分别是 A、E，它们之间若存在 $1:1$、$1:m$、$m:n$ 的联系，将其转换为关系模型后，分别可以得到哪些函数依赖关系？

3. 证明以下定律的正确性。

F5（分解律）：若 $\alpha \rightarrow \beta\gamma$ 被 F 逻辑蕴涵，则 $\alpha \rightarrow \beta$、$\alpha \rightarrow \gamma$ 被 F 逻辑蕴涵。

F6（伪传递律）：若 $\alpha \rightarrow \beta$、$\beta\gamma \rightarrow \delta$ 被 F 逻辑蕴涵，则 $\alpha\gamma \rightarrow \delta$ 被 F 逻辑蕴涵。

4. 证明：

（1）若 R 属于 3NF，它一定属于 2NF；

（2）若 R 属于 BCNF，它一定属于 3NF；

（3）若 R 属于 4NF，它一定属于 BCNF。

5. 什么是无损分解？为什么模式分解一定要取无损分解？

6. 对关系 R，什么是保持函数依赖的分解？为什么保持函数依赖不是模式分解的必要条件？

7. 设有关系模式 $R(ABCDE)$，$F=\{AB \rightarrow C, C \rightarrow D, BE \rightarrow A, E \rightarrow DB\}$ 是 R 上的函数依赖集，在此关系模式下回答下列问题。

（1）分解 $(ABC, ABDE)$ 是不是一个无损分解？为什么？

（2）求 R 的所有候选码，并列出 R 的所有主属性。

（3）求 BE^+，列出它所代表的属于 F^+ 的所有函数依赖。

（4）求 F 的一个极小覆盖。

8. 已知关系模式 $R\{A, B, C, D, E, G\}$，函数依赖集 $F=\{AB \rightarrow C, C \rightarrow A, BC \rightarrow D, ACD \rightarrow B, D \rightarrow EG, BE \rightarrow C, CG \rightarrow BD, CE \rightarrow AG\}$ 在 R 上成立，请在此关系模式中完成以下题目。

（1）函数依赖 $ABE \rightarrow G$ 是否成立？

（2）求 R 的所有候选码，并列出 R 的所有主属性

（3）说明 R 是否属于 3NF，若不属于 3NF，利用算法求解一个既保持函数依赖又满足 3NF 的无损分解。

（4）说明 R 是否属于 BCNF，若不属于 BCNF，利用算法求解一个满足 BCNF 的无损分解。

数据库编程

为了提高数据库的数据处理能力，数据库管理系统一般都对标准 SQL 进行了扩展，通过增加变量、赋值语句、程序控制结构（如分支、循环等）等过程式程序设计语言要素，使用户可以把数据库操作组织在代码中，实现复杂的数据处理功能。当前主流的数据库管理系统软件都对 SQL 进行了这种扩展，在 MySQL、PostgreSQL 等系统中扩展后的语言没有命名，在 Oracle 中被称为 PL/SQL，在 SQL Server 中被称为 TransactSQL。

第 8 章简介

因为没有类似于 SQL 标准的约束，各数据库管理系统提供的 SQL 程序设计的扩展功能类似，但语法差距较大。本章以 MySQL 为例介绍 SQL 的语法以及编写存储过程、存储函数和触发器等的方法。

多数数据库管理系统也为主流高级语言提供了多种访问数据库的接口，包括嵌入式 SQL、ODBC/JDBC 及框架等，供程序员使用某种主流的高级语言对数据库进行操作。

本章首先以 MySQL 为例讲述 SQL 编程、存储过程、存储函数和触发器等内容，介绍如何在数据库服务器上实现数据管理功能；然后介绍在高级语言中使用数据库的方法，包括嵌入式 SQL、ODBC/JDBC、框架等。

本章学习目标如下。

（1）掌握 SQL 语法。

（2）掌握编写存储过程、存储函数、触发器的方法。

（3）了解在程序中使用数据库的方法，包括嵌入式 SQL、ODBC/JDBC、框架等。

8.1 SQL 语法

SQL 中已给出常量、运算符、函数、表达式等概念，这些内容既是 SQL 的一部分，也是基于 SQL 的编程语言的一部分。

SQL 的查询内容或条件表达式中均可使用各种类型的表达式，一般表达式是由运算符、函数、常量和字段名组成的有意义的式子。例如以下查询语句中：

```
SELECT id, name, YEAR(NOW())-YEAR(birthday) FROM student;
```

Id、name 都是数据库中的字段名，即某张表中的一个字段。表达式 YEAR(NOW())-YEAR(birthday)中既包含函数 YEAR()、NOW()，又有减法运算符"-"。MySQL 8.0 及以上版本支持的内置函数有上百个，函数的含义及用法可以从 MySQL 操作手册中查询。其中

birthday 是一个字段名，针对 student 表中每个元组有一个取值。

除这些已涉及的编程元素外，SQL 中也有变量、赋值语句，以及用于程序结构控制的分支、循环语句等基本语言结构。下面以 MySQL 的 SQL 为例介绍编程元素，其他数据库管理系统的 SQL 编程需要查阅相应用户手册或教程来学习。

8.1.1 变量

在 MySQL 中，变量分为用户变量和系统变量。

1．用户变量

用户变量是用户定义的变量，需要先定义和初始化赋值，然后才能使用，否则系统会将变量的值初始化为 NULL。

MySQL 的用户变量可以使用 DECLARE 语句定义，其基本语法如下：

```
DECLARE var_name type [DEFAULT value];
```

其中 var_name 是用户变量的名称，一般以@开头，以便与表名、字段名等数据库元素区分，变量名的其他部分可以由当前字符集的数字、字母、汉字、"."、"_"和"$"等组成，长度不大于 255 字节。type 参数用来指定变量的类型，可以是 MySQL 允许的所有数据类型。DEFAULT value 子句用来将变量的默认值设置为 value，在没有使用 DEFAULT 子句时，用户变量的默认值为 NULL。

用户变量也可以直接通过赋值语句 SET 定义并初始化。SET 语句本身是赋值语句，若需要赋值的变量已定义，此语句可为变量赋值。若需要赋值的变量未定义，此语句可定义变量并赋值。SET 语句的语法格式为：

```
SET  @user_variable1=expression1
     [,user_variable2= expression2 , …]
```

其中，user_variable1、user_variable2 为用户变量名，变量名可以由当前字符集的数字、字母、汉字、"."、"_"和"$"等组成。

【例 8-1】图 8-1 给出一些变量定义与使用语句，可在 MySQL 中运行并查看运行结果。

图 8-1　变量赋值及查询的执行结果

图 8-1 中第一句定义了一个字符串变量，名为@name，初始化其值为"郭紫涵"。第二

句同时定义了 3 个数值型变量，并分别赋值为 1、2、3。第三句使用一个包含变量@v3 的表达式为@v4 赋值，可知@v4 的初值为 4。第四句是一个查询语句，查询变量时不需要使用 FROM、WHERE 等子句，只需给出变量名即可。

执行结果如图 8-1 所示，其中 SELECT 语句的执行结果输出两个变量的值分别是"郭紫涵"和"4"。SET 语句没有输出结果，读者单击图 8-1 所示界面下部的"信息"选项卡可以看到命令执行结果。对于用户变量，可以通过使用 SQL 语句从数据库中读取数值进行初始化或赋值，当然也可以在 SQL 语句中使用。

【例 8-2】查询与郭紫涵同年同月出生的学生，显示其学号、姓名、生日。

```
SET @birthday=(SELECT birthday FROM student WHERE name='郭紫涵');
SELECT id, name, birthday FROM student
    WHERE year(birthday)=year(@birthday) and month(birthday)=month(@birthday);
```

此例需要使用用户变量获取郭紫涵的生日，再利用这个变量查询与其同年同月出生的学生的学号、姓名、生日。图 8-2 给出了变量定义及查询语句，并给出了两个语句的执行结果。注意此例中 birthday 和@birthday 不同，birthday 是字段名，而@birthday 是用户定义的变量。

图 8-2　变量定义与查询语句

MySQL 允许使用 SELECT 命令为变量赋值，格式如下：

```
SELECT @var_name := expr [, @var_name = expr] …;
```

以下命令为 4 个变量赋值，读者可在 MySQL 中执行并查看结果。

```
SELECT @v1:=1, @v2:='vartest', @v3:=abs(-2), @var4:=(SELECT count(*) FROM student);
```

2．系统变量

MySQL 中的系统变量分为两种，一种是全局（GLOBAL）变量，另一种是会话（SESSION）变量。全局变量是在数据库服务器启动时定义并赋初值的，用于记录对数据库服务器的配置，影响服务器的整体运行方式。

每一个客户端成功连接服务器后，会产生与之对应的会话。会话期间，MySQL 服务实例会在服务器内存中生成与该会话对应的会话变量，这些会话变量的初值是全局变量值的副本。

查看 MySQL 中所有的全局变量信息的命令是：

```
SHOW GLOBAL VARIABLES;
```

查看所有会话变量的命令是：

```
SHOW SESSION VARIABLES;
```

也可以省略 SESSION：

```
SHOW VARIABLES;
```

　　MySQL 的 SHOW 命令几乎可以查看所有需要查看的信息，读者可以查看 MySQL 用户手册进行了解。另外，也可以使用 SELECT 命令查看全部或部分系统变量的信息。

　　修改全局变量的值需要特殊权限，且修改值仅对本次修改后至服务器关闭前产生的连接有效。每个用户可以使用 SET 命令修改当前会话的会话变量的值。例如，以下命令可将排序缓冲区大小（sort_buffer_size）的值设置为 50000。

```
SET @@sort_buffer_size = 50000;
```

8.1.2　控制语句

控制语句-IF　　控制语句-CASE

1．IF 语句

　　IF 语句是常见的分支程序控制语句，其用于根据判断条件执行不同的语句，其基本形式如下：

```
IF search_condition THEN statement_list;
    [ELSEIF search_condition THEN statement_list]…;
    [ELSE statement_list];
END IF;
```

　　其中，search_condition 参数表示条件判断语句，如果返回值为 TRUE，相应的 SQL 语句列表（statement_list）被执行；如果返回值为 FALSE，则 ELSE 子句的语句列表被执行。statement_list 可以包括一个或多个语句，ELSEIF 是 ELSE 子句中嵌套一个 IF 语句的简写形式，相当于 ELSE IF。

　　【例 8-3】一个使用 IF 语句的示例。

```
IF @age>20 THEN SELECT 'age>20';
    ELSEIF age=20 THEN SELECT 'age=20';
    ELSE SELECT 'age<20';
END lF;
```

　　此语句的含义是：如果 age>20，则输出 age>20；如果 age =20，则输出 age=20；其他情况输出 age＜20。

2．CASE 语句

　　CASE 语句是常用的多条件判断语句，它用于提供多个条件进行选择，可以实现比 IF 语句更复杂的条件判断。CASE 语句的基本形式如下：

```
CASE case_value
    WHEN when_value THEN statement_list;
    [WHEN when_value THEN statement_list]…;
    [ELSE statement_list];
```

```
END CASE;
```

其中，case_value 参数表示条件判断的变量，决定哪一个 WHEN 子句会被执行；when_value 参数表示变量的取值，如果某个 when_value 表达式的值与 case_value 的值相同，则执行对应的 THEN 关键字后的 statement_list 中的语句；ELSE 后的 statement_list 参数表示所有 when_value 表达式的值均与 case_value 的值不同时的执行语句；CASE 语句都要使用 END CASE;结束。

【例 8-4】一个 CASE 语句的示例。

```
CASE age
    WHEN 20 THEN SET @count1=@count1+1;
    ELSE SET @count2=@count2+1;
END CASE;
```

此例中，如果 age=20，则 count1 的值加 1，否则 count2 的值加 1。

CASE 语句的另一种语法格式如下：

```
CASE
    WHEN search_condition THEN statement_list;
    [WHEN search_condition THEN statement_list] …;
    [ELSE statement_list];
END CASE;
```

其中，search_condition 参数表示条件判断语句，statement_list 参数表示不同条件的执行语句。

该语句中的 WHEN 语句将被逐个执行，直到某个 search_condition 表达式为真，然后执行对应 THEN 关键字后面的 statement_list 语句。如果没有条件匹配，ELSE 子句里的 statement_list 语句将被执行。

3. 循环结构

MySQL 的循环语句有 3 种：LOOP、REPEAT 和 WHILE。

LOOP 语句可以使某些特定的语句重复执行。与 IF 和 CASE 语句相比，LOOP 语句只实现了一个简单的循环，并不进行条件判断。LOOP 语句本身没有停止循环的语句，必须使用 LEAVE 语句等才能停止循环，跳出循环过程。LOOP 语句的基本形式如下：

```
label: LOOP
    IF condition THEN statement_list
    ELSE THEN LEAVE label
    END IF;
END LOOP label;
```

其中，label 是开始和结束的标志。statement_list 表示需要循环执行的语句，若只有一个语句，则直接写出来；若有多个语句，则需要用 BEGIN 和 END 分别在开始和结束位置进行标记，表示它们是一个整体。LEAVE 语句主要用于跳出循环控制，执行 label 到 LOOP 以外的代码。

REPEAT 语句是带条件的循环语句，每次循环体内的语句执行完后，会执行条件判断，如果条件成立则循环结束，否则重复执行循环体内的语句。REPEAT 语句的基本形式如下：

```
[label:] REPEAT
```

```
        statement_list
UNTIL condition
END REPEAT [label];
```

其中，label 为 REPEAT 语句的开始标志，可以省略。END REPEAT 是循环结束标志，REPEAT 至 END REPEAT 之间的 statement_list 部分为循环体，其中包含的语句可能会被重复执行，直至 condition 条件的返回值为 TRUE。condition 表示结束循环的条件，满足该条件时循环结束。

WHILE 语句也是带条件的循环语句，当满足条件时执行循环内的语句，否则退出循环。WHILE 语句的基本形式如下：

```
[begin_label:] WHILE condition  DO
    statement list
END WHILE [end label];
```

其中，条件 condition 是循环的执行条件，满足该条件时循环执行，否则执行循环体下面的语句。WHILE 至 END WHILE 中间的 statement_list 是循环体，可能重复执行，也可能一次都不执行。WHILE 和 END WHILE 分别是循环开始和结束的标志，也可通过添加 label 来区分多个循环，以方便阅读。

3 种循环语句的功能基本等价，仅有细微区别，读者可自由选择使用哪种语句来实现循环结构的代码。

【例 8-5】假设表 t 的创建语句如下：

```
CREATE TABLE t(id primary key auto_increment, val int);
```

向表中插入 5 条数据，val 取值分别是 0、1、2、3、4。以下 3 段代码分别使用 WHILE、REPEAT 和 LOOP 循环语句完成此操作。

```
DECLARE var INT;          DECLARE v INT;          DECLARE v INT;
SET var=0;                SET v=0;                SET v=0;
WHILE var<6 DO            REPEAT                  LOOP_LABLE: loop
  INSERT INTO t(val)        INSERT INTO t(val)      INSERT INTO t(val)
VALUES(var);             VALUES(v);              VALUES(v);
  SET var=var+1;           SET v=v+1;              SET v=v+1;
END WHILE;               UNTIL v>=5;             IF v >=5 THEN LEAVE
                         END REPEAT;             LOOP_LABLE;
                                                   END IF;
                                                 END LOOP;
```

8.1.3　游标

游标

SQL 语句是集合式的操作方法，用户可以通过条件获取一个结果集，但没办法操作其中每条记录的每个字段信息。SQL 提供游标（CURSOR）结构，用来定位结果集中每条记录，让用户可能像操作高级语言中的数组一样去操作它。游标需要先声明，再打开、使用，使用完后需要关闭。

游标声明语句的语法格式如下：

```
DECLARE cursor_name CURSOR FOR SELECT_statement;
```

其中，cursor_name 为游标名称，SELECT_statement 是一个说明游标数据的查询语句。

游标在使用前需要先打开，打开游标的语句如下：

```
OPEN cursor_name;
```

其中，cursor_name 是要打开游标的名称。打开游标时，游标指针指向第一条记录的前边。

游标顺利打开后，可以使用 FETCH…INTO 语句读取数据，其语法格式如下：

```
FETCH [[NEXT] FROM] cursor_name INTO var_name [, var_name] …;
```

此语句将游标 cursor_name 中 SELECT 语句的执行结果保存到变量 var_name 中。变量 var_name 必须在游标使用之前定义。使用游标，类似使用高级语言中的数组遍历，当第一次使用游标时，游标指向结果集的第一条记录。MySQL 的游标是顺序读的，可以用 FETCH NEXT 依次读出游标中的所有数据进行操作。

游标使用完毕后，需要使用 CLOSE 语句关闭游标，其语法格式如下：

```
CLOSE cursor_name;
```

CLOSE 语句会释放 cursor_name 游标使用的所有资源，因此每个游标使用完后，最好及时关闭。若用户没有关闭游标，MySQL 会在游标指针到达 END 时自动关闭。

游标关闭后，不能再使用。若仍需要使用，可以再使用 OPEN 语句打开。

下面以一个实例来说明游标的声明、打开、使用、关闭过程。

【例 8-6】在 teaching 数据库中，以下代码使用游标完成将 instructor 表中 name 字段的值都修改为 MySQL0、MySQL1……形式的操作。

```
DECLARE result VARCHAR(100);
DECLARE no1 INT;
DECLARE @i int;
DECLARE cur_1 CURSOR FOR SELECT name FROM instructor;
DECLARE CONTINUE HANDLER FOR NOT FOUND SET @no1=1;
SET @no1=0;
SET @i=0;
OPEN cur_1;
WHILE @no1=0 DO
    FETCH FROM cur_1 INTO result;
    UPDATE instructor SET name=CONCAT('MySQL',CONVERT(@i, char)) WHERE name=result;
    SET @i=@i+1;
END WHILE;
CLOSE cur_1;
```

8.2 存储过程和存储函数

存储过程和存储函数是 SQL 的重要组成部分，也是 8.1 节所讲述内容的使用形式。存储过程和存储函数是一段由 SQL 和 8.1 节提及的变量、赋值语句、控制语句、游标等元素构成的有意义的代码，一般实现对数据库中数据较复杂的统计、分析、迁移等功能。与高级语言中的过程和函数类似，存储过程和存储函数需要先定义后调用，同时系统提供对存储过程和函数的修改、查看、删除等操作命令。

存储过程和存储函数允许在其他存储过程或函数中被调用，以实现结构化、模块化程序设计。另外，存储过程和存储函数也可以在 C++、Java、C#等高级语言中被调用，在编程语言中实现数据操作。使用存储过程和存储函数的优势有如下几点。

（1）提高数据处理性能

当存储过程被成功定义后，会被编译、存储在数据库服务器中。需要调用时可以直接执行，减少了解析、编译的过程，提高数据库服务器本身的数据处理效率。另外，存储过程或函数的数据处理都在服务器端执行，减少了在客户端或应用服务器中处理时产生的数据传输、环境构建等工作，比在应用服务器或客户端处理数据的效率更高。

（2）减轻了程序员的工作负担

数据库服务器可以在一个存储过程或存储函数中实现比单条SQL语句更复杂的数据处理逻辑。存储过程和存储函数由数据库管理员或其他数据库专业人员负责编写，应用程序员可以专注于应用程序逻辑而无须再考虑此项工作。同时，数据库管理员或其他数据库专业人员对存储过程和存储函数的修改，只要保持接口不变就不会影响到应用程序，提高了数据库系统的独立性。

（3）平衡负载，降低网络流量

存储过程在数据库服务器端运行，因此应用程序通过应用服务器或客户端调用数据库完成数据处理工作时，只需发送一条调用语句，并接收最终处理结果，而不再需要一条一条地传递SQL语句及中间结果。这样一方面降低了应用服务器或客户端的工作负载，另一方面降低了网络传输量，对优化应用软件架构、提高软件整体效率起到了很大作用。

（4）提高数据的安全性

存储过程封装了对数据库的操作，只允许外部程序调用存储过程或存储函数来完成操作，避免外部程序过多使用数据、直接操作数据表，从而降低了对外部程序的授权，提高了数据库的安全性。另外，可避免应用程序直接访问数据表，也可以减少用户误操作破坏数据的行为，在一定程度上提高了数据的安全性。

8.2.1 存储过程

1．创建存储过程

使用 CREATE PROCEDURE 语句创建存储过程，其语法格式如下：

```
CREATE PROCEDURE <sp_name> ( [<proc_parameter> […] ] ) [characteristic …]<
routine_body >;
```

（1）<sp_name>

存储过程的名称，可以是字母、数字、汉字和特殊符号组成的长度小于 255 字节的字符串。存储过程默认是在当前数据库中创建的，若需要在其他数据库中创建存储过程，则要在过程名称前面加上数据库的名称，即 db_name.sp_name。

（2）[<proc_parameter> […]]

存储过程的参数列表。存储过程可以没有参数（此时存储过程的名称后需加上一对内容为空的括号），也可以有一个或多个参数。当有多个参数时，参数之间使用逗号分隔。

MySQL 存储过程的参数分为输入参数、输出参数和输入输出参数 3 类，分别用 IN、OUT 和 INOUT 关键字标识。其中，输入参数用于向存储过程传递值，输出参数用于存储过程需要返回的操作结果，而输入输出参数既可以充当输入参数也可以充当输出参数。

（3）characteristic

存储过程的特征，包括的特征有{COMMENT 'string' | LANGUAGE SQL | [NOT] DETERMINISTIC | { CONTAINS SQL | NO SQL | READS SQL DATA | MODIFIES SQL DATA }| SQL SECURITY { DEFINER | INVOKER }}。读者可查阅 MySQL 用户手册查看每个参数的含义。

（4）< routine_body >

存储过程的主体部分，也称为存储过程体，它是一段符合语法且有意义的代码。过程体以关键字 BEGIN 开始，以关键字 END 结束。若过程体中只有一条 SQL 语句，可以省略 BEGIN 和 END 关键字。

【例 8-7】将例 8-6 的代码段定义为一个存储过程。

使用 Navicat for MySQL 在 MySQL 中创建存储过程 changeInstrName，如图 8-3 所示。图 8-3 所示编辑区中加框的是 CREATE PROCEDURE 语句、BEGIN 语句、END 语句，存储过程体与例 8-6 的代码相同。执行完此命令后，图 8-3 所示界面右下部会显示执行信息：

```
> Affected rows: 0
> 时间: 0.009s
```

这表示存储过程创建成功。此时刷新左侧数据库模式区可以看到函数部分已显示此存储过程的名称。在 Navicat for MySQL 或其他类似的客户端中，用鼠标右击此存储过程名，可以看到"设计函数""新建函数""删除函数""运行函数"命令，选择相应命令可完成对存储过程的设计、新建、删除、运行操作。

图 8-3　创建存储过程 changeInsertName

2．调用存储过程

调用存储过程需要使用 CALL 语句，其语法格式如下：

```
CALL sp_name([parameter[…]]);
```

其中，sp_name 表示存储过程的名称，parameter 表示存储过程的参数。

对图 8-3 所示的存储过程，调用语句及其执行结果分别如图 8-4、图 8-5 所示。

图 8-4　调用存储过程 changeInstrName

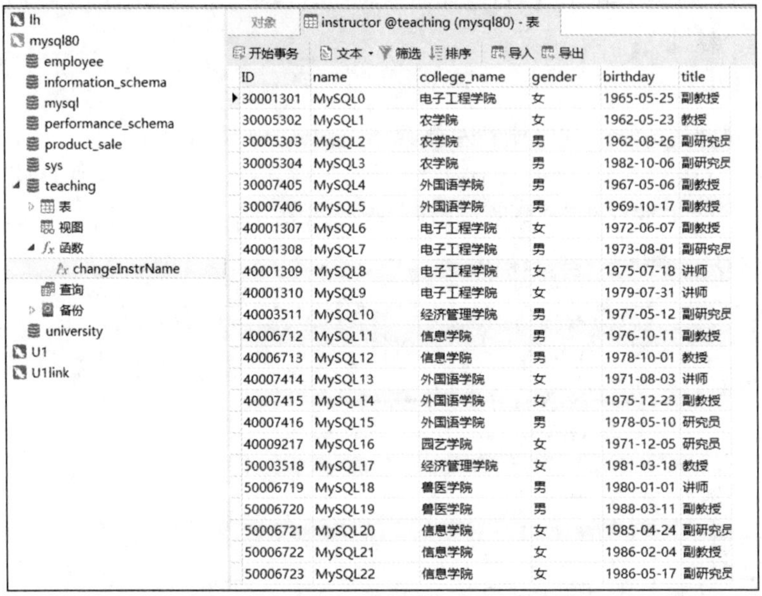

图 8-5　调用存储过程 changeInstrName 的执行结果

3．其他存储过程管理操作

实际上 MySQL 还提供了查看、删除、修改存储过程的命令。

```
SHOW PROCEDURE STATUS LIKE sp_name;
```

此命令用于查看存储过程的状态，其中 sp_name 用来匹配存储过程的名称，可以同时查看多个存储过程的状态。

```
SHOW CREATE PROCEDURE sp_name;
```

此命令用于查看存储过程的定义。读者也可以查看元数据库 information_schema 的 routines 表中每个存储过程保存的元数据信息。

```
ALTER PROCEDURE 存储过程名 [ characteristic, …];
```

此命令用于修改存储过程的某些特征。可修改的具体特征可以从 MySQL 用户手册中查询。

```
DROP PROCEDURE [ IF EXISTS ] <sp_name>;
```

此命令用于删除存储过程。参数 IF EXISTS 是指在存储过程存在的情况下才删除相应的存储过程，若存储过程不存在，则不需要做删除操作，可防止出现删除不存在的存储过程错误。

8.2.2　存储函数

1．存储函数的定义与调用

存储函数和存储过程的功能基本相同，唯一不同的是存储函数可以通过 RETURN 语句返回函数值，而存储过程没有返回值。当然，若存储过程需要返回值，或者存储函数需要返回多于一个的值，可以使用 OUT 或 INOUT 类型的参数返回。

在 MySQL 中，使用 CREATE FUNCTION 语句创建存储函数，其语法形式如下：

```
CREATE FUNCTION <sp_name> ([<func_parameter>[…]])
RETURNS <type>
[<characteristic>,…] <routine_body>;
```

其中，<sp_name>参数是存储函数的名称，存储函数的命名规则与存储过程的命名规则相同。<func_parameter>、<characteristic>、<routine_body>分别是存储函数的参数列表、特性和函数体，这 3 个参数与存储过程的相应参数的规定相同。RETURNS <type>是函数的返回值类型，此处<type>可取 MySQL 可用的数据类型。

【例 8-8】创建存储函数，要求输入学号，返回学生姓名。

使用 Navicat for MySQL 在 MySQL 中创建存储函数 func_student，如图 8-6 所示。在图 8-6 所示界面中编辑函数内容，执行后，图 8-6 所示界面右下部会显示执行信息。存储函数创建成功后，刷新左侧数据库模式区可以看到函数部分已显示此存储函数。

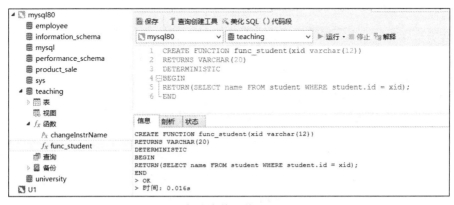

图 8-6　创建存储函数 func_student

存储函数的使用方法与 MySQL 的内部函数的使用方法是一样的。区别在于，存储函数是用户自己定义的，而内部函数是 MySQL 系统的开发者定义的。因此，对存储函数可以使用 SELECT <存储函数名>，或把<存储函数名>放在表达式中调用。

例如，执行以下命令：

```
SELECT func_student('201935965727');
```

结果显示学生姓名为"郭紫涵"。

2．其他存储函数管理操作

在图形界面客户端，存储函数的管理工作都可以通过与存储过程相同的菜单命令来完成。当然，MySQL 也提供了查看、删除、修改存储函数的命令。

```
SHOW FUNCTION STATUS LIKE sp_name;
```

此命令用于查看存储函数的状态，其中 sp_name 用来匹配存储函数的名称，可以同时查看多个存储函数的状态。

```
SHOW CREATE FUNCTION sp_name;
```

此命令用于查看存储函数的定义。读者也可以查看元数据库 information_schema 的 routines 表中每个存储函数保存的元数据信息。

```
ALTER FUNCTION 存储函数名 [ characteristic, …];
```

此命令用于修改存储函数的某些特征。具体可修改的特征可以从 MySQL 用户手册中查询。

```
DROP FUNCTION [ IF EXISTS ] <sp_name>;
```

此命令用于删除存储函数。参数 IF EXISTS 是指在存储函数存在的情况下才删除相应存储函数，若存储函数不存在，则不需要做删除操作，可防止出现删除不存在的存储函数错误。

8.3 触发器

触发器

8.3.1 触发器原理

触发器（Trigger）是管理员定义在关系表上的一种特殊存储过程，它是依附在某数据表上的一段数据库代码，在修改指定表数据时自动触发执行，不需要用户使用 CALL 或 EXECUTE 命令调用。触发器的作用在于保证数据的完整性约束和强制业务规则，可以实施比 FOREIGN KEY、CHECK 等约束更为复杂的检查和操作，保证数据的完整性。MySQL 从 5.0.2 版本开始支持触发器。

一个触发器由 3 个部分组成：触发器语句（事件）、触发器限制（条件）、触发器操作（动作）。触发器语句（事件）是指定义激活触发器的特定事件，通常定义的事件有数据库的插入、修改和删除。触发器在被这些事件触发后会自动执行。触发器判断用户设定的触发器限制（条件）是否符合，如果条件符合则执行相应设定的操作，如果条件不符合则什么都不做。触发器操作（动作）是一段代码，当触发器判断当前行为符合用户设定的条件，将由数据库系统自动完成相应操作。

触发器事件一般包括插入（INSERT）、删除（DELETE）和修改（UPDATE）三类。需要注意的是，这三类事件并不完全对应数据库的 INSERT、DELETE 和 UPDATE 语句。例如，在 MySQL 中向表中插入数据时，除了使用 INSERT 语句，还可以使用 LOAD DATA 和 REPLACE 语句；另外，进行删除数据的操作时，除了使用 DELETE 语句，还可以使用 REPLACE 语句。

触发器限制（条件）也被称为触发时间，包括 BEFORE、AFTER，用于规定触发器操作与触发器事件的执行顺序。BEFORE 是指触发器操作在触发器事件之前执行；AFTER 指触发器操作在触发器事件之后执行。

包含触发器的表被称为触发器表。若触发器表上发生触发器事件时，数据库系统会自动创建两张临时表：NEW 表和 OLD 表来辅助执行触发器操作（不同数据库系统中这两张表的名称可能不同。如 MySQL 中分别称为 OLD、NEW；ORACLE 中分别称为 INSERTED、DELETED）。NEW 表用于存储新插入的数据或者修改后的数据，而 OLD 表用于存储更新前的数据或者删除前的数据。所以，INSERT 事件发生时，只需要创建 NEW 表，DELETE 事件发生时只需要创建 OLD 表，而 UPDATE 事件发生时，需要创建 NEW 和 OLD 两张表。此时，可以在触发器操作中使用 NEW 表和 OLD 表中的数据完成相应操作。

8.3.2　触发器的创建与使用

1．创建触发器

```
CREATE TRIGGER [IF NOT EXISTS] <trigger_name>
    <trigger_time> <trigger_event> ON <tbl_name> FOR EACH ROW| FOR EACH STATEMENT
    [trigger_order]
    <trigger_body>
```

<trigger_name>是触发器名称，是一个长度小于 255 字节的，由字母、数字、汉字和特殊符号组成的字符串。

<trigger_time>的取值有 BEFORE 和 AFTER 两个，触发器的执行顺序是 BEFORE 触发器、表的操作（插入、更新或删除）、AFTER 触发器。

<trigger_event>是触发器事件，分为 INSERT、UPDATE、DELETE 这 3 类事件，分别对应插入、修改、删除数据的操作。值得注意的是，在 MySQL 中这 3 类触发事件并不分别与 INSERT、UPDATE、DELETE 这 3 个语句对应。例如，除了 INSERT 语句以外，LOAD DATA、REPLACE 也可以向表中插入数据，因此也可以触发插入触发器。关于其他引起数据表中数据插入、修改、删除事件的语句，学生可查阅 MySQL 参考手册。<trigger_time>和<trigger_event>结合，给出触发器被触发的时间，例如 BEFORE INSERT 指在插入数据前执行触发器<trigger_body>规定的操作，AFTER UPDATE 指执行完更新操作后执行触发器<trigger_body>规定的操作。

<tbl_name>是表名，触发器所依托的数据表的名称。

FOR EACH ROW 参数的含义是此触发器每行触发一次。若省略此参数，则对应 FOR EACH STATEMENT，即每个语句触发一次。

[trigger_order]的取值包括{ FOLLOWS | PRECEDES } other_trigger_name，即规定与其他触发器之间的先后顺序。默认情况下，一个插入、删除、修改事件发生时，会先执行 BEFORE 触发器的操作，再执行事件本身，再执行 AFTER 触发器上的操作。若一张表上有两个 BEFORE 触发器或 AFTER 触发器，可通过此参数规定执行顺序。

<trigger_body>是触发器被激活时需要执行的代码段。可以使用 BEGIN 和 END 将多条

语句定义为一个复合语句。

在此代码段中，可以使用 OLD 表和 NEW 表，OLD 表中存储要被删除或修改前的数据，可以在 UPDATE、DELETE 触发器中使用。NEW 表中存储插入或修改后的数据，可以在 UPDATE 和 INSERT 触发器中使用。这两张表的模式与<tbl_name>表的相同。

【例 8-9】在 teaching 数据库中添加一张表 tot_credits(id, name, tot_creds)，记录每个学生获得学分的总和。在 takes 表上创建触发器，若表中某学生某门课程获得 60 分以上的成绩，将对应课程的学分加到表 student 中的 tot_creds 上。

tot_credits 表可依据查询结果创建，创建语句及执行结果如图 8-7 所示。注意，执行完此语句后，需要刷新才能在左侧模式列表中看到此表。

图 8-7　创建 tot_credits 表的语句及执行结果

创建触发器的语句如下：

```
CREATE TRIGGER InsertCreditsToTotCredits
BEFORE UPDATE ON TAKES FOR EACH ROW
BEGIN
    IF (new.grade>=60)
        THEN update tot_credits set tot_creds= tot_creds+(SELECT credits FROM course
            WHERE course_id=NEW.course_id) WHERE id=New.id;
    END IF;
END
```

触发器被创建后，在发生其触发事件时会自动触发。为维护数据一致性，数据库将触发器上的操作与引发事件发生的操作看作一体，要么全做，要么全不做。例如，若例 8-8 中的触发器创建成功，对如下更新语句：

```
UPDATE takes
SET grade=86
WHERE id='202213501325'and course_id='F300300';
```

系统会同时修改表 tot_credits 中 id='202213501325'的学生的学分，将该学生的学分加上课程 F300300 的学分。若 takes 表中数据修改不成功或者 tot_credits 中数据修改不成功，这两个操作都不做。读者可以自行输入语句修改 takes 表中的数据，查看 tot_credits 表中数据的变化。

如例 8-8 所示，通过触发器可以在教师给出学生选修成绩时，实时地修改 tot_credits

表中的数据，保障 tot_creds 的值一直是学生获得的学分总数。但需要认真、仔细地设计触发器才能真正起到保障数据一致性的作用。对例 8-8，若要保障 tot_credits 表中每位同学的总学分随其选课成绩的变化而更新，仅这一个触发器是不够的。若 takes 表插入带成绩的选修记录、删除已给出成绩的某些选修记录，这些操作都会影响到 tot_credits 表中对应学生的选修总学分数，因此还需要增加处理 INSERT、DELETE 事件的触发器。另外，若某学生一门课程的成绩从一个及格分数修改为另一个及格分数，有可能是因为触发器导致一门课程的学分被统计多次，因此需要仔细设计触发器中修改 tot_credits 表中数据的条件，以保障数据一致性。

2．显示触发器

要查看当前数据库中的所有触发器，可以使用如下命令：

```
SHOW TRIGGERS;
```

当然，也可以查看 information_schema 数据库中的元数据信息。

【例 8-10】查看 teaching 数据库中的触发器的信息。

① 通过 SHOW TRIGGERS 语句查看触发器的信息，执行结果如图 8-8 所示，显示了当前数据库所有触发器的信息。

图 8-8　查看触发器的信息

② 具有操作权限的用户可以查询元数据库中触发器的信息，例如，在 MySQL 中可通过查看 information_schema 数据库中 TRIGGERS 表查看所有数据库的触发器。

```
SELECT * FROM information_schema.'TRIGGERS';
```

SQL 语句的执行情况如图 8-9 所示。

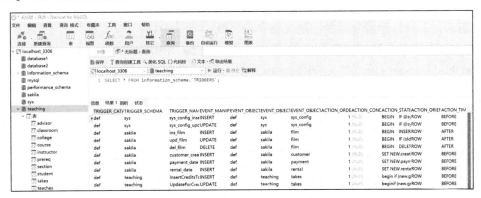

图 8-9　查看所有数据库的触发器

图 8-9 中的结果显示所有数据库的触发器的详细信息，包括所属数据库、依附的表、更新操作，创建时间，满足触发条件后要执行的语句等。通过 SELECT 语句的查询方法可以查看触发器的详细信息，而且使用起来更加灵活。

对一个具体触发器，在 MySQL 中可以使用如下命令显示其内容：

```
SHOW CREATE TRIGGER <trigger_name>;
```

查看 InsertCreditsToTotCredits 触发器的命令与结果如图 8-10 所示，其中 SQL Orginal Statement 属性中保存创建此触发器的 SQL 语句。

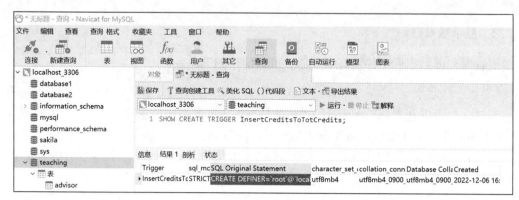

图 8-10　查看 InsertCreditsToTotCredits 触发器

3．删除触发器

删除触发器的命令如下：

```
DROP TRIGGER <trigger_name>;
```

需要事先知道触发器的名称，才能完成删除操作。

4．禁用触发器

MySQL 官方没有提供禁用触发器的方法，但有时基于业务场景的需要，可以通过设置一个变量来控制触发器是否生效。具体操作为：在创建触发器时，在执行语句中利用 IF 语句判断一个变量是否满足要求，若这个变量满足要求，则触发器执行相应的操作；若变量不满足要求，则会跳过 IF 语句继续执行，即不执行相应 SQL 语句。下面通过一个示例来演示这个流程。

【例 8-11】通过设置变量禁用触发器。

创建一个插入类型的触发器，作用在 student 表上，在执行语句中加入 IF 语句判断变量 temp 的值是不是空值或者 1。如果 temp 的值为空值或 1，那么将在学生日志表 student_log 中插入一条新记录；如果 temp 的值不为空值或 1，则跳过触发器的执行语句，不在 student_log 表中插入新记录。

创建触发器的语句如下所示：

```
CREATE TRIGGER stu_insert_trigger
    AFTER INSERT
    ON student FOR EACH ROW
BEGIN
```

```
    IF @temp IS NULL OR @temp = 1 THEN
        INSERT INTO student_log(id, student_id, time, param)
            VALUES(NULL,new.ID,NOW(),CONCAT('插入的学生id: ',new.ID,', 名称: ',
            new.'name',', 学院: ',new.college_name,', 专业: ',new.major,
            ', 性别: ',new.gender, ', 生日: ',new.birthday));
END IF;
END
```

执行结果如图 8-11 所示。

```
信息  剖析  状态
CREATE TRIGGER stu_insert_trigger
        AFTER INSERT
        ON student FOR EACH ROW
BEGIN
        IF @temp IS NULL OR @temp = 1 THEN
                INSERT INTO student_log(id, student_id, time, param) VALUES(NULL,new.ID,NOW(),
                CONCAT('插入的学生id: ',new.ID,', 名称: ',new.`name`,', 学院: ',new.college_name,
                ', 专业: ',new.major,', 性别:  ',new.gender,', 生日: ',new.birthday));
        END IF;
END
> Affected rows: 0
> 时间: 0.035s
```

图 8-11　创建触发器及其执行结果

结果显示触发器已经创建成功，接下来不设置 temp 变量的值，向 student 表中插入一条数据，执行的 SQL 语句如下：

```
INSERT INTO student VALUES('001','小白','数字与信息学院','软件工程','男','1998-2-2');
```

执行后数据成功插入，结果如图 8-12 所示。

```
信息  剖析  状态
INSERT into student VALUES('001','小白','数字与信息学院','软件工程','男','1998-2-2')
> Affected rows: 1
> 时间: 0.036s
```

图 8-12　学生数据插入成功

因为没有设置 temp 值，符合 temp 值为空的情况，数据会被插入表中。接下来查询
student_log 表来查看插入的数据，结果如图 8-13 所示。

```
SELECT * FROM student_log;
```

信息	Result 1	剖析	状态	
id	student_id	time	param	
▶	20 001	2022-08-02 17:08:36	插入的学生id: 001,名称: 小白,学院: 数字与信息学院,专业: 软件工程,性别: 男,生日: 1998-02-02	

图 8-13　查看插入的数据

设置 temp 的值为 0，使得 temp 的值不符合 IF 的判断条件，执行语句和结果如图 8-14
所示。

```
SET @temp=0;
INSERT INTO student VALUES('002','小黑','数字与信息学院','软件工程','女','1998-3-3');
```

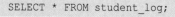

```
信息   剖析   状态

set @temp=0
> OK
> 时间: 0.021s


INSERT into student VALUES('002','小黑','数字与信息学院','软件工程','女','1998-3-3')
> Affected rows: 1
> 时间: 0.027s
```

图 8-14   测试禁用触发器

然后查看 student_log 记录表，查看名为"小黑"的学生是否会出现在记录表中，结果如图 8-15 所示。

```
SELECT * FROM student_log;
```

信息	Result 1	剖析	状态	
id	student_id	time	param
▸ 20 001		2022-08-02 17:08:36	插入的学生id: 001, 名称: 小白, 学院: 数字与信息学院, 专业: 软件工程, 性别: 男, 生日: 1998-02-02

图 8-15   查询插入的学生数据

"小黑"没有出现在 student_log 表中，这说明触发器的禁用可以通过 IF 语句来实现。

使用图形界面客户端查看一个具体触发器的内容非常简单，图 8-16 所示为 Navicat for MySQL 的操作界面，先在左侧模式列表中选中一张表（数字"1"区域中的按钮），在右键快捷菜单中选择"设计表"可以看到该表的结构；从表结构中选择"触发器"选项卡（数字"2"区域中的按钮），可以看到此表是触发器列表。选中其中一个触发器，界面的触发器列表下面区域会显示触发器<trigger_body>的内容。

在此界面上，使用图 8-16 中数字"3"区域中的按钮，可以创建、删除触发器，也可改变触发器在列表中的顺序等。

在触发器的使用过程中还有可能遇到级联问题，即一个事件触发了触发器 1。若触发器 1 增加、删除、修改了一个数据，那么这个数据的增加、删除、修改操作又可能触发触发器 2，如此继续，还可能触发更多个触发器，形成触发器级联。此时，同样需要精心设计才不会造成数据破坏。

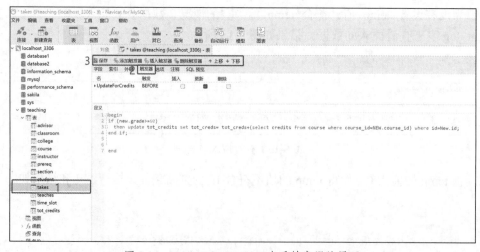

图 8-16   Navicat for MySQL 查看触发器的界面

前文提到，触发器上的操作与触发事件是一体的，"要么全做，要么全不做"。在触发器级联的情况下，所有级联触发的触发器与最初的触发事件是一个整体，同样要满足"要么全做，要么全不做"的条件。在第 11 章引进事务的概念后可以看到，触发事件和触发器是同一个事务，这种"要么全做，要么全不做"的特性称为事务的原子性。

8.4 在程序中使用数据库

在程序中使用
数据库

8.4.1 嵌入式 SQL

1. 嵌入式 SQL 原理

嵌入式和交互式是 SQL 的两种使用方式。交互式就是通过图形界面客户端、命令行客户端使用 SQL 的数据库访问方式。嵌入式 SQL（Embedded SQL）是将 SQL 语句直接写入高级语言（如 C、Java、Python 等编程语言）的源代码中的方法。借此方法，可使得应用程序能够利用过程化结构存取及处理数据库中的数据，完成应用程序需要的功能。

能够支持嵌入式 SQL 的高级语言叫作宿主语言（Host Language），目前几乎所有高级语言都提供了对嵌入式 SQL 的支持，且数据库管理系统也需要提供对嵌入式 SQL 的支持。具体需解决的问题如下。

① 宿主语言的编译器不能识别 SQL 语句，需要解决如何将 SQL 的宿主语言源代码编译成可执行代码的问题。

② 宿主语言的应用程序如何向数据库管理系统传递数据和消息。

③ 如何把对数据的查询结果逐次赋给宿主语言程序中的变量以供其处理。

④ 数据库的数据类型与宿主语言的数据类型有时不完全对应或等价，如何解决必要的数据类型转换问题。

数据库管理系统一般采用预编译方法，把包含嵌入式 SQL 语句的宿主语言源代码转换成纯宿主语言的代码。这样一来，源代码即可使用宿主语言对应的编译器进行编译。通常情况下，经过预编译之后，原有的嵌入式 SQL 语句会被转换成一系列函数调用。因此，数据库厂商还需要提供一系列函数库，以确保链接器能够把代码中的函数调用与对应的实现链接起来。

在所有的 SQL 语句前，加前缀 EXEC SQL 来区分 SQL 语句与宿主语言语句。SQL 语句一般以分号作为结束标志。

```
EXEC SQL <SQL 语句>;
```

2. 嵌入式 SQL 的常用语法

除了可以执行标准 SQL 语句之外，数据库管理系统增加了宿主变量使用声明、数据库访问、事务控制和游标操作等成分来支持嵌入式 SQL。

一个带有嵌入式 SQL 的程序一般包括两部分：程序首部和程序体。程序首部是由一些说明性语句组成，而程序体则由一些可执行语句组成。

程序首部主要包括如下语句。

① 声明段：用于定义主变量。主变量既可以被宿主语言语句使用，也可以被 SQL 语句使用，所以也称共享变量。主变量在 EXEC SQL BEGIN DECLARE SECTION 和 EXEC SQL END DECLARE SECTION 之间说明。

② 定义 SQL 通信区：使用 EXEC SQL INCLUDE SQLCA 语句定义用于在程序和数据库管理系统之间通信的通信区。SQLCA 中包含两个通信变量，即 SQLCODE 和 SQLSTATE。SQLCODE 变量是一个整数变量，当执行数据库命令之后，数据库管理系统会返回一个 SQLCODE 值。如果这个值是 0，则表明数据库管理系统已成功执行此语句；如果 SQLCODE>0，则表明在该查询结果中没有更多可用的数据；如果 SQLCODE<0，则表明出现了错误。SQLSTATE 是一个带有 5 个字符的字符串。如果 SQLSTATE 的值为 00000，则表示没有错误或异常；如果是其他值，则表明出现了错误或异常。

③ 其他说明性语句。

程序体由若干个可执行的 SQL 语句和主语言语句组成，包括建立和关闭与数据库连接的语句。

建立与一个数据库的连接的 SQL 命令如下：

```
EXEC SQL CONNECT TO <服务器名> AS <连接名> AUTHORIZATION <用户账户名和口令>;
```

或者：

```
EXEC SQL CONNECT:<用户名> identified by:<用户口令> using:<数据库服务器路径>;
```

一个用户或程序可以访问多个数据库服务器，因此可以建立多个连接，但是任何时刻只能有一个连接是活动的。用户可以使用<连接名>将当前活动的连接转换为另一个连接，命令如下：

```
EXEC SQL SET CONNECTION <连接名>;
```

如果不再需要某个连接了，可以使用如下命令终止这个连接：

```
EXEC SQL DISCONNECT <连接名>;
```

一般来说，一个 SQL 语句查询一次可以检索多个元组，而主语言程序通常"一次一个元组"进行处理，可以使用游标协调这两种不同的处理方式。

与游标相关的 SQL 语句有下列 4 个。

游标定义语句：

```
EXEC SQL DECLARE <游标名> CURSOR FOR <SELECT 语句>;
```

游标打开语句：

```
EXEC SQL OPEN <游标名>;
```

游标推进语句：

```
EXEC SQL FETCH <游标名> INTO [<:主变量名>[,<:主变量名>],…];
```

游标关闭语句：

```
EXEC SQL CLOSE <游标名>;
```

3．嵌入式 SQL 实例

这里给出一个简单的嵌入式 SQL 实例，实例中使用 C 语言作为宿主语言。要求使用嵌入式 SQL 语句，对输入的学号，查找 teaching 数据库 student 表中对应的学生信息，输出学生的学号和姓名。

```
#include<stdio.h>
#include"prompt.h"
exec sql include sqlca; -- sqlca 表示 SQL 的通信区
communication areachar sid_prompt[]="please enter student id:";
-- 输入要查询的学生的学号
int main(){
    exec sql begin
        declare section; -- 下面声明变量
        char s_id[5], s_name[14];-- 学生的学号和姓名
    exec sql end
    declare section;
    exec sql whenever sqlerror goto report_error;-- 错误捕获
    exec sql whenever not found goto notfound;
    -- 记录没有找到
    exec sql connect:"user1" identified by:"XXXXX" using:"url";
    -- 连接数据库
    /*这里的数据库用户名、密码、数据库服务器路径需要在实际使用时替换成真实值*/
    while((prompt(sid_prompt,1,s_id,4))>=0){
        exec sql SELECT id,name INTO :s_id, :s_name, FROM student WHERE id=:s_id;
        -- 根据输入的学生学号找到姓名
        exec sql commit work;-- 提交
        printf("student's id is %s and student's name is  %s \n",sid, s_name);
        continue;
        -- 接着循环，再输入学生学号
notfound:printf("can't find student%s, continuing\n", cust_id);
    }
    exec sql commit release;
    -- 断开数据库的连接
    return 0;
    -- 返回
    Report_error: print_dberror();
    -- 报错
    exec sql rollback release;
    -- 断开连接
    return 1;
    }
```

8.4.2　利用 ODBC/JDBC 连接数据库

嵌入式 SQL 使程序员可以在高级语言中使用 SQL 语句。SQL 是通过集合式的操作方法处理数据的，而程序员更习惯使用对象、类、函数等程序元素处理数据。因此，嵌入式 SQL 流行一段时间后，逐渐被 ODBC、JDBC、OLE DB 等数据库访问方式替代了。

1．ODBC/JDBC 原理

开放式数据库互连（Open DataBase Connectivity，ODBC）是微软开放服务结构中有关数据库的一个组成部分，它建立了一组规范，并提供了一组对数据库访问的标准 API。程序员可以以 API 形式访问数据库，建立连接、传送 SQL 语句到数据库服务器、接收数据库系统返回的信息及结果集等。

ODBC 使用统一的语法对多种关系数据库进行访问，使程序员可以忽略 Oracle、MySQL 等不同数据库管理系统的区别，忽略同一数据库管理系统不同版本的区别。使用 ODBC 连接数据库，一方面可以减轻程序员访问数据库的负担，集中精力完成应用程序的编写；另一方面可提高应用程序的可移植性，在数据库版本升级、更换等情况下应用程序都可以不受影响地正常执行。

使用 ODBC 当然也有一些缺点。首先，数据库访问效率受一定影响；其次，它所使用的数据库访问方式以 SQL 标准为基础，一些特定数据库提供的特别功能可能并未在应用程序中得到应用。

ODBC 体系结构如图 8-17 所示。应用程序通过 ODBC API 提供的标准函数、SQL 语句访问数据库，屏蔽不同数据库的差异，提高应用程序的可移植性。

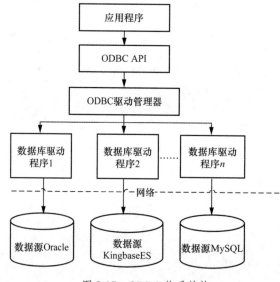

图 8-17　ODBC 体系结构

ODBC 驱动程序由各数据库管理系统开发商提供，可从各个数据库管理系统官网下载。ODBC 驱动程序实现 ODBC 的函数调用，提供对特定数据源的 SQL 请求。如果需要，数据库驱动器将修改应用程序的请求，使得请求符合相关数据库管理系统所支持的文法。

ODBC 驱动管理器是用来管理各种 ODBC 驱动程序的，其主要功能包括装载 ODBC 驱动程序、选择和连接正确的驱动程序、检查 ODBC 参数合法性及记录 ODBC 函数调用等。

数据源由数据库、数据库管理系统、操作系统及用于访问数据库管理系统的网络平台组成，是数据的来源。

使用 ODBC 连接数据库的高级语言主要包括 C、C++、C#、VB、VC 等微软体系的高级语言。Java 则使用 JDBC（Java DataBase Connectivity，Java 数据库互连）实现相同的功能。JDBC 是与 ODBC 相对应的一组规范。它同样提供一组用 Java 编写的访问数据库的 API，屏蔽不同数据库管理系统的区别，提高应用程序的可移植性。

2．JDBC 常用语法

ODBC、JDBC 的主要接口功能是相同的，如下所示。

- ➢ 请求连接数据库。
- ➢ 向数据库发送 SQL 语句。
- ➢ 为 SQL 语句的执行结果分配存储空间、定义所读取数据的格式。
- ➢ 获取数据库操作结果。
- ➢ 请求事务提交和回滚操作。
- ➢ 断开数据库连接。

此处以 MySQL JDBC 为例简单介绍常用 API。MySQL JDBC API 位于 java.sql 包中，从 MySQL 官网下载 MySQL JDBC 的 JAR 包，将该包添加到项目中，即可在应用开发环境中查看所有访问数据库的函数和类。下面简单列出常用的函数。

（1）注册驱动

```
Class.forName("com.mysql.jdbc.Driver")   -- MySQL 8.0 以下使用
Class.forName("com.mysql.cj.jdbc.Driver")    -- MySQL 8.0 及以上使用
```

（2）获取连接

```
static Connection GETCONNECTION (String url,String user,String password)
```

函数 GETCONNECTION()属于 DriverManager 接口类，用于建立到数据库服务器的连接。其中，url 是数据库的访问路径，user 为用户名，password 是该用户的密码。此用户是 MySQL 服务器的合法用户，一般由数据库管理员为每个应用程序创建，并对所有他访问的数据已完成授权。

（3）建立 SQL 语句

```
Statement CREATESTATEMENT()
```

建立 SQL 语句对象，用于执行没有参数的静态 SQL 语句。

（4）预编译 SQL 对象

```
PreparedStatement PREPARESTATEMENT(sql)
```

sql 是一个 SQL 语句的字符串，可通过此函数进行预编译以提高处理速度。

（5）执行存储过程的对象

```
CallableStatement PREPARECALL(sql)
```

（6）执行数据更新/模式修改的 SQL 语句

```
INT EXECUTEUPADATE(sql)
```

执行数据更新/模式修改类 SQL 语句，返回语句影响的行数，执行成功时返回 0，否则返回-1。

（7）执行查询语句

```
ResultSet EXECUTEQUERY(sql)
```

返回 ResultSet 结果集对象。

3．JDBC 访问数据库的实例

下面给出一段 Java 代码，用来读取 teaching 数据库中 student 表的数据，并在控制台显示学生的学号、姓名。

```java
import java.sql.*;
public class MySQLDemo {
    // JDBC 驱动名及数据库 URL
    static final String JDBC_DRIVER = "com.mysql.cj.jdbc.Driver";
    static final String DB_URL = "jdbc:mysql://localhost:3306/teaching?useSSL=
false&allowPublicKeyRetrieval=true&serverTimezone=UTC";
    // 数据库的用户名与密码，需要根据实际情况设置
    static final String USER = "user1";
    static final String PASS = "XXXXX";
    public static void main(String[] args) {
        Connection conn = null;
        Statement stmt = null;
        try{
            // 注册 JDBC 驱动
            Class.forName(JDBC_DRIVER);
            // 打开连接
            System.out.println("连接数据库...");
            conn = DriverManager.getConnection(DB_URL,USER,PASS);
            // 执行查询
            System.out.println(" 实例化 Statement 对象...");
            stmt = conn.createStatement();
            String sql;
            sql = "SELECT id, name FROM student";
            ResultSet rs = stmt.executeQuery(sql);
            // 展开结果集数据库
            while(rs.next()){
                // 通过字段检索
                String id = rs.get String ("id");
                String name = rs.getString("name");
                // 输出数据
                System.out.print("ID: " + id);
                System.out.print(", 姓名: " + name);
                System.out.print("\n");
            }
            // 完成后关闭
            rs.close();
            stmt.close();
            conn.close();
        }catch(SQLException se){
            // 处理 JDBC 错误
            se.printStackTrace();
        }catch(Exception e){
            // 处理 Class.forName 错误
            e.printStackTrace();
        }finally{
```

```
    // 关闭资源
    try{
        if(stmt!=null) stmt.close();
    }catch(SQLException se2){
    }// 什么都不做
    try{
        if(conn!=null) conn.close();
    }catch(SQLException se){
        se.printStackTrace();
    }
}
System.out.println("Goodbye!");
    }
}
```

使用 JDBC 访问数据库，以函数形式将 SQL 语句、存储过程调用等操作传送到数据库服务器，并以 ResultSet 格式接收数据库服务器返回的数据。这样可以使得程序员不需要在程序中编写大段的 SQL 语句，代码结构看起来更好。与嵌入式 SQL 相比，JDBC/ODBC 更加注重数据库管理员与程序员工作的分离。需要数据库服务器执行的代码由数据库管理员使用 SQL 脚本语言编写，在数据库服务器上执行。程序员以面向对象的方式进行程序设计，不需要考虑关系数据库以集合方式操作数据的问题。

8.4.3　利用框架连接数据库

为提高软件重用性和系统的可扩展性，缩短大型应用软件系统的开发周期，提高开发质量，人们开发框架来辅助程序员完成软件开发工作。框架一般实现某应用领域通用、完备的底层服务功能，使用框架的编程人员可以在通用功能已经实现的基础上开始具体的系统开发。框架提供所有应用期望的默认行为的类集合，具体的应用通过重写子类或组装对象来支持应用专有的行为。

因为软件系统结构复杂，如果可以使用框架辅助编程，就相当于有人帮助完成一些基础工作，程序员只需要集中精力完成系统的业务逻辑结构设计即可。而且框架一般是成熟、稳健的，可以处理很多细节问题，比如事务处理、安全性、数据流控制等问题。另外，框架结构很好、扩展性也很好，且可能有专业团队维护，因此，程序员还可以直接享受其进步带来的优势。

JDBC 诞生于 20 世纪 90 年代。随着技术水平的跃迁和业务场景的迭代更新，人们开始使用持久层框架来完成数据库访问，目前流行的持久层框架有 Hibernate、Mybits 及它们的多个变种。持久层框架一般是对 JDBC 的封装，以 JAR 包的形式提供给程序员。程序员通过配置文件等完成框架配置及类和对象与数据库中表、数据的映射，从而可以使用简单的 XML 或注解来配置和映射原生类型、接口和 Java 的 POJO（Plain Old Java Object，普通老式 Java 对象）为数据库中的记录，几乎可以以面向对象的方式完成所有数据库访问操作。

与 Java 相对应的是微软支持的系列编程语言 VB、VC、C#等。目前也有很多在这些语言中使用的持久层框架用于数据库访问，例如 MyBatis.NET、NHibernate Linq、Restful.Data等。另外，还有一些针对 C++、Python、PHP 等不同高级语言的、功能相似的框架，读者可以查询使用。

从嵌入式 SQL 到 ODBC/JDBC，再到持久层框架，对程序员来讲，数据库的使用越来越简单，程序员越来越倾向于以面向对象的方式使用数据库。数据库开发商也越来越多地提供开发工具以方便程序员编程访问数据库。这样做的直接结果就是数据库管理员与程序员在软件开发中的分工越来越清晰。一些批量的数据统计、更新等操作由数据库管理员在数据库端编程实现，通过存储过程或存储函数提供给程序员调用。程序员则更加专注于软件的业务逻辑实现。这种做法间接改进了软件架构，使得数据库服务器、应用服务器、客户端的负载更加均衡，提高了整个软件的运行效率。

本章小结

标准 SQL 是声明式语言，简单易学，但它仅能以集合方式操纵数据。几乎所有数据库管理系统都对 SQL 进行了程序设计扩展。扩展后的可编程 SQL 可以将 SQL 语句组织成功能更强大的程序模块，以完成复杂的数据管理任务。这些程序模块在数据库服务器上运行，被数据库服务器使用时可以提高数据管理效率；被应用程序调用，则可平衡数据库服务器与应用服务器的负载，减少网络交互，提高整个应用系统的效率。

应用程序访问数据库是另一种使用数据库的方式，它允许程序员使用高级语言中的接口向数据库发出各种数据管理命令，这些命令可以是 SQL 语句，也可以是通过对象关系映射后的面向对象的命令。

本章内容是数据库功能的扩展，更是应用系统的基础，在完成本章学习的基础上可以继续学习高级语言中面向数据库的应用开发知识、持久层框架等技术，结合软件工程、软件架构等知识进行数据库应用系统的设计与开发。

习题

1. 在 teaching 数据库中，编写存储过程或存储函数完成以下功能。
（1）统计"数据库系统"课程的学生成绩分布，输出各分数段的人数。
（2）对指定学号的学生，返回选课列表，包括选修课程、成绩、获得学分，并返回一行统计信息，包括选修课程门数、平均成绩、获得学分总和。
（3）对指定工号的教师，统计在指定年份完成的授课门数、授课学时信息并返回。
2. 在 teaching 数据库中添加一张表，用于统计学生选课门数、获得学分，自行设计表名与字段。在 takes 表上编写触发器，当学生成绩发生变化时，同步更新此表。学生成绩变化有多种情况，例如选修一门课程、获得成绩、修改成绩等都可能引起选修课程门数和获得的学分发生变化。
3. 选择 Java、C#或其他高级语言，访问 teaching 数据库，完成以下功能。
（1）读取学生选课信息，并将之在控制台显示出来。
（2）调用本章习题 1（2）中存储过程或存储函数，输入学号，显示学生选课细节及统计信息。
（3）在 section 表中插入一门课程的开课信息，并在 takes 表中插入一门课程的选课数据（数据自己设计）。
4. 表 s(a,b,c)、r(d,e,f,a)的主码分别是 a、d，表 r 的外码 a 引用表 s 的主码 a。请用触发器实现外码的 ON DELETE CASCADE 选项。

第三篇 数据库管理技术

【本篇简介】

本篇介绍数据库管理系统的技术精华：数据库的存储与索引技术、查询处理与优化技术、事务处理技术。通过本篇的学习，学生可以了解数据库管理系统主要技术的基本概念和实现原理。鼓励感兴趣的学生去研读开源数据库管理系统的源代码，更好地理解基础软件的架构、编程规范，进而为从事基础软件开发工作做好准备。

【本篇内容】

本篇包括 3 章内容。

第 9 章 "数据库存储与索引"，介绍数据库存储技术的原理与实现、数据库常用的索引技术等。索引是加快数据库查询的重要技术，也是提高各类软件数据查询效率的利器。

第 10 章 "查询处理与优化"，介绍查询处理的基本概念、原理与技术、代数优化和物理优化方法等。

第 11 章 "事务处理技术"，介绍事务的基本概念和事务的可串行化理论、事务并发控制和恢复技术等。

第9章 数据库存储与索引

数据存储是关系数据库的重要任务，需要将关系数据库逻辑上可以无限大的多张关系表存储到操作系统的文件中去，实现数据的增删改查等操作、并尽量提高存取效率。数据库系统中存储引擎负责实现数据存储与数据的增删改查等操作，索引则是加快数据存取的基础技术。

本章主要介绍存储引擎的工作原理及几种常用索引技术。本章学习目标如下。

（1）了解数据库存储引擎的工作原理。

（2）了解索引的基本知识，理解 B 树索引、哈希索引等的常用方法。

9.1 数据库存储

9.1.1 数据存储策略

1. 数据的存储策略

数据库管理系统在操作系统的文件系统之上实现数据的存储，并不会绕过文件系统直接读写磁盘。在数据量较小的情况下，数据库管理系统可以把一个数据库的所有数据存储在一个文件中。在数据量比较大的情况下，可能需要为每个关系表分配一个或多个文件。因此数据库管理系统需要一套专用的存储机制来解决逻辑上无限大的关系数据库与实际大小受操作系统限制的文件的对应关系，实现数据库存储。

较简单的数据存储策略是将数据对象交给文件系统，系统为每个数据对象创建一个文件来进行数据管理。这种方法一方面文件太多，会造成数据存取效率降低；另一方面，某个数据对象过大、超出文件系统管理范围时无法正常管理。

常见的数据存储策略是段页式存储结构，即在逻辑上将数据存储空间划分为段、区、数据块等多层概念，共同完成数据存储。Oracle、SQL Server 都是采用这种策略存储数据的。图 9-1 所示为 Oracle 的数据存储策略。

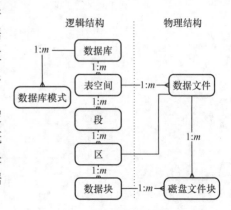

图 9-1　Oracle 的数据存储策略

由图 9-1 可知，Oracle 数据库分逻辑结构和物理结构两部分。数据库的逻辑结构部分，每个数据库由一个到多个表空间（Tablespace）组成，每个表空间又由零到多个段（Segment）组成，每个段由一个到多个区（Extent）组成，每个区又由一个到多个连续的数据块（Block）组成。数据库的物理结构部分，数据文件可看作操作系统管理的文件，它由一个到多个磁盘文件块组成。逻辑结构中的表空间与数据文件之间是一对多关系，一个表空间可以对应一个到多个物理文件。

表空间是数据库的逻辑组成部分，从物理上讲数据库的数据存放在数据文件中，从逻辑上讲数据库则存放在表空间中。表空间与一个或多个数据文件对应。

逻辑结构中数据块是数据的最小存取单元，磁盘文件块是操作系统中最小的数据存取单元。为方便数据 I/O 操作，数据块与一个到多个磁盘文件块对应。

数据库模式是比表空间低一级的逻辑概念，它也是一个逻辑容器。在多个用户共用一个表空间的情况下，每个用户都有自己的数据库模式。

一个 Oracle 数据库通常包含以下表空间。

① 系统表空间：包含数据字典、触发器、存储过程等。

② 用户表空间：用于存储用户数据。

③ 临时表空间：用于存储临时表数据。

④ 撤销表空间：一般由回滚段组成，保存撤销信息，支持未提交的事务回滚。

每个表空间包含的段有以下 4 种类型。

① 数据段：表空间中每个表都有自己的数据段，被分区的表在每个分区都有一个数据段。

② 索引段：表空间的每个索引都有自己的索引段，被分区的索引在每个分区都有一个索引段。

③ 临时段：用于临时存储数据的一种数据结构，通常用于存储排序、连接等操作产生的中间数据。

④ 回滚段：包含撤销信息，使未提交的事务回滚。

Oracle 在控制文件中保存了有关表空间及数据文件的信息，在文件头中保存了与文件管理相关的基本信息，并且在数据字典中，以系统视图的方式把信息提供给用户查看。

MySQL 是应用非常广泛的一个开源数据库，它开放存储接口，因此有多个插件式的存储引擎可以选择，如 MyISAM、InnoDB、NDB、Memory 等。其中 InnoDB 是支持事务处理的高性能存储引擎，它作为 MySQL 默认的存储引擎，在性能、事务、可靠性方面表现优秀。

InnoDB 数据库由一个或多个被称为表空间的逻辑存储单元组成。每个表空间由一个或多个被称为数据文件的物理结构组成，数据文件是由操作系统管理的文件。同一表空间中的数据文件可以建立在不同的磁盘上，以提高 I/O 并发度。表空间中所有的数据文件中的块统一编号，所以表空间扩展时只需要扩展最后一个数据文件或添加新的数据文件。表空间被划分成为段的逻辑存储单元，每个段又由多个区组成，每个区由固定个数（64 个）的数据块组成；每个数据块的大小是 16 KB，数据块是空间管理的最小单元。

与 Oracle、MySQL 类似，多数数据库管理系统支持表空间的概念，有的称为基于表空间的数据存储策略。这种存储策略还可以细分为系统管理表空间（System Management Table Space，SMTS/SMS）和数据库管理表空间（Database Management Table Space，DMTS/DMS）两部分。

SMS 表空间对应文件系统的一个目录；一个关系表对应一个文件，文件空间由文件系统自动扩展，不需要数据库对文件空间进行管理；相同目录下所有文件属于同一个 SMS 表空间。

DMS 由一定数目的来自不同磁盘的文件或者设备组成，它们构成一个逻辑存储空间，数据库对文件空间进行统一管理。DMS 实质上是为了最好地满足数据库存储管理而设计的在文件系统上由多个文件或者设备组成的逻辑存储系统。

2．文件组织方式

前文提到，在数据库的逻辑结构中，数据块是数据的最小存取单元，磁盘文件块是操作系统中最小的数据存取单元。为方便数据 I/O 操作，数据块的大小是磁盘文件块的大小的整数倍。

简单地讲，磁盘文件块是用来存储关系表中的记录的。表的结构是定义时确定的，那么每条记录的长度是否相同呢？若表中不包含 VARCHAR 等可变长类型的字段，那么表中记录的长度就是固定的，等于其所有字段长度之和。磁盘文件块可按固定长度存取这样的记录，此时磁盘文件块由固定长度的块头、记录、记录等组成，通过从第一条记录的初始地址加 n 个记录长度，可直接读写第 $n+1$ 条记录数据，读写较简单。

表中包含 VARCHAR 等可变长类型的字段时，若取可变长类型字段的长度为其最大长度，那么同样可按固定长度来读写磁盘文件块中的数据。此方法实现简单，但存在一定的空间浪费。若对记录中可变长类型的字段按真实长度进行存取，在这样的字段后添加结束标志（或者在这样的字段上添加真实字段长度），则可按可变长度进行记录存取。

对固定长度的记录，磁盘文件块一般在每个记录后面添加指针，指向逻辑上的下一个记录，形成记录链表。对可变长度的记录，一般会在磁盘文件块的块头中包含一个指向某条记录的指针数组。数组中记录的顺序就是记录的逻辑顺序。

从逻辑上讲，表是记录的集合，那么一张关系表是如何组织起来的呢？常用的表组织方式如下。

① 堆存储：一条记录可存储在表的任何块中，只要表的任意块存在合适的空闲位置，即可将记录存储在其中。若表的块中没有合适的空闲位置，则申请新的块来存储数据。

② 顺序存储：记录按某个或某组属性的取值顺序存放，即同一磁盘文件块中的数据按顺序存放且块之间的数据也按顺序存放。此时，添加记录需要在块内或块间物理移动记录，或者修改指向记录的指针，维护记录的顺序的代价较大。

③ 索引存储：在表中按索引结构插入数据，既保持记录顺序又避免移动数据。可使用 B 树索引、哈希索引（Hash Index）、位图索引等多种索引结构。

通常每个关系的记录保存在一个文件中，但在有些情况下，每个块中会存储两个或多个关系表的相关记录，以提高某些常用连接的速度，这种文件存储方式称为多表聚类存储。例如，可将学生、选修及课程保存在同一张表中，此时，查询每位学生选修课程及成绩或进行其他类似的查询可以较高的效率完成。

9.1.2　数据库存储引擎

存储引擎是关系数据库的一个重要组成部分，它基于操作系统的文件系统、内存管理等提供的功能实现关系表管理，包括创建表，修改表结构，删除表，表中记录的增删改查等操作。它一方面对数据库的性能影响重大；

数据库存储引擎

另一方面它还需要支持事务管理中的并发控制与恢复，保证事务的 ACID 特性。

如图 9-2 所示，存储引擎有 4 个部分：文件管理模块、缓冲区管理模块、数据字典管理模块和存取控制管理模块。磁盘中存储着数据文件、索引文件和日志文件等，数据字典也以普通数据文件和索引文件的形式存储在操作系统的文件中。

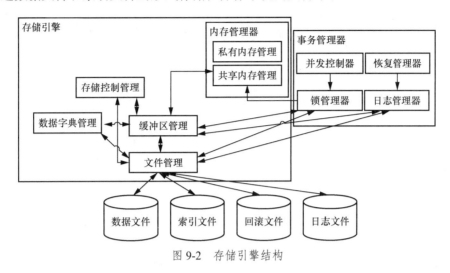

图 9-2　存储引擎结构

1．文件管理模块

首先封装操作系统中文件管理的功能，在此基础上管理数据字典、数据文件、索引文件、回滚文件、日志文件等数据库系统需要使用的物理文件。将这些文件构造成与表空间对应的文件组，打破文件大小受操作系统文件大小限制的约束，提供逻辑上无限大的各种文件组。

对这些文件组，将逻辑数据块与磁盘上的物理文件块对应起来，实现逻辑数据块的读写操作，实现数据的插入、删除、修改等操作。另外，还要管理数据文件和数据文件块中的可用空间（可用空间管理功能），必要时自动完成磁盘文件整理、表空间内数据移动等操作，以提高数据存取效率。

2．缓冲区管理模块

当数据库管理系统上层需要查询数据字典、读写某张表的一条记录或者使用回滚、日志时，它只需要发出读写命令，而不需要知道数据在内存还是磁盘文件中。存储管理系统设缓冲区管理模块，管理缓冲区链表，用于存储近期会用到或频繁使用的数据块。上层的数据访问命令可以直接从缓冲区链表中读写数据，而不需要启动磁盘 I/O 操作了。这样就减少了磁盘 I/O 操作，提高了数据存取效率。缓冲区管理包括空白缓冲区管理、页（数据块）换入换出、将数据从磁盘读入缓冲区、将包含修改数据的缓冲区写回磁盘等工作。

缓冲区链表位于共享内存中，涉及事务时需要考虑并发控制与恢复对数据操作的控制。缓冲区按理需要受事务管理器的锁管理器的管理，以支持并发操作，与事务管理器的日志管理、恢复管理协同处理日志、回滚段数据的读写操作。

3．数据字典管理模块

数据字典存储数据库的元数据。数据字典管理模块提供数据字典的查询、修改、插入和删除等操作。因为数据字典使用频繁，它保存在共享内存的缓冲区内。

创建或删除一个数据对象时，需要修改相应的元数据，必要时还需要调用文件管理模块创建或删除相应的文件。数据字典中数据的增加、删除、修改操作与一般关系表的数据增加、删除、修改操作相同。

数据字典的操作与其他共享内存中的数据一样，需要考虑并发控制和恢复问题。需要使用锁、日志管理等模块保障对数据字典进行操作的事务的 ACID 特性。

4．存取控制管理模块

存取控制管理模块的主要功能是向查询执行引擎等上层模块提供逻辑上的关系数据库操作。主要数据操作包括创建、删除关系，修改关系结构，管理关系的各种约束，创建删除关系的索引，增删改查关系中的记录等。它调用缓冲区管理、文件管理、数据字典管理等模块来完成相应功能。

存取控制管理模块向上层的接口是固定的，因此 MySQL 可以将此接口对外分开，独立开发多个存储引擎，分别用于不同的应用场景。

与存储引擎关系较密切的模块是内存管理器和事务管理器。简单地讲，内存分为私有内存和共享内存两部分。私有内存为服务于某个客户连接的进程或线程私有，一般由客户在申请建立连接时向操作系统申请需要的私有内存，并组织成树形结构，存储私有信息。当连接关闭时由系统自动收回所有私有内存。共享内存由数据库服务守护进程管理，在数据库服务器启动时申请，在数据库关闭时才将内存返还给操作系统。共享内存中存储服务器的共享信息，并将数据字典、关系、日志等相关信息存放在缓冲区中，以提高数据存取效率。

事务管理器主要包括并发控制器、恢复管理器。并发控制器一般通过锁管理器来实现，恢复管理器一般使用日志、回滚段管理等完成数据库恢复操作。

9.2 数据库索引

9.2.1 索引的原理与类型

1．索引原理

索引是一种提高数据查询效率的重要技术。数据库管理系统将数据存储在磁盘上时，保存数据文件和索引文件，必要时也会在内存中为临时表建立索引，以提高数据处理效率。

对数据查询来讲，无序表只能按顺序扫描，查找所需要的一个或多个数据。但查询效率太低，平均时间复杂度为 $O(n)$。而有序表则可以使用较多高效的查询算法，例如使用二分法，平均时间复杂度就只有 $O[\log_2(n)]$。对数据库的关系表，数据最好按最常用的查询关键字有序排列，按有序表进行存储。这样对相应关键字的查询效率高。

当一张关系表有多个常用的查询关键字时，若想使用有序表的高效查询算法，只能针对每个查询关键字建立一张有序表，表中对每个关键字的值设置一个指向数据存储位置的指针。这种由关键字和指向数据位置的指针组成的结构就是索引。

图 9-3 所示为一张学生表及其两个索引的示意图。学生表位于中间，它包含多个列，

比较宽。因为可能按学号查找学生的查询最多，数据表中的数据按学号有序排列。左侧有一列是姓名索引，若需要按姓名查询某一位或一些学生，可先在此索引中进行有序查找，找到所需关键字后，再按指针从学生表中获取所需要的数据。右侧有一列是出生日期索引，若需要按出生日期查询某一位或一些学生，可先在此索引中进行有序查找，找到所需关键字后，再按指针从学生表中获取所需要的数据。若此表还需要按其他关键字进行查询，可以建立更多个关键字的索引，当然也可以按复合关键字建立索引，例如按"所在学院+专业班级"建立索引。

姓名索引

姓名	指针
青小欣	
陈佳岳	
陈润东	
陈桃彤	
邓可欣	
胡明丽	
黄河	
江青柠	
李东平	
李佳	
李灵芝	
李绍娓	
李泽凯	
刘敏	
刘涛	......
罗小薇	
钱多多	
钱海潮	
谭宗爵	
吴勉之	
张青山	

学生表

学号	姓名	性别	出生日期	所在学院	专业班级	宿舍号	身份证号
202212010103	邓可欣	女	2003-09-12	外国语学院	22英语1	华山12-415	4301020309128X
202212010111	李东平	男	2003-10-10	外国语学院	22英语1	嵩山3-606	44010303101033
202212010116	钱海潮	男	2004-06-30	外国语学院	22英语1	嵩山3-606	37150204063015
202212010130	吴勉之	男	2004-08-17	外国语学院	22英语1	嵩山3-606	44110104101291
202212010201	陈润东	男	2003-07-05	外国语学院	22英语2	嵩山3-609	44120303070549
202212010320	张青山	男	2005-02-24	外国语学院	22英语3	嵩山3-612	28010105022437
202215620101	青小欣	女	2005-05-05	人文学院	22法学1	华山12-421	24010905505043
202215620106	胡明丽	女	2004-06-17	人文学院	22法学1	华山12-421	34071904061721
202215620109	李佳	男	2003-05-13	人文学院	22法学1	泰山6-206	38120203051347
202215620113	李灵芝	女	2004-01-13	人文学院	22法学1	华山12-106	44010204011301
202221130115	谭宗爵	男	2003-06-27	经管学院	22经济管理1	华山6-315	38120203062748
202221130120	钱多多	男	2004-07-24	经管学院	22经济管理1	泰山6-315	44070304072431
202225010114	刘敏	女	2004-08-11	电子工程学院	22电子信息	华山12-519	44010204081132
202225010121	刘涛	男	2004-09-10	电子工程学院	22电子信息	华山14-317	44010204091136
202225110101	陈佳岳	男	2004-09-01	信息学院	22计算机技术1	华山14-625	44010204090179
202225110103	陈桃彤	女	2005-01-01	信息学院	22计算机技术1	华山12-520	38010205010531
202225330107	黄河	男	2004-08-17	信息学院	20数据科学1	华山14-711	36010804081706
202225330108	江青柠	男	2004-09-12	信息学院	20数据科学1	华山14-711	37250204091208
202225330110	李绍娓	女	2004-09-07	信息学院	20数据科学1	华山14-723	44010204090711
202225330112	李泽凯	男	2004-05-14	信息学院	20数据科学1	华山14-723	28110504051416
202225330317	罗小薇	女	2005-03-12	信息学院	20数据科学1	华山12-522	24080905031219

出生日期索引

指针	出生日期
	2003-05-13
	2003-06-27
	2003-07-05
	2003-09-12
	2003-10-10
	2004-01-13
	2004-06-17
	2004-06-30
	2004-07-24
......	2004-09-01
	2004-09-07
	2004-09-10
	2004-09-12
	2004-10-12
	2005-01-01
	2005-02-24
	2005-03-12
	2005-05-05

图 9-3　数据表和索引

与数据表相比，索引比较窄，它只需要存储关键字和指向数据的指针。因此，在查询时，可以把一部分数据文件和整个需要使用的索引文件都调入主存，先在索引文件缓冲区查找关键字，再从对应的数据文件中获取数据。这种做法虽然需要多调入一个文件，但整体效率可能比只使用对查询关键字无序排列的数据表的速度更快。

2．索引类型

一般我们把索引关键字的顺序与表中数据的物理存储顺序一致的索引称为聚簇索引（Clustered Index），也称聚集索引、聚类索引或簇集索引。如果表中数据按某个关键字的顺序排列，它就不可能再按其他关键字的顺序排列了（若两个关键字顺序完全一致，则只需要建立一个索引，这一情况除外）。因此，每张表最多只有一个聚簇索引，其他索引都是非聚簇索引。在图 9-3 所示情况下，可以把学号上的索引看作聚簇索引，姓名索引、出生日期索引都是非聚簇索引。

聚簇索引是一个非常有用的索引，它决定数据在磁盘上的物理存储位置。可以为一张表建立一个聚簇索引，也可以为多张具有相同列的表建立聚簇索引，以方便连接操作的实现。例如，在 teaching 数据库中经常需要查询学生成绩，可以为 takes 表和 student 表建立聚簇索引，这样两张表中学号相同的数据会放在同一个磁盘块，这两张表的连接操作的执行速度就明显加快。但聚簇索引的维护代价非常高，插入、删除、修改数据时都需要物理移动数据以保持这种结构，而移动数据又可能导致其他所有这两张表上的索引数据不一致，增加维护索引的工作量。因此创建聚簇索引需要慎重，特别是针对多表创建聚簇索引的情况。

主码是数据库中常用的概念，它强调的是对表中数据的非空的、唯一的标识，是维护实体完整性约束的手段。因此，数据库系统会为每张表自动创建以主码为关键字的索引，即主码索引。主码索引是唯一性索引，即每个值在表中仅出现一次。在数据增加、删除、修改操作时，数据库系统会自动检查主码索引。

唯一性索引是指每个值（指索引关键字对应的有效的值，NULL 不算，它是可重复的）只在索引中出现一次。主码索引是唯一性索引，但唯一性索引可以不是主码索引。例如对学生表，学号是主码，我们可以创建一个主码索引，它是唯一性索引，若插入与表中学号相同的学号，数据库系统会提示学号值已出现过，无法插入数据。我们还可以在学生表的身份证号码字段创建唯一性索引，这样在插入与表中身份证号码相同的身份证号码时，数据库系统也会给出无法插入的提示。

唯一性索引与创建表时属性的 UNIQUE 属性一致，用户可以通过 CREATE UNIQUE INDEX 创建唯一性索引，也可以在创建表的某个字段时标注 UNIQUE 创建唯一性索引。

与唯一性索引对应的是有重复值的索引，即该索引关键字有重复值。例如对学生表来讲，会有出生日期相同的学生，利用这个字段创建索引就只能创建有重复值的索引，否则出生日期相同的学生只能在数据库中保存一个，这显然是不合理的。

受搜索引擎影响，有的数据库系统也支持全文索引。全文索引与数据库的其他索引不同，它支持关键字查询，但不支持等值查询、范围查询等 SQL 中的查询。

9.2.2　索引的管理

索引的管理

1. 使用 CREATE TABLE 语句创建索引

使用 CREATE TABLE 语句创建索引的 SQL 语句如下：

```
CREATE TABLE student (StudentNo INT PRIMARY KEY,
Name VARCHAR(20),
College VARCHAR (20) REFERENCE TO college(collegeNo),
Birthday DATE,
studentId VARCHAR (20) UNIQUE,
INDEX in_name(name)
);
```

SQL 语句的第一行"PRIMARY KEY"指定在 StudentNo 字段上创建主码，隐式创建了一个主码索引，它是一个唯一性索引，用来保证主码的唯一性。第 5 行关键字 UNIQUE 创建了一个唯一性约束，用于保证每位学生的身份证号不可重复。实际上数据库系统也创建了一个唯一性索引。第 6 行 INDEX in_name(name)创建了一个普通索引，索引关键字是 name，它不是唯一性索引，可以出现重复值。

图 9-4 所示 MySQL Workbrench 界面左边导航栏的 Indexes 项中包含的 3 个索引，就是执行此语句创建的。单击索引名，可以查看索引的属性。

2. 使用 ALTER TABLE 语句创建或删除索引

使用 ALTER TABLE 语句可以创建所有未在创建表时创建的索引，语法格式如下：

```
ALTER TABLE tbl_name ADD PRIMARY KEY (column_list);
```

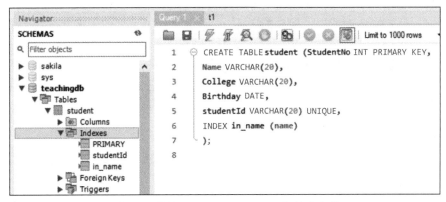

图 9-4 利用 CREATE TABLE 语句创建索引

该语句添加一个主码，这意味着索引值必须是唯一的，且不能为 NULL。

创建唯一性索引：

```
ALTER TABLE tbl_name ADD UNIQUE index_name (column_list);
```

添加普通索引：

```
ALTER TABLE tbl_name ADD INDEX index_name (column_list);
```

创建全文索引：

```
ALTER TABLE tbl_name ADD FULLTEXT index_name (column_list);
```

删除索引：

```
ALTER TABLE testalter_tbl DROP INDEX(c);
```

3．其他与索引相关的命令

另外，SQL 标准中包含的与索引相关的命令还有 CREATE INDEX、DROP INDEX 和 SHOW INDEX 等。通过这些命令可直观地实现索引管理。这些命令的语法在 3.2.4 小节已给出，在此不赘述。

9.2.3 B 树索引

B 树索引是常用的索引之一，支持单个关键字查询，也支持范围查询。B 树是一种多路平衡树。阶为 M 的 B 树是具有如下特征的树。

① 树的根节点为空或包含 $\lceil 1, M-1 \rceil$ 个关键字，有 $\lceil 2, M \rceil$ 个子节点。

② 除根节点以外，其他非叶子节点包含 $\lceil \lfloor M/2 \rfloor, M-1 \rceil$ 个关键字，有 $\lceil M/2, M \rceil$ 个子节点。

③ 所有叶子节点位于同一层。

B 树索引可以与数据存储在同一个文件，也可以不与数据存储在同一文件中。若数据与 B 树索引在同一个文件中，其叶子节点用来存储数据；若数据与 B 树索引不在同一个文件中，则其叶子节点用来存储指向数据文件中数据位置的指针。B 树中其他包括根节点在内的所有非叶子节点保存的 $\lceil \lfloor M/2 \rfloor, M-1 \rceil$ 个关键字按顺序排列，即 $K_1, K_2, \ldots, K_{M-1}$（最

多 $M-1$ 个）。K_1 左侧、每两个关键字之间及最后一个关键字右边都保存一个指向下一层子节点的指针，指向的子节点的关键字大小介于本节点中相邻的两个关键字之间（或者小于最小关键字、大于最大关键字）。图 9-5 所示为一棵 4 阶的 B 树，此树根节点有 3 个关键字，关键字从小到大排列。每个指针指向比其左侧关键字大、比其右侧关键字小的关键字所在的节点。根节点最左边指针指向的节点关键字小于 21，关键字 21、48 之间的指针指向的节点的关键字大于 21、小于 48，以下每层非叶子节点都遵循同样的构造规则。非叶子节点最少有 4/2–1 个关键字（即 1 个关键字），最多有 3 个关键字。

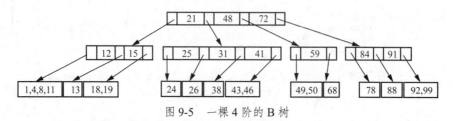

图 9-5　一棵 4 阶的 B 树

　　数据库的一张数据表可能有多个由不同关键字构造的索引，只有聚簇索引所对应的数据是按关键字有序排列的，其他索引可简单看作与数据存储在不同的文件中。

　　我们称 B 树是多路平衡树，多路是它比较"宽"，每个节点可以放 $M-1$ 个关键字，有 M 个子节点。宽度增加后，高度下降，就可以提高查询效率。平衡是指它的所有叶子节点在同一层，删除一个关键字或添加一个关键字可能会造成不平衡的情况，例如删除图 9-5 所示 B 树中包含关键字 59 的非叶子节点，会造成它所指向的叶子节点下降一层。此时就需要对 B 树进行调整，以达到平衡状态。

　　B 树的查询效率比较高，因为树的深度最多为 $\lceil \log_{M/2} N \rceil$，对路径上每个节点可以使用折半查找算法查找所需要的关键字，因此单关键字查询的时间复杂度约为 $O(\log_M N)$。作为索引，主数据中有增加、删除、修改操作时，都需要同步地增加、删除、修改索引中的关键字，还可能涉及调整节点达到平衡的操作，因此维护索引需要不小的代价。这就是为什么创建索引要慎重，并不是索引越多越好。

　　B 树索引在主存中使用时一般阶数为 3 或 4 的效率比较高。但在数据库中 M 的选择主要受磁盘块、记录大小的影响，M 取值在 32 到 256 之间，而树的高度保持在 2 或 3，这样根节点甚至包括第一层节点都可以放在主存，以减少磁盘 I/O 操作的时间。

　　B 树有一个较常用的变种叫 B+树，在 B 树的基础上，它增加了非叶子节点数据在叶子节点中的存储，如图 9-6 所示，每个非叶子节点的关键字都在叶子节点中保存，每个关键字是它右侧指针所指向子树中的最小关键字（也可以取每个关键字是它左子树上的最大关键字）。因此 B+树指向关键字所对应数据的指针都在叶子节点上，非叶子节点不需要保存指向数据的指针。B+树比 B 树的层次更分明，操作也更简单。

图 9-6　一棵 4 阶的 B+树

若在 B+树的叶子节点层从最左节点开始，每个节点增加一个指向其相邻右节点的指针，可形成一个关键字有序排列的链表。若需要按关键字顺序扫描一张数据表，也可以利用这个链表进行。这一操作就是第 10 章将介绍的物理优化中的索引扫描的操作。

9.2.4 哈希索引

哈希索引是另一种常见的索引。它以关键字 Key 为自变量，通过哈希函数（或称为散列函数）计算出对应函数值（哈希地址），并将数据元素存入此函数值对应地址的存储单元。查询时再对查询关键字进行同样的函数计算即可得到哈希地址，然后依据对应地址到存储单元读取对应的数据。哈希索引的插入、删除、修改操作的时间复杂度都是 $O(1)$，存取速度快。当然它并没有对数据进行排序，所以范围查找、按顺序扫描等操作与无序表的操作效率相同。

1．哈希函数

构造哈希函数的原则是尽可能将关键字集合空间均匀地映射到地址集合空间中，同时尽可能降低冲突发生的概率。以下是几种常见的哈希函数设计方法。

① 除留余数法。$H(Key)=Key\%p$（$p\leq m$），其中 p 选择一个小于或等于 m（哈希地址集合的个数）的某个最大素数。

② 直接地址法。$H(Key)=a\cdot Key+b$，其中 a、b 取常量。

③ 折叠法。假设关键字的值为 135790，要求关键字的哈希值取两位数。从左向右取关键字两位一组相加，得 13+57+90=160，再去掉高位"1"，得 $H(135790)=60$。

④ 数字分析法。对给定的一组关键字，分析所有关键字中各位数字的出现频率，从中选择分布情况较好的若干数字作为哈希函数的值。

Key	$H_1(x)$	$H_2(x)$
125692	62	6
425893	83	8
717776	76	7
139496	46	4
115399	39	3
427272	22	2

哈希函数 $H_1(x)$选择关键字的百位和个位数字拼接，把 6 位十进制数的关键字映射到 2 位十进制数的空间，只需要约 100 个元素的表即可存储所有关键字。与之类似，哈希函数 $H_2(x)$选择关键字的百位数字，把 6 位十进制数的关键字映射到 1 位十进制数的空间，只需要约 10 个元素的表来存储所有关键字。$H_1(x)$、$H_2(x)$都可作为哈希函数进行数据存储。当然，函数 $H_2(x)$中明显存在数据存储空间可能不够的问题，若关键字多于 10 个，或者有两个关键字的百位数相等，$H_2(x)$计算结果就会相等，那么就要将两个数据存储在同一空间，这显然是不可行的。

2．冲突消解方法

假设对不同的关键字 x_1、x_2，哈希函数 H 的计算结果相等，即 $H(x_1)=H(x_2)$，则称哈希冲突，也称哈希碰撞。因为哈希函数是从关键字的大集合到存储地址的小集合的映射，冲突是一定存在的。因此，在设计哈希索引时，必须确定一种冲突消解方法。

对冲突消解方法有以下基本要求。

① 若插入数据遇到冲突，能够为发生冲突的关键字找到一个位置，完成插入操作（若插入数据无冲突，当然也能正常完成插入操作）。

② 对任何之前存入且没有删除的关键字，可以找到对应的数据项。

常用的冲突消解方法分内消解法和外消解法两大类。内消解法是指在基本存储区域内存储冲突的数据来消解冲突。外消解法则指在基本存储区域外增加一个空间专门存储发生冲突的数据来消解冲突。

（1）内消解法

内消解法的基本方法是开地址法，其基本思想是为哈希表定义一种易于计算的探查位置序列，例如定义整数递增序列：

$$D = d_0, d_1, d_2, \cdots, \text{其中} \ d_0 = 0$$

探查序列定义为：

$$H_i = (h(\text{Key}) + d_i) \bmod p$$

这里 p 为一个不超过表长度的数。在实际插入数据项时，若 $h(\text{Key})$ 位置空闲，就直接插入（此时，对应 $d_0 = 0$）；否则，就逐个试探 H_1、H_2……直到找到一个空闲位置，然后插入数据项。

若取 $d_i = 0, 1, 2, 3, \cdots$ 为整数序列，则发生冲突时，系统会从冲突位置一直向下查找，直到找到空闲位置才完成插入数据项的操作，这种方法称为线性探查法。

若再设计一个哈希函数 h_2，令 $d_i = i \cdot h_2(\text{Key})$，则发生冲突时，系统从冲突位置开始，向下探查第 $h_2(\text{Key})$、$2 \cdot h_2(\text{Key})$、$3 \cdot h_2(\text{Key})$ 等位置，直到找到空闲位置，完成插入数据项的操作，这种方法称为双哈希探查法。

假设有关键字集合如下：

$$\text{Key} = \{18, 73, 10, 5, 68, 99, 22, 32, 46, 58, 25\}$$

采用简单的哈希函数 $h(\text{Key}) = \text{Key} \bmod 13$，将关键字存储在下标范围为 0～12、表长为 13 的表空间中，假设顺序插入数据。采用线性探查法存储数据，如图 9-7 所示。

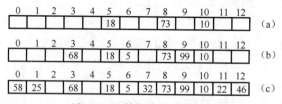

图 9-7　线性探查法存储数据

插入前 3 个值，没有冲突，所以直接插入，如图 9-7（a）所示。插入第 4 个值时出现冲突，因为 $h(5) = h(18) = 5$，此位置已占用，按线性探查规则，向下查找空闲位置，将数据 5 放入位置 6。继续插入新值 68，没有冲突，直接插入。再插入 99，$h(99) = 8$，在位置 8 出现冲突，线性探查，将数据放入位置 9。再插入数据 10，无冲突，直接插入，此时执行结果如图 9-7（b）所示。在此基础上，依次插入数据 22、32、46、58 和 25，插入 22 时，

$h(22)=9$ 冲突，将数据放入空闲位置 11。插入 32 时，$h(32)=6$ 冲突，将数据放入空闲位置 7。插入 46 时，$h(46)=7$ 冲突，位置 7～11 被占用，将数据放入空闲位置 12。插入 58 时，$h(58)=6$ 冲突，位置 6～11 都被占用，继续查找空闲位置，将数据放入空闲位置 0。插入 25 时，$h(25)=12$ 冲突，位置 12、0、1 被占用，将数据放入位置 2，最终结果如图 9-7（c）所示。

图 9-8 所示为双哈希探查法实例，取 $h_2(\text{Key})=\text{Key mod }5+1$。

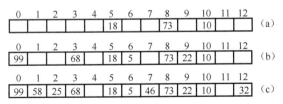

图 9-8 双哈希探查法实例

插入前 3 个值，没有冲突，插入结果如图 9-8（a）所示，与图 9-7（a）是一样的。插入第 4 个值时出现冲突，因为 $h_2(5)=1$，按双哈希探查法，查看位置 6，放入数据。继续插入新值 68，没有冲突，直接插入。再插入 99，在位置 8 出现冲突，$h_2(99)=5$，查看位置 8+5 mod 13（位置 0），空闲，因此将数据 99 放入位置 0。再插入数据 10，无冲突，直接插入，此时执行结果如图 9-8（b）所示。在此基础上，依次插入数据 22、32、46、58 和 25。插入 22 时，$h(22)=9$，无冲突，将数据放入位置 9。插入 32 时，$h(32)=6$ 冲突，求出 $h_2(32)=3$，位置 9 冲突，继续探查，位置 12 空闲，将 32 放入位置 12。继续插入 46，$h(46)=7$，无冲突，直接放入。插入 58，$h(58)=6$ 冲突，求出 $h_2(58)=4$，位置 10 冲突，继续探查位置 1，将数据放入空闲位置 1。插入 25 时，$h(25)=12$ 冲突，求出 $h_2(25)=1$，经过 4 次探查，将数据放入位置 2，最终结果如图 9-8（c）所示。

可见双哈希探查法的冲突处理以不同步长跳跃，相对来讲比线性探查法的关键字堆积少一点。但当表中元素增加时，冲突越来越严重的情况无法改变。内消解法都存在这样的问题，在哈希表存储区内解决冲突，因为空间有限，数据填充率高时，冲突只能越来越严重。

（2）外消解法

外消解法是与内消解法不同的思路，它使用外部空间来消解冲突，可以避免内消解法数据填充率高时冲突严重的问题。常用的外消解法有溢出区法、链地址法两种。

① 溢出区法。溢出区法是指在哈希表存储区外设置溢出区，当插入关键字发生冲突时，将数据存入溢出区，数据在溢出区顺序排列。此方法在溢出较少时效率高。但当溢出较多时，溢出区数据量大，数据插入、删除、查询效率都下降得非常严重。

② 链地址法。此方法将哈希值相同的数据元素存放在一个链表中，链表的每个节点存储数据元素及指向下一个元素的指针。图 9-9 所示为按与图 9-7、图 9-8 相同的插入顺序，使用链地址法处理冲突时得到存储结果。

链地址法应用广泛，在实际应用中也有很多变种。

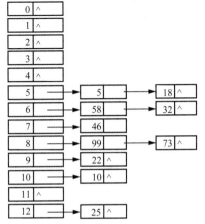

图 9-9 使用链地址法处理冲突

　数据库存储与索引　第 9 章

例如，对每个具有相同哈希值的链表（有的书称为"同义词桶"）采用顺序表、哈希表或其他结构等。

哈希索引的查找效率受冲突处理方法及数据表中数据的"满"的程度影响，但它对等值查找的效率还是非常高的。"满"的程度一般用负载因子表示：

$$负载因子=表中数据项数/基本存储区域可容纳数据项数$$

如果负载因子较小，则哈希表的基本存储区域远大于实际存储的数据项区域，会造成空间浪费。相反，如果负载因子较大，则冲突发生的概率会显著提高，数据增删改查的效率都会降低。因此负载因子的选择对哈希索引很重要。根据经验数值，采用内消解法处理冲突时，负载因子应小于或等于0.7。

采用外消解法（例如链地址法）处理冲突时，负载因子约等于链表的平均长度。原则上可以容忍任意大的负载因子，但链表过长时，显然查询时间是链表的长度的线性函数。

哈希表在计算机软件中应用广泛。许多编程语言或标准库提供了基于哈希表的数据结构，如 MAP、TABLE、DICTIONARY 等。数据库中会对大量数据建立哈希索引来辅助查找数据，或实现哈希连接等操作。

9.2.5　其他索引

除了经典的 B 树索引和哈希索引以外，还有很多种加快数据查询的索引方法，例如位图索引、R 树索引、倒排索引等。

各种类型的索引

1．位图索引

在位图索引（Bitmap Index）中，可能只有很少的索引条目，每个索引条目指向多行取值相等的数据。图 9-10 所示为学生表的部分数据与对应的性别和所在学院两个字段上的位图索引。性别的索引位图有男、女两个条目。在取值为男的索引位图中，第 1 位是 0，表示第1条记录的取值不是"男"，后面第2~6位是 1 表示对应的第2~6条记录取值的为"男"，以此类推，第 i 个位取值为 1 代表第 i 条记录的性别取值为"男"。与之类似，对"女"这个索引条目，第 i 个位取值为 1 代表第 i 条记录的性别取值为"女"。当然，若一个关键字只有两个取值，也可以只为其中一个值建立索引条目，另一个取值的索引条目可以此索引条目按位取反得到。图 9-10 所示性别的位图索引下面还给出了所在学院的位图索引，学院有外国语学院、人文学院、经管学院、电子工程学院、信息学院 5 个取值，所以其位图索引有 5 个索引条目。同样，对学院的每个值，第 i 个位置为 0 代表记录 i 的值不等于这个值，第 i 个位置为 1 代表记录 i 取这个值。

位图索引的每一位代表一条记录，一个有 100 万条数据的表，其位图索引的一个索引项只占约 122 KB 空间，占用的空间不多，使用时可直接加载到内存。在增加、删除、修改时索引维护、查询都采用位运算，效率高。但它仅适用于重复值较多的字段，索引项过多的情况下查询效率同样不高。另外，位图索引适用于数据修改较少的场景。若数据修改频繁，更新位图索引的并发度不够，会影响数据库整体的效率。

2．R 树索引

R 树是 B 树在高维空间的扩展，是一种多路平衡树，主要用于提高空间数据的查询效率。R 树运用了空间分割的理念，采用最小外接矩形（Minimum Bounding Rectangle，MBR）。从叶子节点开始用矩形将空间框起来，节点越往上，框住的空间就越大，以此对空间进行分割。如图 9-11（b）所示，实线矩形 R8～R19 分别代表一个空间区域，它们是包含此空间内数据项的最小矩形，实际包含的数据项可能形状并不规则，在索引中统一使用矩形简化数据形状，数据查询更快捷。图 9-11（b）中 R3 是包含 R8、R9、R10 的最小矩形空间区域，R4 是包含 R11、R12 的最小矩形空间区域，同样 R5、R6、R7 分别是包含 R13、R14、R15、R16、R17、R18、R19 的最小矩形空间区域。而 R1、R2 分别是包含 R3、R4、R5、R6、R7 的最小矩形空间区域。由此创建的 R 树索引如图 9-11（a）所示。

学号	姓名	性别	所在学院
202212010103	邓可欣	女	外国语学院
202212010111	李东平	男	外国语学院
202212010116	钱海潮	男	外国语学院
202212010130	吴勉之	男	外国语学院
202212010201	陈润东	男	外国语学院
202212010320	张青山	男	外国语学院
202215620101	曹小欣	女	人文学院
202215620106	胡明丽	女	人文学院
202215620109	李佳	男	人文学院
202215620113	李灵芝	女	人文学院
202221130115	谭宗爵	男	经管学院
202221130120	钱多多	男	经管学院
202225010114	刘敏	女	电子工程学院
202225010121	刘涛	男	电子工程学院
202225110101	陈佳岳	男	信息学院
202225110103	陈晓彤	女	信息学院
202225330107	黄河	男	信息学院
202225330108	江青柠	男	信息学院
202225330110	李绍斌	男	信息学院
202225330112	李泽凯	男	信息学院
202225330317	罗小薇	女	信息学院

性别的索引位图

男 0111110010110110 11000000

女 1000001101001001 00100001

所在学院的索引位图

外国语学院 1111110000000000 00000000

人文学院 0000000111100000 00000000

经管学院 0000000000011000 00000000

电子工程学院 0000000000000110 00000000

信息学院 0000000000000001 11111111

图 9-10 位图索引

　　R 树中叶子节点分别指向存储在该空间内的数据，这些数据可能在磁盘中，也可能在内存中。非叶子节点中矩形的坐标按从矩形最左上角节点的坐标从左向右（若假设坐标系原点在图 9-11（b）的最左上角，则对应按坐标从小到大）排列。

　　R 树具有以下性质。

　　（1）除根节点以外，所有叶子节点包含 m～M 个关键字。作为根节点的叶子节点，其具有的关键字可以少于 m。通常，$m=M/2$。

　　（2）所有叶子存储的关键字，是最小的、可以在空间中完全覆盖这些数据所代表的空间结构的矩形。

　　（3）除根节点以外的非叶子节点，拥有 m～M 个子节点。

　　（4）在非叶子节点上的每一个关键字，是最小的、可以在空间中完全覆盖这些关键字所代表的空间结构的矩形。

　　（5）所有叶子节点都位于同一层，因此 R 树为平衡树。

　　R 树是 B 树的高维扩展，其增删改查操作都与 B 树的相应操作类似。R 树索引属于高效的多维索引。R 树索引一般用于空间数据处理，当然也可用于其他高维数据处理。

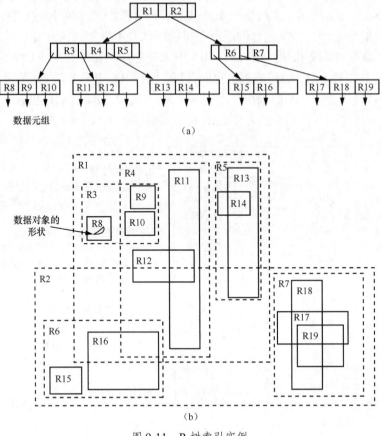

图 9-11　R 树索引实例

3.倒排索引

倒排索引（Inverted Index）也叫反向索引，它与一般索引是相对的。一般索引存储的是关键字和指向数据位置的指针，查询是通过关键字查找数据。而倒排索引存储的是数据值与指向数据位置的指针。Apache Lucene 在实现全文检索时使用了倒排索引。它利用倒排索引中将关键字的前缀组织成一棵树，通过这棵树查找待查询的关键字，从关键字找到指向文件列表的指针，进而找到所有包含该关键字的文档。

除了这些索引外，随着数据结构的变化，索引技术也在发展。日志结构归并树（Log Structured Merge Tree）是一种索引框架，其基本思想是假设内存足够大，将数据更新（增加、删除、修改操作）操作先写入内存，当更新操作积累到足够多时，使用归并排序的方式将更新后的数据合并追加到磁盘文件的队尾。这种索引框架有多个实现，适用于 NoSQL 数据库。

本章小结

本章介绍了数据库存储和索引技术。数据库存储技术是关系数据库的核心技术之一，它将逻辑上由多个互相关联的关系组成的、可以无限大的数据库映射到操作系统的文件，向上层提供关系创建、删除，以及增删改查数据的操作接口。为提高查询处理速度，人们发明了 B 树索引、哈希索引、位图索引等多种索引。这些数据存储技术是计算机数据管理与分析软件的基础技术，也是当前 NoSQL、NewSQL、内存数据库等新型数据库仍在使用的核心技术。

本章技术也是本科阶段数据结构、操作系统、算法设计与分析等课程中相关知识的综合运用，对本科生来讲，对关键技术有所了解、能够理解即可，不做过多要求。若对数据库实现技术有兴趣，学生可从解读开源数据库的源代码入手，阅读源代码及相关文档，真正理解数据库实现技术的细节，提高程序设计水平，加深对软件架构的理解。

习题

1. 数据库与表空间是什么关系？使用 MySQL 创建 teaching 数据库并导入数据，说明该数据库的表空间有哪些，每张逻辑上的关系表分别存储在哪个表空间的哪些位置。

2. 使用 MySQL 创建 teaching 数据库并导入数据，teaching 数据库的逻辑结构与存储数据库的文件之间如何对应？

3. 使用 MySQL 创建一个数据库，系统会在哪些元数据表中增加哪些记录？

4. 使用 MySQL 创建 teaching 数据库，列出关于 instructor 表的所有元数据记录。

5. 什么是聚簇索引？如何创建聚簇索引？

6. 列出 3 种以上创建索引的方法。

7. 使用 MySQL 创建 teaching 数据库并导入数据，编写两个 SQL 语句，其中一个 SQL 语句的查询执行计划中不使用索引，另一个 SQL 语句的查询执行计划中使用索引。

第10章 查询处理与优化

关系数据库的查询处理与优化技术是关系数据库系统支持 SQL 的关键技术，而 SQL 是关系数据库系统成功应用 50 多年的主要原因。本章介绍查询处理过程、查询实现、代数优化和物理优化等方面的内容。

本章学习目标如下。

（1）了解查询处理过程及各步骤使用的技术。

（2）理解代数优化与物理优化技术。

第 10 章简介

10.1 查询处理过程

查询处理是关系数据库系统执行查询语句的过程，从接收用户输入的 SQL 语句开始，经过查询的解析、重写、优化和执行 4 个步骤，生成查询结果并返回给用户。

查询处理过程-Part1

查询处理过程-Part2

查询处理过程如图 10-1 所示，查询的 4 个步骤分别由查询解析器、查询重写器、查询

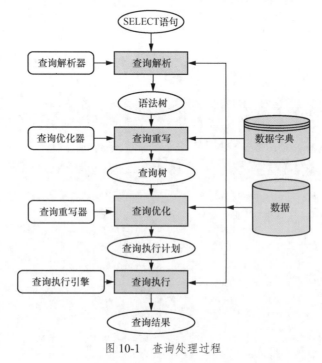

图 10-1　查询处理过程

优化器和查询执行引擎承担。图 10-1 中的数据字典是数据库存储的关于数据的数据，包括数据库中表的列表、每张表的字段列表、索引、视图定义等数据库元素的信息，以及表中元组个数，每个字段最大值、最小值等统计信息，这些信息在查询重写和查询优化过程中使用。图 10-1 中的数据是指每张关系表实际存储的数据，它以文件形式存储在磁盘上，由数据库存储引擎管理，在查询执行时需要读取这些数据生成用户的查询结果。

1. 查询解析

关系数据库管理系统包含的 SQL 解析器与其他高级语言解析器的构造原理类似，主要由词法分析器、语法分析器组成。另外，每种高级语言都有词法文件和语法规则文件。词法文件存储语言中单词的构造方法及所有具有独立意义的单词等内容，例如 SQL 中包括 SELECT、FROM、WHERE 等，还有常量、运算符、关系与属性命名规则等内容。语法规则文件描述表达式、语句、子程序等语言要素的构造方法，一般语言可使用上下文无关文法或相应类型的自动机描述。SQL 解析器依据词法文件和语法规则文件进行语言解析，将用户输入的字符串转换成语法树。

若出现词法或语法构造错误，例如输入以下查询语句：

```
SELECTX, 3.314*3 FROM x
```

MySQL 语法检查返回的错误信息如下：

```
Error Code: 1064. You have an error in your SQL syntax; check the manual that corresponds
to your MySQL server version for the right syntax to use near 'SELECTX FROM x' at line.
```

SELECT 语句解析得到的语法树是列表，包括 SELECT 列表、FROM 列表、WHERE 逻辑表达式、GROUP BY 列表、HAVING 逻辑表达式和 ORDER BY 列表 6 个组成部分。每个部分都由符合语法规则文件的结构构成。

任何一种高级语言的编译、解释都需要词法分析和语法分析功能。较早的自动编译工具是 20 世纪 70 年代由贝尔实验室开发的 Lex 和 Yacc。近年来，自由软件基金会的 GNU 工程组发布了 Yacc 的替代品——Bison，同时 BSD 和 GNU 工程组还发布了快速词法分析器生成器（Fast Lexical Analyzer Generator, Flex）。一般数据库系统使用 Flex 或 Lex 生成词法分析器，使用 Bison 或 Yacc 生成语法分析器，完成语言解析任务。SQL 语句解析过程如图 10-2 所示，先由词法解析器将 SQL 语句字符串分解成关键词、常量名、变量名的表达式等，再由语法分析器分析语法，生成语法树。

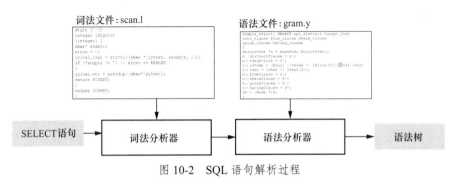

图 10-2　SQL 语句解析过程

需要特别说明的是，SQL 解析器不仅用于解析 SELECT 语句，其他语句（如 CREATE

TABLE、DROP INDEX 等）也由这个 SQL 解析器进行解析，并生成语法树。只是之后 SELECT 语句的执行按图 10-1 所示的查询处理过程执行。其他语句中的模式操作，数据增加、删除、修改等都有自己的执行过程，而且不相同。限于篇幅，本书只介绍 SELECT 语句的处理过程，其他语句的处理过程可查阅相关文献。

2. 查询重写

查询重写器对查询的语法树进行重写，得到查询的关系代数表达式，另外进行视图展开、依据查询重写规则对子查询进行整理、聚集计算拆分等操作，最后得到与 SQL 语法树等价的、更高效的关系代数表达式。

若查询中包含视图，使用视图定义的查询语句替换视图名称，可得到带子查询的查询。通常带子查询的查询的执行效率不高，因此，系统可能利用查询重写规则将部分子查询利用连接运算代换，也可能需要将查询拆分为多个步骤（例如可能先执行某个子查询，然后再执行其上层父查询，如此往复直至整个查询完成）。简单地讲，聚集计算包括从数据库中获取原始数据，对数据进行计算两个步骤，因此，对聚集计算也需要将其拆分为多个操作步骤。综上，查询重写把语法树转换成一个关系代数表达式序列。

查询重写主要使用的关系代数操作及其与 SQL 语法树的对应关系如下。

① 集合的并、交、差运算：与 SQL 的操作符 UNION、INTERSECT 和 EXCEPT 相对应。

② 选择运算：按照某个条件从原关系中选出某些行，从而由原关系产生新的关系，大致与 SQL 查询中的 WHERE 子句相对应。

③ 投影：在原关系中选择一些列产生新的关系，与 SQL 查询中的 SELECT 子句对应。

④ 笛卡儿积：集合的乘法，与 SQL 中 FROM 子句的关系列表对应，WHERE 子句的条件和 SELECT 子句的投影就作用在这些关系的笛卡儿积上。

⑤ 连接：包括自然连接、外连接等。

⑥ 去除重复：与 SELECT 子句中的关键字 DISTINCT 对应，去掉其中的重复元组。

⑦ 分组：聚集计算，对应 SELECT 子句中聚集函数的 GROUP BY 子句。

⑧ 排序：对查询结果集进行排序，与 ORDER BY 子句对应。

【例 10-1】在 teaching 数据库中，定义如下视图：

```
CREATE VIEW ph_instructor AS SELECT * FROM instructor WHERE college_name='信息学院';
```

设置以下查询：

```
SELECT count(*) FROM ph_instructor WHERE title='副教授'
```

在查询解析时首先生成查询的语法树，其结构如图 10-3 所示。

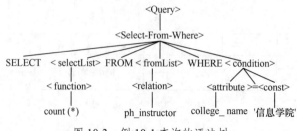

图 10-3　例 10-1 查询的语法树

在查询重写阶段，首先将语法树转换成关系代数表达式，如式（10-1）所示。然后使用视图的定义替换 ph_instructor，生成一个新的关系代数表达式，如式（10-2）所示。

$$G_{count\,(*)}(\sigma_{title='副教授'})(ph\_instructor) \tag{10-1}$$

$$G_{count\,(*)}(\sigma_{title='副教授'}(\Pi_*(\sigma_{college\_name='信息学院'}(instructor)))) \tag{10-2}$$

再利用查询重写规则进行整理，去掉子查询，如式（10-3）。

$$G_{count\,(*)}(\sigma_{title='副教授'\wedge college\_name='信息学院'}(instructor)) \tag{10-3}$$

然后进一步对聚集计算进行分解，生成包含两个查询的关系代数表达式，如式（10-4）、式（10-5）所示。为了更形象地表示关系代数表达式，也可将其以类似语法树的格式表示出来。与式（10-1）至式（10-3）对应的关系代数树分别如图 10-4（a）～（c）所示。式（10-4）、式（10-5）与图 10-4（d）对应，它由两棵树组成，左边的树对应式（10-4），右边的树对应式（10-5）。

$$temp1 \leftarrow \sigma_{title='副教授'\wedge college\_name='信息学院'}(instructor) \tag{10-4}$$

$$result \leftarrow G_{count\,(*)}(temp1) \tag{10-5}$$

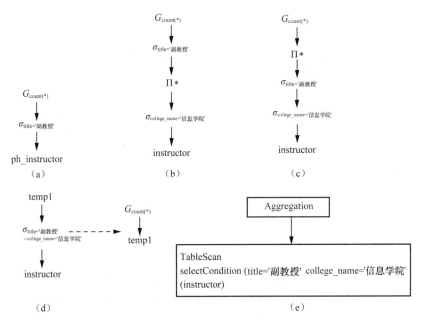

图 10-4　例 10-1 查询的关系代数表达式

3．查询优化

查询一般有多种执行方法。查询优化就是从中找到效率最高或次高的执行方法。查询优化包括代数优化、物理优化两个步骤。代数优化使用代数规则对关系代数表达式进行等价变换，改变操作的顺序和组合，提高查询执行效率。物理优化则指对关系数据存取路径和底层操作算法的选择，选择最优或次优的执行路径生成查询执行计划。图 10-4（a）～（d）也可看作关系代数优化的过程，依据关系代数规则进行等价变换，在不改变查询语义的前提下通过多步变换得到关系代数的最优解。完成代数优化后，数据库系统对关系代数进行物理优化，对每张表的选择、投影、连接等每个运算选择整体代价最低的操作算法，形成查询执行计划，图 10-4（e）所示为例 10-1 一个可能的查询执行计划，其中 TableScan 是指对表 instructor 进行扫描，获取满足选择条件的数据。TableScan 是在对查询进行物理优化时选择的对表 instructor 的访问方法和操作算法。查询优化是查询处理的核心部分，后文将详细介绍。

4．查询执行

查询执行引擎包含多个算法组件，如全表扫描（TableScan）、索引访问（IndexScan）、基于索引的选择算法、连接算法等。查询执行引擎依据查询执行计划选择算法组件组装成查询执行流水线，然后启动流水线生成查询结果并返回给调用者。

10.2　查询实现

查询执行需要从表中获取数据并按一定顺序执行关系代数操作。每个关系代数操作，如选择、投影、连接、笛卡儿积等，实际上都对应着多种实现算法。在此首先介绍选择、连接等运算的主要实现算法，再介绍查询执行引擎的实现思路。

10.2.1　选择运算

计算代价时，最大的代价是磁盘 I/O 操作的代价。假设一个磁盘块的访问时间为 t_T，磁盘块的搜索时间为 t_S。

1．全表扫描

每张关系表的数据都存储在文件中，因此最基本的获取数据的方法就是按顺序扫描文件中每一个文件块，读取所有记录并依据关键字的值选择满足条件的记录保存下来。这是实现选择操作最基本的算法。

若整个表的数据存储在连续的 b_f 个块中，则全表扫描的代价为 $t_S + t_T \cdot b_f$。

2．二分搜索

若关系表中的数据按某个属性有序排列，且选择条件是关于该属性的等值比较，可用二分搜索（Binary Search）。二分搜索在最坏的情况下需要检查的磁盘块数为 $\lceil \log_2 b_f \rceil$，因为此时磁盘块可能是孤立的，每个磁盘块的访问都需要一个访问操作和一个搜索操作，即时间代价为 $\lceil \log_2 b_f \rceil \cdot (t_T + t_S)$。

3．主索引等值选择

若关系表存储在一个 B 树文件中，且选择条件属性与主索引属性相同，首先在 B 树上使用搜索算法查找相等的关键字，再依据关键字找到顺序排列在一个或多个文件块中的数据即可。

此时查询需要访问的文件块的个数约等于索引树的高度，即时间代价为 $h_f + 1 \cdot (t_T + t_S)$。

4．主索引范围选择

若关系表存储在一个 B 树文件中，且选择条件属性与主索引属性相同，首先 B 树上使用搜索算法查找关键字 v 在某个范围内的取值，例如 $A \geqslant v$ 或 $A < v$，满足条件的关键字保存在从 v 所在文件块开始的一组文件块中，查询需要访问的文件块的个数约等于索引树的高度，即时间代价为 $(h_f + m) \cdot (t_T + t_S)$。

5．辅助索引范围选择

与主索引相对，辅助索引一般是指其索引与数据不存储在同一文件中。一个关系表可以只有一个主索引文件，但可以有多个辅助索引文件，每个辅助索引都将关系表定义为一个按索引关键字有序排列的数据列表。辅助索引文件的叶子节点中保存主数据文件中每个元组的关键字值及其在主数据文件中的存储位置，依据此关键字值及主文件存储位置指针可从主数据文件中获取数据。因此，查询需要首先访问辅助索引文件，获取需要访问数据在主数据文件中的存储位置，再从主数据文件中获取数据。利用辅助索引获取数据，访问量会大一些，但可能还是比访问没有索引、把主数据文件看作对所处理关键字的无序表来获取数据的访问量小，获取数据的效率在某些情况下会比较高。查询优化时会通过计算代价决定是否选择某个辅助索引进行范围查找。

辅助索引扫描与主索引扫描需要的时间相等，获取数据在最坏情况下，对每个记录需要一次磁盘搜索和一次磁盘访问。时间代价需要依据命中率计算。

10.2.2　连接运算

连接运算是较常见的一种运算，计算量大。本小节以自然连接为例简单介绍相关算法并估算查询代价。

1．嵌套循环连接

嵌套循环连接（Nested Loop Join）算法是最基础的一种连接算法，仅需要对两张表进行全表扫描，比较关键字的值，若满足连接条件则将两个元组组合起来放入结果集。图 10-5 所示为嵌套循环连接算法。

```
For each row tr in r{ //外层循环
    For each row ts in s{ //内循环
        if(tr,ts 满足θ){ //条件匹配
            tr·ts 加入结果集
        }
    }
}
```

图 10-5　嵌套循环连接算法

假设表 r 和表 s 的元组数分别是 n_r、n_s，占用磁盘块分别是 b_r、b_s。算法需要处理的元组对个数是 $n_r \cdot n_s$。对外循环关系 r 中的每个元组读取一次内循环关系 s。在内存足够容纳两个关系的情况下，总共 I/O 代价为读取 $b_r + b_s$ 个磁盘块的时间加 2 次磁盘搜索的时间。在最坏情况下，若对每个关系仅分配一个缓冲区块，则 I/O 代价为读取 $n_r \cdot b_s + b_r$ 个磁盘块的时间加 $n_r + b_r$ 次磁盘搜索的时间。

此算法的缺点是效率低；优点是实现简单，不需要对参与连接运算的两张表创建索引或排序，适用于两张表数据量较少的情况。

嵌套循环连接算法中，若对表 s 的连接属性已建立索引，则可以利用该索引查找表 s 中与表 r 中当前元组相匹配的所有元组。此改进算法称为**索引嵌套循环连接（Indexed**

Nested Loop Join）算法。与嵌套循环连接算法相比，此算法对内循环的表 s 避免使用全表扫描，提高了效率。在内存足够容纳两个关系的情况下，总共 I/O 代价与嵌套循环连接算法相同。若内存不够，在最坏情况下，若对每个关系仅分配一个缓冲区块，容纳 r 的一个磁盘块和 s 的一个索引块。读关系 r 的 I/O 代价为 b_r 次搜索加 b_r 次读取磁盘块时间。对 r 中的每个元组，要依据连接条件对表 s 进行索引查找，假设有 c 个元组命中，而每个元组的 I/O 操作都需要 1 次搜索和 1 次读取的代价。因此，在最坏情况下，索引嵌套循环连接算法可能还不如嵌套循环连接算法的效率高。

嵌套循环连接算法中，若以块的方式进行连接而不是以元组的方式进行连接，可减少不少磁盘块 I/O 时间，此改进算法称为**块嵌套循环（Blocked Nested Loop Join）算法**。仅修改算法的两个循环条件，对每个 r 中的块读 s 中所有块，再对 r 当前块中每个元组循环查找 s 当前块中满足连接条件的元组进行连接即可。

此算法在内存足够的情况下，效率与嵌套循环连接算法相同。在最坏情况下，需要 $b_r \cdot b_s + b_r$ 次磁盘块读取操作，对每个 r 需要一次磁盘搜索，对 r 中每个块需要搜索一次关系 s 的磁盘块，共需要 $1 + b_r$ 次磁盘搜索。在内存不足的情况下，将小表放在外层循环、大表放在内层循环的效率略高。

2. 哈希连接

哈希连接（Hash Join）适用于等值连接和自然连接。此算法的基本思想是用哈希函数分别将两个表的元组划分成多个连接属性的值相等的集合，再对一个关系的每个块建立哈希表，对哈希表中每个元组寻找另一个关系与之匹配的元组进行连接。

具体算法如算法 10-1 所示，首先对关系 r 和 s 分别用哈希函数 h_1(joinAttrs) 在连接属性上进行分块。每个关系分成若干个块。然后将两个关系哈希值相等的每一对分块 P_{r_i}, P_{s_i} 加载到内存，对分块 H_{s_i} 使用哈希函数 h_2(joinAttrs) 在连接属性上重新建立哈希表。扫描 P_{r_i} 中每个元组 t_r，查找哈希表上所有匹配的元组 t_s，与 t_r 组成连接结果，放入结果集。算法原理见图 10-6，首先进行分区操作，如图上半部分，对 r 和 s 表都按哈希值（哈希函数为 h_1）进行分区操作。图下半部分为连接操作，对表 s 的分区结果，选择 h_1 的哈希值的相等元组使用 h_2 再进行划分，将 h_2 值相等的元组放在一个列表中。然后从 r 表分区结果中选择 h_1 的哈希值的相等元组求解 h_2 值，取 h_2 值相等的元组与 s 列表中的数据进行组装，放入结果集。

【算法 10-1】 哈希连接算法。

For each row t_r in r { //利用 h_1 对关系 r 分块

    $i = h_1(t_r[\text{joinAttrs}])$；

    $P_{r_i} = P_{r_i} \bigcup t_r$；

    }

For each row t_s in s { //利用 h_1 对关系 s 分块

    $i = h_1(t_s[\text{joinAttrs}])$；

    $P_{s_i} = P_{s_i} \bigcup t_s$；

    }

For 对 r 和 s 每一对匹配块 P_{r_i}, P_{s_i} {

  对 P_{s_i} 块中元组计算 $h_2(t_s(\text{joinAttrs}))$ 建立哈希表 H_s

  For 对 P_{r_i} 中每个元组 t_r {

    检索 H_s ，对每一个满足 $t_r[\text{joinAttrs}] = t_s[\text{joinAttrs}]$ 的元组

    将 $t_r \cdot t_s$ 加入结果集

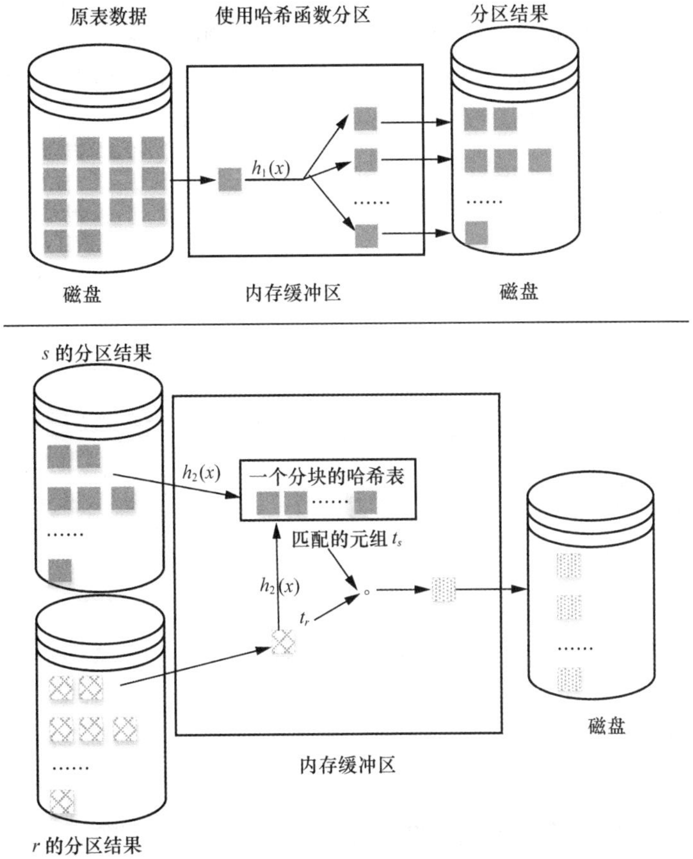

  }

}

图 10-6　哈希连接算法示意图

对哈希连接算法，连接操作时选择较小的关系建立哈希表的效率较高。在不考虑哈希函数碰撞的情况下，在分区操作中需要读入每个关系的每个块，同时将分区结果写入磁盘，I/O 代价是读写 $2(b_s + b_r)$ 次磁盘块加 2 个表的初始磁盘查找时间。

在连接阶段，每个分块都要读一次，共 $(b_s + b_r)$ 个磁盘块读写，因此总 I/O 时间为 $3(b_s + b_r)$ 次磁盘块加 4 个磁盘查找时间。

哈希连接也有一些变种。磁盘哈希连接（On-Disk Hash Join）是指在内存空间不够的情况下，外表的一部分放在内存，其他部分放在磁盘。连接过程中需要分多次从磁盘读入外表数据。Grace Hash Join、Hybrid Hash Join 也是在内存不足时，对外表和内表数据进行

分块，再进行哈希连接的连接算法。

3．归并连接

假设参与连接的两张表 r 和 s 已按连接关键字升序排列，归并连接（Merge Join）取两个指针分别指向表 r 和 s 的第一条记录，从指针处取两张表中的记录进行匹配，如果符合连接条件，将相应的元组拼接形成新记录并放入结果集；否则，将关联字段值较小的记录抛弃，表上的指针移向下一条记录。继续从指针处取元组进行匹配，直到整个循环结束。

若参与连接运算的两张表在连接关键字上有重复值，可借助临时表完成连接操作。对表 r 和 s 上指针指向的关键字，分别取 r 和 s 中关键字相等的所有元组形成两张临时表 r' 和 s'，将 r' 和 s' 中的元组两两进行匹配，将符合连接条件的拼接成新记录放入结果集。然后表上指针都移向下一个不相等的关键字。算法 10-2 给出了归并连接算法的具体实现过程。

【算法 10-2】归并连接算法。

pr 指向表 r 第一条记录;

ps 指向表 s 第一条记录;

while ps ≠ null∧pr ≠ null do{

    t_s=ps 指向的记录;

    S_s = {s 中与 t_s 关键字相等的记录的集合};

    ps 指向下一条记录;

    t_r=pr 指向的记录;

    Sx=所有与 ts 关键字相等的记录集合;

    while (pr ≠ null ∧ t_r[joinAttrs] < t_s[joinAttrs]) {

        pr 指向下一条记录;

        t_r=pr 指向的记录;

    }

    while (pr ≠ null ∧ t_r[joinAttrs] = t_s[joinAttrs]) {

        for each t_s in S_s {$t_s \cdot t_r$ 加入结果; }

        pr 指向下一条记录;

        t_r=pr 指向的记录;

    }

}

如果两张表未按连接关键字排序，那么归并连接算法就不能使用。因此，引入排序归并连接（Sorted-Merge Join）和索引归并连接（Indexed-Merge Join）算法。排序归并连接算法是指首先查看两张表的连接关键字，若其中一张表或两张表都对连接关键字无序，则排序，再执行归并连接。与排序归并连接相似，索引归并连接先判断两张表上是否已使用连接关键字建立了索引。若已创建索引，则首先利用索引访问表获得排好序的数据，再进行归并连接。若未创建索引，则先创建索引再进行连接操作，确保归并连接的顺利完成。

归并连接算法对每张表仅读一次，I/O 总代价是 $(b_s + b_r)$ 个磁盘块读写及 2 次磁盘查找时间。排序归并连接算法在归并连接算法的基础上加两张表或单张表的排序所需要的 I/O 代价，索引归并连接算法在归并连接算法的基础上加两张表或单张表创建索引所需要的 I/O 代价。与嵌套循环连接算法相比，大部分情况下归并连接算法的效率较高。有些情况下归并连接算法比哈希连接算法的效率高，有些情况下比哈希连接算法的效率低。

连接算法主要分以上 3 类，各数据库管理系统所使用的连接算法大同小异。学生可从数据库管理系统的资料中查找到更详细的内容。

10.2.3　其他关系代数运算

除了选择、连接运算以外，关系代数中还有投影运算、聚集计算和一些集合运算。从查询实现角度讲，还需要排序运算、去除重复元组等。

1．投影运算

投影运算一般在从表中读入数据时和选择操作一起做，或者在输出最后结果时做。具体做法是首先去掉多余属性，再利用去除重复元组的操作去掉由于去掉了一些属性而产生的重复元组。

2．聚集计算

主要的聚集函数包括 MIN、MAX、SUM、AVG、COUNT 等。聚集计算首先要完成对 GROUP BY 字段的分组，分组操作是对带重复值关键字进行排序。聚集计算对已按 GROUP BY 字段排好序的数据表逐条取数据，取 GROUP BY 字段值相等的数据进行计算。算法 10-3 所示为常见的聚集计算算法。也有系统使用哈希函数对 GROUP BY 字段建立哈希索引，在创建索引时遇到哈希值相等的元组则进行一次聚集函数的计算。

【算法 10-3】聚集计算算法。

```
//对关系 s 进行排序
ts=first(s);
Aggr_results =null;
Current_results =0;
Current_groupby=ts.groupbyAttr;
    For each input row ri in s {
        If ri. groupbyAttr ≠ Current_groupby{//groupby 属性出现一个新值
            Aggr_results = Aggr_results +< Current_groupby , Current_results >
            Current_results =0;
            Current_groupby= ri.groupbyAttr
        }
        Update Current_results with ri // 在 SUM、AVG、COUNT 结果中添加当前元组的值
```

```
    }
Return Aggr_results
```

3. 集合运算

集合计算主要包括集合的并、交、差运算等。这3种运算的实现思路与聚集计算类似，先对两个参与运算的关系进行排序，再对两个关系进行扫描逐条比较元组。对并运算来讲，保留所有未在结果中出现过的元组；对交运算来讲，保留两个关系中都出现过的元组；对差运算来讲，保留仅包含在被减数关系中的元组。

集合运算也可以用哈希函数（一边扫描关系中的数据，一边建立哈希索引）来实现，这样可以省掉排序的时间开销，这是一种相对高效的算法。

4. 排序运算

排序在数据库系统中使用频繁，一方面，用户会在 SQL 命令中要求对结果数据进行排序；另一方面，在查询实现时，一些连接算法也需要在连接前对数据进行排序。

在内存足够的情况下，数据库系统常用快速排序或其他较高效的内存排序算法。在内存不够的情况下，常用的排序算法是外部归并排序算法。这些算法是经典算法，在本科生数据结构课程中有详细讲解，在一些经典计算机专著中也有记述，例如高德纳（Donald Ervin Knuth）的《计算机程序设计艺术——卷3：排序与查找》中有对各种排序算法的详细讲解。

5. 去除重复元组

去除重复元组的基本实现方法是排序，在排序过程中可以找到所有关键字重复的数据。另外，使用哈希函数也可以去除重复值，其算法类似于哈希连接算法。首先使用哈希函数将关系分成若干个片段，对每个片段创建哈希索引，只保留未在哈希索引中出现过的元组，去掉已出现过的元组。

利用排序去除重复元组的代价约等于排序的代价，利用哈希函数去除重复元组的代价与哈希连接前一部分对每个关系进行划分、再对其中一个表建立哈希索引的代价相同。相对来讲，去除重复元组的操作是非必要的，且代价较大，因此利用 SQL 语言进行查询时，除非特别指定，不会去除重复元组。

10.2.4 查询执行

1. 查询执行计划

【例 10-2】在 teaching 数据库中查询姓刘的教师的上课信息，SQL 语句如下：

```
SELECT instructor.id, name, course_id, sec_id, semester, year FROM instructor,
teaches
    WHERE instructor.id= teaches.id and name like '刘%';
```

此查询语句经过查询解析、重写、优化后得到查询执行计划。若表 instructor 中数据量少，系统查询优化时会通过全表扫描执行选择操作。若表 teaches 上有 id 字段的索引，系统可能选择此表的访问方式为 IndexScan，得到按 id 字段排序的结果。在此基础上，连接操作可能选择效率较高的 IndexMergeJoin，然后投影（Project）出查询结果需要的字段。查询执行计划如图 10-7 所示。

在 MySQL 中可查看查询执行计划，命令及执行结果如图 10-8 所示。从图中可看到对表 teaches 使用索引扫描，对表 instructor 使用全表扫描。MySQL 的 explain 命令没有明确列出连接算法，但给出更多信息。如果查询复杂，id 列实质上是分组号，id 列有多个值时按顺序执行。

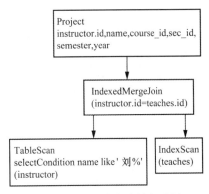

图 10-7 一个可能的查询执行计划

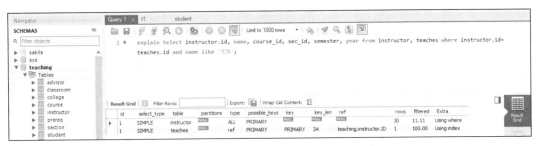

图 10-8 在 MySQL 中查看查询执行计划

select_type 列的取值分别如下。

① SIMPLE：简单的 SELECT 查询，查询中不包含子查询或者 UNION。

② PRIMARY：查询中包含任何复杂的子部分时，最外层查询被标记为 PRIMARY。

③ SUBQUERY：在 SELECT 或 WHERE 列表中包含子查询。

④ DERIVED：FROM 列表中包含的子查询被标记为 DERIVED（派生），MySQL 递归执行这些子查询。

⑤ UNION：若查询是两个查询结果的并集，则查询类型为 UNION。

⑥ UNION RESULT：UNION 类型查询获取结果。

有兴趣的学生可以查阅此查询结果中各参数的名称，了解查询的执行细节。

除 MySQL 外，其他数据库管理系统也有与 explain 类似的命令向用户解释查询执行计划。不同数据库管理系统的查询执行计划不同，学生可依据需要确定一个系统的查询执行计划进行深入理解。

2. 查询执行引擎

查询的执行过程就是按查询计划给定步骤求解的过程。常用的查询执行引擎属于迭代模型（Iterator Model），又称火山模型（Volcano Model）、流水线模型（Pipeline Model）。该计算模型将关系代数中每一种操作抽象为一个操作模块（常用操作模块见表 10-1），将整个查询执行计划看作一个由操作模块组装成的查询操作树。查询操作树自顶向下调用，数据则自底向上地被拉取处理。迭代模型由于这种处理方式也称为拉取执行模型（Pull Based Executing Model）。大多数关系型数据库都是使用迭代模型的，如 SQLite、MongoDB、Impala、

DB2、SQL Server、Greenplum、PostgreSQL、Oracle、MySQL 等。

表 10-1　查询引擎的常用操作模块

操作类型	操作模块名称	功能
选择	TableScan	扫描表,按物理存储顺序直接读取表中的数据,是基本的数据读取方法,适用于全表读取或选择率高的情况
	IndexScan	扫描索引,对非聚集索引进行扫描,先从索引文件中查找元组的物理位置,再从指定位置读取元组。选择率越低,效率越高
	ClusteredIndexScan	扫描聚簇索引,从索引部分查找元组位置,再读取元组。选择率越低,效率越高
	RowIdSeek	在主索引中查找已知关键字值的元组
连接	NestedLoopJoin	嵌套循环连接,最基本的连接方法
	IndexedNestedLoopJoin	索引嵌套循环连接
	HashJoin	哈希连接
	MergeJoin	归并连接
	SortMergeJoin	排序归并连接
	IndexedMergeJoin	索引归并连接
聚集计算	Aggregation	用于聚集计算,内部可以指定一个或多个聚合函数,如 SUM、AVG 等
并运算	HashUnion	基于哈希函数的集合并运算
排序	MergeSort	归并排序
	QuickSort	快速排序
	N-WayMergeSort	N 路归并排序(外部排序)

迭代模型的优点在于简单,每个操作模块可以单独实现逻辑。迭代模型的缺点在于查询树调用 next()接口的次数太多,并且一次只取一条数据,CPU 执行效率低;而连接、子查询、排序等操作经常会阻塞。

查询执行引擎将每个查询操作建模为一个进程或线程。对于流水线中相邻操作,系统会建立缓冲区来保存一个操作向下一个操作传送的元组。图 10-7 中 TableScan、IndexScan、IndexMergeJoin、Project 这 4 个操作组合成一条流水线。最底层 TableScan 和 IndexScan 的操作结果产生后传送到 IndexMergeJoin 进行连接操作,连接的结果又传送给 Project 操作,生成输出结果。每个模块产生一个元组即可传送给下一个操作模块,不需要计算得到所有结果元组后再向下一个操作模块传送,节省内存,提高了查询的执行效率。

查询执行计划的执行可以采用自顶向下或自底向上两种方式。自底向上的方式又称生产者驱动方式,是一种主动的执行方式,它从查询执行计划的叶子节点开始,叶子节点不断地产生元组并将之放入输出缓冲区,当输出缓冲区满时通知上层节点开始执行,生成元组放入本节点的输出缓冲区,依次向上,直到根节点。此过程持续执行,直到查询完成。

自顶向下的执行方式又称需求驱动方式,是一种被动的执行方式。系统向查询执行计划的根节点发出需要一个元组(或 n 个元组)的请求,根节点收到请求后产生一个元组(或 n 个元组),若没有输入数据则向下层发出需要一个元组(或 n 个元组)的请求。流水线上的请求层层向下传递,直到叶子节点从输入的关系中获取数据。

10.3 代数优化

代数优化是指利用关系代数等价规则,对查询的关系代数表达式改变操作的顺序和组合,以提高查询的执行效率。

一般地,如果两个关系表达式在任意一个有效的关系数据库实例上都会产生相同的计算结果,那么这两个关系表达式是等价的。

【例 10-3】在 teaching 数据库中查询信息学院所有学生的选课信息,要求只输出成绩大于 60 分的选课信息,包括学号、姓名、课程名称和成绩,查询语句如下:

```
SELECT student.id, name, title, grade FROM student, course, takes WHERE student. id=
takes.id AND takes.course_id=course.course_id AND student.college_name='信息学院' AND
grade >60
```

图 10-9 给出两种查询代数表达式,其中图 10-9(a)是由查询语句经过解析生成语法树再转换得到的原始查询代数表达式,图 10-9(b)是优化后的查询代数表达式。

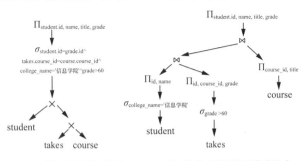

（a）原始查询代数表达式　　（b）优化后的查询代数表达式

图 10-9 例 10-3 的两种查询方案

假设 student 表中有 1000 条数据,其中每个学院约占 10%,信息学院的学生约占 100 条;course 表中存储 100 条课程信息,按大学期间每位同学平均选修 40 门课程计算,4 个年级学生平均选修 20 门课程,takes 表中总数据量约 20000 条,其中信息学院学生选课约占 10%,约 2000 条。按及格率为 95% 计算,符合结果要求的信息学院学生及格的选修数据共有约 1900 条。

按图 10-9(a)所示,各步骤需要读写的数据量如下。

① 从表 takes、course 中读取数据,共需要读取 20000+100=20100 条数据。

② 计算表 takes、course 的笛卡儿积,得到中间结果 20000×100=2000000 条。

③ 从表 student 中读取数据,共需要读取 1000 条数据。

④ 计算 student 与 takes、course 的笛卡儿积再进行笛卡儿积计算,得到的数据共 2000000×1000=2000000000 条。

⑤ 选择运算的结果共有 1900 条,占比为 1900/2000000000=0.0000095%。

需要读写数据总量约等于第④步的读写数据量,约 20 亿条。

按图 10-9(b)所示,需要查询的数据量如下。

① 从表 student 中读取数据并进行选择运算,共需要读取 1000 条数据,从中选择信息学院学生的数据需要存储 100 条。

② 从表 takes 选择 grade >60 的记录，读入 20000 条，选择其中的 19000 条。

③ 对①和②的执行结果进行连接，假设数据量约为 19000 条数据的 1/10，即 1900 条。

④ 读表 course，得 100 条数据，与③的执行结果进行连接，得到 1900 条数据。

需要读写数据总量约等于第②步的读写数据量，约 20000 条数据。

两种方案的计算结果相同，但因为采用不同的操作顺序与组合，需要的存储容量相差约 10 万倍。两种方案需要的计算时间也要相差约 10 万倍。因此，需要建立等价规则的集合，对关系代数表达式进行等价变化，寻找更高效的关系代数操作的执行顺序。

10.3.1 代数规则

令 R、S 表示关系，r、s 分别是 R 和 S 的实例。用 θ 表示谓词，A 表示属性，一个包含 k 个属性的列表 $L=\{A_1,\cdots,A_k\}$ 也写作 $L=A_1,\cdots,A_k$。以下关系代数表达式是等价的。

规则 1　合取选择运算等价于对其中每个选择条件依次执行一次选择运算：

$$\sigma_{\theta1\wedge\theta2}(E) = \sigma_{\theta1}(\sigma_{\theta2}(E)) \tag{10-6}$$

规则 2　选择运算满足交换律：

$$\sigma_{\theta1}(\sigma_{\theta2}(E)) = \sigma_{\theta2}(\sigma_{\theta1}(E)) \tag{10-7}$$

规则 3　选择与投影运算满足交换律：

$$\sigma_{\theta}(\Pi_L(E)) = \Pi_L(\sigma_{\theta}(E)) \tag{10-8}$$

规则 4　若 L_1、L_2 是两个属性列表，且 $L_1 \subseteq L_2$，则：

$$\Pi_{L2}(\Pi_{L1}(E)) = \Pi_{L2}(E) \tag{10-9}$$

规则 5　若谓词 θ、θ_1、θ_2 是 E_1 与 E_2 中属性的比较运算，则：

$$\sigma_{\theta}(E_1 \times E_2) = E_1 \bowtie_{\theta} E_2 \tag{10-10}$$

$$\sigma_{\theta1}(E_1 \bowtie_{\theta2} E_2) = E_1 \bowtie_{\theta1\wedge\theta2} E_2 \tag{10-11}$$

规则 5 的笛卡儿积和连接运算都满足交换律，自然连接作为连接运算的特例也满足交换律：

$$E_1 \times E_2 = E_2 \times E_1 \tag{10-12}$$

$$E_1 \bowtie_{\theta} E_2 = E_2 \bowtie_{\theta} E_1 \tag{10-13}$$

规则 6　连接运算满足结合律：

$$(E_1 \bowtie_{\theta1} E_2) \bowtie_{\theta2\wedge\theta3} E_3 = E_1 \bowtie_{\theta1\wedge\theta3} (E_2 \bowtie_{\theta2} E_3) \tag{10-14}$$

对自然连接，若关系 E_2 与 E_3 有相同属性，那么：

$$(E_1 \bowtie E_2) \bowtie E_3 = E_1 \bowtie (E_2 \bowtie E_3) \tag{10-15}$$

若 E_1 与 E_3 有相同属性，那么：

$$(E_1 \bowtie E_2) \bowtie E_3 = E_2 \bowtie (E_1 \bowtie E_3) \tag{10-16}$$

其实，笛卡儿积运算也满足结合律。

规则 7　选择运算对连接运算有分配律。若选择条件 θ_1 只涉及表达式 E_1 的属性，那么：

$$\sigma_{\theta1}(E_1 \bowtie_{\theta} E_2) = \sigma_{\theta1}(E_1) \bowtie_{\theta} E_2 \tag{10-17}$$

若选择条件 θ_1、θ_2 分别只涉及表达式 E_1 和 E_2 的属性，那么：

$$\sigma_{\theta_1 \wedge \theta_2}(E_1 \bowtie_\theta E_2) = \sigma_{\theta_1}(E_1) \bowtie_\theta \sigma_{\theta_2}(E_2) \tag{10-18}$$

$$\sigma_{\theta_1 \wedge \theta_2}(E_1 \bowtie_\theta E_2) = \sigma_{\theta_2}(\sigma_{\theta_1}(E_1) \bowtie_\theta E_2) \tag{10-19}$$

规则 7′ 选择运算对笛卡儿积运算有分配律。若选择条件 θ_1 只涉及表达式 E_1 的属性，那么：

$$\sigma_{\theta_1}(E_1 \times E_2) = \sigma_{\theta_1}(E_1) \times E_2 \tag{10-20}$$

若选择条件 θ_1、θ_2 分别只涉及表达式 E_1 和 E_2 的属性，那么：

$$\sigma_{\theta_1 \wedge \theta_2}(E_1 \times E_2) = \sigma_{\theta_1}(E_1) \times \sigma_{\theta_2}(E_2) \tag{10-21}$$

$$\sigma_{\theta_1 \wedge \theta_2}(E_1 \times E_2) = \sigma_{\theta_2}(\sigma_{\theta_1}(E_1) \times E_2) \tag{10-22}$$

规则 8 投影运算对连接运算满足分配律。令 L_1 和 L_2 分别是关系表达式 E_1 和 E_2 的属性列表，且连接条件 θ 只涉及 $L_1 \cap L_2$ 中的属性，那么：

$$\Pi_{L_1 \cap L_2}(E_1 \bowtie_\theta E_2) = \Pi_{L_1}(E_1) \bowtie_\theta \Pi_{L_2}(E_2) \tag{10-23}$$

其实，投影运算对笛卡儿积运算也满足分配律。

规则 9 集合的并运算和交运算满足交换律：

$$E_1 \cup E_2 = E_2 \cup E_1 \tag{10-24}$$

$$E_1 \cap E_2 = E_2 \cap E_1 \tag{10-25}$$

规则 10 集合的并运算和交运算满足交换律：

$$(E_1 \cup E_2) \cup E_3 = E_1 \cup (E_2 \cup E_3) \tag{10-26}$$

$$(E_1 \cap E_2) \cap E_3 = E_1 \cap (E_2 \cap E_3) \tag{10-27}$$

注意，集合的减法运算不满足交换律和结合律。

规则 11 选择运算对和差运算都满足分配律：

$$\sigma_\theta(E_1 \cup E_2) = \sigma_\theta(E_1) \cup \sigma_\theta(E_2) \tag{10-28}$$

$$\sigma_\theta(E_1 \cap E_2) = \sigma_\theta(E_1) \cap \sigma_\theta(E_2) \tag{10-29}$$

$$\sigma_\theta(E_1 - E_2) = \sigma_\theta(E_1) - \sigma_\theta(E_2) \tag{10-30}$$

另外：

$$\sigma_\theta(E_1 - E_2) = \sigma_\theta(E_1) - E_2 \tag{10-31}$$

$$\sigma_\theta(E_1 \cap E_2) = \sigma_\theta(E_1) \cap E_2 \tag{10-32}$$

但此条规则对并运算不成立。

规则 12 投影运算对并运算满足分配律：

$$\Pi_L(E_1 \cup E_2) = \Pi_L(E_1) \cup \Pi_L(E_2) \tag{10-33}$$

这些规则是依据关系代数得到的等价规则，实际上等价规则还有很多。代数优化是使用代数等价规则，从中查找计算量最少的执行顺序的过程。穷举所有代价等价规则没有意义，关键看关系数据库管理系统如何使用这些关系代数等价规则。学生可以从本书参考文献中查找更多规则及其正确性证明。

10.3.2　查询的代数优化方法

代数优化的目标是获得一个执行效率更高的代数表达式。因此，给出如下原则。

① 选择运算尽量先做。这条规则是最基本的一条，因为选择运算越早做，中间结果越少，甚至可以使查询代价整体上下降几个数量级。

② 投影运算与选择运算同时做。如果查询中存在多个对同一个关系的投影和选择运算，同时操作可以避免多次重复扫描这个关系，降低查询代价。

③ 尽量把投影运算与其相邻的双目运算结合，避免仅因为去掉某些属性而扫描一遍关系。

④ 尽量将选择运算与笛卡儿积结合成连接运算。因为笛卡儿积运算的代价大，而连接运算可以通过高效算法降低查询代价。

⑤ 尽量查找并提取公共子表达式。某查询中存在公共子表达式，一般情况下计算一次并存储中间结果比多次计算查询的代价要低。

基于以上规则，代数优化的操作步骤如下。

① 利用式（10-6）将选择运算拆分为多个选择运算，并利用以上规则尽量把选择运算下移到语法树的叶子节点。

② 利用选择运算与笛卡儿积的结合律，尽量将笛卡儿积运算转换成连接运算。

③ 利用等价规则将投影拆分，尽量将其中一部分下移到叶子节点。

以下举例说明代数优化的过程。

【例10-4】对例10-3的查询语句，给出代数优化的过程。

```
SELECT student.id, name, title, grade FROM student, course, takes WHERE student. id=
takes.id and takes.course_id=course.course_id and student.college_name='信息学院' and
grade >60
```

如图 10-10（a）所示，使用式（10-6）将选择运算：

$$\sigma_{\text{student.id=grade.id} \wedge \text{takes.course\_id=course.course\_id} \wedge \text{college\_name='信息学院'} \wedge \text{grade>60}}(E)$$

拆分为连续的 4 个选择运算：

$$\sigma_{\text{student.id=grade.id}}(\sigma_{\text{takes.course\_id=course\_id}}(\sigma_{\text{college\_name='信息学院'}}(\sigma_{\text{grade>60}}(E))))$$

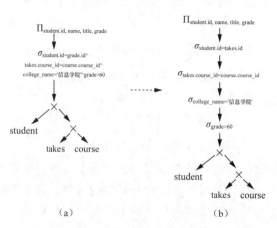

图 10-10　查询优化过程

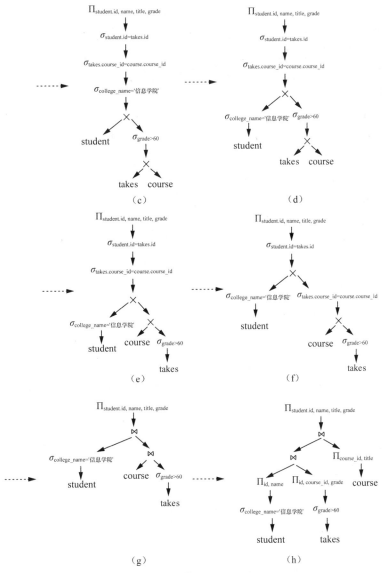

图 10-10 查询优化过程（续）

对图 10-10（b）应用式（10-20），交换 $\sigma_{grade>60}(student \times (takes \times course))$ 中选择运算与第一个笛卡儿积运算的顺序，得到图 10-10（c）。同样使用这条规则，交换选择运算与笛卡儿积运算的顺序，得到图 10-10（d）、（e）和（f）。对图 10-10（f），应用式（10-10），得到图 10-10（g）。

在图 10-10（g）的基础上，对投影运算运用式（10-8）、式（10-9）、式（10-15）、式（10-23）等进行化简，可以去除所有不需要的字段，交换连接操作的顺序，得到图 10-10（h）。投影运算化简可以降低结果的大小，在表比较宽的情况下，可以显著节省空间开销。

10.4 物理优化

物理优化为代数优化所得到的逻辑执行计划选择合理、高效的操作算

物理优化

法或者存取路径。10.2.4 小节已给出选择运算、投影运算、连接运算、集合运算等操作的不同物理实现，例如选择运算可以使用全表扫描，也可以使用索引扫描。不同的操作算法有着不同的时间复杂度、资源消耗和物理属性等。优化器会根据数据的统计信息，使用不同的优化算法为逻辑执行计划中的每个操作选择具体的物理实现，形成最优的查询执行计划，这就是物理优化。

查询物理优化的策略主要有两种。

① 基于规则的优化（Rule-Based Optimization，RBO）：给定一系列优化规则，数据库系统对每个查询依据这些规则选择最优查询执行计划。

② 基于代价的优化（Cost-Based Optimization，CBO）：对代数优化得到的语法树，利用等价规则生成多个查询执行计划，并根据统计信息（Statistics）和代价模型（Cost Model）计算各种可能的查询执行计划的代价，从中选用代价最低的执行方案，生成查询执行计划。

实际上，数据库系统的查询优化器通常会把两种技术甚至更多种技术结合在一起使用。因为可能执行的策略很多，要穷尽所有策略进行代价估算往往是不可行的，会造成查询优化本身付出的代价大于获得的益处。

10.4.1　基于规则的启发式优化算法

对元组数少的关系，使用全表顺序扫描。

对元组数较多的关系，启发式规则如下。

① 对选择条件是"主码=值"的查询，查询结果最多一个元组，选择主码索引（PrimaryKeyScan）。

② 对选择条件是"非主属性=值"的查询，并且选择列上有索引，则要估算查询结果的元组数目，选择率＜10%时，可以使用索引扫描算法，否则使用全表扫描。

③ 对选择条件是属性上的非等值查询或者范围查询，并且选择列上有索引，同样要估算查询结果的元组数目，选择率＜10%时，可以使用索引扫描，否则是使用全表扫描。

④ 对用 AND 连接的合取选择条件，如果涉及这些属性上有多关键字组合的索引，则优先采用此组合索引扫描方法，如果这些属性上有一般索引，则可以用一般的索引扫描方法，否则使用全表顺序扫描。

⑤ 对用 OR 连接的析取选择条件，一般使用全表顺序扫描。

连接操作的启发式规则如下。

① 如果两个表都已经按照连接属性排序，则选用归并连接算法。

② 如果一个表连接属性上有索引，则可能选择对另一张表排序后使用索引连接算法。

③ 如果上面两个规则都不适用，其中一个表较小，则可以使用哈希连接算法。

④ 最后可以选择使用嵌套循环算法。

实际的关系数据库系统的优化规则很多，此处的启发式规则并不完整，若需要了解详细信息，可查看具体数据库管理系统的说明。

10.4.2　基于代价估算的优化

1．统计信息

基于代价的优化方法需要计算各操作的执行代价，它与数据库的状态密切相关。为此，需要在数据字典中保存优化器需要的统计信息，主要包括如下信息。

① 对每张表：字段数、元组数、平均元组长度、占用物理块数等。

② 对每个字段：字段不重复的值的个数、不同值对应的元组个数（也可按值的范围统计对应的不同元组个数）、最大值、最小值、该字段上的索引列表等。

③ 对索引：B 树索引的高度、索引叶子节点数、每个索引值对应的元组个数等。

若希望维护准确的统计信息，需要在每次数据库执行数据更新时同步更新这些统计信息。但实际上，为了节省开销，数据库系统往往在系统负载不重的时候进行统计，因此统计信息并不十分精确。

利用统计信息可以计算选择率（或称命中率），再利用选择率为所有运算选择不同的算法，进而得到查询执行计划。

2. 代价估算方法实例

下面利用实例简单介绍代价估算方法。

【例 10-5】对例 10-4 的查询代数表达式进行物理优化，给出优化过程。

（1）对 takes 表中选择满足谓词 grade>60 的元组的操作 $\Pi_{id,course_{id},grade}(\sigma_{grade>60}(takes))$，假设 takes 表总记录数为 20000 条，grade 字段不相等的值的个数为 101 个（按百分制，取值从 0 到 100）。若系统的统计信息中存取了 0~60、61~70、71~80、81~90、91~100 这些范围的对应元组个数，可累加 61~100 这些区间元组数和得到满足条件的元组数。假设每门课程的及格率占 90%，考虑到正开设的课程还没有成绩，此字段空值率为 10%，则选择率为 162000/200000=81%。选择率较高，因此选择 TableScan 算法。

继续计算 TableScan 算法的代价，若表 takes 共包含 B_{takes} 个块（由记录数和记录大小可统计所占磁盘块个数），查询代价约等于 B_{takes} 个磁盘块的 I/O 代价。

若索引的索引高度为 H_{takes}，IndexScan 算法的代价为 $B_{takes}+H_{takes}$ 个磁盘块的 I/O 代价。其他选择算法的代价可以类似地计算出来。

当然，若系统的统计信息中未存储每个分数范围对应的元组数，可能估算结果差距较大。

（2）对 course 表 $\Pi_{course\_id,title}(course)$，若此表选择率为 100%，全表扫描 TableScan 算法最佳，若 course 表包含 B_{course} 个块，查询代价约等于 B_{course} 个磁盘块的 I/O 代价。IndexScan 算法的代价为 $B_{takes}+H_{course}$ 个磁盘块的 I/O 代价。其他选择算法的代价可以类似地计算出来。

（3）对 student 表 $\Pi_{id,name}(\sigma_{college_{name}='信息学院'}(student))$，之前假设 student 表中有 1000 条数据，其中每个学院约占 10%，信息学院的学生约占 100 条，选择率约 10%。选择率较低，对此表，可采用聚簇索引算法获取数据，代价约等于索引块个数+student 表块数/10 个磁盘块的 I/O 代价。其他选择算法的代价可以类似地计算出来。

（4）连接运算选择。按代数优化的结果，连接顺序 (student ⋈ takes) ⋈ course。student 表数据按主码字段有序排列，takes 表主码字段(id, course_id, Sec_Id, semester, year)数据对 id 字段无序排列，因此需要计算按 id 字段排序加进行归并连接的代价、在 id 字段建立索引加索引归并连接的代价、哈希连接的代价、嵌套循环连接的代价，并从中选择最优解。

笛卡儿积和连接操作几乎是查询计划中代价最大的操作，因此，很多系统会在物理优化时重新调整代数优化给出的连接顺序，以期生成代价最低的查询执行计划，10.4.3 小节将对多表连接的优化给出介绍。实际上，使用 MySQL、Oracle 等不同的数据库管理系统，查询优化的实现策略和算法细节都有所不同，因此同一查询在相同条件下可能得到不同的查询执行计划。图 10-11 所示为例 10-5 一个可能的查询执行计划。

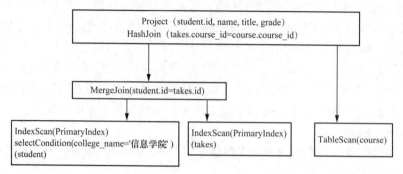

图 10-11　例 10-5 一个可能的查询执行计划

10.4.3　多表连接的优化

多表连接优化的最大问题是搜索空间过大，查询优化搜索最优解的时间代价太大。例如，对 3 张表 r_1、r_2、r_3 进行连接，有 12 个等价的连接方案：

$$(r_1 \bowtie r_2) \bowtie r_3、\; r_1 \bowtie (r_2 \bowtie r_3)、\; r_1 \bowtie (r_3 \bowtie r_2)、\; (r_1 \bowtie r_3) \bowtie r_2$$

$$(r_2 \bowtie r_1) \bowtie r_3、\; r_2 \bowtie (r_1 \bowtie r_3)、\; r_2 \bowtie (r_3 \bowtie r_1)、\; (r_2 \bowtie r_1) \bowtie r_3$$

$$(r_3 \bowtie r_1) \bowtie r_2、\; r_3 \bowtie (r_1 \bowtie r_2)、\; r_3 \bowtie (r_2 \bowtie r_1)、\; (r_3 \bowtie r_2) \bowtie r_1$$

对任意 n 个关系，其连接顺序有 $(2(n-1))!/(n-1)!$ 个。n 值较大的时候，查询优化无法在有限时间内找到最优查询执行计划。

事实上数据库系统不需要探索所有连接运算的顺序，基于动态规划的连接顺序优化算法和 system_R 算法是典型的两种算法。

基于动态规划的连接顺序优化算法如算法 10-4 所示，这是一个递归算法。算法首先检查是否已生成最优查询执行计划，若已生成，返回此 bestPlan 算法的结果。递归算法结束条件为若 S 中只包含一个关系，写入访问 S 的最佳方案，包括 plan 和 cost 两部分。例如，可能是 TableScan、IndexScan、IndexSeek 等单表访问方法及其代价。否则，尝试将 S 分两个不相交的部分 P1、P2，对每部分求解最佳查询执行计划，然后求解连接 P1、P2 的最佳算法，最后从所有 S 的划分中选取代价最小的为最优查询执行计划。

【算法 10-4】基于动态规划的连接顺序优化算法。

FindBestPlan(S){
    IF (bestPlan[S].cost≠∞)　RETURN bestPlan[S];
    IF (S 中只有一个关系)
        根据访问 S 的最佳方式设置 bestPlan[S].plan, bestPlan[S].cost
    ELSE FOR EACH　使 S1≠S 的 S 的非空子集 S1{
        P1= FindBestPlan(S1)
        P2= FindBestPlan(S-S1)
        A= 连接 P1、P2 结果的最佳算法
        Cost=P1.cost+P2.cost+A 的代价

```
                IF cost< bestPlan(S).cost{
                        Bestplan[S].cost=cost
                        Bestplan[S].plan='P1.plan, P2.plan, A'
                }
        }
RETURN bestPlan[S]
```

System-R 算法的基本思想是：要想构造包含 n 个关系的最优连接树，必须先构造包含 $n-1$ 个关系的最优树。因此，查询优化器首先构造包含两个关系的最优连接树，然后在此基础上构造包含 3 个关系的最优连接树，以此类推，直到找到包含所有关系的最优连接树。

System-R 算法实际只查找了连接顺序空间的一个子集，是一棵左深连接树，如图 10-12（a）所示。左深连接树的特点是从两个关系连接开始，每次只增加一个关系，直至完成所有连接。非左深连接树就是非这种结构的连接树，图 10-12（b）是非左深连接树的一个例子。

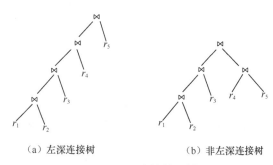

（a）左深连接树   （b）非左深连接树

图 10-12　连接树示例

基于动态规划的连接顺序优化算法的时间复杂度是 $O(3^n)$、System-R 算法的时间复杂度是 $O(n2^n)$，在关系数较少时两个算法都可以查找到最优连接顺序。但是随着关系数目的增加，这些算法的开销迅速增加，无法实用化。因此，有些数据库系统采用启发式算法寻求次优解，例如基因算法（Generic Algorithm，GA）、模拟退火算法等。

本章小结

本章介绍了关系数据库系统中查询的实现与查询优化技术，重点讲解了查询解析、重写、代数优化、物理优化、执行的原理，没有讲解较多的技术细节，目的是使学生对关系数据库的这一核心技术有所了解。

SQL 在当前 NoSQL、大数据浪潮下似乎过时了，但逐个分析 NoSQL 数据库的使用方法会发现，NoSQL、NewSQL 等新型数据库系统抛弃了 SQL，仅提供 API，以期提高数据处理效率。这种做法与语言产生与风靡的原因是完全不同的。SQL 注重简单易用，降低用户学习成本，并且 SQL 能够表达丰富的语义。这一点 API 是不可能做到的。如果这些新型数据库希望被更多用户选择和使用，那么它还是需要提供一门语言或其他更简单易用的使用方式。

NoSQL、NewSQL 等新型数据库系统的概念自提出有 10 年左右了，但这个概念是不成熟的，NoSQL，字面理解它不是 SQL，那么它是什么？绕不开 SQL，更从另一个角度说明了 SQL 的重要性。

SQL 的语法解析、语义分析是编译原理的典型应用，查询实现、查询优化中使用的数据结构、线性规划等基本算法和技术也可能应用于其他系统软件的研发。因此对软件研发（特别是基础软件研发）有兴趣的学生，可先通过本书理解基本原理，再通过解读开源的数据库管理系统（如 MySQL、PostgreSQL 等）的源代码学习软件架构、软件设计模式、数据模型结构等，切实提高软件研发水平。

习题

1. 查询处理过程包含哪些步骤？每一步分别需要完成哪些工作？

2. 数据库中每张表可能有哪些访问方式？请列出本书 teaching 数据库中 takes 表的访问方式，并解释各种访问方式的特点。

3. 请从第 3 章样例中取一个查询语句，查看数据库管理系统给出的查询执行计划，并解释其中参数的含义。

4. SQL 语言的解析与一般编程语言的解析有什么区别和联系？

5. 数据库的数据字典中保存每张表的统计信息，例如所包含字段数、每个字段最大长度、每个字段取不同值个数、所包含记录数等信息。请使用 MySQL 创建 teaching 数据库，并导入实验数据，然后列出 student、teaches 等表在数据字典中保存的统计信息。

6. 设关系 S、P、SP 分别用于存储供应商、零件、供应关系数据，关系模式如下：

```
S(SNUM,SNAME,CITY)
P(PNUM,PNAME,WEIGHT,SIZE)
SP(SNUM,PNUM,QUAN)
```

需要查询来自南京的供应数量大于 10000 的螺栓（零件名）的供应商名称，请完成以下操作。

（1）给出查询的 SQL 语句。

（2）给出查询语法树。

（3）给出代数优化的过程，每个步骤请标明所使用的代数优化规则，直到得到最优代数表达式。

（4）在 MySQL 或其他数据库管理系统中建立数据库，自行给定一部分样例数据并输入查询语句，查看并解释查询执行计划。

7. 在 MySQL 中创建 teaching 数据库，并输入部分数据。对以下查询语句：

```
SELECT name, title, grade FROM student, takes, course WHERE student.id=takes.id and takes.course_id= course. Course_id and student.college_name='信息学院' and grade>60
```

（1）查看查询执行计划。

（2）向 student 表中以学院名称为关键字添加索引，查看查询执行计划是否有变化。

（3）向 takes 表中添加至少 10000 条选修记录数据，查看查询执行计划是否有变化。

第11章 事务处理技术

数据库作为多用户共享的资源，在运行时不可避免地会遇到多用户并发访问的情况。同时，运行在计算机软硬件环境之上的数据库系统也会面临诸如软件错误、系统崩溃等故障。这些都可能造成数据库中数据访问出错、数据丢失、系统不可用甚至崩溃。事务处理技术是保障数据库可靠性的重要、核心技术，是关系数据库系统从问世到现在一直被广泛使用的主要原因。

第11章简介

事务是数据库的调度单位，是具有 ACID 特性的工作单元。本章首先讲解事务的概念、特性；再讲解调度的定义及调度的冲突可串行化理论；然后介绍事务的并发控制，包括基于锁、时间戳的并发控制技术等；接着介绍事务隔离级别；最后介绍恢复技术，包括基于日志的恢复技术等。

本章学习目标如下。

（1）理解事务、调度的基本概念与冲突可串行化理论。

（2）理解基于锁的并发控制，了解时间戳等并发控制技术。

（3）理解基于检查点的恢复技术。

11.1 事务

事务的概念

11.1.1 事务的概念

简单地讲，一个事务就是一个数据库操作的序列，是一个不可分割的工作单元，即序列中的数据库操作要么全做，要么不做。事务的定义来自应用程序，进一步讲，事务的定义来自应用程序所体现的现实中的业务。

例 11-1 给出一个银行转账的例子，银行用户从 A 账户向 B 账户转账 100 元，要完成此操作需要完成两个动作：将 A 账户余额减去 100 元，同时 B 账户余额增加 100 元。我们将这个转账操作看成一个事务，要么全做，要么全不做。若全做，结果是 A 账户减少 100 元、B 账户增加 100 元，这对用户来讲是转账成功，结果是可接受的。若这些操作全不做，A、B 账户的余额没有变化，这对用户来说就是转账失败，但他的钱没有变化，也是可接受的。但若转账操作只进行了一半，A 账户的钱减少了但 B 账户的钱没增加，那么对用户来说，他的钱莫名丢失了，这个结果当然是不可接受的。

【例 11-1】用户从账户 A 向账户 B 转账 100 元，转账操作的详细步骤与所对应的数据库操作序列如表 11-1 所示。对数据库来讲，转账事务对应的操作序列为：

```
Read(A); Write(A); Read(B); Write(B);
```

表 11-1 转账操作的详细步骤与所对应的数据库操作序列

转账步骤	转账的数据库操作	转账步骤	转账的数据库操作
Read(A)	Read(A)	Read(B)	Read(B)
A=A −100		B=B+100	
Write(A)	Write(A)	Write(B)	Write(B)

不少资料中将事务进一步简写为：

```
R(A), W(A), R(B), W(B);
```

其中，R 代表读操作，W 代表写操作。

由上可知，事务是不可分割的数据库操作，其不可分割性是由应用逻辑决定的。SQL 标准中给出了事务定义语句，程序员和数据库管理员可以使用这些语句显式地定义一个事务。事务定义语句有 3 条：

```
BEGIN TRANSACTION
COMMIT
ROLLBACK
```

事务定义以 BEGIN TRANSACTION 开始，以 COMMIT 或 ROLLBACK 结束。COMMIT 代表提交，即全做，也就是将事务对数据库的所有操作写入磁盘，事务成功完成。ROLLBACK 代表回滚，即全不做，也就是撤销这组数据库操作对数据库的影响，数据库恢复到事务开始前的状态。

大多数数据库管理系统提供的脚本语言中都有 IF-THEN、CASE 等分支语句，与 COMMIT、ROLLBACK 语句结合，可实现事务在满足某些条件时提交，而在满足另外一些条件时回滚。

与显式定义的事务相对应，数据库中还有一类事务是隐式定义的，数据库管理系统会依据默认规则自动划分事务。例如，若用户在线操作，提交了一个 UPDATE 操作修改某张表的数据，之后又提交了一个修改此表结构的操作，则 UPDATE 语句作为上一个事务提交到数据库，再从修改表结构的操作开始一个新事务。

11.1.2　事务的特性

关系数据库系统中的事务具有原子性（Atomicity）、一致性（Consistency）、隔离性（Isolation）和持久性（Durability），即 ACID 特性。

（1）原子性

事务是一组不可分割的工作单元，要么全做，要么全不做的特征被称为事务的原子性，这是事务的基本特性。在事务都具备原子性的前提下，假设系统中的事务按顺序执行，每个成功提交的事务对数据库施加了全部影响，每个回滚的事务对数据库没有影响。那么数据库从初始的空白状态开始，在成功提交事务的影响下一次一次改变状态。

（2）一致性

若要保障数据库的一致性，就需要保障每个事务是正确的、一致的，即事务把数据库从一个一致性状态转换到下一个一致性状态。我们把事务的这种特性称为事务的一致性。

事务的一致性由应用逻辑在划分事务时保障，而不是由数据库管理系统在接收到一个事务时决定的。例 11-1 中转账事务包含用户从 A 账户向 B 账户转账的一组数据库操作。若应用定义这些数据库操作为一个事务，则数据库管理系统负责执行这个事务，要么全做，要么全不做。即使在现实中用户的转账操作是非法的，数据库管理系统也不需要对其非法操作负任何责任。我们把事务自身的正确性，即将数据库从一个一致性状态转换到下一个一致性状态的特性，称为事务的一致性。事务的一致性、原子性都是必需的，只有在保障事务一致性、原子性的前提下，才有可能保障数据库的一致性。

（3）隔离性

计算机系统的并发环境，对数据库而言，就是存在多个事务同时执行的情况，这些事务可能读写不同的数据，也可能读写同一张关系表中同一个元组甚至同一个数据项。在这种情况下，事务还需要具备隔离性，即事务之间是隔离的，每个事务对数据库的操作不受其他并发执行事务的干扰。对每个事务来讲，都好像只有它自己在对数据库进行操作。

（4）持久性

由于整个系统的各个部分处于不完全一致的环境中，随时可能发生病毒入侵、死机、硬件故障等情况，甚至可能受到火灾、地震等灾害的影响。要想保障数据库的一致性，事务除了必须具备原子性、一致性以外，还需要具备持久性，即一个事务一旦提交，它对数据库的影响就应该是持久的，或者说是永久的，后续的其他操作或系统各种故障都不应该对其执行结果有任何影响。

事务的 ACID 特性是设想数据库管理系统在理想状态下，事务需要具备的特性。若在并发、面临各类故障威胁的现实运行环境中，每个事务都对数据库施加完整的影响或者完全没有影响，那么数据库就一直处于一致性状态，是可靠的。接下来的问题就是系统应该采取什么措施保障事务的 ACID 特性。

事务的一致性由应用逻辑保障，其他 3 个特性（原子性、隔离性和持久性）由数据库管理系统采用一定的技术手段保障。例如，可以采用日志技术保障事务的原子性。其操作过程是，在每个数据库更新操作执行前把操作的详细信息（包括事务 ID，数据修改前、修改后的值等）写入日志。当系统故障或事务执行出错时，依据日志将数据库中的数据恢复成事务修改前的值，也就是回滚事务，完成"要么全不做"的操作。若事务执行没出错，则将日志中"修改后的值"写入数据库，完成"要么全做"的操作。11.3 节、11.5 节将分别介绍数据库管理系统常用的保障事务的隔离性、持久性的技术，即并发控制和恢复技术。

11.2 事务调度及其正确性

"操作系统"课程中介绍过并发的概念及并发控制技术，与之类似，数据库系统也是处于并发环境的。与进程的概念对应，在数据库系统中事务是并发执行的单元。事务与操作系统中的进程概念相似，都是动态的，是程序的执行，但操作系统将进程看作调试执行的基本单位，侧重于对进程资源的分配与回收；而数据库系统将事务看作对数据库操作的基本单元，侧重于对数据库操作的成功提交、回滚，以期保障数据库的可靠性。本节首先将一系列事务执行定义为调度，再给出调度的正确性定义。基于此，引出 11.3 节事务的并发控制技术。

11.2.1　调度及可串行化的概念

调度及可串行化的概念

在定义调度的正确性之前，先给出如下两条基本假设。

① 系统中每个事务都是具备一致性的，即事务将数据库从一个一致性状态转换到下一个一致性状态。

② 若多个事务串行执行，不会改变数据库的一致性。

这两条假设说明在串行环境下，若一些事务按某种顺序一个接一个地执行，结果将是正确的。但前面已提到，数据库是处于并发环境的，多个事务可能同时处于执行状态，执行可能互相影响。那么在并发环境下，什么样的执行顺序才是正确的？或者什么样的执行顺序可保障执行结果是正确的？为回答此问题，首先给出下列定义。

【定义 11-1】调度（Scheduler）。假设 $T = \{T_1, T_2, \cdots, T_n\}$ 是事务集合，每个事务 T_i 由多个有序的操作组成，$T_i = \{O_{i1}, O_{i2}, \cdots, O_{im}\}$，则调度 S 是一个由这些事务的操作组成的有序序列，对每个事务而言，该序列保证了事务内部各操作的先后次序。

【例 11-2】事务 T_1、T_2 及相应的调度 S_1 和 S_2 如图 11-1 所示。

事务 T_1	事务 T_2	调度 S_1		调度 S_2	
		事务 T_1	事务 T_2	事务 T_1	事务 T_2
Read(A)	Read(A)	Read(A)		Read(A)	
Write(A)	Write(A)	Write(A)		Write(A)	
Read(B)		Read(B)			Read(A)
Write(B)		Write(B)		Read(B)	
			Read(A)		Write(A)
			Write(A)	Write(B)	

图 11-1　事务 T_1、T_2 及相应的调度 S_1 和 S_2

例 11-2 中 S_1 和 S_2 都是对事务集合 $T = \{T_1, T_2\}$ 的调度，它们满足调度的定义，即调度中所有操作都属于事务集合中各事务的操作的集合，而且调度中保持了每个事务中操作的顺序。比较两个调度可见，它们的相同点在于保持了每个事务中操作的顺序，这一点是调度的定义规定的。它们的不同点在于不同事务中操作的顺序安排不同，这说明对一个事务集合的调度可以有多个。

由图 11-1 可知，在调度 S_1 的执行过程中，事务 T_1 的所有操作完成后事务 T_2 的操作才开始，两个事务没有同时执行。一般地，我们把这类调度称为串行调度，定义 11-2 为串行调度的严格定义。再来看调度 S_2，它不是串行调度，因为在一段时间内事务 T_1 和 T_2 同时处于执行状态。我们称这种非串行调度的调度为并行调度。

【定义 11-2】串行调度（Serial Scheduler）。串行调度是对一组事务的调度，其在每个时刻只有一个事务处于运行状态。

串行调度正好符合我们给出的基本假设中的"若多个事务串行执行，不会改变数据库的一致性。"也就是说，我们认为串行调度的结果是正确的。实际上这句话涵盖的意义也很广泛，因为对包含 n 个事务的事务集合，其串行调度的个数有 $n!$ 个。由基本假设，这些调

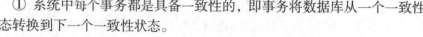

度的执行结果都是正确的。在并发环境中，串行调度是一类效率很低的调度，因为一个时刻只有一个事务在运行。那么并行调度是不是正确的呢？或者哪些类型的并行调度是正确的？为解决这个问题，我们给出可串行化调度的定义。

【定义 11-3】可串行化调度（Serializable Scheduler）。对事务集合 $T = \{T_1, T_2, \cdots, T_n\}$，若一个并行调度的执行结果与某一个串行调度的执行结果相同，则它是一个可串行化调度。

定义可串行化调度的目的是寻找那些操作结果与某个串行调度的执行结果相同，又并行执行的调度。这样的并行调度是正确的，不破坏数据库的一致性。例 11-1 中调度 S_2 是一个可串行化调度，它的执行结果与串行调度 S_1 的执行结果相同。

11.2.2 冲突可串行化

为更明确可串行化调度的判定依据，下面给出冲突操作的定义。

【定义 11-4】冲突操作（Conflicting Opeation）。令操作 O_{ik}、O_{jl} 分别是 T_i、T_j 中的第 k、l 个数据库操作，若满足以下条件，则操作 O_{ik}、O_{jl} 是冲突操作。

① T_i、T_j 是两个不同的事务。
② O_{ik}、O_{jl} 是对同一个数据的操作。
③ O_{ik}、O_{jl} 中至少有一个是写操作。

定义 11-4 给出的冲突操作描述的是不同事务对同一数据进行操作时，一个事务要读数据，另一个事务要写数据，或两者都要写的场景。例 11-2 中事务 T_1 的 Read(A) 操作与事务 T_2 的 Write(A) 操作是冲突操作。同样，事务 T_1 的 Write(A) 操作与事务 T_2 的 Read(A)、Write(A) 操作都是冲突操作。

同一事务对同一数据或不同数据的读写操作都不是冲突操作，相对应地，不同事务对不同数据的操作也不是冲突操作。例 11-2 中事务 T_1 中的 Read(A) 和 Write(A) 操作不是冲突操作，事务 T_1 的 Write(B) 操作与事务 T_2 的 Read(A) 操作也不是冲突操作。另外，不同事务对同一数据的读操作也不是冲突操作。定义 11-4 中的冲突操作描述的是不同事务对同一数据操作，且至少有一个是写操作的场景，实际上只有这种情况（也就是不同事务对同一数据的操作顺序不同）会导致调度的执行结果不同。

【定义 11-5】冲突等价（Conflict Equivalent）。假设 O_i、O_j 是调度 S 中的两个相邻操作，它们分别属于不同的事务，且它们不是冲突操作。那么交换 O_i、O_j 的执行顺序，得到调度 S'，则调度 S 与 S' 冲突等价。

定义 11-5 中的冲突等价实际是指交换一个调度中两个不同事务的相邻的非冲突操作，对调度的执行结果没有影响。

【例 11-3】图 11-2 左边一列给出调度 S_1 的操作执行顺序，其中事务 T_1 的 Write(B) 操作与事务 T_2 的 Read(A) 操作相邻且不冲突，那么交换二者的顺序后，可得到与调度 S_1 等价的调度 S_3。继续以上操作，交换调度 S_3 中事务 T_1 的 Read(B) 操作与事务 T_2 的 Read(A) 操作，得到与调度 S_3 等价的调度 S_4。

冲突等价关系是传递的，即若调度 S_1 与调度 S_3 冲突等价，调度 S_3 与调度 S_4 冲突等价，那么调度 S_1 与调度 S_4 也是冲突等价的。所以，例 11-3 中调度 S_1、S_3 和 S_4 都是冲突等价的。

【定义 11-6】冲突可串行化调度（Conflict Serializable Schedule）。若调度 S 冲突等价于一个串行调度，则它是冲突可串行化的，或者说它是一个冲突可串行化调度。

例 11-3 中，调度 S_3、S_4 都冲突等价于串行调度 S_1，所以调度 S_3 和 S_4 都是冲突可串行化调度。但调度 S_5 不冲突等价于任何一个串行调度，因此它不是冲突可串行化调度。

调度 S_1		调度 S_3		调度 S_4		调度 S_5	
事务 T_1	事务 T_2	事务 T_1	事务 T_2	事务 T_1	事务 T_2	事务 T_1	事务 T_2
Read(A)		Read(A)		Read(A)		Read(A)	
Write(A)		Write(A)		Write(A)			Read(A)
Read(B)		Read(B)			Read(A)	Write(A)	
Write(B)			Read(A)	Read(B)		Read(B)	
	Read(A)	Write(B)			Write(B)		Write(A)
	Write(A)		Write(A)		Write(A)	Write(B)	

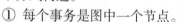

图 11-2　调度 S_1、S_3、S_4、S_5

依据本章的假设，串行调度的执行结果是正确的，那么，冲突可串行化调度 S_3 和 S_4 的执行结果也是正确的。相反，非冲突可串行化调度 S_5 的执行结果一般不与任何一个串行调度的执行结果相同，所以可以简单地认为它的执行结果是不正确的。

非冲突可串行化调度的执行结果也可能等价于一个串行调度的执行结果，应该说冲突可串行化调度的执行结果一定是正确的，而一部分非冲突可串行化调度的执行结果也是正确的。实际上，在可串行化理论中，冲突可串行化是一个最严格的定义，其他还包括视图可串行化等多个可串行化调度的定义，限于篇幅，本书不展开叙述，有兴趣的学生可以查看相关参考资料。

11.2.3　冲突可串行化判定方法

为了对冲突可串行化的调度进行判定，下面引进前趋图的概念。

【定义 11-7】调度 S 的事务集合为 $\{T_1,T_2,\cdots,T_n\}$，其中事务 T_i 由操作序列 $O_{i1}, O_{i2},\cdots,O_{ii_m}$ 组成，其中 i_m 为事务中 T_i 包含操作的个数。调度的前趋图按如下方式构造。

① 每个事务是图中一个节点。

② 若事务 T_i 与 T_j 中存在一对冲突操作 $\langle O_{ik}, O_{jl}\rangle$，而且调度 S 中的 O_{ik} 在 O_{jl} 之前执行，则在其前趋图中添加一条从 T_i 到 T_j 的边。

③ 若一对节点间存在多条相同方向的边，则只保留一条边。

【例 11-4】例 11-3 中调度 S_4、S_5 的前趋图分别如图 11-3（a）、图 11-3（b）所示。

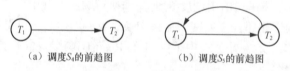

（a）调度 S_4 的前趋图　　　（b）调度 S_5 的前趋图

图 11-3　调度 S_4、S_5 的前趋图

由图 11-3 可知，调度 S_4 的前趋图中只有一条从 T_1 到 T_2 的边（在构造前趋图时合并了多条两个节点之间同向的边），而调度 S_5 的前趋图中多了一条 T_1、T_2 之间方向相反的边，构成一个回路。按前趋图的定义，从 T_i 到 T_j 有一条边表示事务 T_i 和 T_j 的操作序列中至少存

在一对冲突操作在调度 S 中 T_i 的操作先于 T_j 的操作执行。若存在回路，由说明 T_i 和 T_j 的操作组成的操作序列中，至少一对冲突操作的执行顺序是 T_i 的操作先于 T_j 的操作，另外至少还有一对冲突操作的执行顺序是 T_j 的操作先于 T_i 的操作。也就是说，对 T_i 和 T_j 在调度 S 中无法通过交换非冲突操作的执行顺序使 T_i 的所有操作先于 T_j 的所有操作执行，也无法使 T_j 的所有操作先于 T_i 的所有操作执行。因此有以下定理。

【定理 11-1】一个调度 S 是冲突可串行化的，当且仅当其前趋图是有向无环图。

【例 11-5】表 11-2 所示为调度 S_6 的操作序列，其前趋图如图 11-4 所示。

表 11-2　调度 S_6 的操作序列

T_1	T_2	T_3	T_4	T_5
Read(Y)	Read(X)			
Read(Z)				
				Read(V)
				Read(W)
				Read(W)
	Read(Y)			
	Write(Y)			
Read(U)		Write(Z)		
			Read(Y)	
			Write(Y)	
			Read(Z)	
			Write(Z)	
Read(U)				
Write(U)				

事实上，对一个冲突可串行化调度，可以通过对其前趋图进行拓扑排序得到与之冲突等价的串行序列。与例 11-5 中的 S_6 冲突等价的并行调度可简写为：

$$T_5 \rightarrow T_1 \rightarrow T_3 \rightarrow T_2 \rightarrow T_4$$

当然，一个有向无环图的拓扑排序也可以有多个。可以证明，与一个冲突可串行化调度等价的并行调度可以有多个，其执行结果是相同的。学生可以自行列出所有与 S_6 冲突等价的串行调度。

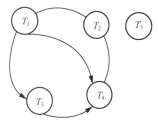

图 11-4　调度 S_6 的前趋图

通过一个调度的前趋图可以知道它是不是冲突可串行化的调度，同时也可能求解其所等价的串行调度。但此方法的时间复杂度太高，假设一个调度所包含的事务个数为 n，其所包含所有事务的操作总个数为 m，那么创建前趋图的时间复杂度是 $O(m)$，判定其是不是有向无环图的时间复杂度为 $O(n^2)$（最低可达 $O(n+e)$，其中 e 是图中边的条数），求解与之冲突等价的串行调度的时间复杂度等于对前趋图进行拓扑排序的时间复杂度，即 $O(n+e)$（其中 e 是图中边的条数）。算法的时间复杂度偏高，不适于在数据库管理系统中使用。

其实，基于前趋图的判定方法不能在现实的数据库管理系统中使用还有一个原因，就是前趋图是在一个调度中所包括的所有事务的所有操作都执行完成后才能完整画出来的，此调度是否冲突可串行化也是这时候才能判定的。而一个数据库管理系统的工作场景是事务陆续到来、执行、完成后提交，即有的事务刚刚到来，有的事务执行了一部分，有的事务已经完成并提交了。现实中，不太可能让 CPU 等待一批事务到来后，先安排事务中各操作的执行顺序，得到一个冲突可串行化调度，再按顺序执行这些操作。

　　事务处理技术／第 11 章

11.3 并发控制

很多教材都提到数据库系统运行在并发环境中。在现实中，并发的场景非常多，而且有些场景的并发度非常高，例如 12306 火车购票，银行，京东和淘宝等电子商务平台等。据阿里巴巴官方数据，2021 年"双十一"订单创建峰值为 58.3 万笔/秒。光明日报 2022 年 6 月 23 日的报道《金融基础设施建设：为服务实体经济"架桥铺路"》中提到：

> 每年的"双十一"和"春节红包"两个时点，是国内网络支付的交易高峰，"双十一"更是屡创全球并发峰值纪录。2021 年 11 月 11 日，中国人民银行指导网联等相关机构圆满完成"双十一"支付清算业务高峰保障工作，网联、银联当日合计最高业务峰值达 9.65 万笔/秒。

支持这些系统的数据库系统当然也需要考虑并发控制的问题。与"操作系统"课程中讲述的并发控制技术类似，数据库系统中的主流并发控制技术也主要包括基于锁、基于时间戳、基于验证的方法三大类。

11.3.1 基于锁的并发控制概述

事务是并发控制的基本单位，数据库管理系统需要对并发的事务操作进行调度，避免一个事务受其他并行执行的事务的影响，即保障事务的隔离性。锁是最常用的并发控制方法，若一个事务要访问一个数据，则先向系统申请给该数据加锁，成功加锁后才能对该数据进行操作，若加锁不成功则等待。

基于锁的并发控制概述

事务对数据的操作分读、写两类，与之对应的、基本的锁的类型有共享锁（Shared Lock，S 锁）和排他锁（eXclusive Lock，X 锁）两类。

共享锁，即读锁，若事务 T 对数据 D 加读锁，则事务 T 可读取数据 D，但不能修改其值。此时其他事务可对数据 D 加读锁，但不能加写锁。也就是说，多个事务可以同时读同一个数据，当一个事务读数据时其他事务不能写该数据。

排他锁，即写锁，若事务 T 对数据 D 加写锁，则事务 T 可读取或修改数据 D 的值。此时，事务 T 独占数据 A，其他事务不能再向数据 D 添加读锁或写锁。也就是说，当一个事务写数据时，其他事务不能对该数据进行读或写操作。

图 11-5 所示为读锁和写锁的相容性矩阵。其中最左边一列表示事务 T_1 已取得的锁的类型，最后一行的横线表示未获得锁。第二行表示在事务 T_1 已获得相应类型锁的前提下，事务 T_2 申请对同一数据的不同类型的锁，用 Y 表示新申请的锁与数据上已有锁是相容的，用 N 表示新申请的锁与数据上已有锁是不相容的。在事务 T_2 申请锁时，系统检查锁的相容性矩阵，若锁相容则完成加锁操作；否则不能加锁，事务 T_2 等待。锁的相容性矩阵形象、直观地表达了锁的管理规则，即多个事务对同一个数据的读操作可并发执行，但一个时刻只能有一个事务在写一个数据。

添加锁管理的加锁、解锁操作后，事务变得较复杂，图 11-6 所示为添加锁、解锁操作后事务 T_1 和 T_2 的操作序列，其中 Lock-X(B)表示要对数据 B 添加写锁，Lock-S(B)表示要对数据 B 添加读锁，Unlock(B)表示释放数据 B 上的锁。

图 11-6 中，事务 T_1 和 T_2 都要满足先加锁后操作的原则，而且在使用完数据后需要释

放锁。事务 T_2 先对数据 A 加读锁，使用完后释放；又加写锁，使用完后再释放。这种操作满足先上锁后操作的原则，是允许的。当然，事务 T_2 也可以像事务 T_1 一样，在读数据 A 前对 A 加写锁，等写完数据后释放锁。

事务 T_1	事务 T_2	
	X 锁	S 锁
X 锁	N	N
S 锁	N	Y
—	Y	Y

图 11-5　锁的相容性矩阵

事务 T_1	事务 T_2
Lock-X(A)	Lock-S(A)
Read(A)	Read(A)
Write(A)	Unlock(A)
Unlock(A)	Lock-X(A)
Lock-X(B)	Write(A)
Read(B)	Unlock(A)
Write(B)	
Unlock(B)	

图 11-6　添加锁操作后事务 T_1 和 T_2 的操作序列

当然，实际上，加锁操作只要在操作数据前即可，并没有规定提前多少时间。同样，释放锁的操作只规定在使用完数据后，也没要求使用完数据后多久释放锁。

若从提高并发度角度考虑，加锁越晚、释放锁越早越好，但实际上，为得到正确的执行结果，我们需要对加锁、解锁操作给出规定，以保证一个调度的执行结果是冲突可串行化的、正确的。这种对加锁、解锁操作给出的规定称为锁的协议。已证明，若任何一个事务的加锁、解锁操作符合两阶段锁协议（2-Phase Lock protocol，2PL），那么任何一个对事务的调度的执行结果等价于一个串行调度，即执行结果是正确的。

【定义 11-8】两阶段锁协议是一个并发控制协议，它规定一个事务的执行分两个阶段：增长阶段（Growing Phase），在这个阶段事务只能不断地获得锁，不能释放锁；收缩阶段（Shrinking Phase），在这个阶段事务只能释放锁，不能获取新的锁。

在一个事务的生命周期里，它所持有锁的数量的变化趋势如图 11-7 所示，最后事务将所有持有的锁都释放后，可以提交。

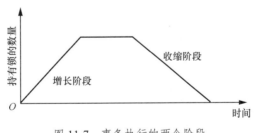

图 11-7　事务执行的两个阶段

两阶段锁协议规定了一个事务在运行的过程中如何跟其他事务之间协调申请和释放锁的操作，从而实现可串行化。使用两阶段锁协议不需要知道一个调度中每个事务的所有操作后再安排其执行顺序，它会在调度进行的过程中避免不可串行化情况的发生，从而保障执行结果是正确的。

图 11-8 左边两列给出事务 T_1、T_2 添加符合两阶段锁协议的加锁、解锁操作后的操作序列。添加满足两阶段锁协议的加锁、解锁操作时，添加顺序并不唯一。对事务 T_1 来说，A、B 上的锁可以在事务开始时加锁，也可以在对数据执行操作前一时刻加锁，同时，数据 A

上的写锁可以在使用完后即刻释放，也可以在事务结束时释放。图 11-8 右边两列是调度 S_3 的操作序列，可见在两阶段锁协议下，事务执行时会出现等待加锁的时间，系统的整体执行效率会因此有所降低。但与效率相比，正确性是更重要的，牺牲效率也不得不如此。

添加加锁、解锁操作		带加锁、解锁操作的调度 S_3	
事务 T_1	事务 T_2	事务 T_1	事务 T_2
Lock-X(A)	Lock-X(A)	Lock-X(A)	
Read(A)	Read(A)	Read(A)	
Write(A)	Write(A)	Write(A)	Lock-X(A)
Lock-X(B)	Unlock(A)	Lock-X(B)	Wait
Read(B)		Read(B)	Wait
Unlock(A)		Unlock(A)	Wait
Write(B)			Get Xlock on A
Unlock(B)			Read(A)
			Write(A)
		Write(B)	
			Unlock(A)
	Write(B)		
	Unlock(B)		

图 11-8　添加加锁、解锁操作后的事务 T_1 和 T_2 及调度 S_3

11.3.2　锁的粒度

为了提高并发度，数据库系统定义了被加锁的对象的大小，即锁的粒度。前文我们称被锁的对象是数据，事实上数据可以是数据库、数据库中的一张表、表中的一行数据或者表中某行数据的一个数据项。

锁的粒度和系统的并发度、系统的开销密切相关。锁的粒度越大，系统的开销越小，但其他事务等待的概率就越高，相应地，并发度就越小。锁的粒度越小，为完成一个数据操作需要加锁、解锁的操作就越多，系统开销就越大，但其他事务等待的概率就越低，相应地，并发度会有所提高。因此，系统最好能够支持多种粒度的锁，方便事务选择与待操作数据大小相适应的锁，系统也可以在并发度与系统开销之间选择最优的效果。

常见的锁粒度用 3 级粒度树表示，如图 11-9 所示。树的根节点是数据库，数据库的子节点是数据库所包含的关系，每个关系节点的子节点是所包含的元组。

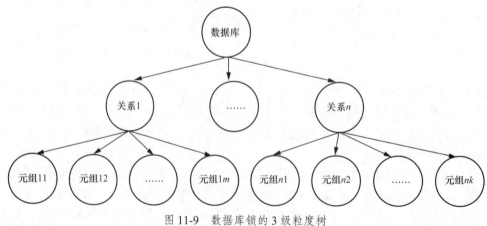

图 11-9　数据库锁的 3 级粒度树

若一个事务需要处理数据库中多个关系的大量数据，可以以数据库为锁的单元；若需要处理同一关系的大量元组，则以关系为锁的单元；若只需要处理一个关系的少量元组，则以元组为锁的单元。

结合数据库的物理结构，锁粒度可以划分为数据库、数据分区、数据文件、数据记录4级，形成4级粒度树。像 Oracle、SQL Server 等数据库管理系统都有自己的锁粒度树的定义，这些锁粒度树会因实现技术不同而略有区别，可查阅相应数据库管理系统的详细资料进一步了解。

引入多粒度锁后，锁的管理变得复杂。例如事务 T_1 对整个数据库加了读锁，那么整个数据库中所有关系、所有元组都被加上了读锁。此时，若事务 T_2 要对关系 R_1 的一个元组加写锁，则需要等待，称事务直接加到数据库对象上的锁为显式锁；若一个数据未被直接加锁，但因为其上级节点加锁而使得该数据对象被加锁，称该数据上的锁为隐式锁。显式锁和隐式锁的效果是一样的，系统在事务有加锁申请时，不仅要检查显式锁的相容性，还要检查隐式锁的相容性。

为了简化加锁时系统的检查过程，提高对某个数据对象加锁时系统的检查效率，引入了意向锁的概念。在对一个节点加锁时，必须对其所有上层节点加意向锁，如果一个节点加了意向锁，则说明其下层节点被加锁。结合锁的类型读锁、写锁，数据库中锁的类型增加了与意向锁相关的3类。

➢ 意向共享锁（Intent Share Lock，IS 锁）：若一个数据对象加 IS 锁，表示它的某一子节点拟加 IS 锁或 S 锁。

➢ 意向排他锁（Intent eXclusive Lock，IX 锁）：若一个数据对象加 IX 锁，表示它的某一子节点拟加 IX 锁或 X 锁。

➢ 共享意向排他锁（Share Intent eXclusive Lock，SIX 锁）：当需要读一个数据对象，并且更新其子节点时，为此数据对象加 SIX 锁。

添加意向锁后，相容性矩阵如图 11-10 所示。与图 11-5 类似，表最左边一列表示事务 T_1 已取得的锁的类型，最后一行的横线表示未获得锁。事务 T_2 下面一行表示在事务 T_1 已获得相应类型的锁的条件下，事务 T_2 申请对同一数据的不同类型的锁，用 Y 表示对一个具体数据，新申请的锁与数据上已有锁是相容的；用 N 表示对一个具体数据，新申请的锁与数据上已有锁是不相容的。

事务 T_1	事务 T_2				
	S 锁	X 锁	IS 锁	IX 锁	SIX 锁
S 锁	Y	N	Y	N	N
X 锁	N	N	N	N	N
IS 锁	Y	N	Y	Y	Y
IX 锁	N	N	Y	Y	N
SIX 锁	N	N	Y	N	N
—	Y	Y	Y	Y	Y

图 11-10　添加意向锁后的相容性矩阵

值得注意的是，事务 T_1 的 IX 锁与事务 T_2 的 IS 锁、IX 锁是相容的，原因在于事务 T_1 在该数据项的子节点上加 X 锁，事务 T_2 在该数据项的子节点上加 S 锁，而这两个子节点不一定是同一数据对象，因此，事务 T_2 上的 IS 锁、IX 锁是相容的。在下一步事务 T_2 要在读或写的数据上加读锁或写锁时，再考察其操作的数据对象与事务 T_1 的子节点中加写锁的是不是同一个数据对象。

事务 T_1 的 S 锁与事务 T_2 的 IX 锁不相容，因为事务 T_1 的 S 锁表示事务 T_1 对整个数据对象，包括其所有子节点进行读操作，而事务 T_2 的 IX 锁表示对数据对象的某个子节点加 X 锁，这与子节点上事务 T_1 隐式添加的 S 锁冲突。

带意向锁的多粒度锁提高了系统并发度，并且降低了锁管理的开销，这种锁已经在实际数据库管理系统产品中取得了广泛的应用。在实际应用中，具体的数据库管理系统还会增加一些锁，以提高并发度。例如 SQL Server 中还有批量更新锁、模式更新锁、索引锁等，MySQL 中有数据更新锁等。

在锁相容性矩阵的基础上，数据库管理系统还需要使用锁表来记录系统中每个事务所拥有的具体数据对象上的锁。锁表如图 11-11 所示，其行是每个数据对象上现有锁的列表，每一列是一个数据对象上所拥有的锁的情况。当然也可以增加行方向的指针指示当前每个事务所申请到的锁。对事务的加锁、解锁操作可通过对锁表的操作来完成。

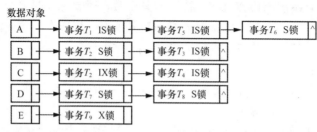

图 11-11　锁表

与操作系统中所使用的锁机制相同，数据库的锁机制可以有效地解决数据库并发问题，但也带来一些新的问题，即活锁和死锁的问题。两阶段锁协议、多粒度锁等机制都无法避免活锁和死锁。

（1）活锁

如果事务 T_1 获得了数据对象 R 上的锁，事务 T_2 请求对 R 加锁，若锁的类型不相容，T_2 等待。接着事务 T_3 也请求对 R 加锁。T_1 释放 R 上的锁后，系统有可能首先批准了 T_3 的加锁请求，T_2 继续等待。接着，若事务 T_4 也请求对 R 加锁，T_3 释放 R 上的锁后，系统又批准了 T_4 的请求……。以此类推，T_2 有可能一直处于等待状态无法获得锁。这就是活锁。

避免活锁的一个简单方法是采用"先来先服务"的策略。当多个事务请求对同一数据对象加锁时，系统按请求加锁的先后顺序来发放锁，该数据对象上的锁一旦释放，首先批准申请队列中第一个事务获得锁。操作系统中解决活锁的方法在数据库系统中都可以使用。

（2）死锁

如果事务 T_1 封锁了数据对象 A，事务 T_2 封锁了数据对象 B。之后 T_1 又申请封锁 B，因 T_2 已封锁了 B，于是 T_1 等待 T_2 释放 B 上的锁。接着 T_2 又申请锁数据对象 A，因 T_1 已封锁了 A，T_2 也只能等待 T_1 释放 A 上的锁。这样就出现了 T_1 在等待 T_2，而 T_2 又在等待 T_1 的局面，T_1 和 T_2 两个事务无法向前执行直到提交，形成死锁。

目前在数据库中解决死锁问题的方法与操作系统中的相同，主要有两类策略。一类策略是采取一定措施来预防死锁的出现；另一类是允许出现死锁，采用一定手段定期诊断系统中有无死锁，若有则解除之。

11.3.3　基于时间戳的并发控制技术

时间戳（timestamp）的概念源自办公室中使用的橡皮图章，橡皮图章用于在纸质文档上用墨水在当前日期和时间上加盖戳记，以记录接收或发出该文档的时间。与此类似的还有纸质信件上的邮戳、考勤打卡纸上的"入"和"出"时间等。在现代，时间戳这一概念还指附加到数字化文件上的日期和时间信息。例如数码相机将时间戳添加到所拍摄的照片中，记录拍摄日期和时间。

时间戳在事务并发控制技术中为一个基于时间的标志，它标志着某事件在某个时刻发生。时间戳具有唯一性和递增性，即每个时刻只能生成一个时间戳，且下一时刻的时间戳一定比当前时间戳的值大。

在基于时间戳的并行控制技术中，当事务 T 启动时，系统将自动赋一个时间戳给 T，称为 T 的时间戳，记作 $TS(T)$。事务到达系统的先后顺序可以用每个事务的时间戳的大小来表示。

对数据库中的一个数据对象 A，系统为其保存一个读时间戳 $RT(A)$（即 R-timestamp(A)）和一个写时间戳 $WT(A)$（即 W-timestamp(A)）。读时间戳 $RT(A)$ 等于读过该数据的事务的时间戳的最大值，即最年轻的读 A 的事务的时间戳。写时间戳 $WT(A)$ 等于写该数据的事务的时间戳的最大值，即最年轻的更新 A 值的事务的时间戳。

由此给出如下事务并发控制规则。

规则 1（读操作规则）。

若 T 事务要读数据 A：

① 若 $TS(T) \geq WT(A)$（表示 T 比已读数据 A 的所有事务都年轻），则允许 T 操作，并且更改 $RT(A)$ 为 $\max\{RT(A), TS(T)\}$；

② 否则，T 要读的数据已被一个年轻事务修改，读操作不能执行，事务 T 回滚并重启。

规则 2（写操作规则）。

若事务 T 在写数据 A：

① 若 $TS(T) < RT(A)$（表示 T 比已写数据 A 的所有事务都年老），则事务 T 应该在最后一个读数据 A 的事务前写入数据，拒绝此写操作，事务 T 回滚并重启；

② 若 $TS(T) < WT(A)$，则事务 T 应该在最后一个写数据 A 的事务前写入数据，写操作过时，拒绝此写操作，事务 T 回滚并重启；

③ 否则执行写操作，更改 $WT(A)$ 为 $\max\{WT(A), TS(T)\}$。

图 11-12 所示为规则 1、规则 2 对应的冲突操作。图 11-12（a）对应规则 1 中①的情况，事务 T_1 写数据时发现一个年轻事务已读取了该数据的值，说明事务 T_1 来晚了，无法完成写操作。图 11-12（b）对应规则 1 中②的情况，事务 T_1 读数据时发现一个年轻事务已写入该数据的值，说明事务 T_1 该读的数据应在事务 T_2 写数据前，无法完成读操作。图 11-12（c）对应规则 2 的情况，事务 T_1 写数据时发现一个年轻事务已写入该数据的值，说明事务 T_1 该在事务 T_2 写数据前完成写操作。

规则 1、规则 2 给出的都是不同事务对同一数据读-写、写-读和写-写 3 种冲突操作的处理情况。从规则可以看到，对每个数据对象，冲突操作的处理顺序是事务开始的先后顺序，那么，对一组并发执行的事务来讲，其执行顺序等价于事务开始的先后顺序，即基于时间戳的并发调度是可串行化调度，它所等价的串行调度是按各事务的时间戳顺序排列的事务序列。

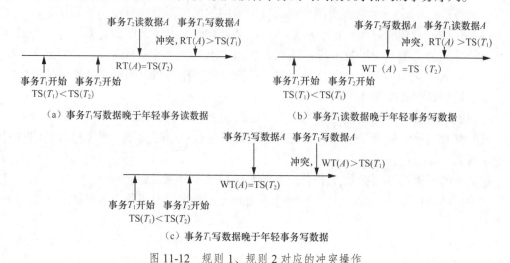

（a）事务T_1写数据晚于年轻事务读数据　　　　（b）事务T_1读数据晚于年轻事务写数据

（c）事务T_1写数据晚于年轻事务写数据

图 11-12　规则 1、规则 2 对应的冲突操作

基于时间戳的并发控制方法不会产生死锁，因为没有事务需要等待其他事务的执行。但这种并发控制方法还有可能导致出现活锁现象。

时间戳和其他
并发控制技术

11.3.4　其他并发控制方法

除了基于锁和时间戳的并发控制方法以外，还有多版本并发控制、基于验证的并发控制等。

1．多版本并发控制（Multi-Version Concurrency Control，MVCC）

版本是数据库中数据 Q 的一个快照，记录了该数据在某个时刻的值。多版本并发控制的思想是系统为每个数据 Q 的值保存一个版本序列，在事务需要写数据 Q 时添加一个新版本，事务需要读数据时，读取比自己的时间戳小且具有最大时间戳值的事务写入的版本，从而保障调度的正确性。

具体来讲，每个数据对象 Q 拥有一个版本序列 $Q_1,Q_2,\cdots,Q_k$，每个版本 Q_k 保存新写入的值 $V(Q_k)$、生成 Q_k 的事务的时间戳（$WT(Q_k)$）和成功读取 Q_k 值的事务的最大时间戳值（$RT(Q_k)$）。

多版本并发控制的规则如下。

依据事务 T 的时间戳（$TS(T)$）与 Q 的每个版本的写时间戳（$WT(Q_1)$，$WT(Q_2)$，$\cdots$，$WT(Q_m)$）查找小于 $TS(T)$ 且最大的写时间戳 $WT(Q_k)$：

① 事务 T 读数据 Q，返回 Q_k 中 Q 的值 $V(Q_k)$；

② 事务 T 写数据 Q，若 $TS(T)<RT(Q_k)$ 则回滚 T，若 $TS(T)=RT(Q_k)$ 则重写 Q_k 的内容，否则为 Q 创建新版本，插入其版本序列中。

多版本并发控制对每个数据保存多个时间的快照，消除了对数据对象的读、写操作的冲突，提高了并发控制的效率。但数据多版本存储需要的空间比较大，需要采用策略删除大量的无效版本。另外，在提交一个事务时无法立即确定其对数据库的影响。

多版本并发控制在多个数据库管理系统产品中都有使用，但各个产品在多版本维护、事务提交处理等方面的细节都是有所不同的。另外，它常常与其他并发控制方法结合使用，例如 Oracle、Kingbase ES 等数据库中都采用了多版本与时间戳相结合的并发控制方法。

2．基于验证的并发控制

在有些场景下，多数事务执行读操作，只有少量事务执行写操作。在这种情况下，多数操作可以并发执行，若使用锁、时间戳等并发控制技术等先进行检查再执行，检查的代价就显得非常大。

在这种情况下，可以使用基于验证的并发控制方法，即任何事务对数据库中数据对象的读写操作都直接执行，在事务提交时进行验证，通过验证的事务可正常提交，未通过验证的事务可回滚，取消其对数据库的影响。

在此策略下，每个事务 T_i 有 3 个时间戳：开始时间戳 Start(T_i)、验证时间戳 Validation(T_i) 和完成时间戳 Finish(T_i)。对每个事务，其所有从数据库读出的数据对象的集合称为其读数据集，记作 Read(T_i)；所有需要写入数据库的数据对象的集合称为其写数据集，记作 Write(T_i)。

每个只读数据的事务分 2 个阶段进行，需要写数据的事务分 3 个阶段进行，如下。

① 读阶段。事务从数据库中读取所有需要读的数据对象，写入本地空间。事务可修改本地空间中数据对象的值，但不影响数据库中数据对象的值。

② 验证阶段。系统对事务的读数据集、写数据集进行验证，确认该事务的有效性。

③ 写阶段。需要写数据库的事务才有此阶段，读事务不需要此阶段。事务从本地空间向数据库中写入其写数据集中元素的值。

验证规则如下。

对事务 T_i 进行验证，若事务 T_k 满足 Validation(T_k)<Validation(T_i)，则以下条件至少有一个成立。

① Finish(T_k)< Start (T_i)。因为事务 T_k 在事务 T_i 启动前已完成，此时调度是可串行化的。

② T_k 的写数据集 Write(T_k)与 T_i 的读数据集和写数据集 Read(T_i)$\bigcup$Write(T_i)没有交集，且 Start(T_i)<Finish(T_k)<Vaildation(T_i)。这一条件保证事务 T_k 和 T_i 的写操作没重叠，因为 T_k 不影响 T_i 的读操作且 T_i 也不影响 T_k 的读操作，所以调度还是可串行化的。

基于验证的并发控制方法通常被称为乐观的并发控制方法，因为其实是假设所有事务都可以正常执行完成，不经锁或时间戳检查直接开始，而在事务提交时才验证其是否能够正常提交。若通过验证，则事务可提交；若未通过验证，则事务回滚。

11.4 事务隔离级别

事务的隔离级别是指给定事务的行为对其他并发执行事务的暴露程度。SQL-92 标准定义的 4 种隔离级别如下。

① 读未提交数据（Read Uncommitted）：事务隔离的最低级别，事务可能查询其他事务未提交的数据。

② 读提交数据（Read Committed）：事务只能读已提交事务写入的数据。

③ 可重复读（Repeatable Read）：若一个事务两次读一个数据对象，其读到的值是相同的。

④ 可串行化（Serializable）：事务隔离的最高级别，保证调度是可串行化的。

若对事务的并发执行不做限制，可能会出现读脏数据、不可重复读和丢失修改等现象，具体表现如下。

① 读脏数据：事务 T_i 写数据 A，但还未提交，此时，事务 T_j 读取数据 A，然后使用数据 A。因为没有隔离，事务 T_j 读到事务 T_i 写入的数据 A 值。此时，若事务 T_i 由于某种原因回滚，那么事务 T_j 使用数据 A 所进行的所有操作都可能是不正确的。

读脏数据还有一种特殊的情况——"幻读"。例如，事务 T_i 读表中所有行数据，事务 T_j 向表中插入一行新数据，此时若 T_i 修改已读到的数据并写入数据库，那么事务 T_j 新写入的这一行数据未被 T_i 修改。这行数据的出现对事务 T_i 来说好像是幻觉，破坏了它修改全表中数据的操作设想。

与"幻读"类似，事务 T_i 读取表中某一列数据并求和，此时，事务 T_j 向表中插入或删除一行新数据，那么对 T_i 来说，在其读数据后有一条数据如幽灵般出现或消失了，从而导致其求和的结果可能是错的。

② 不可重复读：事务 T_i 读取数据 A，事务 T_j 读取并写入数据 A 的新值，T_i 此时若需要再次读数据 A 进行操作，则第二次读取的是事务 T_j 写入的新值，而与第一次读取相同的值。这对事务 T_i 来说是不正确的。

③ 丢失修改：若两事务同时读取某个数据项的值，并进行修改，再写入数据库，那么其中先写数据库的事务的操作结果被后写事务的操作结果覆盖，丢失了。

例如，对银行来讲，账户 C_1 中余额为 100 元，若事务 T_i 读到 C_1 账户余额 100 元，此时事务 T_j 读 C_1 账户余额，同样也是 100 元。若此时事务 T_i 转账 50 元至账户 C_2，则写入 C_1 账户余额 50 元，而接下来若事务 T_j 取款 30 元，其修改 C_1 账户余额为 70 元，并写入数据库，那么明明两个事务共从账户 C_1 转出 50+30=80 元，但系统中记录的账户余额却是 70 元。事务 T_i 对账户余额的修改丢失了。

表 11-3 所示为读脏数据、不可重复读、幻读、丢失修改 4 种并发引发的数据不一致现象的实例。表 11-4 所示为 4 种隔离级别可避免出现的数据不一致现象。可见读未提交数据隔离级别太低，无法避免所有的数据不一致现象出现，而可串行化隔离级别可避免所有数

表 11-3　并发引发的数据不一致现象的实例

读脏数据		不可重复读		幻读		丢失修改	
事务 T_1	事务 T_2	事务 T_1	事务 T_2	事务 T_1	事务 T_2	事务 T_1	事务 T_2
Start	Start	Start		Start		Start	
		Read(A)		读所有数据		Read(A)	
Write(A)			Start		Start		Start
	Read(A)	Read(A)					Read(A)
Rollback					插入新数据	Write(A)	
			Write(A)				Write(A)
		Read(A)		更新所有数据			

表 11-4　隔离级别及其可避免出现的数据不一致现象

隔离级别	脏读	不可重复读	幻读	丢失修改
可串行化	×	×	×	×
可重复读	×	×	√	×
读提交数据	×	√	√	×
读未提交数据	√	√	√	√

据不一致现象出现。保守一点的数据库管理系统产品默认隔离级别取可串行化，大胆一点的数据库管理系统产品选择低一点的隔离级别。一般系统也允许用户自行设置隔离级别，通过增加对其他未提交事务的暴露程度，获得更高的并发度。

多数数据库管理系统允许用户设置未启动的事务的隔离级别和读写特性，而且设置的选项将一直对这个连接保持有效，直到更改相应选项为止。设置事务的隔离级别虽然使程序员承担了某些完整性问题所带来的风险，但可以换取对数据更大的并发访问权。

需要注意的是，事务的隔离级别并不影响事务查看本身对数据的修改。也就是说，事务总可以查看自己对数据的修改。事务的隔离级别需要根据实际需要设定，较低的隔离级别可以增加并发，但代价是降低事务操作的隔离性，甚至数据的一致性。相反，较高的隔离级别可以确保事务的 ACID 特性，但可能会降低系统效率。

11.5　恢复技术

数据库系统在运行过程中可能会遭遇软硬件故障、用户操作失误或恶意破坏、断电、自然灾害等问题。这些问题可能造成事务非正常终止、数据库处于不一致状态，因此需要建立恢复子系统来将数据库从各种故障中恢复到一个数据一致性的状态，并且数据损失尽可能少。

11.5.1　数据库系统的恢复策略

5.4.1 小节简单介绍了数据库系统面临的故障：事务故障、系统故障、介质故障。与这些故障类型相对应，数据库需要从以下方面考虑恢复策略。

① 对事务故障：对发生故障的事务，需要主动或强制回滚，撤销其对数据库的修改。此时需要考虑的另一个问题是该事务是否对其他事务产生了影响，对受该事务影响的事务也需要回滚以撤销其影响。

② 对系统故障：待计算机重新启动后，有些事务已提交，也有些事务未提交。一个已提交的事务，其结果应该已写入数据库，但由于缓冲区、操作系统和磁盘缓存等原因可能还未真正写入磁盘上的数据库文件。对一个未提交的事务，其执行结果可能已部分写入数据库，也可能还未写入数据库。因此，系统需要对所有已提交的事务按顺序重新执行，保证其执行结果已写入磁盘上的数据库文件；对所有未提交的事务，需要回滚撤销其对数据库的影响。

③ 对介质故障：近年来存储技术发展迅速，人们可以利用磁盘等非易失性存储设备构造稳定存储器，使其可靠性无限接近 100%。例如，若单个磁盘故障率为 10%，双磁盘镜像情况下两个磁盘同时出现故障的可能性是 10%×10%=1%，即其可靠性为 99%。另外，

独立磁盘冗余阵列（Redundant Arrays of Independent Disks，RAID）是目前应用较为广泛的存储技术，它大幅度提高了存储设备的数据传输速度和可靠性。

数据库采用转储和恢复方法来应对介质故障。5.4.2 小节以 MySQL 为例介绍了转储及恢复的方法，DBA 作为数据库管理人员，需要定期或不定期地将数据库转储到稳定存储器甚至保存到异地，以保证数据库转储文件的安全。当系统发生故障并重启时，使用距离崩溃时间点最近的转储文件将数据恢复到数据库。这样，所有在该转储文件生成前提交的事务对数据库的影响就都恢复了，转储到系统故障中间一段时间的恢复需要通过其他恢复技术来实现。

备份技术与镜像技术类似，数据库同时存储在主站点和备份站点，主站点与备份站点通过网络相连，备份系统结构如图 11-13 所示。通过备份同步技术，实现备份站点与主站点数据一致。当主站点出现故障时，备份站点自动升级为主站点提供数据服务，并利用备份站点来恢复主站点的数据。若将主站点与备份站点放在地理上距离较远的地方，可避免火灾、地震等自然灾害造成的数据损失，提高整个系统的可靠性。这就是容灾备份。

图 11-13　备份系统结构

综上，数据库的恢复技术需要完成以下两件事。

（1）在系统正常运行时，记录事务对数据库执行及对数据库修改的相关信息。

（2）在故障发生时，利用正常运行时记录的信息将数据恢复到故障发生前距离故障时间点最近的一致性状态。

11.5.2　基于日志的恢复技术

1．日志和基于日志的恢复

若系统发生故障，使用备份进行恢复可以把数据库恢复到备份时刻，然而备份时刻到故障发生时刻之间可能还有一些事务已正常提交，若仅使用备份技术，这些事务对数据库操作的持久性无法保障。基于此引入基于日志的恢复技术。

日志是使用最广泛的，记录事务对数据库的更新操作的文件。日志由一系列日志记录组成，日志记录的格式与含义见表 11-5。

表 11-5　日志记录的格式与含义

日志记录的格式	日志记录的含义
$<T_i, \text{start}>$	事务 T_i 开始
$<T_i, X, V_1, V_2>$	事务 T_i 将数据对象 X 由旧值 V_1 修改为新值 V_2
$<T_i, \text{commit}>$	事务 T_i 已提交，表示 T_i 对数据库的更改应该已写入数据库
$<T_i, \text{abort}>$	事务 T_i 回滚，表示已撤销事务 T_i 对数据库的更改

基于日志的恢复技术要求每个事务在对数据库执行写操作前，先生成本次写操作的日

志记录，并写入日志文件，再修改数据库中的数据，即数据库文件中常说的先写日志。

一般地，假设日志存储在稳定存储器中，日志记录不会因为事务故障、系统崩溃或硬盘失效等故障而丢失。借用系统正常运行时记录的日志文件，我们可以在系统崩溃时恢复数据库。下面使用银行的例子来说明基于日志的恢复技术。

【例 11-6】假设在银行数据库中的 4 个事务 $T_1 \sim T_4$ 的操作序列如表 11-6 所示，事务 T_1 从 A 账户向 B 账户转账 50 元，事务 T_2 从 B 账户向 C 账户转账 500 元，事务 T_3 从 C 账户取款 100 元，事务 T_4 向 D 账户存款 100 元。这 4 个事务在某调度策略下，按顺序执行，则系统的日志记录随时间增长情况如图 11-14 所示，从时刻 1 到时刻 2 再到时刻 3，日志记录按时间顺序排列，且随时间增长。

表 11-6　4 个事务的操作序列

T_1	T_2	T_3	T_4
Read(A);	Read(B);	Read(C)	Read(D)
Read(B);	Read(C);	C:=C−100;	D:=D+100;
A:=A−50;	B:=B−500;	Write(C);	Write(D)
B:=B+50;	C:=C+500;		
Write(A);	Write(B);		
Write(B);	Write(C)		

时刻 1	时刻 2	时刻 3
<T_1, start>	<T_1, start>	<T_1, start>
<T_1, A, 1000, 950>	<T_1, A, 1000, 950>	<T_1, A, 1000, 950>
<T_1, B, 2000, 2050>	<T_1, B, 2000, 2050>	<T_1, B, 2000, 2050>
<T_2, start>	<T_2, start>	<T_2, start>
	<T_1, commit>	<T_1, commit>
	<T_2, B, 2050, 1550>	<T_2, B, 2050, 1550>
	<T_3, start>	<T_3, start>
	<T_3, C, 700, 600>	<T_3, C, 700, 600>
		<T_4, start>
		<T_3, commit>
		<T_4, D, 300, 400>
		<T_2, C, 600, 1100>
		<T_2, abort>

图 11-14　3 个不同时刻的日志

假设日志文件中事务 T_i 已出现某条日志记录中，利用日志可以撤销事务 T_i 对数据库的影响，也可以将其对数据库的更新提交到数据库。定义这种操作如下：

undo(T_i)：将事务 T_i 所有更新的数据对象置为旧值。

redo(T_i)：将事务 T_i 所有更新的数据对象置为新值。

undo(T_i)操作撤销了事务 T_i 对数据库的影响，相当于回滚操作。redo(T_i)操作重申了事务 T_i 对数据库的影响，相当于提交操作。redo、undo 操作都是幂等的，即做一次和做多次结果相同。这一点很重要，因为数据库中有缓冲区、操作系统中有 I/O 缓存、硬盘本身也有多级缓存，当数据库系统发出写数据库的命令时，我们不知道这个数据是在某一级缓存中以脏数据形式存在还是已写入磁盘。这两个操作幂等，对数据库来讲，不管当前各数据对象的值是多少，通过再做一次 undo(T_i)操作都可以将与之相关的数据对象恢复到事务 T_i 执行前的值，即撤销其对数据库的影响。同样，不管当前各数据对象的值是多少，通过再做一次 redo(T_i)操作都可以将与之相关的数据对象的值写成 T_i 提交后的值，即将其对数据库的影响持久化。

故障发生后，系统扫描日志，决定哪些事务需要 redo、哪些事务需要 undo，如下所示。

① 若日志中包含<T_i, start>但不包含<T_i, commit>，则事务 T_i 需要 undo。

② 若日志中包含<T_i, start>和<T_i, commit>，则事务 T_i 需要 undo。

回到例 11-6，假设系统在时刻 1 崩溃，日志中 T_1、T_2 两个事务都没有提交，则系统需要对 T_1、T_2 执行 undo 操作，撤销它们对数据库的影响。数据库中的数据对象 A、B 的值分别恢复为 1000、2000，即恢复到事务 T_1 执行前的状态。

假设系统在时刻 2 崩溃，依据日志，事务 T_1 已提交，事务 T_2、T_3 只有开始而没有提交操作，则系统需要对 T_2、T_3 执行 undo 操作，撤销它们对数据库的影响，同时对事务 T_1 执行 redo 操作，将其对数据库的操作提交到数据库。恢复后数据对象 A、B、C 的值分别为 950、2050 和 700。

假设系统在时刻 3 崩溃，日志中事务 T_1、T_3 已提交，事务 T_2、T_4 没有提交，则系统需要对 T_2、T_4 执行 undo 操作，撤销它们对数据库的影响，同时对事务 T_1、T_3 执行 redo 操作，将其对数据库的操作提交到数据库。恢复后数据对象 A、B、C、D 的值分别为 950、2050、600 和 300。

值得注意的是，事务 redo 操作和 undo 操作需要按一定顺序执行。redo 操作的顺序是事务在日志中提交的顺序，而 undo 操作按事务在日志中出现的逆序进行。

假设有如下日志：

<T_i, A, 100, 200>

<T_j, A, 200, 300>

若事务 T_i、T_j 都提交了，redo 事务 T_i、T_j 的操作应该先将 A 的值修改为 200，再修改为 300，最终结果为 300。

若事务 T_i、T_j 都未提交，undo 事务 T_i、T_j 的操作应该先将 A 的值恢复为 200，再由 200 恢复为 100，最终结果为 100。

2. 检查点

一个数据库系统有可能正常运行了很长时间，那么一旦需要恢复，就需要搜索整个日志文件，redo 大量之前已提交的事务。而当一个数据对象经过了多次事务的修改操作，若多个事务都已提交，则对这个数据对象来讲，大量已提交的修改操作已写入数据库，重做不会生成不良后果，但会消耗不必要的时间且会拖慢恢复的进度。为此，引入检查点（checkpoint）的概念。检查点可看作一个叫<checkpoint>的日志记录，也可看作一个时刻，在检查点时刻，需要完成以下操作。

① 将当前主存中所有日志记录写入磁盘上的日志文件。

② 将所有缓冲区中的数据写入磁盘上的日志文件。

③ 在日志中写入一个新的日志记录<checkpoint>。

检查点执行期间，假设系统中没有事务执行写缓冲区、写日志等操作，那么当检查点执行完成后，若<T_i, commit>出现在<checkpoint>前，则事务 T_i 对数据的更新均已写入数据库。若在日志里写入<checkpoint>后，系统发生故障，恢复时就不需要再写入数据库了。利用这一点，可简化事务恢复机制。下面给出一个带检查点的恢复实例。

【例 11-7】图 11-15 所示为一段简单的日志记录，其以时间为序，每个事务用一小段线段来表示，线段的开始和结束分别表示事务的开始时间和提交时间。假设系统在标注"系统故障"的时间点发生故障，请给出带检查点和无检查点情况下的恢复操作。

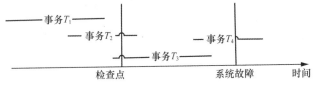

图 11-15 一段简单的日志记录

若系统在标注"检查点"的时刻设置了检查点，此时事务 T_1 已提交，事务 T_2、T_3 已开始，但未提交。系统会把事务 T_1 的执行结果写入磁盘。若系统在"系统故障"时刻发生故障，恢复时事务 T_1 的执行结果确定已写入数据库，而事务 T_2、T_3 的执行结果不确定是否已写入数据库，因此，事务 T_2、T_3 需要 redo，未提交的事务 T_4 需要 undo。

若系统未设置检查点，且在"系统故障"时刻发生故障，恢复时所有提交事务都不确定是否已写入日志和数据库，因此都需要 redo，即要 redo 事务 T_1、T_2、T_3，未提交的事务 T_4 同样需要 undo。

结合 11.5.1、11.5.2 两小节内容，数据库系统在正常运行时会完成以下操作。

① 周期性执行转储操作，将数据库及日志等内容生成快照。

② 在每个事务写数据库前，先生成日志记录并写入日志文件。

③ 周期性地执行检查点操作。

故障发生时，系统恢复数据库的操作如下。

① 使用距离故障时刻最近的快照恢复数据库，将数据库恢复到快照生成时刻的状态。

② 扫描日志文件，查找距离故障时刻最近的检查点，将数据库恢复到检查点生成时刻的状态。

③ 逆序扫描从检查点到故障时刻之间的一段日志文件，确定需要 redo、undo 的事务，按顺序完成 undo、redo 操作。

此时数据库恢复到距离故障点最近的一致性的时刻。

11.5.3 其他恢复技术

1．利用语义的恢复和隔离算法

利用语义的恢复和隔离算法（Algorithm for Recovery and Isolation Exploiting Semantics，ARIES），是 IBM Almaden 研究中心在 1992 年完成的一项名为 Starburst 的大型数据库原型系统研究项目中提出的。该算法基于后备副本和日志。它试图以概念上相对简单且系统化的方式，提供一套能确保事务原子性和持久性的、具有良好性能的恢复管理算法。

2．影像页技术

影像页技术（Shadow Paging）是基于日志以外的一种恢复技术。影像页技术在事务生存期间维持两张页表：当前页表和影像页表。事务启动时，两张页表相同。事务执行过程中，影像页表保持不变，当前页表用于记录对数据库的所有更新。若系统发生故障，使用影像页表来恢复数据库。若事务成功完成，将当前页表复制一份作为影像页表，将原影像页表丢弃。当前页表和新影像页表可作为新的一对页表，继续支持下一个事务的执行。

与基于日志的方法相比，影像页技术的主要优点是它没有维护日志文件的开销，而且由于无须撤销或重做，事务恢复比较快。其缺点是会出现数据分裂，且需要周期性地进行丢弃页表的回收。

本章小结

本章介绍了数据库系统中保障数据一致性的最重要技术——事务处理技术，包括事务的概念、可串行化理论、并发控制与恢复技术等。

本章并不要求学生掌握并发控制与恢复的具体技术，因此未详细讲解具体的技术细节。本章要求学生理解事务的基本概念，通过实验观察并发事务运行时锁状态，理解关系数据库系统运行机制；通过对故障分类、恢复技术的学习，提高数据保护意识。

习题

1. 什么是事务？它具有什么特性？数据库系统为什么要保持事务的特性？
2. 考虑表 11-7 中 3 个事务，令 A、B、C 的初值分别是 1000、2000、3000。

表 11-7　3 个事务的操作序列

T_1	T_2	T_3	T_1	T_2	T_3
Read(A)	Read(B)	Read(C)	B:=B+50	C:=C+500	
Read(B)	Read(C)	C:=C−100	Write(A)	Write(B)	
A:=A−50	B:=B−500	Write(C)	Write(B)	Write(C)	

（1）请列出 3 个事务串行执行的顺序和执行结果。

（2）请列出 3 个事务间的冲突操作。

（3）请给出一个可串行化调度及与之等价的串行调度。

（4）请为事务 T_1 加锁，使其符合两阶段锁协议，列出加锁后的操作序列。

（5）若 3 个事务都符合两阶段锁协议，请给出一个无死锁的冲突可串行化调度，并给出与之等价的串行调度。

（6）若 3 个事务都符合两阶段锁协议，请给出一个无死锁的调度。

3. 在数据库系统中为什么要进行并发控制？它能够保持事务的哪些特性？

4. 数据库系统中为什么要有恢复技术？它能够保持事务的哪些特性？

5. 增加意向锁后 IS 锁、IX 锁分别是什么锁？为什么是相容的？请说说你对图 11-10 添加意向锁后的相容性矩阵的理解。

6. 恢复算法需要构造一个 redo 序列和一个 undo 序列，这两个序列执行时按什么顺序？为什么？

7. 基于日志的恢复技术为什么强调先写日志后写数据库？

8. 什么是检查点？系统在检查点需要执行哪些操作？

9. 数据库转储也可以用于在系统出现故障时恢复数据库，那么为什么还需要基于日志的恢复技术？

第四篇　数据库新技术

【本篇简介】

近年来，随着物联网、Web 3.0、大数据、云计算和 AI 等新技术的跳跃式发展，数据呈现爆炸式增长，人们在数据类型、处理速度等方面提出更高的要求。可以说，数据库正面临着重大的机遇和挑战，一方面数据库取得了长足的发展；另一方面，数据库急需从体系架构、实现技术等多方面的彻底改进，实现技术突破。

本篇主要介绍数据库技术近年的一系列技术变革，包括大数据管理技术、云数据库、AI 数据库等。

【本篇内容】

本篇包括两章内容。

第 12 章 "大数据管理技术"，介绍大数据技术的基本概念、关键技术及发展趋势等。

第 13 章 "数据库前沿技术"，介绍当前应用较活跃的云数据库、AI 数据库等。

第12章 大数据管理技术

大数据技术是近年计算机和信息技术迅猛突破的产物，是为适应数据量激增而不得不发展的技术。同时，大数据技术也是可以从海量数据中提取出更多有价值的信息的技术，使我们可以从大数据中获取原先无法获取的规律性信息。本章介绍大数据的基本概念、关键技术、面临的挑战与发展趋势等内容。

第 12 章简介

本章学习目标如下。

（1）了解大数据的基本概念、发展阶段、面临的挑战与发展趋势。

（2）理解大数据关键技术。

12.1 大数据的概念

1．大数据的背景

（1）数据量爆炸式增长

近年来，随着计算机和信息技术的迅猛发展与普及，多个现代服务行业（包括互联网、物联网、电子商务、社交媒体、现代物流、网络金融）的规模迅速扩大，全球数据总量正呈几何级数增长。动辄高达数百 TB 甚至数百 PB 规模的行业数据已经远远超出传统的计算技术和信息系统的处理能力。据统计，过去几年的数据产量超过了之前人类历史上的数据总和。中国近年数据总量的年平均复合增长率将达到 24.9%，超过全球平均水平。

（2）数据生产、获取、传播手段多样化

对个人来说，互联网早期的数据生产、传播手段主要是电子邮件、论坛、博客等，需要较多手动工作，且数据量较小。近年的数据生产与传播则以视频、直播、社交平台为主要手段，所产生的数据量是原来的千万倍，且传播速度与影响力也有了长足的发展。与个人数据生产对应的是物联网自动数据获取，例如有人工参与的地铁、公交刷卡，无人参与的物流信息的自动感知设备、工业设备与工程监控传感器、农林水电监测传感器，几乎遍布人类活动场所的视频监控等，这些设备更是时时刻刻生产、传输着海量数据。另外，卫星遥感（Satellite Remote Sensing）、全球导航卫星系统（Global Navigation Satellite System，GNSS）等基础设施也在产生、传输着海量数据。图 12-1 总结了当前主要的数据生产手段，其中包括物流、交通、城市管理、土地、地质、海洋等多个行业专题应用。

（3）数据多模态化

传统数据主要指结构化数据，即关系数据。它通常来自关系数据库，可以直接进行结构化存储和处理分析。随着互联网飞速发展，HTML 数据等包含了文本、视频、图像、音频等多种类型的数据逐步占据了更大比例。近年随着人类获取数据的手段越来越丰富，数据类型越来越丰富，目前常见的数据类型包括文本、表格、图像、音频、视频、传感器数据、遥感数据、卫星定位数据、时态数据等。对事物的描述不局限于使用固定的一种或几种类型的数据，而是这些类型的数据的多种组合（称为多模态数据）。

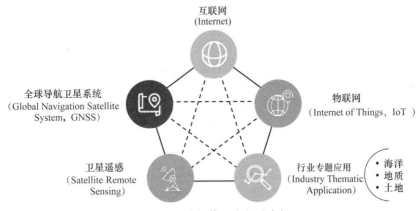

图 12-1　数据获取的主要途径

2．大数据的定义

目前业界对大数据没有统一的定义。常见的研究机构基于不同的角度给出了如下定义。

大数据是指大小超出常规的数据库工具获取、存储、管理和分析能力的数据集（并不是说一定要超过特定 TB 的数据集才能算大数据）。

——麦肯锡公司

大数据是指无法在一定时间内用常规软件工具对其内容进行抓取、管理和处理的数据集。

——维基百科

大数据是需要新处理模式才能具有更强的决策力、洞察发现力和流程优化能力的海量、高增长率和多样化的信息资产。

——高德纳公司

大数据是数据量大、获取速度快或形态多样的数据，难以用传统关系型数据分析方法进行有效分析，或者需要大规模的水平扩展才能高效处理。

——美国国家标准与技术研究院（NIST）

大数据一般会涉及两种或两种以上的数据形式，它需要收集超过 100TB（1TB=2^{40}B）的数据，并且是高速实时数据流；或者是从小数据开始，但数据每年增长速率至少为 60%。

——国际数据公司

一般来说，大数据是指所涉及的数据规模巨大、结构复杂到无法通过人工或计算机，在可容忍的时间下使用传统理论与技术完成存储、管理和处理任务，并解释成人们所能解读的信息。

3．大数据的4V特征

目前，普遍以4V特征来描述大数据，如图12-2所示。

① Volume（巨量性）：数据量巨大。这是大数据的显著特征，数据集合的规模不断扩大，已从GB到TB再到PB，目前数据已开始以EB和ZB来计数。

② Variety（多样性）：数据类型复杂多样。以往产生或者处理的数据类型较为单一，大部分是结构化数据，如传统文本类和数据库数据。如今，不仅包括结构化数据，大量半结构

图12-2　大数据的4V特征

化或者非结构化数据也在剧增，如XML、邮件、博客、即时消息、GIS数据、BIM（建筑信息模型）数据、图形图像、视频、语音数据等。

③ Velocity（高速性）：数据具有高速性。数据产生、处理和分析的速度在持续加快，数据流量大。加速的原因是数据创建的实时性，以及需要将流数据结合到业务流程和决策过程中的要求。

④ Value（高价值，低价值密度）：数据具有潜在价值。由于数据体量不断增大，单位数据的价值密度不断降低，而数据的整体价值在提高。有人甚至将大数据的价值等同于黄金和石油，以表达大数据中包含了无限的商业价值。

一般而言，数据容量越大，种类越多，用户得到的信息量越大。但在实际情况中，大数据价值密度低这一特点使数据的价值往往依赖于较好的数据处理方式和工具。因此，应尽量减少由于数据垃圾和信息过剩造成的数据价值丢失，力求从数据中获得更高的价值回报。

从传统数据到大数据，类似于从"池塘捕鱼"到"大海捕鱼"的过程，其中的鱼就好似待处理的数据中包含的有价值的信息。传统数据与大数据的区别如表12-1所示。

表12-1　传统数据与大数据的区别

比较项目	传统数据	大数据
数据规模	小规模，以MB、GB为单位	大规模，以TB、PB为单位
生成速度	每小时、每天	每秒，甚至更快
数据源	集中的数据源	分散的数据源
数据的结构类型	单一的结构化数据	结构化、半结构化、非结构化等多源异构数据
数据存储	关系型数据管理系统（RDBMS）	非关系型数据库（NoSQL）、分布式存储系统（如HDFS）
处理工具	一种或少数几种处理工具	不存在单一的全处理工具

12.2　大数据的发展阶段与关键技术

随着"互联网+"时代的到来，信息技术的广泛使用极大推动了大数据及其技术的应用和发展，并已经渗透到人们的日常生活中。本节首先从学术和产业规模两个角度介绍大数

据的发展阶段，接着对大数据的关键技术进行概述。

12.2.1 大数据的发展阶段

1．理论与技术的发展

学术界认为，大数据概念的发展可以被划分为 3 个阶段：概念酝酿期、概念确立期，以及理论与技术发展期。

（1）概念酝酿期（2001—2007 年）

2001 年，作为在信息技术研究领域有权威代表性的美国的高德纳公司推出了一个大数据模型。同年，分析师道格拉斯·莱尼（Douglas Laney）提出了三维数据管理的概念，这个概念就是 10 年后广泛应用于对大数据的技术和应用研究的 3V 特性。2005 年，Hadoop 项目诞生。最初，Hadoop 是雅虎公司用来解决网页搜索问题的一个项目，之后由于该技术的高效性，被 Apache Software Foundation 公司引用并成为开源应用。目前，Hadoop 已经成为由多个软件产品组成的一个生态系统，这些软件产品共同实现功能全面和灵活的大数据分析。Hadoop 最关键的两项服务是采用 Hadoop 分布式文件系统的可靠数据存储服务，以及采用 MapReduce 技术的高性能并行数据处理服务。这两项服务的共同目标是，提供一个快速、可靠分析结构化和复杂数据的基础。

（2）概念确立期（2008 年）

2008 年 9 月，在 Google 成立 10 周年之际，著名的《自然》杂志出版了一期专刊，讨论与未来的大数据处理相关的一系列技术问题和挑战，其中就提出了"Big Data"的概念。2008 年年末，美国计算社区联盟（Computing Community Consortium）发表了一份有影响力的白皮书——《大数据计算：在商务、科学和社会领域创建革命性突破》。它使人们的思维不再局限于数据处理的机器，并提出大数据真正重要的是新用途和新见解，而非数据本身。至此，大数据概念确立，大数据开始变成全球互联网 IT 技术的热点，各国纷纷开启对大数据的研究和应用，并将之不断推广。

（3）理论与技术发展期（2009 年至今）

2012 年，计算机学会成立了中国计算机学会大数据专家委员会，并发布了《2013 年中国大数据技术与产业发展白皮书》。此后，我国的科研项目，比如国家 863 计划、国家 973 计划、国家自然科学基金，都把大数据研究作为重点研究对象。在 2013 年公布的对未来大数据的四大发展方向预测中提到了与云计算的深度结合。自 2013 年开始，大数据技术已经开始和云计算技术紧密结合，未来两者关系将更为密切。除此，物联网、移动互联网等新兴计算形态也将一起助力大数据革命。而在 2017 年的大数据发展十大新趋势预测中提到了 Hadoop 的应用领域和基于云的数据分析将更加广泛，并且物联网、云、大数据和网络安全技术将有更深层次的融合。

2．产业发展阶段

产业界认为，大数据概念的发展可以划分为 3 个阶段：萌芽期、发展期和成熟期。

（1）萌芽期（2009—2013 年）

在此阶段，我国大数据产业从无到有，大数据概念在国内获得极高关注度，具有数据资产的企业开始谋求转型，大数据市场陆续出现新商业模式，典型大数据产品及服务纷纷上线。

（2）发展期（2014—2015年）

随着技术沉淀和应用市场探索，整个大数据生态圈逐渐成熟，全国各地发展大数据的积极性较高，行业应用得到快速推广，市场规模增速明显。2015年，大数据产业进入高速发展时期。

（3）成熟期（2016年至今）

2016年，大数据产业进入成熟期，其成为规模庞大的新兴产业。在国家《促进大数据发展行动纲要》《大数据产业发展规划2016—2020年》《国家大数据综合试验区建设总体方案》《工业和信息化部关于工业大数据发展的指导意见》《全国一体化政务大数据体系建设指南》《"十四五"大数据产业发展规划》等政策推动下，大数据产业正在向IT服务业转型，逐渐成为促进国民经济飞速发展的重要力量。

2022年，国家互联网信息办公室在"中国这十年"系列主题新闻发布会上的报告称，从2017年至2021年，我国数据产量从2.3ZB增加到6.6ZB，位居世界第二，大数据产业规模从4700亿元增加到1.3万亿元。国家互联网信息办公室发布的《数字中国发展报告（2022年）》显示，数据资源规模快速增长，2022年我国数据产量达8.1ZB，同比增长22.7%，全球占比达10.5%，位居世界第二；我国大数据产业规模达1.57万亿元，同比增长18%。

12.2.2　大数据的关键技术

大数据不仅带来了机遇，同时也带来了挑战。传统的数据处理手段已经无法满足大数据的海量、实时需求，需要采用新一代的信息技术来应对数据的爆发。大数据技术是新兴的，能够高速捕获、分析、处理大容量、多种类数据，并从中得到相应价值的技术和架构。通常把大数据技术归纳为六大类，如图12-3所示，包括大数据感知技术、大数据管理技术、大数据知识获取技术、大数据知识推理技术、大数据可视化技术和大数据安全技术。

- 数据类型：传感器数据、社交数据、移动互联网数据等
- 数据采集系统：传感器采集系统、网络数据采集系统、日志数据采集系统等
- 经典数据挖掘算法：分类、聚类等
- 大数据挖掘算法：亚线性算法等
- 基于AI的时空数据挖掘算法

- 文本可视化
- 网络（图）可视化
- 时空可视化
- 多维数据可视化

大数据感知　大数据管理　大数据知识获取　大数据关键技术　大数据知识推理　大数据可视化　大数据安全

- 数据预处理：数据清洗、数据集成、数据规约和数据转换
- 数据存储：分布式系统、NoSQL数据库、云数据库

- 知识发现：基于算法、基于可视化
- 知识推理：基于逻辑规则、基于知识表达、基于深度学习

- 大数据信息泄露风险
- 大数据传输安全风险
- 大数据存储管理安全风险

图12-3　大数据的六大类关键技术

1．大数据感知技术

大数据感知是数据处理的必备条件，首先需要有采集数据的手段，把信息收集起来，

才能应用上层的数据处理技术。数据感知是数据分析生命周期的重要一环，它通过传感器数据、社交网络数据、移动互联网数据等获得各种类型的结构化、半结构化及非结构化的海量数据。

大数据集通常是数据量为 PB 或 EB 级别的数据，而且它们的数据来源各种各样。大数据可以根据不同方式划分为多种类型。例如，根据产生主体划分，大数据可分为以下 3 类。

① 设备产生的数据，即由感知设备或传感设备感受、测量及传输的数据。感知设备或传感设备可以包括一个或多个传感器、定位芯片、网络组件等模块，实现数据感知与传输功能。这些感知设备或传感设备实时和动态地收集大量的时序传感数据资源。传感数据种类有很多，如人身体的传感数据、网络信号的传感数据和气象的传感数据。传感数据一般是海量、流式的，是物联网的基础层，是智能交通、智能电网、智慧农业、智慧城市等人类生产生活方式走向精细动作的前提和基础。

② 人产生的数据，即人们在生产、生活中产生的数据。人产生的数据有些是主动产生的，例如访问网站产生的数据、网上购物产生的电子商务数据、个人社交产生的音视频数据等。另外，还有一些被动或无意识产生的数据，例如地铁、公交刷卡数据，行人经过摄像头产生的数据等。与设备产生的数据相比，此类数据量较少，但此类数据同样在逐年增长。

③ 应用系统数据，即由各类计算机信息系统产生的数据，以文件、数据库、电子表格、多媒体等形式存在，包括应用服务器日志等。

目前，大数据采集系统通常分为以下 3 类。

① 基于传感器的采集系统。该采集系统是指将传感器和其他待测设备等模拟和数字被测单元中自动采集的非电量或者电量信号，送到上位机中进行分析处理的电子仪器，通常可扩展为仪器仪表和控制系统。它是基于计算机或者其他专用测试平台的测量软硬件产品实现的灵活的、用户自定义的测量系统，通常具有多通道、中到高分辨率（12～20 位）、采样率相对较低（比示波器慢）的特点。

② 网络数据采集系统。通过网络爬虫和一些网站平台提供的公共 API（如利用新浪微博 API）等方式从网站上获取数据。这样就可以将非结构化和半结构化的网页数据从网页中提取出来。目前，常用的网页爬虫框架有 Apache Nutch、Crawler4j、Scrapy 等。

③ 系统日志采集系统。许多公司的业务平台每天都会产生大量的日志数据。对于这些日志数据，我们可以得到很多有价值的数据。通过对这些日志数据进行日志采集、收集，然后进行数据分析，可挖掘潜在价值，为公司决策和评估提供可靠的数据保证。系统日志采集系统做的事情就是收集日志数据。目前常用的开源日志采集系统有 Cloudera 公司的 Flume、Facebook 的 Scribe、Hadoop 的 Chukwa 等。

2．大数据管理技术

大数据管理技术是数据分析与挖掘、知识发现与推理的基础，它包括数据预处理技术和数据存储技术两部分。

（1）数据预处理技术

数据预处理是对数据进行抽取、清洗、集成、转换、规约并最终加载到数据仓库的过程。由于现实世界中数据大体上是不完整、不一致的"脏"数据，无法直接进行数据挖掘，或挖掘结果差。为了提高数据挖掘的质量，产生了数据预处理技术。数据预处理在数据挖掘之前使用，可大大提高数据挖掘模式的质量，减少实际挖掘所需要的时间。目前存在 4

种主流的数据预处理技术，分别为数据清洗、数据集成、数据规约和数据转换，这也是数据预处理的大致流程。

数据清洗主要通过缺失值填充、识别离群点和光滑噪声数据来纠正数据中的不一致。首先，缺失值填充包括删除含有缺失值的样本、人工填写缺失值、全局常量填充缺失值、使用属性的均值填充缺失值、使用与给定元组同一类的所有样本的属性均值填充相应的缺失值、使用最可能的值填充缺失值等。其次，离群点和噪声数据是完全不同的。离群点指的是数据集中包含一些数据对象，其与数据的一般行为或模式不一致（偏离大多数数据）。而噪声数据指被测量的变量的随机误差或者方差（一般指错误的数据）。离群点识别的方法主要包括基于统计的离群点检测、基于密度的局部离群点检测、基于距离的离群点检测、基于偏差的离群点检测、基于聚类的离群点检测等。此外，对给定的数值属性，通常使用分箱法、聚类法、回归法 3 种数据光滑技术来平滑噪声。

数据集成是将来自多个数据源的数据集成到一起，但集成后可能会出现数据冗余问题。为了减少此类问题，可以再次进行数据清理、检测和删去由数据集成带来的冗余。

数据规约技术用于得到数据集的规约表示，在接近或保持原始数据完整性的同时将数据集规模大大减小，对规约后的数据集进行分析将更有效。常见的数据规约方法有维度规约、数值规约、数据压缩等。

数据转换指把数据转换或合并成适合数据挖掘的形式。数据转换的策略主要包括光滑、属性构造、聚集、规范化、离散化、概念分层等。

（2）数据存储技术

数据经过采集和转换之后，需要进行存储管理，建立相应的数据库。曾经传统的关系型数据库是"万能的"，它们利用 SQL 这种蕴涵关系代数逻辑的编程语言操作结构化数据极其便捷。然而现代社会非结构化数据容量巨大、增长迅速、没有固定格式，查找目标数据代价巨大，提炼有价值的信息的处理逻辑复杂，扩展不便，这种小规模集群系统已经难以应对。因此非结构化数据的存储给计算机软件和硬件架构以及数据管理理论提出了新的要求。

大数据存储的主要特点和要求如下。

① 容量：大数据的数量通常可以达到 PB 级的规模，因此大数据存储系统需要有相应等级的扩展能力。

② 延迟：大多数大数据的应用系统都要求较高的读写次数，因此大数据存储对处理实时性、延迟问题也需要具备较高的能力。

③ 安全：由于一些行业的特殊性（如金融信息、医疗数据、政治情报等具有保密性和安全标准），因此大数据存储需要考虑数据的安全性问题。

④ 成本：在大数据环境下的企业，控制成本是关键问题。减少昂贵部件、缩减数据等方式可将存储效率不断提升，从而实现更高的效率。

⑤ 数据累积：很多企业（如网络硬盘、视频点播平台）或者一些行业（如医疗、金融、财政等）需要数据能够长期保存。为了实现数据的长期保存，需要保证大数据存储系统的长期可用性。

⑥ 灵活：设计大数据存储系统时，需要考虑其灵活性和可扩展性，使其可以适应各种不同的场景和应用类型。

由于具有模式自由、易复制、提供简单 API、最终一致性和支持海量数据的特性，NoSQL 数据库逐渐成为处理大数据的标准。NoSQL 数据库主流的数据存储模型有 4 种：键值存储、列式存储、文档存储和图形存储。它们的特点如图 12-4 所示。

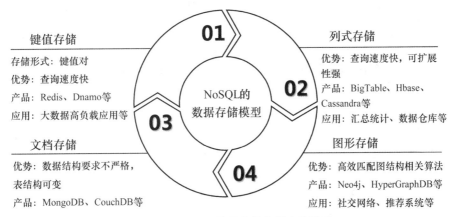

图 12-4　NoSQL 数据库的数据存储模型

数据存储系统可以通过不同的方式组织构建，主要分为 3 种：直接附加存储（DAS）、网络附加存储（NAS）、存储区域网络（SAN）。这 3 种存储体系架构的特点如表 12-2 所示。

表 12-2　3 种存储体系架构的特点

直接附加存储（DAS）	网络附加存储（NAS）	存储区域网络（SAN）
存储设备通过主机总线直接连接到计算机，设备和计算机之间没有存储网络	文件级别的存储技术，包含许多硬盘驱动器，这些硬盘驱动器组织为逻辑的冗余的存储容器	通过专用的存储网络在一组计算机中提供文件块级别的数据存储。SAN 能够合并多个存储设备，使得它们能够通过计算机直接访问
DAS 是对已有服务器存储的简单扩展	和 SAN 相比，NAS 可以同时提供存储和文件系统，并能作为文件服务器	具有复杂的网络架构，并依赖于特定的存储网络设备

此外，由于传统数据库无法满足对结构化、半结构化和非结构化海量数据的存储和管理，新兴大数据存储方式也逐渐出现，主要包括分布式系统、NoSQL 数据库、云数据库 3 种存储方式。

① 分布式系统。分布式系统包含多个自主的处理单元，通过计算机网络互联来协作完成分配的任务，其分而治之的策略能够更好地处理大规模数据分析问题。分布式系统主要包含分布式文件系统（如 HDFS）和分布式键值系统（如 Amazon Dynamo）。

② NoSQL 数据库。关系数据库已经无法满足 Web 2.0 的需求。NoSQL 数据库可以支持超大规模数据存储，灵活的数据模型可以很好地支持 Web 2.0 应用，并且具有强大的横向扩展能力等。

③ 云数据库。云数据库是基于云计算技术发展的一种共享基础架构的方法，是部署和虚拟化在云计算环境中的数据库。云数据库具有高可扩展性、高可用性、采用多租户形式和支持资源有效分发等特点。

3. 大数据知识获取技术

数据知识获取是大数据技术的核心，它涉及数据查询、统计、分析、挖掘、预测等各项技术，涵盖数据处理的各个方面，其最核心的技术是数据挖掘技术。

数据挖掘是知识获取技术的核心，它是从大量不完全的、有噪声的、模糊的和随机的应用数据中，提取隐含在其中、事前不知道的，但又是潜在的有用信息的过程。经典的数据挖掘算法包括以下几种：分类算法、聚类算法、关联性挖掘算法、预测算法、降维算法和异常检测算法等。其中每类算法又包括多种算法，例如分类算法包括贝叶斯分类算法、支持向量机、BP 神经网络、决策树和 k 近邻分类算法等。大数据环境下数据挖掘算法与传统数据挖掘算法有些不同，它更强调在有限时间和空间内进行分类、聚类、关联性挖掘、预测、降维、异常检测等工作。一般大数据算法又可分亚线性算法（包括亚线性时间算法和亚线性空间算法）、外存算法（包括查找、排序、图处理算法等）、MapReduce 算法和众包算法等。

大数据挖掘算法及相关技术，可对过去的数据进行查询和遍历，进而找出过去数据之间的潜在联系，从而促进信息的传递，实现规律和规则的发现。其主要应用在零售业、制造业、财务、金融、土地、保险、通信和医疗等领域。随着技术发展，其应用领域会越来越广泛。

此外，近年兴起的基于人工智能的时空数据挖掘算法旨在从大规模数据集中发现高层次的模式和规律，揭示时空数据中具有丰富价值的知识，为对象的时空行为模式和内在规律探索提供支撑。目前，时空大数据挖掘作为一个新兴的研究方法，已在众多领域得到广泛应用，如交通监管、犯罪预测、环境监测和社交网络等。

经典的数据挖掘算法包括以下几种。

① C4.5 算法。它是机器学习算法中的一个分类决策树算法，是决策树核心算法 ID3 的改进算法。决策树构造方法每次会选择一个好的特征以及分裂点作为当前节点的分类条件。

② k-Means 算法。k-Means 算法是一个聚类算法，把 n 个对象根据它们的属性分为 k 个分割（$k<n$）。该算法与处理混合正态分布的最大期望算法很相似，因为它们都试图找到数据中自然聚类的中心。该算法假设对象属性来自空间向量，并且目标是使各个群组内部的均方误差总和最小。

③ 支持向量机。支持向量机是一种监督式学习的算法，被广泛地应用在统计分类以及回归分析中。支持向量机将向量映射到一个更高维的空间里，并尝试在这个空间里建立一个最大间隔超平面。在分开数据的超平面的两边建有两个互相平行的超平面，分隔超平面使两个平行超平面的距离最大化。

④ Apriori 算法。Apriori 算法是一种较有影响力的挖掘布尔关联规则频繁项集的算法。其核心是基于两阶段频集思想的递推算法。该关联规则在分类上属于单维、单层、布尔关联规则。在该算法中所有支持度大于最小支持度的项集称为频繁项集，简称频集。

⑤ 最大期望算法。在统计计算中，最大期望（Expectation–Maximization，EM）算法是在概率（Probabilistic）模型中寻找参数最大似然估计的算法，其中概率模型依赖于无法观测的隐藏变量（Latent Variable）。最大期望经常用在机器学习和计算机视觉的数据聚集（Data Clustering）领域。

⑥ PageRank 算法。PageRank 是 Google 算法的重要内容，2001 年 9 月被授予美国专利，专利人是 Google 创始人之一拉里·佩奇（Larry Page）。PageRank 算法根据网站的外部链接和内部链接的数量和质量，衡量网站的价值。PageRank 算法背后的概念是，每个到页面的链接都是对该页面的一次投票，被链接得越多，就意味着被其他网站投票越多。

⑦ Adaboost 算法。它是一种迭代算法，其核心思想是针对同一个训练集训练不同的分类器（弱分类器），然后把这些弱分类器集合起来构成一个更强的最终分类器（强分类器）。其算法本身是通过改变数据分布来实现的，它根据每次训练集之中每个样本的分类是否正确，以及上次的总体分类的准确率来确定每个样本的权值。将修改过权值的新数据集送给下层分类器进行训练，最后将每次训练得到的分类器融合起来，作为最后的决策分类器。

⑧ k 近邻分类算法。它是一个理论上比较成熟的算法，也是较简单的机器学习算法。该方法的思路是：如果一个样本在特征空间中的 k 个最相似（特征空间中最邻近）的样本中的大多数属于某一个类别，则该样本也属于这个类别。

⑨ 朴素贝叶斯模型。朴素贝叶斯模型发源于古典数学理论，有着坚实的数学基础及稳定的分类效率。同时，朴素贝叶斯模型所需估计的参数很少，对缺失数据不太敏感，算法也比较简单。理论上，朴素贝叶斯模型与其他分类算法相比具有更小的误差率。

⑩ 分类与回归树（Classification and Regression Trees，CART）。在分类树下面有两个关键的思想。第一个是关于递归地划分自变量空间的想法（二元切分法），第二个是用验证数据进行剪枝（预剪枝、后剪枝）。在回归树基础上的模型树构建难度可能增加了，但分类效果有所提升。

此外，时空数据挖掘算法综合了 AI、机器学习、领域知识等交叉技术，旨在从大规模数据集中发现高层次的模式和规律，揭示时空数据中具有丰富价值的知识，为对象的时空行为模式和内在规律探索提供支撑。目前，时空数据挖掘算法作为一个新兴的研究方法，已在众多领域（如交通监管、犯罪预测、环境监测和社交网络等）得到广泛应用。

数据挖掘和数据分析的本质区别在于数据挖掘是在没有明确假设前提下去挖掘信息和发现知识，它得到的信息具有先前未知、有效和可实用的特征。

数据挖掘和在线数据分析的主要区别是：数据挖掘主要用于产生假设，而在线数据分析主要用于查证假设。

运用数据挖掘的相关技术，不仅能对过去的数据进行查询和遍历，而且能找出过去数据之间的潜在联系，从而促进信息的传递，实现规律和规则的发现。大数据挖掘已在零售、制造、财务、金融、土地、保险、通信和医疗等许多领域得以应用。

4．大数据知识推理技术

知识发现是从各种信息中根据不同的需求获得知识的过程。知识发现的目的是向使用者屏蔽原始数据的烦琐细节，从原始数据中提炼出有效的、新颖的、潜在有用的知识，直接向使用者报告。知识发现是数据挖掘更广义的一种说法，即从各种媒体表示的信息中，根据不同的需求获得知识。

知识发现和数据挖掘存在着一定的混淆，知识发现表示将底层数据转换为高层知识的整个过程，而数据挖掘可认为是对数据模式或模型的抽取，是对数据挖掘的一般解释。数据挖掘仅是整个知识发现过程的一个步骤，但它却是知识发现过程的核心。

迄今为止已经出现了许多知识发现技术，其分类方法也有很多种。按被挖掘对象分，有基于关系数据库、多媒体数据库的知识发现技术；按挖掘的方法分，有数据驱动型、查询驱动型和交互型的知识发现技术；按知识类型分，有关联规则、特征挖掘、分类、聚类、总结知识、趋势分析、偏差分析和文本挖掘的知识发现技术。知识发现技术大体可分为两类：基于算法的知识发现技术和基于可视化的知识发现技术。

此外，虽然现实对象已经有了非常多实体对和关系事实，但由于数据的更新迭代以及不完整性，有许多难以轻易发现的信息被隐藏起来。如何对信息的选择进行预判、得出怎样的信息，以及信息是对是错等，都是推理需要展开的工作。

目前国内外的知识推理算法包括以下 3 类。

① 基于逻辑规则的知识推理算法。这类算法主要采用抽象的霍恩子句（Horn Clause），代表性工作包括马尔科夫逻辑网络模型、基于贝叶斯网络的概率关系模型、基于统计机器学习的 FOIL（First Order Inductive Learner）算法、PRA 算法（Path Ranking Alogorithm）、SFE（Subgraph Feature Extraction）算法、HiRi（Hierarchical Random-walk inference）算法等。该推理类型的优势是能够模拟人类的逻辑推理能力，有可能引入人类的先验知识辅助推理，但尚未有效解决优势所带来的一系列问题，包括专家依赖、复杂度过高等问题。

② 基于知识表达的知识推理算法。这类算法将实体和关系映射到一个低维的嵌入空间中，基于知识的语义表达进行推理建模，代表性工作包括 RESCAL 张量分解模型、关系推理算法（Structured Embedding，SE）、TransE（Translating Embedding）算法、TransH 算法、TransM 算法和 TransG 模型等。这种推理类型在生成知识表达时能够充分利用知识图谱已有的结构化信息，但建模方法着眼于实体间的直接关联关系，难以引入并利用人类的先验知识实现逻辑推理。

③ 基于深度学习的知识推理算法。这类算法主要包括单层感知机模型（Single Layer Model，SLM）、神经张量模型（Neural Tensor Networks，NTN）、DKRL（Description-Embodied Knowledge Representation Learning）模型和 Path-RNN 模型等。

5. 大数据可视化技术

大数据可视化是指利用支持信息可视化的用户界面以及支持分析过程的人机交互方式与技术，有效融合计算机的计算能力和人的认知能力，以获得对大规模复杂数据集的洞察力。大数据可视化技术涉及传统的科学可视化和信息可视化，从大数据分析将掘取信息和洞悉知识作为目标的角度出发，信息可视化技术将在大数据可视化中扮演更为重要的角色。

随着大数据的兴起与发展，互联网、社交网络、地理信息系统、企业商业智能、社会公共服务等主流应用领域逐渐催生了几类特征鲜明的信息类型，主要包括文本、网络（图）、时空数据及多维数据等。因此，大数据可视化技术主要分为以下几类。

① 文本可视化。文本信息是大数据时代非结构化数据类型的典型代表，是互联网中最主要的信息类型，也是物联网各种传感器采集后生成的主要信息类型，人们日常工作和生活中接触最多的电子文档也以文本形式存在。文本可视化的意义在于，将文本中包含的语义特征，例如词频与重要度、逻辑结构、主题聚类、动态演化规律等，直观地展示出来。

② 网络（图）可视化。基于网络节点和连接的拓扑关系，直观地展示网络中潜在的模式关系，例如节点或边的聚集性，是网络可视化的主要内容之一。经典的基于节点和边的可视化是图可视化的主要形式，例如 H 树（H-Tree）、圆锥树（Cone Tree）、气球图（Balloon View）和放射图（Radial Graph）等。对于具有层次特征的图，空间填充法也是常采用的可视化方法，例如树图（Treemaps）技术及其改进技术。

③ 时空数据可视化。时空数据是指带有地理位置与时间标签的数据。传感器与移动终端的迅速普及使得时空数据成为大数据时代典型的数据类型。时空数据可视化与地理制图学相结合，重点对时间与空间维度以及与之相关的信息对象属性建立可视化表征，对与时间和空间密切相关的模式及规律进行展示。信息对象随时间进展与空间位置变化所发生的行为变化，通常通过对信息对象的属性进行可视化来展现。流式地图是一种典型的方法，它将时间事件流与地图进行融合。为了突破二维平面的局限性，另一类主要方法称为时空立方体，它以三维方式将时间、空间及事件直观展现出来。

④ 多维数据可视化。多维数据指的是具有多个维度属性的数据变量，广泛存在于基于传统关系数据库以及数据仓库的应用中。多维可视化的基本方法包括基于几何图形、基于图标、基于像素、基于层次结构、基于图结构以及混合方法。其中，基于几何图形的多维可视化方法是近年来主要的研究方向。

此外，时空数据可视化分析是近年国际大数据分析与数据可视化领域研究的前沿热点，也是全空间信息系统的核心研究内容之一。时空数据由于其所属空间从宏观的宇宙空间到地表室内空间以及更微观的空间，其时间、空间和属性 3 个方面的固有特征呈现出时空紧耦合、数据高维、多源异构、动态演化、复杂语义关联的特点。现有的时空数据可视化方法主要包括描述性可视化方法、解释性可视化方法和探索性可视化方法。其中，典型的描述性可视化方法有时序数据可视化方法、轨迹数据可视化方法和网络可视化方法 3 种。

6．大数据安全技术

大数据体量巨大，往往采用分布式的方式进行存储，这种存储方式的相聚路径相对清晰，而因为数据量过大，数据保护相对简单，黑客可较为轻易地利用相关漏洞实施不法操作，从而造成安全问题。由于大数据环境下的终端用户非常多，且受众类型较多，对客户身份的认证环节需要耗费大量处理能力。由于 APT（Advanced Persistent Threat，高级可持续威胁）攻击具有很强的针对性，且攻击时间长，一旦攻击成功，大数据分析平台输出的最终数据均可能被获取，造成较大的信息安全隐患。

大数据安全问题包括以下 3 个方面。

（1）大数据信息泄露风险

在对大数据进行数据采集和信息挖掘的时候，要注重用户隐私数据的安全问题，在不泄露用户隐私数据的前提下进行数据挖掘。在分布式计算的信息传输和数据交换时保证各个存储点内的用户隐私数据不被非法泄露和使用是当前大数据背景下信息安全的主要问题。同时，当前的大数据量并不是固定的，而是在应用过程中动态增加的。但是，传统的数据隐私保护技术大多是针对静态数据的，所以，如何有效地应对大数据动态数据属性和表现形式的数据隐私保护也是要注意的安全问题。最后，大数据的数据远比传统数据复杂，现有的敏感数据的隐私保护是否能够应对大数据复杂的数据信息也是应该考虑的安全问题。

（2）大数据传输过程中的安全隐患

① 数据生命周期安全问题。伴随着大数据传输技术和应用的快速发展，大数据传输生命周期的各个阶段、各个环节，逐渐暴露出越来越多的安全隐患。比如，大数据传输环节除了存在泄露、篡改等风险外，还可能被数据流攻击者利用，数据在传播中可能出现逐步失真的情况等。又如，大数据传输处理环节除数据非授权使用和被破坏的风险外，由于大数据传输的异构、多源和关联等特点，即使多个数据集各自脱敏处理，数据集仍然存在因关联分析而造成个人信息泄露的风险。

② 基础设施安全问题。作为大数据传输汇集的主要载体和基础设施，云计算为大数据传输提供了存储场所、访问通道、虚拟化的数据处理空间。因此，云平台中存储数据的安全问题也成为阻碍大数据传输发展的主要因素。

③ 个人隐私安全问题。在现有隐私保护法规不健全、隐私保护技术不完善的条件下，互联网上的个人隐私泄露失去管控，微信、微博、QQ 等社交软件掌握着用户的社会关系，监控系统记录着人们的聊天、上网和出行记录等，网上支付、购物网站记录着人们的消费行为。但在大数据传输时代，人们面临的威胁不仅限于个人隐私泄露，还在于基于大数据传输对人的状态和行为的预测。近年来，国内多省社保系统个人信息泄露、12306 账号信息泄露等大数据传输安全事件表明，大数据传输未被妥善处理会对用户隐私造成极大的侵害。因此，在大数据传输环境下，如何管理好数据，在保证数据使用效益的同时保护个人隐私，是大数据传输时代面临的巨大挑战之一。

（3）大数据的存储管理风险

大数据的数据类型和数据结构是传统数据不能比拟的，在大数据的存储平台上，数据量以非线性甚至指数级的速度增长，对各种类型和各种结构的数据进行数据存储，势必会引发多种应用进程的并发且频繁无序地运行，极易造成数据存储错位和数据管理混乱，为大数据存储和后期的处理带来安全隐患。当前的数据存储管理系统，能否满足大数据背景下的海量数据的数据存储需求还有待考验。不过，如果数据管理系统没有相应的安全机制升级，出现问题就已经晚了。

在大数据的安全技术中，基于身份的密码体制已经成为当前研究领域的一个热点，与传统的公钥加密方案相比，基于身份的密码体制具有以下优点：不需要公钥证书、不需要证书机构、降低支持加密的花费和设施、密钥撤销简单、提供前向安全性等。它包括如下技术。

① 基于身份的签名技术。基于身份的签名算法一般由 4 个算法构成，包括 PKG 密钥生成算法 IBS.KG、用户私钥提取算法 IBS.Extr、签名生成算法 IBS.Sign 和签名验证算法 IBS.Vfy。基于身份的签名构造非常简单，并且一些具有附加性质的基于身份的签名也是可以从基于 PKI 的签名中很容易地构造。

② 基于身份的加密技术。基于身份的加密思想早在 1984 年就由沙米尔（Shamir）提出，但建立 IBE 方案被认为是非常困难的问题，第一个真正使用的 IBE 方案是 2001 年通过使用一个定义在椭圆曲线上的双线性对发现的、非常实用的 IBE 方案。一个基于身份的加密方案包括 4 个算法：系统建立算法（PKG 创建系统参数和一个主密钥）、密钥提取（用户将他们的身份信息 ID 提交给 PKG，PKG 生成一个与 ID 对应的私钥返回给用户）、加密算法（利用一个身份信息 ID 加密一个消息）和解密算法（利用 ID 对应的私钥解密密文，得到消息）。

12.3　大数据面临的挑战与发展趋势

12.3.1　大数据面临的挑战

随着近年来大数据热潮的不断升温，人们认识到"大数据"并非仅指"大规模的数据"，更代表了思维、商业和管理领域前所未有的大变革。在这次变革中，大数据的出现，对产业界、学术界和教育界都正在产生巨大影响。随着科学家们对大数据研究的不断深入，人们越来越意识到对数据的利用在为其生产、生活带来巨大便利的同时，也带来了不小的挑战。

1．数据隐私和安全

由于物联网技术和互联网技术的飞速发展，我们随时暴露在"第三只眼"下面。不管我们是在上网、打电话、发微博、微信，还是我们的其他行为，都在随时被监控分析。对用户行为的深入分析和建模，可以更好地服务用户，然而如果信息泄露或被滥用，则会直接侵犯用户隐私，对用户形成恶劣的影响，甚至带来生命财产的损失。LinkedIn 在 2012 年被曝 650 万用户的账号和密码泄露；雅虎遭到网络攻击，45 万用户 ID 泄露；2011 年 12 月，CSDN 的安全系统遭到黑客攻击，600 万用户的登录名、密码及邮箱遭到泄露。因此在大数据的隐私和安全方面，大数据面临着很大的挑战。同时，我们要培养安全和隐私意识，从而保护隐私信息不被滥用。

2．数据存储和处理

大数据格式多变、体量巨大的特点，也带来了很多挑战。针对结构化数据，关系型数据库管理系统经过几十年的发展，已经形成了一套完善的存储、访问、安全与转储机制。由于大数据的巨大体量，集中式的数据存储和处理也在转向分布式并行处理，大数据更多的时候是非结构化数据，因此也衍生了许多分布式文件存储系统和分布式 NoSQL 数据库等来存储和管理这类数据。然而这些新兴系统，在用户管理、数据访问权限、转储机制、安全控制等各方面还需进一步完善。

此外，除了分布式存储和处理方式，云存储技术也是一种解决方案，但是将大量数据上传到云端并不是一个从根本上解决问题的方法。因为云存储技术也不可避免地存在一些问题。一方面，将巨大数据量的数据上传到云端需要大量的时间，但这些数据的变化速度很快，这使得上传的数据在一定程度上缺少实时性；另一方面，云存储的分布式特点对数据分析性能也造成了一定的影响。

3．数据共享机制

在企业信息化建设过程中，普遍存在条块分割和信息孤岛的现象。不同行业之间的系统与数据几乎没有交集，同一行业也是按领域进行划分的，因此，跨区域的信息交互和协同非常困难。严重时这种情况甚至出现在同一单位内，如医院的信息系统中的子系统，包括病历管理、病床信息和药品管理等，都是分开建设的，没有实现信息共享和互通。信息化建设的重点（如智慧城市）的根本是实现信息的互通和数据共享，基于数据融合实现智能化的电子政务、社会化管理和民生改善。因此，在实现数字化的基础上，还需要实现互联化，打通各行各业的数据接口，实现互通和数据共享。

为了实现跨行业的数据整合，需要制定统一的数据标准、交换接口以及共享协议，使得不同行业、不同部门、不同格式的数据能基于一个统一的基础进行访问、交换和共享。对于数据访问，还需要设置细致的用户访问权限。在大数据和云计算时代，不同行业的数据可能存放在统一的平台和数据中心上，需要对一些敏感信息进行保护，尤其是涉及商业机密和交易信息的数据，以满足不同对象对不同数据的共享要求。

4. 价值挖掘问题

大数据体积巨大，同时又在不断增长，因此单位数据的价值密度在不断降低，但同时大数据的整体价值在不断提高，大数据被类比为石油和黄金，人们从中可以发掘巨大的商业价值。要从海量数据中找到潜藏的模式，需要进行深度的数据挖掘和分析。大数据挖掘与传统的数据挖掘模式也存在较大的区别：传统的数据挖掘一般数据量较小，算法相对复杂，收敛速度慢。然而大数据的数据量巨大，在对数据的存储、清洗及抽取、转换、装载（Extract Transform Load，ETL）方面都需要能够应对大数据量的需求和挑战，这在很大程度上需要采用分布式并行处理的方式。比如 Google、微软的搜索引擎，在对用户的搜索日志进行归档存储时，就需要成千上万台服务器同步工作。同时，在对数据进行挖掘时，也需要改造传统数据挖掘算法以及底层处理架构，同样采用并行处理的方式才能对海量数据进行快速计算分析。Apache 的 Mahout 项目就提供了一系列数据挖掘算法的并行实现。在很多应用场景中，甚至需要挖掘的结果能够实时反馈回来，这对系统提出了很大的挑战，因为数据挖掘算法的执行通常需要较长的时间，尤其是在数据量大的情况下。这可能需要结合大批量的离线处理和实时计算才能满足需求。

数据挖掘的实际增效也是我们在进行大数据价值挖掘之前需要仔细评估的问题。并不见得所有的数据挖掘计划都能得到理想的结果。首先需要保障数据本身的真实性和全面性，如果所采集的信息本身噪声较大，或者一些关键性数据没有被包含，那么所挖掘出来的价值也就大打折扣。其次，要考虑价值挖掘的成本和收益，如果对挖掘项目投入的人力与物力、硬件与软件平台都很大，项目周期也较长，而挖掘出来的信息对企业生产决策、成本效益等方面的贡献不大，那么片面地相信和依赖数据挖掘的威力，是得不偿失的。

5. 其他技术挑战

大数据发展面临的其他技术挑战有以下 4 点。

① 多源异构数据。非结构化数据是原始、无组织的数据，而结构化数据是被组织成高度可管理化的数据。将所有的非结构化数据转换为结构化数据是不可能的。结构化数据可以较容易地被存储和处理，而非结构化数据的处理和挖掘具有一定的复杂性。

② 可扩展性。现阶段实现任务处理的方式主要是将具有不同性能目标的多个不同工作负载分布于巨大的集群系统中，但实现这个要求需要高水平的资源共享机制和高昂的成本。因此，对于技术方面的可扩展性，大数据还面临着很多挑战，比如如何执行计算资源分配任务来满足每项工作负载的计算资源需求；在集群操作系统中，系统故障频繁发生时，应

该如何有效地处理故障等。大数据计算平台也应该具有一定的可扩展性，以适应大数据环境下的复杂机器学习任务的调度等数据处理问题。

③ 容错性。现阶段对大部分系统的要求是：当故障发生时，故障对数据处理任务的影响程度应该在一个可以接受的范围内，并不是一定要将任务重新开始。但现有的容错机制往往并不能满足数据处理任务的要求。容错机制涉及很多复杂的算法，并且绝对可靠的容错系统是不存在的。因此，应该尽量将失败的概率降到可以接受的水平。

④ 数据质量。很多中型以及大型企业每时每刻都在产生大量的数据，但很多企业很不重视大数据的预处理阶段，导致数据处理很不规范。大数据预处理阶段需要把数据转化为方便处理的数据类型，对数据进行清洗和去噪，以提取有效的数据等。甚至很多企业在数据上报时就出现很多不规范、不合理的情况。以上种种原因导致企业数据的可用性差，数据质量差，数据不准确。而大数据的意义不仅是收集规模庞大的数据信息，还要对收集到的数据进行很好的预处理，这样才有可能让数据分析和数据挖掘人员从可用性高的大数据中提取有价值的信息。Sybase 的数据表明，高质量数据的应用可以显著提升企业的商业表现，数据可用性显著提高。因此，大数据更关注高质量数据的存储，以得出更好的结果和结论。但这也带来了各种各样的问题，如在存储过程中如何保证数据的相关性、在已经存储的数据中多少数据足以做出决策、存储的数据是否确，以及是否能从数据中获得正确结论等。

12.3.2 大数据的发展趋势

目前，伴随移动互联网、智能硬件和物联网的快速普及，全球数据总量呈现指数式增长的态势，与此同时，机器学习等先进的数据分析技术创新日趋活跃，使得大数据隐含的价值得以更大程度地显现，一个更加注重数据价值的时代正来临。由于大数据能够通过数据的价值化来赋能传统行业，所以大数据作为产业互联网的关键技术之一，将在未来产业互联网阶段获得巨大的发展空间。现阶段大数据技术的发展趋势大致体现在以下几个方面。

1．边缘计算

边缘计算是一种分布式计算，是指将数据资料的处理、应用程序的运行甚至一些功能服务的实现由网络中心下放到网络边缘的节点上。在大数据时代，几乎所有的电子设备都可以连接到互联网和物联网中，连接的设备数量逐步增加。此外，终端设备从之前扮演消费者的角色逐渐转变为具有生产数据能力的设备。因此，网络边缘会产生庞大的数据量，如果这些数据都由核心管理平台来处理，则在敏捷性、实时性、安全和隐私等方面都会出现问题。但采用边缘计算，可以就近处理海量数据，实现高效协同工作。这具有低成本、低时延、大带宽、高效率等优势，并且可以降低发生单点故障的可能性，拥有着应用于诸多行业领域并发挥巨大作用的潜力。

2．数字汇流

数字汇流是对未来冲击最大的一项趋势，包括数字化与整合两大概念。它来自网络通信技术的快速演变，让许多各自独立的领域开始产生互动，彼此界限逐渐模糊、产生整合。现在数据汇流之所以受到各领域的关注，因为它结合不同领域的进步，水到渠成，汇集成一股冲破疆界的爆发力。然而对于数字汇流，不能忽略建立共通的标准。数字汇流的发生代表着原先不同领域的数字内容和不同平台设备之间要开始沟通，需要共通标准。

3. 机器学习

机器学习是实现 AI 的一种途径，它和数据挖掘有一定的相似性，也是一门多领域交叉学科，涉及概率论、统计学、逼近论、凸分析、计算复杂性理论等多门学科。它更加注重算法的设计，让计算机能够自动地从数据中"学习"规律，并利用规律对未知数据进行预测。通过使用机器学习，我们能够从现有大数据集中获得有价值的知识。如何有效地把系统和机器学习方法相结合来处理海量数据，将是未来机器学习和计算机科学发展的关键。

4. AI

AI 是计算机科学的一个分支，它企图了解智能的实质，并生产出一种新的、能以与人类智能相似的方式做出反应的智能机器，AI 领域的研究包括机器人、语音识别、图像识别、自然语言处理和专家系统等。它的主要目标是使机器能够胜任一些通常需要人类智能才能完成的复杂工作。AI 技术的发展对大数据技术有着较强的依赖性，作为 AI 的核心技术之一，大数据技术在 AI 中有着较为广泛的应用，如 AI 水下搜救机器人、高层建筑灭火救援、智能化的农业种植中心、智能教学评估分析系统等。AI 的发展可以分为 3 个阶段，即计算智能、感知智能和认知智能。目前，AI 还处于感知智能阶段。随着计算处理能力的突破以及互联网大数据的爆发，再加上深度学习算法在数据训练上取得的进展，AI 在感知智能上正实现巨大突破。

5. 增强现实与虚拟现实

增强现实（Augmented Reality，AR）是一种实时地计算摄影机影像的位置及角度并加上相应图像、视频和三维模型的技术，这种技术的目标是把虚拟世界套在现实世界上并进行互动。而虚拟现实（Virtual Reality，VR）是一种可以创建和体验虚拟世界的计算机仿真系统，它利用计算机生成一种模拟环境，是一种多源信息融合的、交互式的三维动态视景和实体行为的系统仿真。

如今，大数据完全改变了增强现实和虚拟现实的运作方式，无数的商业和娱乐应用希望能够被掌握增强现实技术的企业所利用。增强现实、虚拟现实与数据之间的关系更像是一种共生关系，它们都可以从彼此合作中受益。增强现实和虚拟现实可以帮助人们了解大数据的巨大复杂性，而大数据可视化技术也将获得的大量信息压缩成易于理解的图形或图表，这些图形或图表可以用增强现实技术直接投射到人们面前。随着时间的推移，如果人们希望数据更易于理解，那么将会形成一种市场共识：人们可以通过增强现实和虚拟现实获得更好的数据。

6. 区块链

区块链是一个分布式数据库系统，作为一种"开放式分类账"来存储和管理交易。数据库中的每个记录都称为一个块，包含诸如事务时间戳以及上一个块的链接等详细信息。此外，由于在多个分布式数据库系统上记录相同的事务，所以该技术通过设计之后是安全的。在大数据的生态系统中，通过区块链脱敏的数据交易流通，结合大数据存储技术和高效灵活的分析技术，极大地提升了区块链数据的价值和使用空间。区块链技术可以说是大数据安全、脱敏、合法和正确的保证。随着数字经济时代的发展，通过把区块链技术与大数据连接，大数据将会在"反应—预测"模式的基础上更进一步，能够通过智能合约和未来的分布式自治组织自动运行大量任务，解放人类生产力，让这些生产力被去中心化的全球分布式计算系统代替，那时将会迎来又一次的科技爆炸。

本章小结

大数据是由网络、信息和 AI 等技术迅猛发展而产生的海量的、传统方法已无法进行有效管理的数据。大数据技术给数据库甚至整个信息技术处理架构都带来了挑战，同时促进了数据挖掘与分析技术、AI 等技术的快速发展。

在面临大数据挑战的情况下，数据库技术在具有更强表达能力的数据模型、去 SQL、更高的数据处理效率等方面都取得了较多成果。本章仅介绍了大数据技术，未强调数据库技术与之对应的进步，部分内容将在第 13 章中介绍。

习题

1. 什么是大数据？它有什么特点？
2. 大数据关键技术有哪些？
3. 大数据采集系统主要分为哪些类型？
4. 大数据存储的特点和要求有哪些？
5. 大数据面临着哪些挑战？
6. 大数据的发展趋势有哪些？

第**13**章 数据库前沿技术

近年来随着云计算、大数据、5G、AI 等技术的迅猛发展，数据库技术也取得了且仍在取得突破性进展。

本章的学习目标是了解云数据库、AI 数据库和 NoSQL 数据库等新数据库技术。

第 13 章简介

13.1 云数据库

13.1.1 云数据库的概念

1．云数据库

2006 年，Google 首次提出"云计算"（Cloud Computing）的概念，经过十几年发展，目前已趋于成熟。大批应用系统开始部署在云端，与之相适应，传统数据库逐渐从私有部署转化为云上部署这样的数据库，称为云数据库。

根据百度百科给出的定义，云数据库是指被优化或部署到一个虚拟计算环境中的数据库，可以实现按需付费、按需扩展、高可用性以及存储整合等优势。

实际上，云数据库是传统数据库的"云化"，即将数据库部署在云端，以利用云平台的分布式存储能力，以及计算资源池的弹性扩展能力来提高数据库性能。云数据库工作在云计算平台的软件即服务（SaaS）层，为应用提供关系数据库服务，也被称作数据库即服务（DataBase-as-a-Service, DBaaS）。

云数据库可以分为关系数据库、NoSQL 数据库两大类。关系数据库产品丰富，例如，阿里云关系型数据库，可以支持 MySQL、SQL Server、PostgreSQL、PPAS（Postgres Plus Advanced Server）和 MariaDB TX 引擎等多种系统，是一种稳定可靠、可弹性伸缩的在线数据库服务。腾讯和华为的云数据库产品线也都涵盖了业内主流的数据库产品，包括开源数据库 MySQL、PostgreSQL 和 MariaDB 等，商业数据库 Oracle、SQL Server 等。除了关系数据库以外，云数据库还包括非关系模型的数据库管理系统，例如阿里云、腾讯云、华为云的云数据库都支持文档数据库 MongoDB、列数据库 Redis 等。

我国的云数据库近年发展迅速，据著名的信息技术研究和分析公司——高德纳公司，近年发布的《云数据库管理系统魔力象限》，阿里云、腾讯云和华为云都在领导者象限、特定领域象限多次出现。阿里云数据库已经 3 年蝉联领导者象限，是中国数据库市场中当之无愧的"明星";腾讯云 2022 年出现在特定领域象限,其云数据库在金融行业的拓展赢得了关注;华为云数据库 GaussDB 在本地部署模式中市场占有份额在国内排名第一。

2.云原生数据库

云原生计算基金会(CNCF)在 2017 年提出"云原生"的概念。云原生技术有利于各组织在公有云、私有云和混合云等新型动态环境中构建和运行可弹性扩展的应用。云原生的代表技术包括容器、服务网格、微服务、不可变基础设施和声明式 API。

这些技术能够构建容错性好、易于管理和便于观察的松耦合系统。结合可靠的自动化手段,云原生技术使工程师能够轻松地对系统做出频繁和可预测的重大变更。

云原生中的"云"表示存在云中,而不是部署在本地。比如云盘中的文件就在云中,而不是存储在用户计算机的硬盘中。"原生"则代表着应用从设计环节便考虑到云环境的因素,为云而设计,在云上运行。

一句话概括,"云原生"就是为"云"而设计,且适合上"云"。更有人形容,云原生是生在云上,长在云上,也应用于云上。

依据云原生的概念,云原生数据库是云数据库的一种,是早期云数据库的进阶版,可看作一种云原生数据基础设施,是一种完全利用公有云优势的数据库服务,具备极致的弹性伸缩能力、无服务器(Serverless)特性、全球架构高可用与低成本,并可以与云上其他服务集成联动。作为一种数据基础设施,云原生数据库以平台即服务(PaaS)的形式进行分发,与云数据库一样,被称为 DBaaS。用户可以将该平台用于多种场景,例如存储、管理和提取数据。

这方面的典型代表包括亚马逊的 Aurora、Tauru、华为的 GaussDB、腾讯的 TiDB 和阿里巴巴的 PolarDB 等。

13.1.2 云数据库的特点

云原生数据库有以下特点。

① 资源弹性配置。云原生数据库系统充分利用云平台底层的存储资源池、计算资源池、网络带宽等设施,快速、弹性地配置所需资源,提高数据库系统的存储能力与峰值性能,更好地满足数据库系统客户业务扩展需求和突发性需求。

② 安全性高。云平台自动部署反恶意软件、反病毒和防火墙软件等安全性环境,可以说 DBaaS 运行环境具有受到全天候的高度监控、安全、可自动升级、能及时有效地修复各种安全漏洞等优点。而传统数据库,需要 DBA 或系统管理员手动配置反恶意软件、防病毒和防火墙等安全性环境软件,安全性配置复杂、成本较高。

另外,云原生数据库也可能通过云平台的容灾架构、自动监控预警、定期巡检和自动转储等功能来提高数据库的安全性。

③ 可靠性高。云数据库实质上是一种借助云平台实现的分布式数据库,它天然比集中式数据库可靠性高,在单个节点出现磁盘隔离、网络隔离以及虚拟机故障时,都可以通过云平台的虚拟机调度机制立即重启或重新调度迅速恢复。甚至在不久的将来,随着云平台稳定性的提高及与云原生数据库的密切结合,可以做到对云平台的此类故障无感知。传统单机或集群式数据库服务器都无法与之比拟。

④ 建设运维成本低。传统大规模的数据库集群、数据中心建设都是大工程,需要大量

投入人力物力，且在运行维护过程中多数会碰到平台老化、效率降低、扩容困难等问题。云原生数据库前期建设时间成本、硬件采购成本都能大幅降低，更能降低运维的时间、人工和经济成本。

13.2 AI 与数据库

近年来 AI 技术发展迅速，特别是在计算机视觉等方面取得了长足的进步。AI 对数据库技术提出了新的挑战，同时其强大的学习、推理、规划能力也为数据库系统提供了新的发展机遇。

简单总结，AI 给数据库带来的挑战如下。

① 传统数据库的数据模型单一，无法管理海量、结构多样且复杂的数据，像早期为信息化应用提供高效的基础数据管理功能一样为 AI 技术提供基础数据管理功能，促进其进一步发展。

② 传统数据库架构上无法自动适应用户需求变化，快速进行负载均衡、自动调优等工作，提高数据管理性能。

③ 传统数据库的 SQL 语法固定，无法支持用户口语化、连续的查询需求表达，降低了使用数据库的难度与专业性。

AI 在统计、学习、推理和规划方面积累了较多优秀算法，特别是近年在自然语言理解、图像识别等方面取得了很好的研究成果，这些技术可以从数据存取、查询优化、查询执行、查询语言处理、数据库运维等多个方面对现有数据库进行优化，促进数据库技术的发展。

近年 AI 技术的突破依赖于大数据的发展，多数机器学习算法都需要使用大量训练数据来学习数据所代表的规律与模式，这一点已在语音识别、图像分类和自然语言处理等多个领域得到了充分的印证。若能有效结合数据库在存储、管理和操作数据上的优势，AI 的训练和学习过程可以更加高效。

由上，学术界和产业界十分重视数据库技术与 AI 技术的融合，这种融合既可以促进数据库技术的发展，又可以促进 AI 技术的发展，同时还能够催生诸如自动驾驶等更多新的应用。两种技术的融合可以促进数据分析、边缘计算等技术的发展，进一步催生这些技术的成功应用。

13.2.1 基于 AI 的数据库技术

AI 技术可以在数据存取、查询优化与执行、交互性、安全性、运行维护等多个维度提升数据库的性能、可靠性与可用性。当前这些维度的典型研究成果及可能的研究方法如下。

1. 数据存取

传统数据库系统中，通常由 DBA 依据个人经验或启发式规则来维护索引、进行数据分区。AI 赋能的数据存取优化则以历史查询负载和数据分布特点作为输入，利用机器学习和数据挖掘技术，合理地进行数据分区、选择在哪些列上建立索引或是以机器学习模型替代传统的索引结构。AI 赋能的数据存取可以使数据存取的优化动态性更强，分区和索引对数据、负载和硬件更具适应性，以达到提高数据检索、存取速度的目的。

数据分区是分布式数据库物理结构设计的重要部分。数据分区主要包括水平分区和垂直分区，通过数据分区，表、索引或者物化视图被划分为元组和属性的子集进行存取。选择好的数据分区算法对数据库的性能提升有重要意义。传统的数据分区依据数据库模式、数据的特征属性的分布和负载，使用关键字范围或哈希函数进行分区。近年来，AI 方法逐渐应用在数据分区问题上，基于图分割算法、基于强化学习的分区算法都取得了较好的实验结果。

索引是加快数据查询速度的重要工具，传统的 B 树、哈希、位图索引都是对一张表的数据按关键字建立索引，索引创建、维护代价很大。机器学习技术将索引理解为一种用来定位数据在存储中位置的模型，机器学习算法通过学习掌握数据分布，构建范围索引、点索引等多种索引，在不降低数据查询效率的前提下，降低了索引维护代价。另外，依据查询频度，数据可以有冷热之分，DBMS 可以依据数据使用频度对数据划分冷热程度，对不同冷热程度的数据建立同构、异构的索引及数据分区存储结构，以进一步提高高频数据查询速度，改善用户体验。

2．查询处理和优化

查询优化是数据库系统重要的任务之一，大多数数据库系统使用基于代价的优化算法，通过枚举查询执行计划、估算每个枚举的开销来选择开销最小的执行计划。

AI 在查询优化的各个方面都可应用，例如使用启发式算法和核密度函数估算数据分布，基于支持向量机的神经网络估算查询代价，使用深度强化学习算法进行连接排序优化和利用深度学习算法生成查询计划等。

查询执行时，复杂的并发负载和数据分布可能使估算最优或次优的查询计划的实际执行代价很高，甚至无法完成查询。传统的数据库系统运行在单服务器或集群环境，对网络传输、节点掉线问题不需要太多考虑。但在云数据库的运行环境中，不得不考虑这方面的问题。在较早期的研究中，人们提出了自适应查询处理算法，它可以在查询执行的过程中依据节点和网络实时状况持续优化查询计划，调整查询执行顺序、资源配置等，帮助系统获得更好的性能表现。

有的算法将查询执行过程分割为多个时间段，在每个时间段使用强化学习算法依据实时节点、网络情况调整查询执行计划，以提高查询效率。有的研究提出适用于云服务环境的，基于机器学习、向量化或强化学习等算法的查询执行框架或查询调度框架，以全新的架构来提高数据库的查询执行效率。

3．交互性

SQL 是一款优秀的数据库语言，但相对自然语言来讲专业性太强，甚至一些程序员、软件设计人员也没办法通过 SQL 很好地表达数据操作需求，更不用说非专业人员了。最近使用自然语言操作数据库的需求得到了开发者广泛的关注，通过自然语言对数据库进行查询，可以使非专业用户高效地指定复杂的信息请求，降低数据库的使用门槛。

借助 AI 自然语言理解方面的成果，有的研究提出了基于神经深度网络的自然语言到 SQL 查询语句的转换算法，甚至实现了将自然语言转化成 SQL 的工具软件，为用户提供了便捷的数据操作方法。也有研究使用神经网络将 SQL 语句表示为向量，类似于自然语言处理领域中将文档或句子表示为定长向量。这种 SQL 语句表达的思路引领查询处理、优化和执行走向以向量、张量为处理对象的方向，为在查询处理过程中使用更多 AI 算法提供了基础。

4．安全性

将信息安全技术与 AI 结合可以从以下几个方面提高数据库的安全性。

① 隐私保护。隐私保护一般采用分级分等策略，对不同保护等级的数据采取不同的保护策略。简单的隐私保护技术可以根据历史数据和用户访问模式，智能地选择向某些用户隐藏或部分隐藏身份证号码之类的隐私数据。智能隐藏技术可以利用神经网络内部高维的非线性数据变换机制帮助提高数据隐藏的效果。

② 数据库审计。传统审计技术要求审计人员提前了解大量的业务数据，再来完成审计工作，这是一种非常浪费人力与物力的行为。自主审计通过对数据预处理，使系统可以自动获取审计数据，并从海量数据中总结有用的信息，帮助审计人员做出更好的决策。

智能审计还可以使用机器学习算法从大量的用户行为中自动学习攻击规则，进而预测用户对数据的窃取、越权访问和修改等非法行为。

③ 自主漏洞发现。现有的自主检测方法主要是通过安全扫描来发现已知漏洞，对未知的安全漏洞无法评估和识别，更无法自动处理。基于 AI 的自主访问控制方法可通过机器学习预测、评估潜在的漏洞，实现自安全策略。

5．运行维护

数据库运维包括数据库环境部署、参数配置、性能监控、故障处理等工作，目的是保障数据库正常稳定运行。传统数据库运维依赖 DBA 的经验知识和人工操作，但由于查询负载日趋复杂且变化性增强，数据库参数配置等运维工作已超出 DBA 的工作能力范围。抽取和分析查询负载的特征、合理配置数据库参数，对数据库的调优过程都十分必要。AI 技术可以根据历史负载信息，预测查询负载未来的变化趋势，自动设置和修改数据库的配置参数，提高数据库性能。

有研究提出基于强化学习的云数据库自动调优系统，系统首先对用户负载进行编码并提取负载特征，然后利用深度强化模型学习负载特征、数据库状态与配置的关系并推荐配置，再利用模型的奖励反馈机制、深度学习的映射能力和强化学习的优化策略，在高维连续空间中寻找最优配置，提高动态调优的效率。

13.2.2　AI 原生数据库

近年有学者提出了 AI 原生数据库的概念，这一概念值得关注。AI 原生数据库通过将 AI 结合到数据库的处理、运维和组装中，数据库实现自监控、自配置、自优化、自诊断、自愈、自安全和自组装，并为 AI 和数据库服务提供统一的调用接口。

简单来讲，AI 原生数据库是 AI 技术与数据库技术的深度融合，从底层支持 ARM、AI 芯片等新硬件开始，到支持关系模型以外更复杂的张量模型、使用各种 AI 算法实现数据管理，再到支持自然语言的用户接口，借助 AI 实现更高效的数据管理。本书给出的 AI 原生数据库架构如图 13-1 所示。

可以将 AI 原生数据库分为 5 个阶段来实现，如表 13-1 所示，具体如下。

① AI 建议型数据库（AI Advised Database），包括一个 AI 引擎，通过自动化建议，提供数据库的离线优化，减小数据库管理员的负担。这种外挂式 AI 引擎与数据库松耦合。

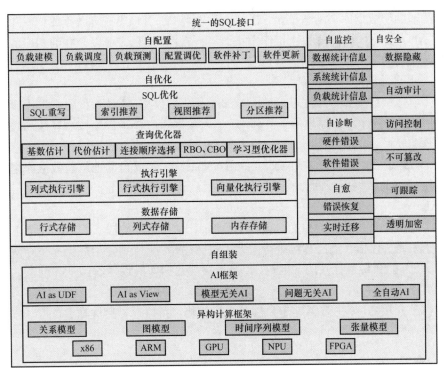

图 13-1　AI 原生数据库架构

表 13-1　AI 原生数据库的 5 个实现阶段

阶段	特点	简介	典型 AI 技术
1	AI 建议型数据库	提供插件形式的 AI 引擎	负载管理（例如负载调度）； SQL 优化（例如 SQL 重写器、索引推荐）； 数据库监视器（例如线下参数调优、系统统计）； 数据库安全性（例如自动审计/屏蔽）
2	AI 辅助型数据库	提供基于数据库的 AI 引擎	自配置（例如在线参数调优）； 自优化（例如 SQL 优化、数据存储）； 自监控（例如监控系统状态）； 自诊断（例如发现硬件/软件问题）； 自愈（例如故障恢复、在线迁移）； 自安全（例如可回溯性、防信息泄露）
3	AI 增强型数据库	提供统一的 AI 引擎	基于学习的数据库组件； 学习型查询重写器； 学习型代价估算器； 学习型优化器； 学习型执行器； 学习型存储引擎； 学习型索引； 声明型 AI（UDF、视图、模型无关、问题无关、全自动）
4	AI 自组装型数据库	提供异构处理架构	自组装； 充分利用异构硬件（如 ARM、GPU、NPU）
5	AI 自设计型数据库	基于 AI 的数据库生命周期	设计、编码、评估、监控和运维

② AI 辅助型数据库（AI Assisted Database），将 AI 引擎集成到数据库内核中，提供运行时优化 AI 工具（如调优模型、工作负载调度、视图推荐），可以合并到相应的数据库组件中。通过这种方式，AI 被集成到数据库的工作过程中，数据库内置 AI 引擎，实现在线辅助优化，提升数据库管理效率。

③ AI 增强型数据库（AI Enhanced Database），不仅用 AI 技术优化数据库设计，而且提供基于数据库内置的 AI 原生服务。将 AI 植入数据库内核组件、核心算法和数据结构，实现数据库自优化。

④ AI 自组装型数据库（AI Assembled Database），不仅自动地组装数据库组件来生成最适合给定场景的数据库，而且将不同任务调度到合适的硬件上，实现数据库自愈并达到最优化 AI。

⑤ AI 自设计型数据库（AI Designed Database），在这个阶段，数据库完全由 AI 设计，包括设计、编码、评估、监控和运维等阶段。将 AI 技术集成到整个数据库生命周期中，使数据库和 AI 都能获得最佳性能。通过 AI 技术实现数据库的设计、验证、开发，达到全场景智能和普惠 AI 的目的。

此处简单介绍 AI 原生数据库中自配置、自优化、自监控、自诊断、自愈、自安全和自组装的概念，更多信息可查阅相关文献。

1．自配置

自配置是指数据库可以自动调整自己的配置，以适应工作负载和环境的变化。

首先，数据库可以并行地执行不同粒度的查询，不同粒度对系统资源和性能都有不同的要求。数据库可以根据工作负载特性为工作负载配置系统参数，而这些特性是从第一级工作负载的建模、调度和预测中得到的。其次，数据库通过配置调优、软件打补丁、软件升级等机制进行数据库管理。例如，所有数据库都有数百个参数，对数据库维护的各个方面都至关重要。然而这些配置需要手动调优，这不仅费时，而且无法找到最佳配置。基于 AI 的算法，如深度强化学习，可以自动进行数据库调优。

2．自优化

基于学习的查询优化器主要针对代价和基数估计、连接顺序选择和数据结构设计这 3 个方面。

① 代价和基数估计。传统数据库主要根据原始统计数据（例如读/写块、后端、死锁等）估计基数，而使用直方图估计每个查询操作符（例如哈希连接、聚合、过滤器等）的行数，效果比较差。基于 AI 的方法（如 Tree-LSTM）可以深入学习数据分布，提供更准确的成本/基数估计。

② 连接顺序选择。不同的连接方案对查询性能有很大的影响，但寻找最佳计划是 NP 难问题。在静态算法（如动态规划、启发式算法）中，数据库中连接顺序选择的性能受查询估计的影响。基于 AI 的方法以一步连接作为短期奖励、以执行时间作为长期奖励，可以更好地选择不同的连接顺序计划。

③ 数据结构设计。内置的 AI 模型可以在线推荐数据分区、索引、视图，基于学习的模型也可用于优化执行器引擎和数据存储。对于执行器引擎，主要考虑基于行和基于列的

混合查询执行方法和直接执行 AI 模型的张量处理引擎两方面的问题。

3．自监控

自监控是指数据库可以自动监控数据库状态，如读/写块、并发状态、工作事务等。检测操作规则（如根本原因分析规则），可以监视整个生命周期中的数据库状态（例如数据一致性、数据库运行状况等）。监控得到的信息可用在自配置、自优化、自诊断和自修复中。

数据库系统需要通过增量式的更新监控信息来最小化自监控的开销。另外，通过总结故障转移条件和采用的解决方案，并以运维说明书的形式发布出来，可帮助人们更好地理解和监督。数据库系统一般有数百个状态信息，如果没有很好的采集机制，可能会影响数据库性能。因此，如何监控这些信息而不影响数据库性能是当前的研究难点。

4．自诊断

高可用性是数据库系统的另一个重要需求。数据库需要保护每个事务的健康状态，比如等待时间和分配的资源。如果没有动态保护机制，可能会影响数据库性能。自诊断包括一套诊断和纠正数据库中异常情况的策略，这些异常情况主要由硬件错误（如 I/O 错误、CPU 错误）和软件错误（如错误、异常等）引起。即使某些数据库节点意外停止工作，自诊断也可以保证服务。例如，在数据访问错误、内存溢出或不满足某些完整性限制的情况下，数据库可以自动检测根本原因，及时取消相应的事务。

5．自愈

高可靠性是数据库系统的一个关键需求，但是导致数据库崩溃的原因有很多，保持数据库正常运行是一件很困难的事情。传统数据库系统主要采用基于规则的监视器、定期转储数据技术，但这种方法并不能保证数据库的可靠性。

基于 AI 技术，数据库系统能够自动监控、检测运行时问题并迅速恢复。首先，它能够智能地将不同作业隔离，一个作业出现错误时不会影响到其他用户。其次，它使用 AI 建议型数据库的工具来进一步帮助节约时间，并将人从重复的故障恢复循环中解放出来。再次，基于 CNN（Convolutional Neural Network，卷积神经网络）等模型，它能自动检测查询的异常，并及时优化执行过程。例如，对于分布式数据库，当节点崩溃或负载倾斜时，它支持以较低的开销来实现实时数据迁移。最后，自组装技术可用于提供数据处理的多路径计算，避开错误路径，选择可用路径，提升系统可靠性。

6．自安全

数据库自安全包括以下几个功能。

① 根据数据的特点智能隐藏身份证号码等隐私数据。数据隐藏技术主要包括插入和替换两种方法：插入方法通过在要隐藏数据前加一段冗余数据实现数据隐藏，接收方需要根据特殊标识的位置信息找到隐藏的数据；替换方法通过字节替换或改变字节顺序实现数据隐藏，接收方需要根据事先协商好的规则获得隐藏的数据。智能隐藏技术利用神经网络内部高维的非线性数据变换机制帮助提高数据隐藏的效果。

② 从数据预处理和动态分析两个方面优化审计工作。智能审计将提取信息的工作交给机器学习模型，节约人力开销，而且可以帮助审计人员更好地决策。智能审计还要求机器学习模型能够根据用户行为来智能防范用户对数据的窃取，基于时间序列预先防范越权访问、修改等非法行为。

③ 对重要数据实现透明加密，即数据在整个生命周期都是加密的，对第三方来说是不可读的。

④ 数据要防篡改，防止恶意修改数据。

⑤ 为了获取数据的访问历史，数据访问记录应该是可跟踪的。

此外，基于 AI 的模型可以自动学习攻击规则，及时阻止未经授权的访问。

7. 自组装

每个数据库组件都有多个选项，例如，优化器包括基于代价的模型、基于规则的模型和基于学习的模型等。自组装的含义是对数据库组件采用标准接口，在每个服务层中动态地选择适当的组件，使用增强学习算法组合成适当的执行路径，并使用生成式对抗网络或其他方法实现路径选择和性能评估，确定数据处理路径，进而完成数据处理操作。

据报道，GaussDB 是业界首个 AI 原生态（AI-Native）数据库，将 AI 技术融入分布式数据库的全生命周期，实现自运维、自管理、自调优、故障自诊断和自愈。基于深度强化学习的自调优算法、异构计算创新框架等技术提高了数据库系统的性能。

13.2.3　基于数据库的 AI 技术

大数据时代，AI 技术飞速发展，一些成熟的深度学习技术已经可以应用于图像识别、自然语言处理、无人驾驶等各个领域。但目前 AI 技术的可解释性、泛化性与可复现性仍面临挑战。例如 2018 年，挪威科学家奥德·埃里克·贡德森（Odd. Erik Gundersen）的调查表明：过去几年提出的 400 多种 AI 算法中 94%的算法"可复现"存疑。另外，随着应用深度的加深，AI 技术局限性也逐渐暴露出来，难以处理强干扰、强隐蔽、强欺骗等带来的信息不完备、边界不确定等诸多问题。相关研究表明，基于深度神经网络的智能算法，如人脸识别、自动驾驶、物体检测等都极易受到噪声的干扰产生不可预期的错误，甚至可能被误导产生严重的后果。

通过有效结合数据库在存储、管理和操作数据上的优势，可以提高 AI 训练和学习效率。数据库不仅能为 AI 提供数据，还能更好地支持 AI 服务。从小处讲，训练 AI 模型需要进行大量的张量计算，通过扩展关系代数，数据库可以更好地支持张量计算，并统一在执行器中执行，有助于模型训练。另外，训练好的 AI 模型可以在数据库中进行持久化，方便用户重用。

从保障智能算法在极端对抗环境下的可靠性与可生存性方面讲，迫切需要开展面向复杂动态对象的、可解释的精准智能理论方法研究，探索 AI 技术决策机制、脆弱性原理、评测体系、分析方法以及优化加固方法，发展复杂大数据的数理表征机理与范式、融合先验知识的复杂系统智能构建方法、面向复杂系统动态行为的 AI 学习方法等。因此，大数据是现代 AI 的基础，建立基于大数据的深度表征，学习与识别新理论与新方法，突破现有 AI 可解释性瓶颈，形成高精度、高稳定、可信赖的智能模型与方法体系。

13.3 NoSQL 数据库

13.3.1 NoSQL 数据库的概念

NoSQL 数据库是随着互联网技术发展起来的一种数据存储技术。21 世纪第二个十年，互联网发展迅速，Web 2.0、移动互联网等技术普及，互联网提供了电子邮件、视频通信、网上商城、远程教育、移动办公、工农业生产监控等各种各样的功能，已成为现代社会的基础设施。与之相适应，互联网每时每刻都在产生着数据，这些数据呈现出海量、高并发、半结构化甚至无固定结构的特点。要存储和使用这些数据，并从中获取需要的信息，传统的关系数据库系统在存储与处理能力、性能方面都面临巨大的挑战。NoSQL 数据库就是为了突破居于统治地位的关系数据库的限制，应对这些问题而产生的。

传统的关系数据库是在当时银行、大型超市等相对严谨的业务需求的推动下产生的。应用强调数据一致性，要求数据库系统做到在数据库系统正常运行的、并发的状态下一定要避免各类异常，在发生故障后需要严格恢复到故障发生前最近的一个一致性状态。与之相对应，NoSQL 一词出现于 1998 年卡洛·斯特罗齐（Carlo Strozzi）开发的一个轻量、开源、不提供 SQL 功能的数据库。此时，NoSQL 的含义是 "No SQL"，即没有 SQL 语言的数据库。如果不使用 SQL 语言，直接使用 API 访问数据库，数据库系统就可以抛开 SQL 语言解析、查询处理与优化等复杂、耗时较长的功能，而专注于数据的存储与管理。但斯特罗齐也逐渐意识到 NoSQL 不仅是没有 SQL 语言的数据库，而应该是 Non-relational（非关系的）、不被关系模式束缚的数据库。

至 21 世纪初，在互联网应用的驱动下 NoSQL 的概念逐渐丰富。互联网新应用，如 Facebook 类社交软件、进行作物生长环境监测的农业物联网系统等，所产生的数据体量巨大，大到传统数据库无法处理。这些应用并没有像传统银行、大型超市等业务数据那样要求较强的数据一致性。若社交数据、传感器每秒数十、上百次读取产生的监测数据中出现非关键部分的少量不一致，可能会影响到应用的正确性。

由此，NoSQL 数据库逐渐演变为 Not Only SQL、New SQL。它不以关系数据模型来存储数据，不像关系数据库那样有固定的数据库模式，强调弱化数据结构、弱化数据之间关联，使用键值对、文档结构等更简单的结构来管理数据。NoSQL 提倡弱化对数据的一致性要求，不再使用关系数据库的事务机制这类强一致性保障技术，使用弱一致性的概念与保障技术，从而进一步提高数据管理效率。

在计算机科学中，分布式系统的数据一致性可以用 CAP 理论来描述。其中一致性（Consistency，C）是指对每个读操作，要么读到的是最新的、一致的数据，要么读取失败。可用性（Availability，A）是指对每个读操作都返回数据，一定不会返回错误的数据。可用性强调不返回错误数据，但不保证返回的数据是最新的、一致的。分区容忍性（Partition tolerance，P）是指在遇到某节点或网络分区故障时，仍然能够对外提供满足一致性或可用性的服务。CAP 理论的内容是指一个分布式系统只能满足 CAP 特性中的两个。

如图 13-2 所示，依据 CAP 理论，关系数据库处于 CA 交集，即满足一致性和可用性。而 NoSQL 数据库则处于 CP、AP 交集，即满足一致性与分区容忍性，或可用性与分区容忍性。关系数据库选择了 CA 特性是因为其所面对的是像传统银行、大型超市等严谨的业务，C 是业务的基本要求，若不能满足一致性，则业务无法进行。在应对分布式服务器集群中节点、网络故障时，可牺牲效率，因此它舍弃 P，选择 CA 特性。与之相对应，NoSQL 数据库面向的新型互联网应用，对这些应用来讲弱化甚至舍弃 C，虽然在某些方面会影响客户体验，但不会造成严重后果。相反，在应用服务器众多且分散部署的情况下，节点故障、网络故障是影响服务提供的主要因素，P 和 A 是更重要的需求。因此，NoSQL 数据库选择 CP 特性或 AP 特性。

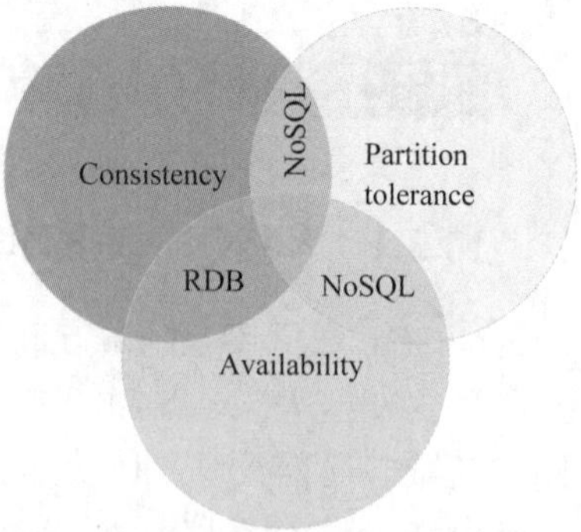

图 13-2　CAP 理论与数据库

针对一致性的弱化，有研究将一致性分为强一致性、弱一致性和最终一致性。

强一致性是指当更新操作完成之后，在任何时刻所有的用户或者进程读到的都是最近一次成功更新的数据。关系数据库系统满足强一致性，并通过事务机制保障数据的强一致性。如本书第 11 章的介绍，事务机制强调数据操作，事务具有 ACID 特性，通过事务的 ACID 特性保障数据被更新时不会被其他事务读取，而每个事务读取到的数据都是一致的。

弱一致性是指当数据更新后，后续对该数据的读取操作可能得到更新后的值，也可能是更改前的值。

最终一致性是指在某一时刻用户或者进程查询到的数据可能不同，但是最终成功更新的数据都会被所有用户或者进程读取到。简单理解就是，在一段时间后，数据会最终达到一致状态。

关系数据库系统通过事务机制实现强一致性。而 NoSQL 数据库更加强调读写效率、数据容量以及系统可扩展性，因此选择最终一致性，并在可用性、一致性的弱化方面进行权衡，保障在无法达到强一致性的前提下，每个应用可依据业务采用某种技术使系统达到最终一致性。由此，NoSQL 数据库的设计原则可概括为可用（Basically Available）、软状态（Soft state）和最终一致性（Eventually consistent），简称 BASE。

基本可用指系统在出现不可预知故障的时候，允许损失部分可用性。这里的可用性可以是系统响应时间增加，也可以是部分功能无法使用。

弱状态也称为软状态，是指允许系统中的数据存在中间状态，并认为该中间状态的存在不会影响系统的整体可用性，即允许系统在不同节点的数据副本之间进行数据同步的过程存在延时。

最终一致性如前定义，需要系统保证最终数据能够达到一致，而不需要实时保证系统数据的强一致性。

13.3.2　NoSQL 数据库的数据模型

从数据模型上分类，NoSQL 数据库模型包括键值对数据模型、列数据模型、文档数据模型和图数据模型 4 类。

1．键值对数据模型

键值对数据模型，也称 Key/Value、K/V 或 KV 数据模型，数据采用键值对形式存储数据，如图 13-3 所示。其中键是一个全局唯一的标识符，键和值都可以是任意类型的数据，可以是数值、字符串，也可以是语音、视频、照片、文本等数据，以及这些数据的组合，或组合的组合。数据库系统通过键对数据进行存取、查询等操作，而不需要关注值部分的内容。

　　严格地讲，键值对数据模型是一个集合类型的数据模型，仅描述数据本身，而不描述数据之间的联系。因此键值对模型比层次模型、网状模型、关系模型和面向对象模型等更加简单。

　　键值对结构的数据库出现得较早，Berkeley DB 的第一个发行版是在 1991 年出现的。它最早是作为嵌入式数据库使用的，后来在 MySQL、PostgreSQL 等开源关系数据库系统中作为数据存储引擎使用。

　　近年键值对数据库更多地作为缓存、内存数据库等需要大量通过键存取数据的场合，因为它满足当前应用可存储多类型数据、高性能的需求。常见的键值对数据库有 Redis、Riak、Memcached、Scalaris、BerkeleyDB、RocksDB 和 LevelDB 等。

2．列数据模型

　　列数据模型，也称 Key-Column 模型，是键值对模型的扩展。其中 Key 是数据的唯一标识，Column 则是包含一到多个键值对结构数据的集合，可看作由键值对模型构造的键值对模型。与键值对模型相比，它使用列和列簇较详细地描述了数据的值部分，如图 13-4 所示。

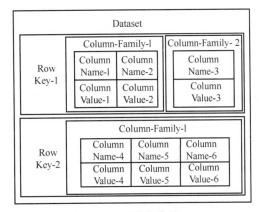

Key_1	Value_1
Key_2	Value_2
Key_3	Value_1
Key_4	Value_3
Key_5	Value_2
Key_6	Value_1
Key_7	Value_4
Key_8	Value_3

　　　图 13-3　键值对数据模型　　　　　　　图 13-4　列数据模型

　　与键值对数据模型一样，列数据模型也没有描述数据之间的关系，也就是说它仍是一个集合类型的数据模型。

　　典型的列数据库包括 Hbase、BigTable、Cloudera、GreenPlum 和 Cassandra 等，在大数据存储分析方面有较多应用。

3．文档数据模型

　　一般文档可看作按特定格式或标准封装的数据。这些数据可以是 XML、YAML、JSON 或 BSON 等格式，也可以是 PDF 或微软 Office 文档等二进制文档格式。如图 13-5 所示，一般文档可抽象为树形结构，文档数据模型也是看作树形结构，其中键还是数据的唯一标识，文档则是键值对结构数据的集合，集合中每个元素又可以是一个文档或某个文档的引用。

　　以 MongoDB 数据库为例，其每个数据库（Database）包含多个集合（Collection），每个集合又可以包含多个文档（Document），每个文档包含多条记录（Record）数据，其中集合、文档、记录都可以有不同的结构，因此可以保存结构不同的数据。其他的文档数据库系统的结构与之类似。

文档数据库可以通过已知树形结构进行解析来获取指定数据，也可通过索引等技术加快数据处理速度。

MongoDB、Couchbase 和 DynamoDB 等都采用文档数据模型来存储和管理数据，主要用于大数据存储与分析。

4. 图数据模型

图结构由节点和边组成，每个节点代表一个实体，可以用一个键值对结构来存储，每条边表示实体之间的一种关联关系，也可以用一个键值对结构来存储，如图 13-6 所示。图可简单理解为三元组<实体,关系,实体>的集合。

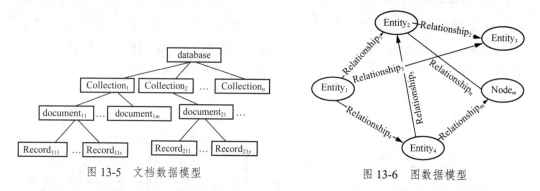

图 13-5　文档数据模型　　　　图 13-6　图数据模型

图数据库可用于构造大量复杂的信息，可用于支持知识图谱、社交网络分析等新型应用。常用的图数据库系统包括 Neo4j、OrientDB、InfoGrid、InfiniteGraph、TrinityCore 等。

13.4　其他数据库技术

数据库技术不断向着模型拓展、架构解耦的方向演进，形成了一些新的数据库技术，简单介绍如下。

1. 多模数据库

多模数据库是指能够支持处理多种数据模式（例如关系、键值对、文档、图、时序等）混合的数据库。多模数据库支持灵活的数据存储类型，将各种类型的数据进行集中存储、查询和处理，可以同时满足应用程序对结构化、半结构化和非结构化数据的统一管理需求。

预测多模数据库是一种原生支持各种数据模型，有统一访问接口，能自动化管理各模型的数据转化、模式进化且避免数据冗余的新型数据库系统。

2. 分析与事务混合处理数据库

业务系统的数据处理分为联机事务处理与联机分析处理两类。企业通常维护不同数据库以便支持两类不同的任务，管理和维护成本高。因此，能够统一支持 OLTP（On Line

Transaction Processing，联机事务处理）和 OLAP（On Line Analytical Processing，联机分析处理）的数据库成为众多企业的需求。产业界当前正基于创新的计算存储框架研发的 HTAP（Hybrid Transactional/Analytical Processing，混合事务/分析处理）数据库，是指能够同时支持在线事务处理和复杂数据分析的关系型数据库。

需要注意的是，HTAP 的价值在于更加简单、通用。对于绝大部分中小规模的客户，数据量不会特别大，只需要一套系统即可。但对于超大型互联网企业，HTAP 数据库的分析性能可能不如专用 OLAP 数据库或大数据平台。

3．充分利用硬件技术的数据库系统

目前数据库系统已可以充分使用多处理器、多核、大内存和固态硬盘等硬件技术。但 GPU、FPGA、AI 芯片、数据分析芯片等新兴硬件层出不穷，为数据库系统设计提供了广阔思路。新兴硬件可以从计算、存储和传输等多个层面提升数据库系统的性能。例如，GPU 适用于特定数据库操作加速，如扫描、谓词过滤、大量数据的排序、大表关联、聚集等操作；FPGA 适用于加速网卡处理、查询处理等。充分利用新兴硬件资源提升数据库性能、降低成本，是未来数据库发展的重要方向之一。

4．数据库安全技术

全密态数据处理、安全多方计算等是未来数据安全隐私计算的发展方向。全密态数据处理重点关注如何对数据进行加密存储，以便在加密后的数据上进行多种类型的查询，密态数据库利用全同态加密等技术对数据进行加密存储，以实现尽可能提高云服务处理加密数据的能力。未来，全密态数据库可能在软硬件结合、支持范围查找的密态索引、动态数据安全存储等方面进行技术突破。

安全多方计算借助混淆电路等技术，能够联合多参与方的关系数据库执行复杂查询且不泄露除查询结果之外的任何其他数据。差分隐私技术与安全多方计算等多种信息安全技术相结合，在不显著降低数据库性能的情况下，可以实现更高的安全性。

5．区块链数据库

区块链本质上是一种存储信息的块链型数据结构，融合分布式技术、加密技术等多种技术，用于验证信息的有效性，实现真实可靠的数据存储。区块链具有去中心化、信息不易篡改等特征，提高了数据存储的安全性、可信性，解决了用户之间的信任问题。但作为一种数据存储机制，仅支持数据基础性操作、效率低。区块链技术与具有较强实用性但安全性不足的传统数据库技术相结合，可以满足应用多安全层次的实际需求。

区块链与数据库技术的融合可以从存储结构、数据操作机制、共识算法和数据管理机制 4 个方面入手，按融合思路划分成基于区块链的数据库和基于数据库的区块链两类。两种融合思路面向不同的应用，都有极大的发展空间。

本章小结

在信息技术（如云计算、大数据、5G、AI 等大力发展的前提下，数据库技术也取得了

长足的进步。本章对云数据库、AI 数据库和 NoSQL 数据库等数据库前沿技术进行了简单介绍，期望学生对数据库前沿技术有所了解，帮助学生在以后的数据管理工作中有更多的、更好的选择思路。

得益于经济的高速发展、数量庞大且收入快速增长的人口、强大的科技创新能力等因素，我国在大数据、数据库技术及应用方面都取得了令人振奋的进展。有报道称，在当前技术支撑下，云数据库、AI 数据库等新数据库技术的发展，国内外数据库厂商几乎处于同一起跑线，中国的数据库技术很可能换道超车，达到世界领先水平。这方面的发展值得关注。

习题

1. 什么是云数据库？它主要包括哪些类型？
2. AI 技术可以从哪些方面辅助提升数据库技术？
3. 数据库技术可能从哪些方面为 AI 的发展助力？
4. NoSQL 数据库模型主要包括键值对数据模型、列数据模型、文档数据模型和图数据模型 4 类。试述每类模型的特点及适合的应用场景。
5. 云原生数据库是什么？它与云数据库的关系如何？
6. AI 原生数据库是什么？

参考文献

[1] 王珊, 杜小勇, 陈红. 数据库系统概论[M]. 6 版. 北京: 高等教育出版社, 2023.

[2] SILBERSCHATZ A, KORTH HF, SUDARSHAN S, et al. 数据库系统概念（本科教学版原书第 7 版）[M]. 杨冬青, 李红燕, 张金波, 等译. 北京: 高等教育出版社, 2021.

[3] CONNOLLY T, BEGG C. 数据库系统: 设计、实现与管理（基础篇）（原书第 6 版）[M]. 宁洪, 贾丽丽, 张元昭, 译. 北京: 机械工业出版社, 2016.

[4] 秦昳, 罗晓霞, 刘颖. 数据库原理与应用（MySQL 8.0）（微课视频+题库版）[M]. 北京: 清华大学出版社，2022.

[5] GARCIA MOLINA H, ULLMAN J D, WIDOM J. 数据库系统实现[M]. 2 版. 杨冬青, 吴愈青, 包小源, 等译. 北京: 机械工业出版社，2010.

[6] 李国良, 周敏奇. openGauss 数据库核心技术[M]. 北京: 清华大学出版社, 2020.

[7] 陈志泊. 数据库原理及应用教程（MySQL 版）[M]. 北京: 人民邮电出版社, 2022.

[8] 赵晓侠, 潘晟旻, 寇卫利. MySQL 数据库设计与应用（慕课版）[M]. 北京: 人民邮电出版社, 2022.

[9] 侯宾. NoSQL 数据库原理[M]. 北京: 人民邮电出版社, 2018.

[10] 李锡辉, 王敏. MySQL 数据库技术与项目应用教程（微课版）[M]. 2 版. 北京: 人民邮电出版社, 2022.

[11] 赵杰, 杨丽丽, 陈雷. 数据库原理与应用（MySQL 版 微课版）[M]. 4 版. 北京: 人民邮电出版社, 2023.

[12] BOTROS S, TINLEY J. 高性能 MySQL[M]. 4 版. 宁海元, 周振兴, 张新铭, 译. 北京: 电子工业出版社, 2022.

[13] 王英英. MySQL 8 从入门到精通（视频教学版）[M]. 北京: 清华大学出版社, 2019.

[14] 李俊山, 叶霞. 数据库原理及应用（SQL Server）[M]. 4 版. 北京: 清华大学出版社, 2020.

[15] 刘金岭, 冯万利, 张有东. 数据库原理及应用——SQL Server 2012[M]. 北京: 清华大学出版社, 2017.

[16] 刘金岭, 冯万利, 周泓. 数据库原理及应用实验与课程设计指导——SQL Server 2012[M]. 北京: 清华大学出版社, 2017.

[17] 钱育蓉. 数据库原理与技术（金仓 KingbaseES 版）[M]. 北京: 电子工业出版社, 2022.

[18] 戴剑伟, 张宇帅, 张胜, 等. 达梦数据库编程指南[M]. 北京: 电子工业出版社, 2021.

[19] 何玉洁. 数据库基础与实践技术（SQL Server 2017）[M]. 北京: 机械工业出版社, 2020.

[20] 李海翔. 分布式数据库原理、架构与实践[M]. 北京: 机械工业出版社, 2021.

[21] 孙路明, 张少敏, 姬涛, 等. 人工智能赋能的数据管理技术研究[J]. 软件学报, 2020, 31(3):600-619.

[22] 杜小勇, 卢卫, 张峰. 大数据管理系统的历史、现状与未来[J]. 软件学报, 2019, 30(1):127-141.

[23] 李国良, 周煊赫, 冯建华. XuanYuan：AI 原生数据库系统[J]. 软件学报, 2020, 31(3):831-844.

[24] 申德荣, 于戈, 王习特, 等. 支持大数据管理的 NoSQL 系统研究综述[J]. 软件学报, 2013, 24(8):1786-1803.